PREFACE

소방안전관리자 2급 찐득한 스티커 예상기출문제집

함께 걷는 합격의 길!

〈**찐정리**〉부터 〈**찐 스포일러 문제집**〉, 그리고 이번 〈**찐득한 스티커 문제집**〉에 이르기까지 변함없이 되새겨 온 단 하나의 목표는, "실제로 도움이 되는 자료를 만들자!"였습니다.

이번 교재를 준비하는 동안 제대로 쉬어본 날을 손에 꼽지만 지치고 힘든 순간에도 마음을 다잡을 수 있었던 것은, 개정에 개정을 거듭하며 갈수록 난해하고 어려워져 가는 시험에 고민이 많으셨을 수많은 수험생분들께서 전해주신 진심 담긴 메시지와 감사한 응원의 말씀들 덕분이었습니다. 특히 60대, 70대 이상 수험생분들께서 보내주신 도전에 대한 힘찬 열정에 몇 번이고 제 자신을 일으켜 다시 책상 앞에 앉을 수 있었고, 또한 부모님의 지인분들께서도 제 책과 자료를 보고 계신다는 소식을 접하면서 진정 '내가 공부하는 마음'으로 한 문제 한 문제를 엮어나갔습니다.

저자가 직접 공부하고, 시험 보고, 합격했습니다. 또한 지금까지 유튜브 및 네이버 카페를 통해 누적된 수천 건의 합격 수기와 데이터베이스가 함께 합니다.

매년 기본 난이도는 상승하는데 더욱이 소방법 개정으로 달라진 문제 유형과 낯선 개념으로 인해 체감상 난이도가 더욱 높게만 느껴지는 지금, 출제 빈도 높은 기출 유형부터 꼭 챙겨야 하는 필수 개념, 그리고 실점을 노리는 악랄한 고난도 변형 문제 유형에 이르기까지 - 지피지기 백전백승(知彼知己 百戰百勝)을 위한 가장 완벽한 대비책으로 점수를 쏙쏙 득점하여 찹쌀떡처럼 찐득한 합격의 지름길이 되고자 합니다.

움직이는 자료, 소통하는 책이 되어 궁금증에 직접 질문과 답을 하고 합격의 기쁨을 함께 누리는 소통의 장 : [챕스랜드 커뮤니티]가 있습니다. 그리고 그 길을 함께 걸어온 수만 명의 수험생분들이 계십니다. 그 모든 열정과 마음에 보답하기 위해 더욱 지독하고 집요하게, 오랜 시간 진심을 담았습니다.

혼자 하는 공부가 더 이상 두렵지 않도록!

그것이 이 책과 영상의 탄생 이유이자 변하지 않는 목적입니다.

저자 서채빈

GUIDE

소방안전관리자 2급 찐득한 스티커 예상기출문제집

1 응시자격

응시자격	1급, 2급, 3급까지의 소방안전관리자는 [한국소방안전원]의 강습을 수료한 사람이라면 누구나 시험 응시가 가능합니다. 다만 관련 학력 또는 경력 인정자에 한하여 바로 시험에 응시할 수도 있는데 이에 해당하는 자격 조건은 한국소방안전원에 명시된 사항을 통해 확인하실 수 있습니다.

2 시험 절차

구분	내용	
취득절차	2급	한국소방안전원 강습 5일(40시간) → 응시접수 → 필기시험 → 합격 → 자격증 발급
한국소방안전원 강습	2급	8시간씩 5일간(총 40시간) 수강(7월부터 적용)
	• 전국 각 지사에서 매월 진행 • 지역(지부)별 강습 및 시험 일정 : 한국소방안전원 홈페이지 '강습교육 신청' 참고	
응시 접수	한국소방안전원 홈페이지 및 시도지부 방문 접수	

※ 응시수수료 및 시험 일정은 한국소방안전원 홈페이지를 참고해주세요(www.kfsi.or.kr).

3 시험 안내

시험과목	문항 수	시험 방법	시험 시간	합격 기준
1과목	25	객관식 4지 선다형 1문제 4점	1시간(60분)	전 과목 평균 70점 이상
2과목	25			

4 합격자 발표

합격자 발표	가. 시험 당일 합격 통보 나. 만약 불합격하더라도 강습을 수료한 상태라면 재시험이 가능하기에 5일간의 강습을 수료하는 것이 중요합니다.

CONTENTS

소방안전관리자 2급 찐득한 스티커 예상기출문제집

Part 03 | 설비파트 집중 공략

Part 04 | 고난이도 개념 및 변형 문제

PART 01

소방안전관리자 2급

찐정리 득점을 위한 문제

01 찐득한 문제 1회차

01 다음 제시된 보기를 참고하여 각 위반 행위에 대해 부과되는 벌금이 가장 큰 순서대로 나열한 것으로 옳은 것을 고르시오.

<보기>

㉠ 정당한 사유 없이 물의 사용이나 수도의 개폐장치의 사용 또는 조작을 하지 못하게 하거나 방해한 사람
㉡ 자체점검 결과 소화펌프 고장 등 중대위반사항이 발견된 경우 필요한 조치를 하지 않은 관계인 또는 관계인에게 중대위반사항을 알리지 아니한 관리업자등
㉢ 소방자동차의 출동을 방해한 사람
㉣ 소방안전관리자 자격증을 다른 사람에게 빌려주거나 빌리거나 이를 알선한 사람

① ㉠ - ㉢ - ㉡ - ㉣　② ㉡ - ㉠ - ㉣ - ㉢
③ ㉢ - ㉣ - ㉡ - ㉠　④ ㉣ - ㉠ - ㉡ - ㉢

02 소방관계법령에서 정하는 각 용어에 대한 설명으로 옳지 아니한 것을 고르시오.

① 관계인이란 소방대상물의 소유자, 관리자 또는 점유자를 말한다.
② 소방대상물에는 건축물, 차량, 항해 중인 선박, 선박 건조 구조물 등이 포함된다.
③ 소방시설이란 소화설비, 경보설비, 피난구조설비, 소화용수설비, 소화활동설비로서 대통령령으로 정하는 것을 말한다.
④ 특정소방대상물이란 건축물 등의 규모, 용도 및 수용인원 등을 고려하여 소방시설을 설치해야 하는 소방대상물로서 대통령령으로 정하는 것을 말한다.

03 다음 중 화재를 진압하고 화재, 재난·재해 그 밖의 위급한 상황에서 구조·구급활동 등을 하기 위하여 구성된 조직체인 소방대를 구성하는 인력에 포함되는 사람만을 모두 고르시오.

ⓐ 경찰공무원　ⓑ 자위소방대원
ⓒ 의용소방대원　ⓓ 의무소방원

① ⓐ, ⓑ　② ⓒ, ⓓ
③ ⓐ, ⓒ, ⓓ　④ ⓑ, ⓒ, ⓓ

04 다음 중 한국소방안전원의 업무로 보기 어려운 것을 모두 고르시오.

㉮ 소방업무에 관하여 행정기관이 위탁하는 업무
㉯ 화재예방과 안전관리의식 고취를 위한 대국민 홍보
㉰ 소방기술과 안전관리 시설에 관한 개발·연구
㉱ 위험물 안전관리에 관한 행정 처리 업무
㉲ 소방안전에 관한 국제협력

① ㉮, ㉱　② ㉰, ㉱
③ ㉯, ㉰, ㉱　④ ㉰, ㉱, ㉲

05 다음은 화재안전조사의 절차를 나타낸 것이다. 각 빈칸 (가), (나)에 들어갈 말로 가장 적절한 것을 고르시오.

> (1) (가)은/는 사전에 관계인에게 조사대상, 조사기간 및 조사사유 등 조사계획을 우편, 전화, 전자메일 또는 문자전송 등을 통해 통지하고 소방관서의 인터넷 홈페이지나 전산시스템을 통해 (나) 이상 공개해야 한다.
> (2) (가)은/는 사전 통지 없이 화재안전조사를 실시하는 경우에는 화재안전조사를 실시하기 전에 관계인에게 조사사유 및 조사범위 등을 현장에서 설명해야 한다.
> (3) (가)은/는 화재안전조사를 위하여 소속 공무원으로 하여금 관계인에게 보고 또는 자료의 제출을 요구하거나 소방대상물의 위치·구조·설비 또는 관리 상황에 대한 조사·질문을 하게 할 수 있다.

구분	(가)	(나)
①	소방관서장	7일
②	시·도지사	7일
③	소방관서장	30일
④	시·도지사	30일

06 다음 중 화재예방강화지구에 포함되는 지역으로 옳지 아니한 것을 고르시오.

① 석유화학제품 생산 공장이 있는 지역
② 공장 및 창고가 있는 지역
③ 위험물 저장 · 처리 시설이 밀집한 지역
④ 소방시설 · 소방용수시설 또는 소방출동로가 없는 지역

07 다음 제시된 특정소방대상물이 해당하는 소방안전관리대상물의 등급으로 가장 적절한 것을 고르시오.

명칭	T빌딩
규모·구조	• 지상 8층 • 건축면적 : 1,000m^2 • 연면적 : 8,000m^2 • 높이 : 30m
용도	근린생활시설, 판매시설
소방시설 현황(일부)	• 자동화재탐지설비 • 옥내소화전설비 • 스프링클러설비

① 특급소방안전관리대상물
② 1급소방안전관리대상물
③ 2급소방안전관리대상물
④ 3급소방안전관리대상물

08 소방안전관리자를 선임하지 아니하는 특정소방대상물에서의 관계인의 업무로 적절하지 아니한 것을 고르시오.

① 화재발생 시 초기대응 업무
② 화기취급의 감독 업무
③ 피난 · 방화시설 및 방화구획의 유지 · 관리
④ 자위소방대 및 초기대응체계의 구성 · 운영 · 교육

09 **다음 제시된 자료를 참고하여 해당 건축물의 소방안전관리자 및 소방안전관리보조자에 대한 설명으로 옳지 아니한 것을 고르시오.**

명칭	PL빌딩
규모	• 지상 6층 • 연면적 : 25,000m^2 • 높이 : 25m
용도	근린생활시설
소방안전관리자 현황	• 선임일 : 2026. 05. 01 • 강습교육 수료 : 2025. 07. 07

① PL빌딩의 소방안전관리자는 2026년 5월 15일 이내에 선임 신고를 해야 한다.
② PL빌딩의 소방안전관리보조자는 최소 1명을 선임해야 한다.
③ PL빌딩의 소방안전관리자는 2027년 7월 6일까지 실무교육을 이수해야 한다.
④ PL빌딩은 2급소방안전관리자를 선임했을 것이다.

10 **다음 중 건축관계법령에서 정하는 각 용어의 설명이 옳지 아니한 것을 고르시오.**

① 불에 타지 아니하는 성능을 가진 재료로서 콘크리트, 석재, 알루미늄, 유리 등의 재료를 불연재료라고 한다.
② 난연재료는 불에 잘 타지 아니하는 성질을 가진 재료를 의미한다.
③ 철망모르타르 바르기, 회반죽 바르기 등은 방화구조에 해당한다.
④ 화염의 확산을 막을 수 있는 성능을 가진 구조를 내화구조라고 한다.

11 **방염에 대한 설명으로 옳은 것을 모두 고르시오.**

A. 방염성능 기준 이상의 실내장식물을 설치해야 하는 특정소방대상물에서 수영장은 제외된다.
B. 층수가 11층 이상인 아파트의 붙박이 가구류는 방염대상물품을 사용해야 한다.
C. 섬유류·합성수지류 등을 원료로 하는 소파, 의자를 방염성능 기준 이상인 것으로 설치해야 하는 장소는 단란주점업, 유흥주점업, 노래연습장업 영업장에 한한다.
D. 다중이용업소, 의료시설, 노유자시설, 숙박시설, 운동시설은 침구류 및 소파, 의자에 대하여 방염처리 물품의 사용을 권장하는 장소이다.

① A, C ② B, C
③ A, D ④ B, D

12 **다음은 소방안전관리업무 수행에 관한 기록·유지에 대한 설명이다. 빈칸 (가), (나)에 들어갈 말을 순서대로 고르시오.**

• 소방안전관리자는 소방안전관리업무 수행에 관한 기록을 (가) 작성·관리해야 한다.
• 업무수행 중 보수 또는 정비가 필요한 사항을 발견한 경우에는 이를 지체없이 관계인에게 알리고, 서식에 기록해야 한다.
• 소방안전관리자는 업무 수행에 관한 기록을 작성한 날부터 (나)간 보관해야 한다.

① (가) : 연 1회 이상 (나) : 1년
② (가) : 연 1회 이상 (나) : 2년
③ (가) : 월 1회 이상 (나) : 2년
④ (가) : 월 1회 이상 (나) : 3년

13 **다음 중 피난시설, 방화구획 및 방화시설 관련 금지 행위 중에서 폐쇄행위에 해당하는 사례로 보기 어려운 것을 고르시오.**

① 계단, 복도(통로) 또는 출입구에 물건을 쌓아놓거나 또는 장애물을 방치하는 행위
② 계단, 복도 등에 방범철책(창) 등을 설치하여 화재 시 피난할 수 없도록 하는 행위
③ 비상구 등에 고정식 잠금장치를 설치하여 누구나 쉽게 열 수 없도록 하는 행위
④ 용접, 조적, 쇠창살, 석고보드 또는 합판 등으로 비상(탈출)구의 개방이 불가능 하도록 하는 행위

14 **정전기를 예방할 수 있는 예방 대책으로 가장 옳은 설명을 고르시오.**

① 대전이 용이하도록 부도체 물질을 사용한다.
② 습도를 60% 이상으로 유지한다.
③ 실내의 공기를 이온화한다.
④ 접지시설을 설치하여 과잉전하를 축적한다.

15 **가연물질의 구비조건으로 옳지 아니한 설명을 모두 고르시오.**

㉮ 활성화에너지 값이 작아야 한다.
㉯ 연쇄반응을 억제하는 물질이어야 한다.
㉰ 조연성 가스와 친화력이 강해야 한다.
㉱ 비표면적이 작아야 한다.
㉲ 산소와 결합 시 발열량이 커야 한다.
㉳ 열전도도가 작아야 열의 축적이 용이하다.

① ㉮, ㉯　　② ㉯, ㉱
③ ㉯, ㉱, ㉳　　④ ㉮, ㉰, ㉲, ㉳

16 **연소 용어에 대한 설명으로 옳지 아니한 것을 모두 고르시오.**

ㄱ. 외부의 직접적인 점화원에 의해 불이 붙는 최저온도를 인화점이라고 한다.
ㄴ. 연소상태가 10초 이상 유지될 수 있는 최저온도를 연소점이라고 한다.
ㄷ. 연소점이란 발화된 이후로 연소를 지속시킬 수 있는 가연성 증기를 충분히 발생시킬 수 있는 최저온도이다.
ㄹ. 보통 인화점보다 연소점이, 연소점보다 발화점이 온도가 높다.
ㅁ. 외부의 직접적인 점화원 없이 열의 축적에 의해 불이 붙는 최저온도를 발화점이라고 한다.

① ㄴ　　② ㄴ, ㄷ
③ ㄱ, ㄷ, ㄹ　　④ ㄱ, ㄷ, ㄹ, ㅁ

17 **다음의 보기를 참고하여 화재의 분류별로 나타나는 특징과 소화방법에 대한 설명이 옳지 아니한 것을 모두 고르시오.**

㉮ A급화재는 유류화재로 발생 건수가 많고, 화재 시 다량의 물 또는 수용액을 이용한 냉각소화가 효율적이다.
㉯ B급화재는 연소 후 재를 남기지 않는 것이 특징이며, 질식소화 및 냉각소화가 적응성이 있다.
㉰ C급화재는 전기에너지가 발화원으로 작용하여 발생한 화재로 이산화탄소나 분말소화약제가 효과적이며, 물 사용 시 감전의 위험이 있다.
㉱ D급화재의 가연물은 가연성 금속류로, 수계소화약제를 사용하면 안되고 분말소화약제나 마른 모래 등으로 소화해야 한다.
㉲ K급화재는 동식물성 기름을 취급하는 조리기구에서 발생하는 화재로 소화를 위해 비누화 작용과 냉각 작용이 함께 이루어져야 한다.

① ㉮　　② ㉮, ㉰
③ ㉯, ㉱　　④ ㉮, ㉱, ㉲

18 **다음의 사례에 해당하는 소화방식으로 가장 적절한 것을 고르시오.**

> • 가스화재 시 가스밸브를 폐쇄한다.
> • 입으로 촛불을 불어서 순간적으로 증기를 날려 보낸다.

① 질식소화 ② 억제소화
③ 제거소화 ④ 냉각소화

19 **건물화재 시 발생할 수 있는 현상으로, 실내 온도가 급격히 상승하며 천장 부근에 축적되어 있던 가연성 가스에 불이 옮겨 붙으면서 일순간 실내 전체가 폭발적으로 화염에 휩싸이는 현상을 무엇이라고 하는지 고르시오.**

① 백드래프트(Back Draft)
② 롤오버(Roll Over)
③ 플래시오버(Flash Over)
④ 플레임오버(Flame Over)

20 **다음 중 건축물의 주요구조부에 해당하는 것만을 모두 고르시오.**

ⓐ 차양	ⓑ 내력벽
ⓒ 기둥	ⓓ 옥외계단
ⓔ 지붕틀	ⓕ 사잇기둥

① ⓑ, ⓒ, ⓓ ② ⓑ, ⓒ, ⓔ
③ ⓐ. ⓑ, ⓒ, ⓔ ④ ⓑ, ⓒ, ⓔ, ⓕ

21 **산업안전보건기준에 관한 규칙으로 정하는 화기취급 안전관리규정에 대한 설명이 옳지 아니한 것을 고르시오.**

① 통풍이나 환기가 충분하지 않은 장소에서 화재위험작업을 하는 경우 통풍 및 환기를 위한 산소 사용이 권장된다.
② 위험물이 있어 폭발 및 화재 발생 우려가 있는 장소 또는 그 상부에서 불꽃이나 아크를 발생하거나 고온으로 될 우려가 있는 화기·기계·기구 및 공구 등을 사용해서는 안된다.
③ 위험물, 인화성 유류 및 인화성 고체가 있을 우려가 있는 배관, 탱크, 드럼 등의 용기에 대하여 사전에 해당 위험물질을 제거하는 등 예방조치를 한 경우가 아니라면 화재 위험작업이 불가하다.
④ 화재위험 작업이 시작되는 시점부터 종료될 때까지 작업 내용·일시, 안전점검 및 조치에 관한 사항을 서면으로 작업 장소에 게시한다.

22 **다음의 특성을 가진 위험물의 종류로 가장 적합한 것을 고르시오.**

> • 가연성으로 산소를 함유하고 있다.
> • 가열, 충격, 마찰 등에 의해 착화 및 폭발을 일으킬 수 있다.
> • 연소 속도가 매우 빨라서 소화가 곤란하다.

① 제1류위험물 ② 제4류위험물
③ 제5류위험물 ④ 제6류위험물

23 **가스누설경보기의 설치 위치에 대한 설명으로 옳지 아니한 것을 고르시오.**

① 증기비중이 1보다 큰 가스는 가스연소기로부터 수평거리 4m 이내에 위치하도록 설치한다.
② 증기비중이 1보다 작은 가스의 탐지기는 하단이 천장면의 하방 30cm 이내에 위치하도록 설치한다.
③ 증기비중이 1보다 작은 가스는 가스연소기로부터 수평거리 8m 이내에 위치하도록 설치한다.
④ 증기비중이 1보다 큰 가스의 탐지기는 하단이 천장면의 상방 30cm 이내에 위치하도록 설치한다.

24 다음 중 전기화재의 주요 원인으로 보기 어려운 것을 고르시오.

① 전선의 합선 및 단락에 의한 발화
② 과전류에 의한 발화
③ 전기기구의 절연에 의한 발화
④ 전기기구의 과열 또는 정전기로부터의 불꽃에 의한 발화

25 피난시설, 방화구획 또는 방화시설을 폐쇄·훼손·변경 등의 행위를 한 사람에게 부과되는 벌칙(벌금 또는 과태료)을 고르시오.

① 1년 이하의 징역 또는 1천만원 이하의 벌금
② 300만원 이하의 벌금
③ 300만원 이하의 과태료
④ 50만원 이하의 과태료

26 자동심장충격기(AED)의 사용법으로 옳은 설명을 고르시오.

① 패드1을 왼쪽 빗장뼈 아래에 부착한다.
② 패드1을 오른쪽 젖꼭지 아래의 중간 겨드랑이선에 부착한다.
③ 패드2를 왼쪽 젖꼭지 아래의 중간 겨드랑이선에 부착한다.
④ 패드2를 흉골 아래쪽 절반 위치에 부착한다.

27 출혈의 증상으로 옳지 아니한 것을 고르시오.

① 호흡과 맥박이 느리고 불규칙해진다.
② 체온 및 혈압이 저하된다.
③ 피부가 창백하며 차고 축축해진다.
④ 동공이 확대되고 갈증을 호소한다.

28 화상의 분류별 특징에 대한 설명으로 옳은 설명을 모두 고르시오.

㉮ 1도화상은 전층화상에 해당하고 통증이 없는 것이 특징이다.
㉯ 부분층화상은 발적과 수포, 진물 등의 증상이 동반된다.
㉰ 표피화상은 부종과 홍반 등이 동반되며 흉터 없이 치료가 가능하다.
㉱ 모세혈관까지 손상을 입는 것은 부분층화상의 특징이다.
㉲ 피하지방에 손상을 입고 피부가 검게 변하는 것은 3도화상의 증상이다.

① ㉮, ㉰, ㉱　　② ㉯, ㉰, ㉲
③ ㉮, ㉰, ㉱, ㉲　　④ ㉯, ㉰, ㉱, ㉲

29 다음은 기동용수압개폐장치인 압력챔버를 나타낸 그림이다. 그림에 표시된 각 부분 (A) ~ (D)의 명칭과 역할에 대한 설명으로 옳지 아니한 것을 고르시오.

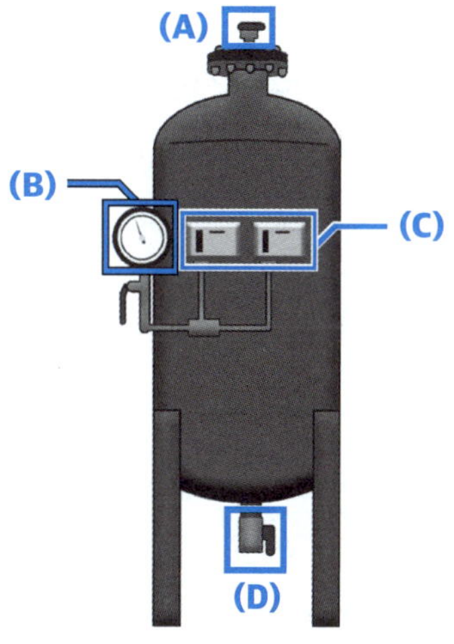

① (A) : 안전밸브 - 과압을 방출하는 역할
② (B) : 압력계 - 압력챔버 내 압력을 표시하는 역할
③ (C) : 펌프 선택스위치 - 펌프의 자동/수동 운전방식을 변경하는 역할
④ (D) : 배수밸브 - 압력챔버 내 물을 배수하는 역할

30 다음의 그림을 참고하여 해당 소방시설의 점검에 대한 설명으로 옳지 아니한 것을 고르시오.

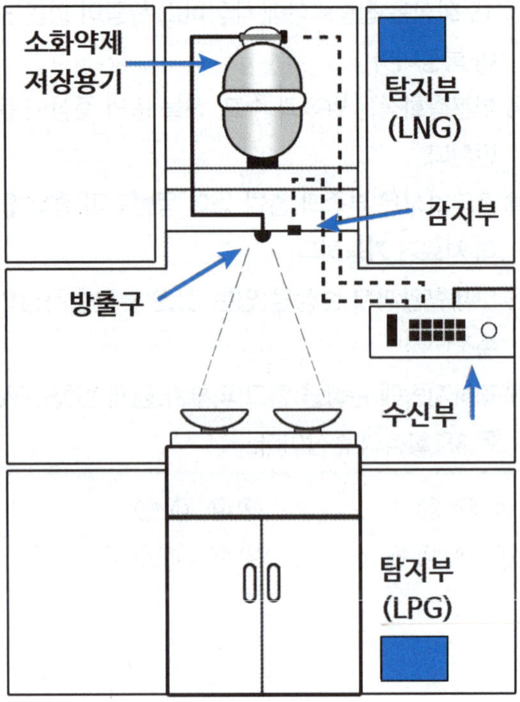

① 점검용 가스를 가스누설탐지부에 분사하여 화재경보음 발생과 가스누설차단밸브의 작동을 확인한다.

② 축압식인 경우, 약제 저장용기의 지시압력계가 초록색 범위 내에 있는지 확인한다.

③ 예비전원시험을 위해 전원 플러그를 뽑은 상태에서 수신부의 예비전원 램프가 점등되는지 확인한다.

④ 가스누설탐지부 점검 시 가스누설차단밸브의 작동으로 가스차단밸브가 개방되어야 한다.

31 그림과 같은 형태의 자위소방대 조직 구성 시 그에 대한 설명으로 옳지 아니한 것을 고르시오.

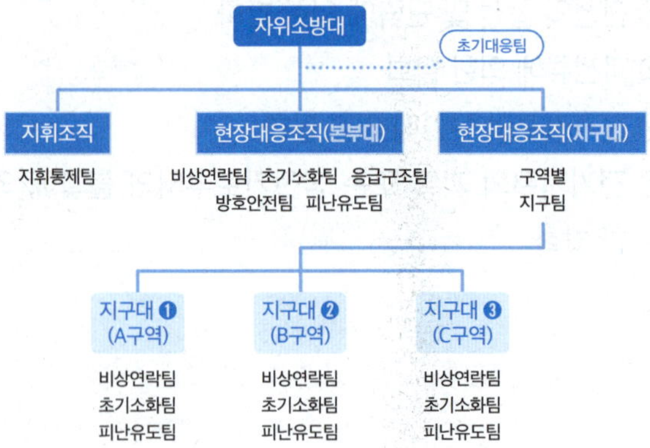

① 특급 또는 연면적 30,000m^2 이상의 1급소방안전관리대상물에 적용되는 조직 구성 방식이다.

② 층에 따른 지구대 구역 설정 시 단일 층 또는 3층 이내의 일부 층을 하나의 구역으로 설정할 수 있다.

③ 용도에 따른 지구대 구역 설정 시 주차장 및 강당, 공장 등은 구역 설정에서 제외된다.

④ 그림과 같은 조직 구성 방식을 TYPE-Ⅰ로(으로) 표기한다.

32 자위소방대의 인력 편성 및 임무 부여에 대한 설명으로 옳지 아니한 것을 고르시오.

① 자위소방대원은 대상물 내 상시 근무자 또는 거주인원 중에서 자위소방활동이 가능한 인력으로 편성한다.

② 소방안전관리대상물의 소유주 또는 법인의 대표를 자위소방대장으로 지정한다.

③ 각 팀별로 최소 1명 이상의 인원을 편성한다.

④ 각 팀별 기능에 기초하여 대원별 개별 임무를 부여하는데, 임무의 중복 지정도 가능하다.

33 그림에서 버튼 방식 P형 수신기의 동작시험 시 조작하는 스위치 및 점등되는 표시등에 해당하지 아니하는 것을 고르시오.

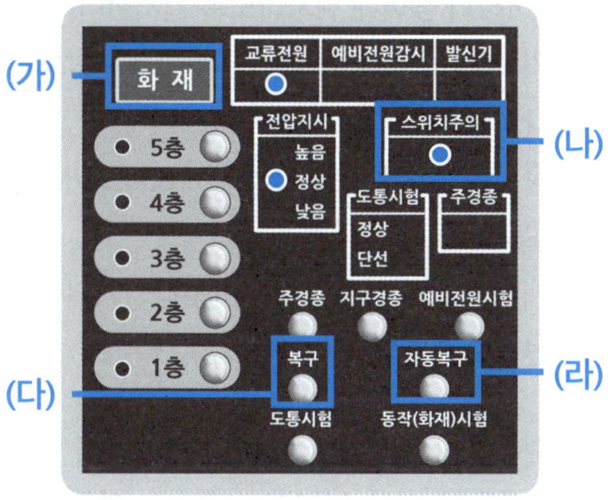

① (가) ② (나)
③ (다) ④ (라)

34 각 자위소방활동에 해당하는 임무에 대한 설명이 옳지 아니한 것을 고르시오.

① 비상연락 - 화재 상황 전파, 화재 확산 방지 및 119 신고 업무
② 응급구조 - 응급조치 및 응급의료소 설치 및 지원
③ 초기소화 - 초기소화설비를 이용한 조기 화재진압
④ 피난유도 - 재실자 및 방문자의 피난유도 및 피난약자의 피난보조

35 화재의 대응 및 피난방식에 대한 설명으로 옳지 않은 것을 고르시오.

① 화재를 인지한 경우 소화기 또는 옥내소화전을 이용하여 신속한 초기소화 작업을 진행한다.
② 초기소화가 어려울 경우 출입문을 개방한 상태로 즉시 피난한다.
③ 화재를 발견하면 육성으로 화재 사실을 전파할 수 있다.
④ 화재신고 시 소방기관의 확인이 있기 전까지 전화를 끊지 않는다.

36 초기대응체계의 인원편성에 대한 설명으로 옳지 아니한 것을 고르시오.

① 소방안전관리보조자, 경비(보안) 근무자 또는 대상물의 관리인 등 상시 근무자를 중심으로 구성해야 한다.
② 근무자의 근무 위치, 근무 인원 등을 고려하여 편성해야 한다.
③ 휴일 및 야간에 무인경비시스템을 통해 감시하는 경우 무인경비회사와 비상연락체계 구축이 가능하다.
④ 초기대응체계 편성 시 2명 이상은 수신반 또는 종합방재실에 근무해야 한다.

37 옥내소화전설비의 점검을 위해 방수압력 측정 시, 피토게이지를 근접시키는 적정 거리로 가장 알맞은 값을 고르시오.

① 6.5mm ② 8.5mm
③ 10mm ④ 15mm

38 다음 중 특정소방대상물별 소화기구의 능력단위 기준으로 옳지 아니한 것을 고르시오.

① 숙박시설 : 해당 용도의 바닥면적 $30m^2$마다 능력단위 1이상
② 공연장, 집회장, 의료시설 : 해당 용도의 바닥면적 $50m^2$마다 능력단위 1이상
③ 근린생활시설, 판매시설, 업무시설 : 해당 용도의 바닥면적 $100m^2$마다 능력단위 1이상
④ 그 밖의 것 : 해당 용도의 바닥면적 $200m^2$마다 능력단위 1이상

39 제시된 P형 수신기 그림을 참고하여 해당 그림이 나타내는 현재의 상황으로 가장 적절한 설명을 고르시오.

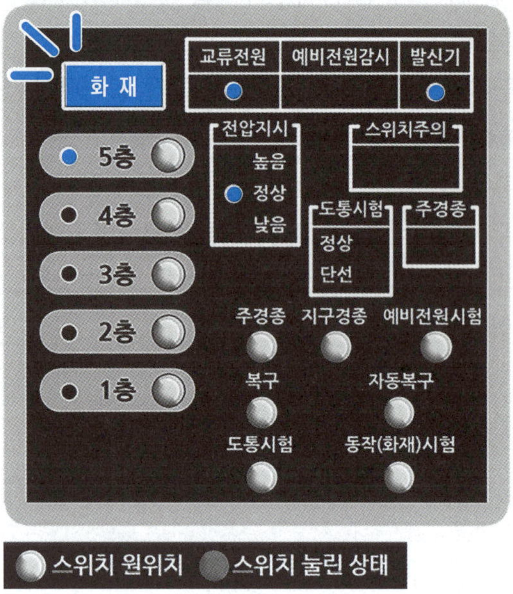

① 현재 주경종은 작동하지만 지구경종은 작동하지 않는 상태이다.

② 예비전원시험 결과 예비전원에 이상이 있는 상태이다.

③ 5층에 위치한 발신기가 동작한 상황이다.

④ 도통시험 결과 단선이 의심되는 상황이다.

40 이산화탄소 소화설비에 대한 설명으로 옳지 않은 것을 모두 고르시오.

> ㉠ 심부화재에 적합하다.
> ㉡ 질식 및 동상의 우려가 있다.
> ㉢ 소음이 적다.
> ㉣ 진화 시 피연소물에 피해가 크다.
> ㉤ 전기화재에 적응성이 있다.

① ㉠, ㉡　　② ㉠, ㉤

③ ㉢, ㉣　　④ ㉡, ㉢, ㉣

41 경보설비에 포함되는 각 설비에 대한 설명이 적절하다고 보기 어려운 것을 고르시오.

① 발신기의 스위치 위치는 바닥으로부터 0.8m 이상 1.5m 이하의 높이에 위치하도록 설치한다.

② 수신기가 설치된 장소에는 경계구역 일람도를 비치한다.

③ 음향장치는 1m 떨어진 거리에서 90dB 이상의 음량이 출력되어야 한다.

④ 동작시험을 원활하게 하기 위해 감지기의 배선은 송배선식으로 한다.

42 지상 층의 층수가 11층이고 지하층이 있는 특정소방대상물의 지상 1층에서 화재 시 작동하는 음향장치의 경보방식에 대한 설명으로 가장 적절한 것을 고르시오. (단, 이때 건물은 공동주택이 아니다.)

① 모든 층에 일제히 경보가 울린다.

② 지상 1층부터 지상 5층에 우선 경보가 울린다.

③ 지상 1층부터 지상 5층과 지하층에 우선 경보가 울린다.

④ 지상 1층부터 지상 2층과 지하층에 우선 경보가 울린다.

43 비화재보 시 대처 요령으로 빈칸 (ㄱ)과 (ㄴ)에 들어갈 순서로 알맞은 내용을 차례대로 고르시오.

> 1. 수신기에서 화재표시등, 지구표시등 확인
> 2. 지구표시등의 해당 구역으로 이동하여 화재 여부 확인
> 3. 비화재보 상황 확인
> 4. ___(ㄱ)___ 버튼 누름
> 5. 비화재보 원인별 대책 실시
> 6. 수신기에서 복구 버튼 눌러 수신기 복구
> 7. ___(ㄱ)___ 버튼 누름
> 8. ___(ㄴ)___ 확인

	(ㄱ)	(ㄴ)
①	동작시험	스위치주의등 점등
②	동작시험	스위치주의등 소등
③	음향장치	스위치주의등 점등
④	음향장치	스위치주의등 소등

44 옥내소화전 설비의 구성 중 다음의 설명에 적합한 가압송수장치의 기동 방식을 고르시오.

- 별도의 압력탱크가 필요하며 압력탱크 내 압축 공기 또는 불연성 고압기체에 의해 소방용수를 가압 및 송수하는 방식
- 전원이 필요하지 않다.

① 고가수조방식　② 펌프방식
③ 압력수조방식　④ 가압수조방식

45 〈보기〉는 로터리방식의 동작시험 방법 순서를 나타낸 것이다. 〈보기〉를 참고하여 괄호에 공통으로 들어갈 말로 옳은 것을 고르시오.

보기

① 동작시험 스위치, (　　　) 스위치를 누르고 회로시험 스위치를 한 칸씩 회전하여 동작여부를 확인한다.
② 화재표시등, 지구표시등 및 기타 표시등의 점등 여부를 확인하고 음향장치 등 연동설비의 작동 여부 및 감지기 등 부속기기와 회로 접속 상태를 확인한다.
③ 기능에 이상이 있는 경우 회로 보수 등의 수리를 한다.
④ 이상이 없거나 수리를 끝내고 동작시험이 종료된 후에는 회로시험 스위치를 정상위치로 돌려놓고,
⑤ 동작시험 스위치, (　　　) 스위치를 눌러 복구시킨다.
⑥ 복구 후 모든 표시등의 소등을 확인한다.

① 예비전원　② 자동복구
③ 음향장치　④ 교류전원

46 객석통로의 직선길이가 25m일 때 객석유도등의 설치 개수로 옳은 것을 고르시오.

① 4개　② 5개
③ 6개　④ 7개

47 다음에 제시된 소방시설등 작동기능점검표 중 소방시설별 점검표 일부를 참고하여 그에 대한 설명으로 옳은 것을 고르시오.

자동화재탐지설비 점검표		
번호	점검항목	점검결과
15-D-001	부착 높이 및 장소별 감지기 종류 적정 여부	○
15-D-009	감지기 변형·손상 확인 및 작동 시험 적합 여부	×

설비명	점검번호	불량내용	조치
경보설비	15-D-009	LED 점등 여부	(A)

① 감지기의 종류가 잘못 설치되었으므로 해당 장소에 적응성이 있는 감지기로 교체한다.
② 감지기는 정상적으로 작동하고 있다.
③ 전압측정 결과 정격 전압의 80% 이상 측정되었다면 (A)는 감지기를 교체했다는 내용일 것이다.
④ 15-D-009 항목의 점검 결과가 정상이므로 (A)에는 해당없음(/) 표시를 한다.

48 다음 중 옥외소화전의 방수압력 측정 시 방수압력측정계에 표시되어야 하는 측정 결과로 가장 적합한 그림을 고르시오.

①
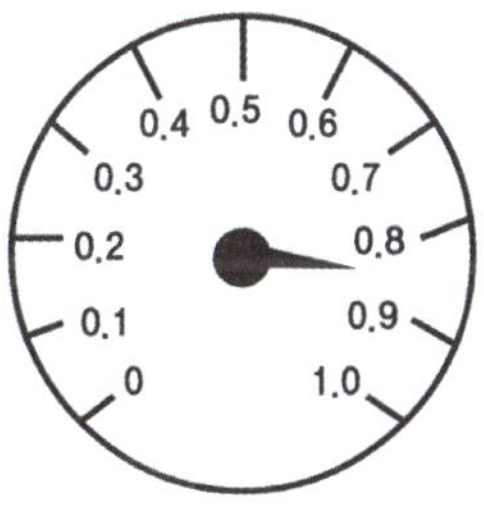

②
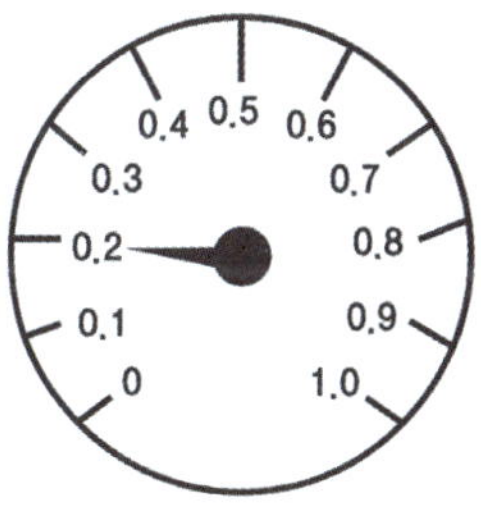

③

④

49 다음 제시된 소방시설 점검항목별 점검에 따른 점검 결과에 대한 설명으로 옳지 아니한 것을 <보기>에서 찾아 모두 고르시오.

① 소화기구		
번호	점검항목	점검결과
1-A-006	소화기의 지시압력계 적정 여부	(가)
② 옥내소화전설비		
2-C-002	옥내소화전 방수량 및 방수 압력 적정 여부	(나)
③ 자동화재탐지설비		
15-B-002	수신기 조작스위치의 설치 높이 적정 여부	○
15-E-002	음향장치의 음량 기준 적정 여부	(다)

<보기>

ⓐ 점검 결과 소화기의 지시압력계가 0.9MPa이라면 (가)에는 X 표시한다.
ⓑ 점검 결과 옥내소화전의 방수량이 110L/min이고, 방수압력이 0.5MPa로 측정되었다면 (나)에는 X 표시한다.
ⓒ 수신기의 조작스위치는 바닥으로부터 0.8m 이상 1.5m 이하의 높이에 설치되었을 것이다.
ⓓ 음향장치의 점검 결과 1m 떨어진 위치에서 100dB로 측정되었다면 (다)는 X 표시한다.

① ⓐ, ⓑ
② ⓐ, ⓓ
③ ⓑ, ⓒ
④ ⓑ, ⓓ

50 휴대용 비상조명등의 설치대상 및 기준에 대한 설명으로 옳지 아니한 것을 고르시오.

① 60분 이상 사용 가능한 건전지 및 배터리를 사용해야 한다.
② 자동 점등되는 구조여야 한다.
③ 숙박시설 및 다중이용업소는 객실 또는 영업장 내 구획된 실마다 잘 보이는 곳에 설치해야 한다.
④ 수용인원 100명 이상의 영화상영관은 휴대용 비상조명등 설치 대상이다.

CHAPTER

02 찐득한 문제 2회차

01 **소방공무원, 의무소방원, 의용소방대원으로 구성하는 조직체로 화재를 진압하고 화재 및 재난·재해, 그 밖의 위급한 상황에서 구조·구급 활동 등을 하는 사람들을 의미하는 용어로 옳은 것을 고르시오.**

① 자위소방대 ② 소방대
③ 소방안전관리자 ④ 소방대장

02 **화재가 발생할 경우 사회·경제적으로 피해 규모가 클 것으로 예상되는 소방대상물에 대해 화재위험요인을 조사하고 그 위험성을 평가하여 개선 대책을 수립하는 것을 의미하는 용어로 알맞은 것을 고르시오.**

① 긴급조치 ② 화재안전조사
③ 화재예방조치 ④ 화재예방안전진단

03 **다음의 건축물 일반현황을 참고하여 해당 소방안전관리대상물에 대한 설명으로 옳지 아니한 것을 <보기>에서 찾아 모두 고르시오.**

구분	건축물 일반현황
규모/구조	업무시설, 근린생활시설
	• 구조 : 철근콘크리트조 • 층수 : 지상 8층 • 높이 : 24m • 건축면적 : 2,000m^2 • 연면적 : 16,000m^2
사용승인	2023. 06. 07

<보기>

㉠ 작동점검을 실시하지 않는 소방안전관리대상물에 해당한다.
㉡ 대통령령으로 정하는 소방안전관리업무 대행 가능 대상물의 기준을 충족한다.
㉢ 소방안전관리자 강습교육이나 자격시험이 선임기간 내에 있지 않아 선임할 수 없는 경우 해당 관계인은 선임연기 신청이 가능하다.
㉣ 소방안전관리보조자를 선임해야 하는 대상으로 최소한의 선임 인원수는 1명이다.

① ㉠, ㉢ ② ㉡, ㉣
③ ㉠, ㉡, ㉢ ④ ㉡, ㉢, ㉣

04 건설현장 소방안전관리에 대한 설명으로 옳지 아니한 것을 고르시오

① 소방시설공사 착공 신고일부터 건축물 사용승인일까지 건설현장 소방안전관리자를 선임해야 한다.
② 건설현장 소방안전관리대상물의 공사시공자는 건설현장 소방안전관리자를 선임한 날부터 14일 내에 소방본부장 또는 소방서장에게 선임 신고를 해야 한다.
③ 소방안전관리자 자격증을 발급받은 소방안전관리자로 건설현장 소방안전관리자 강습교육을 수료한 사람을 선임해야 한다.
④ 신축·증축·개축·재축·이전·철거 또는 대수선을 하려는 부분의 연면적의 합계가 1만 5천제곱미터 이상인 것은 건설현장 소방안전관리대상물이다.

05 다음 중 300만 원 이하의 과태료가 부과되지 아니하는 사람을 고르시오.

① 피난유도 안내정보를 제공하지 아니한 자
② 소방시설을 화재안전기준에 따라 설치·관리하지 아니한 자
③ 화재예방조치 조치명령을 정당한 사유 없이 따르지 아니하거나 방해한 자
④ 법 제 17조(화재의 예방조치 등) 제1항의 각 호를 위반하여 화기취급 등을 한 자

06 방염처리 된 물품의 사용을 권장할 수 있는 경우에 해당하지 않는 것을 고르시오.

① 다중이용업소에서 사용하는 침구류
② 건축물 내부의 천장 또는 벽에 부착하거나 설치하는 가구류
③ 종교시설에서 사용하는 소파
④ 숙박시설에서 사용하는 의자

07 지상층 중에서 채광·환기·통풍 또는 출입 등을 위해 만든 창이나 출입구 등의 역할을 하는 개구부의 면적의 합계가 해당 층의 바닥면적의 30분의 1 이하가 되는 층에서 개구부가 갖추어야 하는 조건에 대한 설명으로 적절하지 아니한 것을 고르시오.

① 해당 층의 바닥면으로부터 개구부의 하단까지 높이가 1.5m 이내일 것
② 지름 50cm 이상의 원이 통과할 수 있을 것
③ 도로 또는 차량이 진입할 수 있는 빈터를 향할 것
④ 내부 또는 외부에서 쉽게 부수거나 열 수 있을 것

08 다음 중 양벌규정이 부과되지 아니하는 사람은?

① 법령을 위반하여 소방안전관리자를 겸한 자
② 정당한 사유 없이 화재예방안전진단 결과에 따른 보수·보강 등의 조치명령을 위반한 자
③ 관계인에게 중대위반사항을 알리지 아니한 관리업자등
④ 화재예방안전진단을 받지 아니한 자

09 다음 제시된 표를 참고하여 해당 소방안전관리대상물에 대한 설명으로 옳지 아니한 것을 고르시오.

규모/구조	• 용도 : 의료시설
	• 연면적 : 5,600m^2 • 층수 : 지상 5층 / 지하 1층
소방시설	• 옥내소화전설비 • 스프링클러설비 • 자동화재탐지설비 • 피난기구, 유도등

① 1급 소방안전관리자 자격이 있는 사람을 소방안전관리자로 선임할 수 있다.
② 소방안전관리보조자를 최소 2명 이상 선임해야 한다.
③ 2급 소방안전관리대상물이다.
④ 대형피난구유도등 및 통로유도등을 설치하는 장소이다.

10 **다음 제시된 위험물 중에서 산화성을 갖는 물질은 무엇인지 고르시오.**

① 제1류위험물 ② 제2류위험물
③ 제3류위험물 ④ 제4류위험물

11 **소방안전관리자를 선임하지 아니하는 특정소방대상물에서의 관계인의 업무에 해당하지 아니하는 것을 모두 고르시오.**

㉠ 피난·방화시설, 방화구획의 유지·관리
㉡ 화기취급의 감독
㉢ 소방계획서의 작성·시행
㉣ 화재발생 시 초기대응
㉤ 소방시설 및 소방관련 시설의 관리

① ㉢ ② ㉢, ㉣
③ ㉠, ㉣, ㉤ ④ ㉠, ㉡, ㉣, ㉤

12 **다음 중 소방대상물에 해당하지 아니하는 것이 포함된 것을 고르시오.**

① 차량, 건축물
② 산림, 인공 구조물
③ 항구에 매어둔 선박, 인공물
④ 선박 건조 구조물, 항해 중인 선박

13 **피난·방화시설의 유지·관리 및 금지행위 중에서 변경행위에 해당하지 않는 것을 고르시오.**

① 비상구에 용접·조적 등을 하는 행위
② 방화문을 철거하고 유리문을 설치하는 행위
③ 임의구획으로 무창층을 발생시킨 행위
④ 방화구획에 개구부를 설치하는 행위

14 **가연성물질의 구비조건으로 옳은 것만을 모두 고르시오.**

㉮ 활성화에너지 값이 커야 한다.
㉯ 지연성 가스인 산소, 염소와 친화력이 강해야 한다.
㉰ 연쇄반응을 일으키지 않는 물질이어야 한다.
㉱ 비표면적이 작아야 한다.
㉲ 열의 이동이 용이하도록 열전도도가 작아야 한다.

① ㉯ ② ㉮, ㉯
③ ㉰, ㉱ ④ ㉮, ㉯, ㉲

15 **가연물이 될 수 없는 조건 중에서 산소와 화합하여 흡열반응을 일으키는 물질은 무엇인지 고르시오.**

① 헬륨, 아르곤, 네온 ② 질소 또는 질소산화물
③ 이산화탄소 ④ 일산화탄소

16 **다음 중 산소공급원이 될 수 있는 물질과 그에 대한 설명으로 옳지 아니한 것을 고르시오.**

① 제1류위험물인 산화성고체는 강산화제로써 다량의 산소를 함유하고 있다.
② 자기반응성물질인 제3류위험물은 분자 내에 가연물과 산소를 충분히 함유하고 있다.
③ 산화성액체인 제6류위험물은 자체는 불연이나 강산으로 산소를 발생하는 조연성 액체이기도 하다.
④ 일반적으로 공기 중에 약 1/5 정도의 산소가 존재한다.

17 **점화원이 될 수 있는 요소 중에서 열에너지가 파장 형태로 방사되는 현상으로, 화염과 직접적인 접촉 없이도 연소가 확대될 수 있어 가연성 물질에 장시간 방사될 시 발화로 이어질 수 있는 요소로 알맞은 것은 무엇인지 고르시오.**

① 열전도 ② 복사열
③ 고온표면 ④ 정전기 불꽃

18 **다음의 설명에 해당하는 건축 용어와 그에 대한 설명으로 빈칸 (A), (B)에 들어갈 말을 순서대로 고르시오.**

> (A)이란, 기존 건축물의 전부 또는 일부(내력벽·기둥·보·지붕틀 중 (B) 이상이 포함되는 경우를 말한다)를 철거하고 그 대지 안에 종전과 동일한 규모의 범위 안에서 건축물을 다시 축조하는 것을 말한다.

① (A) 신축, (B) : 2개
② (A) 증축, (B) : 2개
③ (A) 개축, (B) : 3개
④ (A) 재축, (B) : 3개

19 **등유의 연소범위(vol%) 내에 있는 값으로 옳지 아니한 것을 고르시오.**

① 1　② 3
③ 5　④ 7

20 **통전 중인 전기 기기 등에서 비롯된 화재의 소화를 위해 불연성 기체인 이산화탄소로 덮어서 산소의 농도를 약 15% 이하로 억제하여 화재를 진압하였다면 이 과정에서 사용된 소화방식으로 가장 적절한 것을 고르시오.**

① 제거소화　② 억제소화
③ 질식소화　④ 냉각소화

[21~22] 다음에 제시된 소방안전관리대상물의 건축물 현황 등을 참고하여 각 질문에 답하시오.

<table>
<tr><td>명칭</td><td colspan="2">서울빌딩</td></tr>
<tr><td>용도</td><td colspan="2">업무시설</td></tr>
<tr><td>규모</td><td colspan="2">• 지상 15층
• 연면적 : 10,000m²
• 높이 : 60m</td></tr>
<tr><td rowspan="3">소방안전 관리자 현황</td><td>성명</td><td>김철수</td></tr>
<tr><td>강습교육 수료일자</td><td>2025. 08. 21</td></tr>
<tr><td>선임일자</td><td>2026. 01. 05</td></tr>
<tr><td>소방시설 현황(일부)</td><td colspan="2">• 자동화재탐지설비
• 소화기구
• 옥내소화전설비
• 스프링클러설비
• 유도등 및 비상조명등</td></tr>
</table>

21 **다음 지문의 빈칸에 들어갈 실무교육 이수 기한으로 가장 적절한 날짜를 고르시오.**

> 서울빌딩에 선임된 소방안전관리자 김철수는 ________________ 까지 실무교육을 이수하여야 한다.

① 2026년 8월 20일　② 2027년 8월 20일
③ 2028년 1월 4일　④ 2028년 9월 4일

22 **서울빌딩에 선임된 소방안전관리자 김철수의 선임 신고 기한으로 가장 적절한 날짜를 고르시오.**

① 2026년 1월 19일　② 2026년 1월 20일
③ 2026년 2월 4일　④ 2026년 3월 6일

23 다음의 설명에 부합하는 가스의 주성분으로 옳은 것을 고르시오.

- 증기비중: 0.6
- 폭발범위: 5~15%
- 용도: 도시가스
- 누출 시 천장쪽에 체류함

① C_3H_8　② C_3H_4
③ CH4　④ C_4H_{10}

24 다음 중 각각의 면적별 방화구획 설치 기준에 대한 설명이 옳지 아니한 것을 고르시오.(단, 이때 대상물은 주요구조부가 내화구조 또는 불연재료로 된 건축물로서 연면적이 1,000m²를 넘는 것을 말한다)

① 스프링클러설비가 설치된 경우로 6층 : 바닥면적 1,000m² 이내마다 구획
② 스프링클러설비(자동식소화설비)가 설치되지 않은 경우로 11층 : 바닥면적 200m² 이내마다 구획
③ 스프링클러설비가 설치된 경우로 13층 : 바닥면적 600m² 이내마다 구획
④ 스프링클러설비가 설치되고 내장재가 불연재인 경우로 15층 : 바닥면적 1,500m² 이내마다 구획

25 화재감시자 배치 시 사업주는 화재감시자에게 업무 수행에 필요한 장비 등을 지급해야 한다. 이때 산업안전보건기준에 관한 규칙으로 정하는 지급 장비 등에 해당하지 아니하는 것을 고르시오.

① 확성기
② 휴대용 조명기구
③ 화재 대피용 마스크
④ 안전화

26 가스계소화설비의 점검 전 안전조치 단계 중 3단계 (A) ~ (C)에 들어갈 과정으로 옳은 순서를 고르시오.

1단계	1. 기동용기에서 선택밸브에 연결된 조작동관 및 저장용기에 연결된 개방용 동관을 분리한다.
2단계	2. 제어반의 솔레노이드밸브를 연동 정지한다.
3단계	(A) ______ (B) ______ (C) ______

	(A)	(B)	(C)
①	솔레노이드 분리	안전핀 제거	안전핀 체결
②	솔레노이드 분리	안전핀 체결	안전핀 제거
③	안전핀 제거	솔레노이드 분리	안전핀 체결
④	안전핀 체결	솔레노이드 분리	안전핀 제거

27 자위소방대 유형(TYPE)별 조직구성에 대한 설명으로 옳지 아니한 것을 고르시오.

① TYPE-Ⅰ의 대상물은 둘 이상의 현장대응조직을 운영할 수 있다.
② 연면적이 3만제곱미터 미만인 1급의 경우 TYPE-Ⅱ가 적용된다.
③ TYPE-Ⅲ의 대상물 중 편성인원이 10인 이하인 현장대응조직은 하위 조직의 구분 없이 운영이 가능하다.
④ TYPE-Ⅰ의 지구대는 각 구역(Zone)별 규모 및 편성대원 등 현장운영 여건에 따라 팀을 구성할 수 있다.

28 초기대응체계의 구성 및 인원편성에 대한 설명으로 적절하지 아니한 것을 고르시오.

① 초기대응체계는 화재가 발생한 때에 한정하여 일시적으로 운영된다.
② 초기대응체계는 자위소방대에 포함하여 편성하되, 화재 발생 초기에 신속하게 대응할 수 있도록 구성해야 한다.
③ 대상물의 특성이 반영된 특수기능을 수행할 수 있도록 소규모팀으로 편성한다.
④ 소방안전관리보조자를 운영 책임자로 지정하는데 보조자가 없는 대상처는 선임 대원을 운영책임자로 한다.

29 화재 시 일반적인 피난행동 요령으로 옳은 설명을 고르시오.

① 고층에서 대피할 때에는 엘리베이터를 이용해 신속하게 지상층으로 이동한다.
② 출입문을 열기 전 문 손잡이가 뜨겁다면 다른 길을 찾는다.
③ 탈출한 후에는 구조대원의 안내에 따라 건물에 진입하여 재실자의 피난을 돕는다.
④ 연기는 바닥면을 따라 이동하므로 연기 발생 시 몸을 일으킨 자세로 이동한다.

30 다음 제시된 소방계획의 주요원리 중에서, 빈칸 ㉠과 ㉡의 주요내용이 다음과 같을 때 각 빈칸에 들어갈 주요원리로 가장 적절한 것을 순서대로 고르시오.

주요원리	주요내용
지속적 발전모델	PDCA Cycle(Plan : 계획, Do : 이행·운영, Check : 모니터링, Act : 개선)
㉠	• 외부 : 거버넌스(정부-대상처-전문기관) 및 안전관리 네트워크 구축 • 내부 : 협력 및 파트너십 구축
㉡	• 모든 형태의 위험 포괄 • 재난의 전주기적(예방·대비-대응-복구) 단계 위험성 평가

	㉠	㉡
①	종합적 안전관리	통합적 안전관리
②	통합적 안전관리	종합적 안전관리
③	주기적 안전관리	종합적 안전관리
④	통합적 안전관리	주기적 안전관리

31 **그림을 참고하여 옥내소화전의 주펌프를 수동으로 기동하기 위해 조작할 수 있는 방법으로 가장 적절한 설명을 고르시오.**

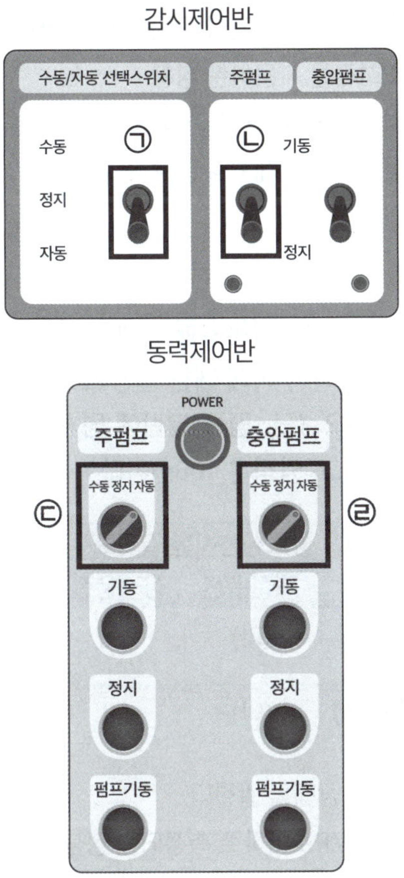

① ㉠만 수동 위치로 이동한다.
② ㉡만 기동 위치로 이동한다.
③ ㉢을 수동 위치로 이동하고 기동버튼을 누른다.
④ ㉣을 수동 위치로 이동하고 기동버튼을 누른다.

32 **피난약자의 피난보조 시 장애유형별 피난보조 예시로 적합하다고 보기 어려운 행위를 고르시오.**

① 지체장애인의 피난보조 시 불가피한 경우를 제외하고는 2인 1조가 되어 피난을 보조한다.
② 시각장애인의 피난보조 시 이쪽, 저쪽 등 친숙한 표현을 사용하여 장애물 등의 위치를 미리 알려준다.
③ 지적장애인의 피난보조 시 차분하고 느린 어조로 도움을 주러 왔음을 밝힌다.
④ 청각장애인의 피난보조 시 표정이나 메모, 조명 등을 적극적으로 활용한다.

33 **응급처치의 목적 및 중요성에 대한 설명이 바르지 아니한 것을 고르시오.**

① 2차적으로 발생하는 질병을 치료하는 목적을 갖는다.
② 긴급한 환자의 생명을 유지하고 환자의 고통을 경감시킬 수 있다.
③ 응급처치를 통해 전문 치료기관으로의 이송 후 빠른 회복을 도울 수 있다.
④ 의료비를 절감할 수 있다.

[34~35] 다음의 응급처치 체계도를 참고하여 물음에 답하시오.

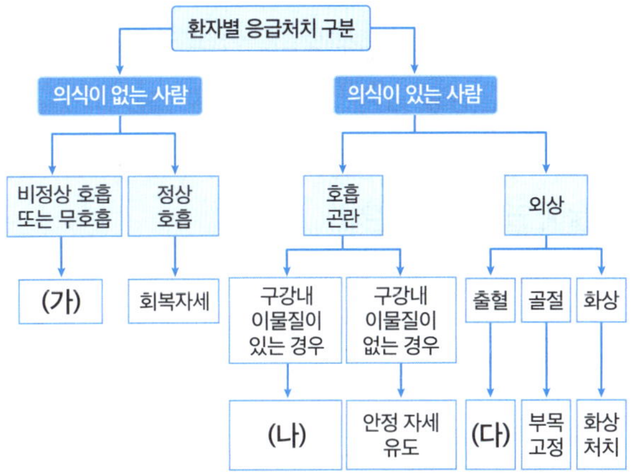

34 **(나)와 (다)에 들어갈 응급처치 행동에 대한 각 설명이 옳지 아니한 것을 고르시오.**

① (나) : 이물질이 눈에 보이더라도 손으로 제거하려 해서는 안 된다.
② (나) : 기침을 유도하거나 하임리히법으로 복부를 밀어내 이물질이 제거되도록 한다.
③ (다) : 출혈이 심하지 않다면 지혈대를 사용하여 지혈한다.
④ (다) : 직접압박 시 소독거즈로 출혈 부위를 덮고 4~6인치의 압박붕대로 출혈부위가 압박되도록 감는다.

35 **(가)에 들어갈 응급처치 시행 방법에 대한 설명으로 옳은 것을 고르시오.**

① C→B→A의 순서로 시행한다.

② 맥박 및 호흡의 정상 여부를 30초 내로 판별한다.

③ 인공호흡에 거부감이 있다면 시행하지 않아도 된다.

④ 성인의 경우 가슴압박은 분당 60~80회의 속도와 약 5cm 깊이로 강하게 압박한다.

36 **화상환자를 전문치료 기관으로 이동하기 전에 취할 수 있는 조치에 대한 설명으로 적절하지 아니한 것을 고르시오.**

① 환자의 옷가지와 피부조직이 붙어 있을 경우 물에 적신 수건 등을 사용해 약한 힘으로 옷가지를 떼어 낸다.

② 환자의 통증 호소에 동요되어 식용기름 등을 바르는 일이 없도록 한다.

③ 1도나 2도 화상은 실온의 물을 약하게 하여 흐르는 물에 열감을 식혀준다.

④ 부분층화상을 입은 환자의 경우 수포가 발생한 상태에서는 감염의 우려가 있으므로 터트리지 않는다.

37 **자동심장충격기(AED)의 올바른 사용방법에 해당하지 아니하는 것을 고르시오.**

① 제세동이 필요한 환자의 경우 제세동 버튼을 누르기 전 다른 사람들이 환자에게서 떨어져 있는지 확인해야 한다.

② 심장리듬 분석 중에는 하고 있던 심폐소생술을 멈추고 환자에게서 모두 손을 떼야 한다.

③ AED는 정상적인 호흡이 없는 심정지 환자에게만 사용해야 한다.

④ 패드1은 오른쪽 젖꼭지 옆 겨드랑이에, 패드2는 왼쪽 빗장뼈 아래에 부착한다.

38 **3선식 배선을 사용하는 유도등이 자동으로 점등되는 경우에 해당하지 아니하는 상황을 고르시오.**

① 상용전원이 정전되거나 전원선이 단선되는 상황

② 옥내소화전을 사용하는 상황

③ 비상경보설비의 발신기가 작동하는 상황

④ 전기실의 배선반에서 수동으로 점등하는 상황

39 **다음은 펌프성능시험 결과표를 나타낸 것이다. 표를 참고하여 이에 대한 설명으로 옳지 아니한 것을 고르시오. (단, 펌프 명판에 명시된 토출량은 600L/min이고, 양정은 100m이다.)**

펌프성능시험 결과표			
구분	체절운전	정격운전	최대운전
토출량(L/min)	(가)	600	(다)
토출압(MPa)	(나)	1.0	(라)

① (가)는 0인 상태를 말한다.

② (나)는 1.4MPa 이하로 측정되면 정상이다.

③ (다)는 900L/min일 것이다.

④ (라)의 실측치가 0.6MPa이었다면 토출압력은 정상이다.

40 **자동화재탐지설비에 포함되는 각 구조의 설치기준에 대한 설명이 옳지 아니한 것을 고르시오.**

① 수신기 : 조작스위치의 높이는 0.8m 이상 1.5m 이하여야 한다.

② 발신기 : 바닥으로부터 0.8m 이상 1.5m 이하의 높이로 층마다 설치해야 한다.

③ 시각경보장치 : 바닥으로부터 2m 이상 2.5m 이하의 장소에 설치하는데 천장의 높이가 2m 이하인 경우에는 천장으로부터 0.15m 이내의 장소에 설치한다.

④ 음향장치 : 층마다 설치하되 보행거리가 25m 이하가 되도록 설치한다.

41 가스계소화설비의 주요 구성요소에 해당하는 것을 모두 고르시오.

㉮ 저장용기	㉯ 디플렉타
㉰ 기동용 가스용기	㉱ 선택밸브
㉲ 솔레노이드 밸브	㉳ 릴리프밸브

① ㉰, ㉱
② ㉮, ㉰, ㉳
③ ㉮, ㉰, ㉱, ㉲
④ ㉮, ㉯, ㉱, ㉳

42 〈보기〉는 발신기의 작동 점검 시 단계별 과정을 나타낸 것이다. 〈보기〉의 빈칸에 들어갈 과정으로 옳은 것을 고르시오.

보기

1. 발신기 누름버튼을 수동으로 누름
2. ______________________
3. 주경종, 지구경종, 비상방송 등 연동설비 작동 확인
4. 발신기 누름버튼 복구 및 결합
5. 수신기에서 화재신호 복구

① 축적형 수신기의 경우 축적·비축적 선택스위치를 비축적 위치로 설정
② 도통시험 확인등의 녹색불 점등 확인
③ 수신기의 발신기등 및 발신기의 응답램프 점등 확인
④ 음향장치(주경종, 지구경종, 사이렌, 비상방송 등) 정지

43 준비작동식 스프링클러설비의 점검 시 A or B 감지기 작동으로 확인하는 사항에 해당하지 아니하는 것을 고르시오.

① 전자밸브(솔레노이드 밸브) 작동
② 경종 및 사이렌 경보
③ 지구표시등 점등
④ 화재표시등 점등

44 층수가 7층인 건물의 각 층마다 옥내소화전이 3개 설치되어 있을 때 수원의 저수량으로 옳은 것을 고르시오.

① $4.6m^3$
② $5.2m^3$
③ $7.8m^3$
④ $15.6m^3$

45 옥내소화전의 방수압력 측정 시 주의사항으로 옳은 것만을 모두 고르시오.

㉮ 방수압력 측정 시 방사형 관창을 사용한다.
㉯ 어느 층에 있어서도 2개 이상 설치된 경우에는 방수압력과 방수량 측정 시 2개를 개방시켜 놓고 측정한다.
㉰ 피토게이지는 무상주수 상태에서 직각으로 측정한다.
㉱ 초기 방수 시 이물질이나 공기 등을 완전히 배출한 후 측정한다.

① ㉮, ㉯
② ㉰, ㉱
③ ㉯, ㉰
④ ㉯, ㉱

46 다음은 펌프성능시험에 대한 설명이다. 각 빈칸에 들어갈 말로 옳은 설명을 고르시오.

㉮ (ㄱ)운전: 체절압력이 정격토출압력의 __(A)__ 인지 확인하고 릴리프밸브 작동 여부를 확인한다. ㉯ (ㄴ)운전: 유량이 정격토출량의 __(B)__ 일 때 압력계의 압력이 정격토출압력의 __(C)__ 이/가 되는지 확인한다. ㉰ (ㄷ)운전: 유량이 100%일 때 정격토출압력 이상인지 확인한다.

① (ㄱ)은 최대운전으로 (A)는 140% 이상이다.

② (ㄴ)은 체절운전으로 (B)는 150%, (C)는 45% 이상이다.

③ (ㄴ)은 최대운전으로 (B)는 150%, (C)는 65% 이상이다.

④ (ㄷ)은 정격부하운전으로 시험 시 유량계에 기포가 유입되도록 주의한다.

47 다음은 준비작동식 스프링클러설비의 작동 순서를 나타낸 것이다. 문제의 빈칸 (A), (B), (C)에 들어갈 말로 옳은 것을 차례대로 고르시오.

1. 화재 발생 2. 교차회로 방식의 __(A)__ 감지기 작동→경종/사이렌 경보 및 화재표시등 점등 3. __(B)__ 감지기 작동 또는 수동기동장치(SVP) 작동 4. 준비작동식 유수검지장치 작동 (4-1). 전자밸브(솔레노이드 밸브) 작동 (4-2). 중간챔버 감압 및 밸브 개방 (4-3). __(C)__ 작동→사이렌 경보 및 밸브개방표시등 점등 5. 2차측으로 급수 및 헤드 개방→방수 6. 배관 내 압력이 저하되어 펌프 자동 기동

	(A)	(B)	(C)
①	A and B	A or B	수격방지기
②	A and B	A or B	클래퍼
③	A or B	A and B	드라이밸브
④	A or B	A and B	압력스위치

48 유도등의 종류별 설치 기준에 대한 설명으로 바르지 아니한 것을 고르시오.

① 거실통로유도등은 구부러진 모퉁이 및 보행거리 20m마다 설치하고 바닥으로부터 1.5m 이하의 위치에 설치할 것.

② 복도통로유도등은 바닥으로부터 높이 1m 이하의 위치에 설치하는데 바닥에 설치하는 통로유도등은 하중에 따라 파괴되지 않는 강도의 것으로 할 것.

③ 피난구유도등은 피난구의 바닥으로부터 높이 1.5m 이상으로서 출입구에 인접하도록 설치한다.

④ 계단통로유도등은 각 층의 경사로 참 또는 계단참마다 설치하고 바닥으로부터 높이 1m 이하의 위치에 설치할 것.

[49~50] 다음은 MD스퀘어의 소방계획서 중 일부 내용을 발췌한 것이다. 다음의 현황을 참고하여 각 물음에 답하시오.

구분	건축물 일반현황	
명칭	MD스퀘어	
규모/구조	☑ 건축면적 3,500m^2	
	☑ 연면적 16,000m^2	
	☑ 지상 5층 / 지하 2층	
	☑ 높이 22m	
	☑ 용도 : 판매시설, 근린생활시설	
	☑ 사용승인 : 2022. 02. 27	
소방시설 일반현황		
소화설비	설비	점검결과
	[V] 소화기구 [V] 소화기	○
	[V] 자동소화설비	○
	[V] 옥내소화전설비	○
	[V] 스프링클러설비	○

49 **MD스퀘어에 대한 설명으로 옳지 아니한 설명을 고르시오.**

① 소방서장은 MD스퀘어의 관계인으로 하여금 소방관서와 함께 합동소방훈련을 실시하도록 할 수 있다.

② MD스퀘어는 대통령령으로 지정한 일부 업무에 대하여 관리업자로 하여금 업무의 대행이 가능한 대상물에 해당하지 아니한다.

③ 위험물기능장, 위험물산업기사 또는 위험물기능사 자격을 가진 사람으로 2급소방안전관리자 자격증을 발급받은 사람을 소방안전관리자로 선임할 수 있다.

④ 소방안전관리보조자를 최소 1명 이상 선임해야 하는데 소방안전관리대상물의 소방안전관리에 대한 강습교육을 수료한 사람을 소방안전관리보조자로 선임할 수 있다.

50 **MD스퀘어의 소방시설등 자체점검에 대한 설명으로 옳은 것을 고르시오.**

① 작동점검만 실시하는 대상물이다.

② 작동점검 제외 대상으로 반기에 1회 이상 종합점검만 실시하는 대상물이다.

③ 2026년 2월에는 작동점검, 2026년 8월에는 종합점검을 실시한다.

④ 2026년 2월에는 종합점검, 2026년 8월에는 작동점검을 실시한다.

03 찐득한 문제 3회차

01 **다음 중 소방관계법령에서 다루는 각 법률에 대한 설명이 바르지 아니한 것을 고르시오.**

① 화재예방법은 화재로부터 국민의 생명, 신체, 재산을 보호하고 공공의 안전과 복리증진에 이바지함이 궁극적인 목적이다.
② 소방시설법에서는 소방용품 성능관리에 필요한 사항 등을 규정한다.
③ 소방기본법의 의의는 화재를 예방·경계하거나 진압하고 화재 및 재난·재해, 그 밖의 위급한 상황에서의 구조·구급활동 등을 통해 국민의 생명, 신체, 재산을 보호하는 것이다.
④ 공공의 안녕 및 질서 유지와 복리증진에 이바지함이 궁극적인 목적인 것은 소방시설법이다.

02 **다음 중 무창층에서 갖추어야 하는 개구부의 조건에 해당하지 아니하는 것을 모두 고르시오.**

(가) 개구부의 크기는 지름 30cm 이상의 원이 통과할 수 있을 것.
(나) 안전을 위해 쉽게 부서지지 않을 것.
(다) 개구부의 하단이 해당 층의 바닥으로부터 1.5m 이내의 높이에 위치할 것.
(라) 도로 또는 차량 진입이 가능한 빈터를 향할 것.
(마) 창살 및 장애물이 없을 것.

① (가), (나), (다) ② (가), (라), (마)
③ (나), (다), (마) ④ (나), (라), (마)

03 **세대 수가 1,400세대인 아파트와 연면적이 48,000m²인 특정소방대상물에서 선임해야 하는 소방안전관리보조자의 선임 인원수를 합산한 값으로 옳은 것을 고르시오.(단, 특정소방대상물의 경우 아파트를 제외한 특정소방대상물을 말한다.)**

① 5명 ② 6명
③ 7명 ④ 8명

04 **다음 중 화재안전조사에 대한 설명으로 적절하지 아니한 것을 고르시오.**

① 화재안전조사의 실시 주체는 시·도지사, 소방본부장 또는 소방서장이다.
② 화재예방안전진단이 불성실하거나 불완전하다고 인정되는 경우 실시할 수 있다.
③ 조사대상, 기간 및 사유 등이 포함된 조사 계획을 소방관서 인터넷 홈페이지나 전산 시스템을 통해 7일 이상 공개해야 한다.
④ 화재안전조사를 위해 관계인에게 보고 또는 자료의 제출을 요구할 수 있다.

05 **다음의 설명을 참고하여 빈칸 (A)에 들어갈 용어로 옳은 것과, <보기>에 제시된 구성원 중에서 (A)에 포함되는 인력으로 적절하지 아니한 구성원을 각각 고르시오.**

화재를 진압하고 화재, 재난·재해 그 밖의 위급한 상황에서 구조·구급활동 등을 하기 위하여 다음 각 목의 사람으로 구성된 조직체를 **(A)** 라고 한다.

<보기> 구성원	ⓐ「위험물안전관리법」에 따른 자체소방대원 ⓑ「의무소방대설치법」에 따라 임용된 의무소방원 ⓒ「소방공무원법」에 따른 소방공무원 ⓓ「의용소방대 설치 및 운영에 관한 법률」에 따른 의용소방대원

① (A) : 소방대 / ⓐ
② (A) : 소방대 / ⓑ
③ (A) : 자위소방대 / ⓒ
④ (A) : 자위소방대 / ⓓ

06 다음 중 건축물의 주요구조부에 해당하는 것은 무엇인지 고르시오.

① 작은 보 ② 최하층 바닥
③ 지붕틀 ④ 옥외계단

07 다음의 지문을 참고하여 이와 같은 조건으로 소방안전관리보조자로 선임된 경우 최초의 실무교육 실시 일로 가장 적절한 날짜를 고르시오.

- 소방안전관리대상물에서 소방안전 관련 업무에 2년 이상 근무한 경력으로 선임된 소방안전관리보조자
- 선임일 : 2025년 7월 21일
- 이전 강습교육 또는 실무교육 수료 내역 없음

① 2025년 10월 17일 ② 2026년 1월 15일
③ 2026년 7월 15일 ④ 2027년 7월 12일

08 방염처리물품의 성능검사 시험 중 선처리물품의 성능검사에 대한 설명에 해당하지 아니하는 것을 고르시오.

① 방염성능검사가 완료되면 확인표시를 부착한다.
② 성능검사 실시기관은 한국소방산업기술원이 주관한다.
③ 검사 신청수량 중 일정한 수량의 표본을 추출하여 검사를 실시한다.
④ 제조 또는 가공 과정에서 방염처리하는 커튼류 및 카펫, 목재류 등의 물품을 말한다.

09 화재안전조사의 절차에 대한 설명으로 옳은 것을 고르시오.

① 소방관서장은 조사계획을 소방관서의 인터넷 홈페이지나 전산시스템을 통해 30일 이상 공개해야 한다.
② 소방관서장은 사전 통지 없이 화재안전조사를 실시할 수 있으며 실시 전 관계인에게 설명해야 하는 의무가 없다.
③ 화재안전조사의 조사계획은 조사대상, 조사기간 및 조사사유 등을 포함해야 한다.
④ 소방관서장은 원활한 화재안전조사 실시를 위하여 소속 공무원으로 하여금 관계인에게 소방대상물의 사용 금지 또는 제한을 명할 수 있다.

10 다음 중 소방안전관리보조자 선임 대상물에 대한 설명으로 옳지 아니한 것을 고르시오.

① 아파트 중 300세대 이상인 아파트는 소방안전관리보조자 선임 대상으로 초과되는 300세대마다 1명 이상을 추가로 선임한다.
② 연면적이 15,000m^2 이상인 특정소방대상물(아파트 및 연립주택 제외)은 소방안전관리보조자 선임 대상으로 초과되는 연면적 15,000m^2마다 1명을 추가로 선임한다.
③ 공동주택 중 기숙사, 의료시설, 노유자시설, 수련시설은 소방안전관리보조자를 선임해야 하는 대상물이다.
④ 숙박시설 중에서 숙박시설로 사용되는 바닥면적의 합계가 2,500m^2 미만이고 관계인이 24시간 상시 근무하고 있는 숙박시설은 소방안전관리보조자 선임 대상물에서 제외된다.

11 **다음 중 가장 무거운 벌금이 부과되는 행위를 고르시오.**

① 소방시설등에 대하여 스스로 점검을 하지 않거나 관리업자등으로 하여금 정기적으로 점검하게 하지 아니한 행위
② 소방대가 화재진압·인명구조 또는 구급활동을 위하여 현장에 출동하거나 현장에 출입하는 것을 고의로 방해하는 행위
③ 소방시설에 폐쇄·차단 행위를 하여 사람을 상해에 이르게 한 행위
④ 화재안전조사 결과에 따른 조치명령을 정당한 사유 없이 위반한 행위

12 **제시된 그림과 조건을 참고하여 해당 건축물의 높이를 산정하시오.**

- 건축물의 건축면적 : 1,300m^2
- 옥상부분 A의 수평투영면적 : 80m^2
- 옥상부분 B의 수평투영면적 : 70m^2

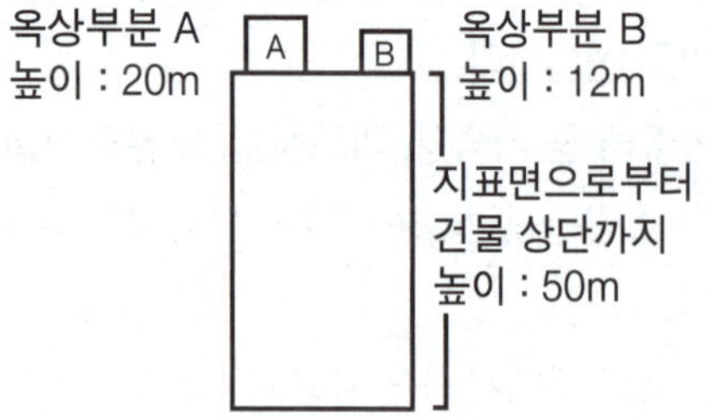

① 52m ② 58m
③ 62m ④ 70m

13 **소방안전관리대상물의 근무자 및 거주자 등에 대한 소방훈련 등에 대한 설명으로 바르지 아니한 것을 고르시오.**

① 소방안전관리업무의 전담이 필요한 소방안전관리대상물의 관계인은 소방훈련 및 교육을 한 날부터 7일 이내에 소방훈련 및 교육에 대한 결과를 소방본부장 또는 소방서장에게 제출해야 한다.
② 연 1회 이상 실시해야 하는데 다만, 소방본부장 또는 소방서장이 화재예방을 위하여 필요하다고 인정하여 2회의 범위에서 추가로 실시하도록 요청한 경우에는 소방훈련 및 교육을 실시해야 한다.
③ 관계인은 소방훈련과 교육을 실시하는 경우 소방훈련 및 교육에 필요한 장비 및 교재 등을 갖추어야 한다.
④ 소방본부장 또는 소방서장은 다수인이 이용하는 대통령령으로 정하는 특정소방대상물의 근무자 등에게 불시에 소방훈련 및 교육을 실시할 수 있는데, 이 경우 소방본부장 또는 소방서장은 훈련 실시 10일 전까지 계획서를 관계인에게 통지해야 한다.

14 **다음 중 산소와 화학반응을 일으킬 수 없는 물질로 가연물이 될 수 없는 조건에 해당하는 것을 고르시오.**

① CO ② He, Ne
③ H_2 ④ H_2O, CO_2

15 **다음 중 아크(Arc)용접의 열적 특성에 해당하는 설명을 고르시오.**

① 청백색의 강한 빛과 열을 내며, 가장 온도가 높은 부분의 최고온도는 약 6,000˚C 정도이다.
② 일반적으로 화염 조절이 용이한 산소-아세틸렌을 사용한다.
③ 점화 후 산소를 분출시키면서 매연이 없어진다.
④ 휘백색의 백심과 푸른 속불꽃, 투명한 청색의 겉불꽃 형태의 화염이 관찰된다.

16 소방시설등의 자체점검 중 종합점검 실시 대상에 대한 설명으로 옳지 아니한 것을 고르시오.

① 스프링클러설비가 설치된 특정소방대상물
② 제연설비가 설치된 터널
③ 물분무등소화설비가 설치된 연면적 4,000m^2 이상의 특정소방대상물
④ 공공기관 중 연면적이 1,000m^2 이상인 것으로서 옥내소화전설비 또는 자동화재탐지설비가 설치된 것

17 칼륨, 나트륨, 마그네슘 등 가연성이 강한 '이것'류가 가연물이 되는 화재로 괴상보다는 분말상으로 존재할 때 가연성이 증가한다는 특성을 가진 '이 화재'는 무엇인지 고르시오.

① C급화재 ② B급화재
③ A급화재 ④ D급화재

18 연기에 대한 설명으로 옳지 아니한 것을 고르시오.

① 최근의 건물화재는 방염 처리된 물질의 사용으로 연소는 억제되지만 다량의 연기입자 및 유독가스가 발생되는 것이 특징이다.
② 일반적으로 연기의 확산 시 유속은 수평 방향으로 이동할 때 가장 빠르다.
③ 일산화탄소나 포스겐과 같은 유독물을 발생하여 생명을 위험하게 만든다.
④ 계단실 내 수직이동 시 속도는 3~5㎧이다.

19 연소의 4요소 중 연쇄반응을 약화시켜 소화하는 방식으로 할론, 할로겐화합물 소화약제에 의한 부촉매 작용을 이용한 소화가 이러한 사례에 해당한다. 화학적 작용에 의한 소화방법이기도 한 이 방법은 무엇인지 고르시오.

① 질식소화 ② 억제소화
③ 냉각소화 ④ 제거소화

20 다음은 K급화재의 소화 방법에 대한 설명으로, 빈칸 (A)와 (B)에 들어갈 각각의 작용을 순서대로 고르시오.

> 연소물의 표면을 차단하는 (A)작용과 식용유 자체의 온도를 발화점(착화온도) 이하로 빠르게 하강시키는 (B)작용을 동시에 적용하는 소화방법이 필요하다.

① (A) : 질식, (B) : 부촉매
② (A) : 질식, (B) : 냉각
③ (A) : 비누화, (B) : 부촉매
④ (A) : 비누화, (B) : 냉각

21 휘발유의 지정수량으로 옳은 값을 고르시오.

① 100L ② 200L
③ 400L ④ 1,000L

22 위험물 중 인화성 액체의 공통적인 성질에 대한 설명에 해당하지 아니하는 것을 고르시오.

① 착화온도가 낮은 것은 위험하다.
② 물과 혼합되어 연소 및 폭발을 일으킨다.
③ 물보다 가볍고, 대부분 물에 녹지 않는다.
④ 인화하기 쉽다.

23 유류 취급 시 주의사항으로 바른 설명만을 모두 고르시오.

> ⓐ 불을 켜두고 장시간 자리를 비울 시 창문을 열어 환기시킨다.
> ⓑ 유류가 들어있던 빈 드럼통을 절단할 시 드럼통 속에 남아있던 유증기를 완전히 배출한 후 작업한다.
> ⓒ 유류통의 연료량을 확인할 때에는 손전등 대신 라이터를 사용한다.
> ⓓ 난로는 가연물로부터 충분히 거리를 띄운다.
> ⓔ 불씨 부근에 가연물질을 적재하여 보관한다.

① ⓐ, ⓑ, ⓓ ② ⓑ, ⓓ
③ ⓐ, ⓒ, ⓔ ④ ⓐ, ⓑ, ⓓ, ⓔ

[24~25] 다음의 도표를 보고 각 물음에 답하시오.

구분	(A)	(B)
주성분	C_3H_8, C_4H_{10}	CH_4
용도	가정용, 공업용, 자동차 연료용	도시가스
비중	1.5~2	(가)
가스누설 경보기 설치위치	(나)	(다)

24 빈칸 (A), (B)와 (나), (다)에 들어갈 각각의 설명이 옳게 짝지어진 것을 고르시오.

①	(A) LPG	(나) 탐지기의 상단은 바닥면으로부터 상방 30cm 이내 위치에 설치
②	(A) LNG	(나) 가스 연소기로부터 수평거리 8m 이내 위치에 설치
③	(B) LPG	(다) 탐지기의 상단은 천장면으로부터 상방 30cm 이내 위치에 설치
④	(B) LNG	(다) 가스연소기 또는 관통부로부터 수평거리 4m 이내 위치에 설치

25 빈칸 (가)에 들어갈 값으로, 연료가스 (B)의 비중에 해당하는 값을 고르시오.

① 0.2　　② 0.6
③ 1.0　　④ 1.4

26 다음 제시된 표를 보고 (A)와 (B) 각 유도등의 명칭으로 옳은 것을 차례대로 고르시오.

명칭	(A)	(B)
예시		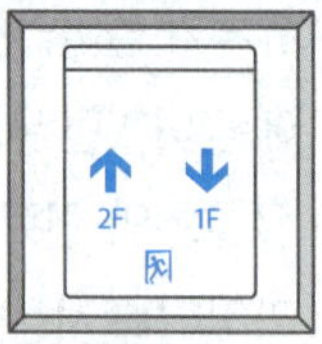

① (A) : 거실통로유도등, (B) : 복도통로유도등
② (A) : 거실통로유도등, (B) : 계단통로유도등
③ (A) : 피난구유도등, (B) : 객석유도등
④ (A) : 피난구유도등, (B) : 계단통로유도등

27 수신기의 점검방법 중 감지기 사이 회로의 단선 유무 및 기기 등의 접속 상황이 정상적인지 확인하기 위해 실시하는 시험은 무엇인지 고르시오.

① 동작시험　　② 예비전원시험
③ 도통시험　　④ 펌프성능시험

28 다음의 그림을 참고하여 감시제어반의 상태를 MCC와 동일하게 만들기 위해 조작해야 하는 스위치 및 표시등의 점등 상태로 옳은 설명을 고르시오.

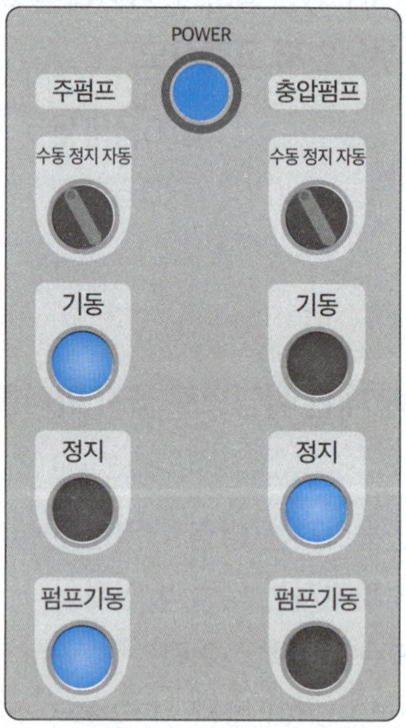

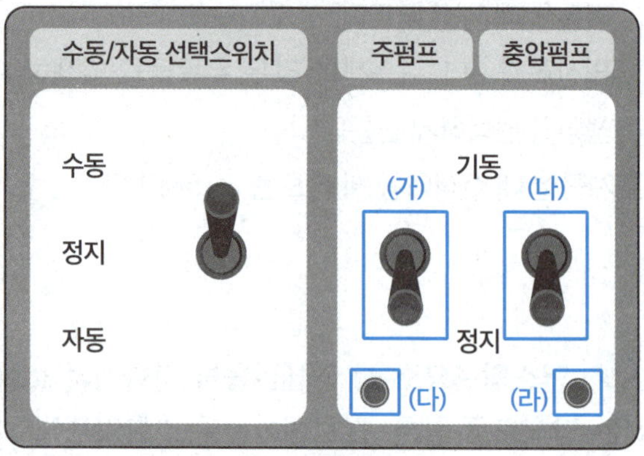

① (가) 스위치는 현 상태를 유지한다.
② (나) 스위치를 기동 위치로 놓는다.
③ (다) 표시등은 점등, (라) 표시등은 소등되어야 한다.
④ (다) 표시등은 소등, (라) 표시등은 점등되어야 한다.

29 다음의 옥내소화전 사용 순서에서 각 빈칸 (가), (나)에 들어갈 설명으로 옳은 것을 고르시오.

> 1. 옥내소화전함에 발신기가 부착된 경우 발신기를 먼저 눌러 화재신호를 보낸다.
> 2. 소화전함을 개방하여 노즐을 잡고 호스가 꼬이지 않도록 전개하여 화점까지 이동한다.
> 3. '밸브 개방'을 외치며 밸브를 (가) 으로 돌려 개방한다.
> 4. 노즐을 조작하여 방수하는데 이때 한 손은 관창 (나) 을/를 잡고 다른 손은 결합부를 잡아 호스를 몸에 밀착시킨다.
> 5. 사용 후 '밸브 폐쇄'를 외치며 완전히 폐쇄하고 호스는 음지에서 말려 재사용을 위해 잘 정리해 둔다.

① (가) : 시계방향, (나) : 선단
② (가) : 반시계방향, (나) : 후단
③ (가) : 시계방향, (나) : 후단
④ (가) : 반시계방향, (나) : 선단

30 옥외소화전이 7개 설치된 때에 소화전함 설치 기준으로 옳은 것을 고르시오.

① 옥외소화전마다 5m 이내의 장소에 1개 이상의 소화전함을 설치한다.
② 옥외소화전 3개마다 1개 이상의 소화전함을 설치한다.
③ 옥외소화전마다 3m 이내의 장소에 1개 이상의 소화전함을 설치한다.
④ 11개 이상의 소화전함을 각각 분산하여 설치한다.

31 스프링클러설비의 적정 방수압력으로 옳은 것을 고르시오.

① 0.12MPa 이상 0.2MPa 이하
② 0.12MPa 이상 1MPa 이하
③ 0.1MPa 이상 1.2MPa 이하
④ 0.1MPa 이상 1.5MPa 이하

32 지하층을 제외한 층수가 10층 이하인 특정소방대상물로 특수가연물을 저장·취급하는 공장 또는 창고에서 폐쇄형 스프링클러헤드를 사용하는 경우 수원의 저수량을 고르시오.

① $16m^3$　　② $26m^3$
③ $32m^3$　　④ $48m^3$

33 바닥면적이 $3,000m^2$인 의료시설에 능력단위 3단위의 소화기를 설치할 때 최소한의 설치 개수를 구하시오. (단, 시설의 주요구조부가 내화구조이고 실내에 면하는 부분은 불연재로 되어 있다.)

① 5개　　② 10개
③ 15개　　④ 20개

34 다음의 설명에 부합하는 감지기의 종류로 알맞은 것을 고르시오.

> • 주위 온도가 일정 상승률 이상 되는 경우에 작동
> • 구조 : 다이아프램, 감열실, 리크구멍, 접점 등
> • 설치 장소 : 거실, 사무실 등

① 차동식 스포트형 감지기
② 정온식 스포트형 감지기
③ 이온화식 스포트형 감지기
④ 광전식 스포트형 감지기

35 다음 중 전기화재의 예방 요령으로 옳지 아니한 것을 모두 고르시오.

> ㉠ 백열전등이나 전열기구 등 고열이 발생하는 기구에는 열에 강한 비닐전선을 사용한다.
> ㉡ 규격 퓨즈를 사용하고, 끊어진 경우에는 원인을 찾아 조치한다.
> ㉢ 전선은 묶거나 꼬이지 않도록 하여 사용한다.
> ㉣ 과전류 차단장치를 설치한다.
> ㉤ 누전차단기를 설치하고 연 1회 간격으로 작동 여부를 확인한다.

① ㉠, ㉤　　② ㉡, ㉢
③ ㉡, ㉢, ㉣　　④ ㉠, ㉡, ㉤

36 **비화재보의 원인 중 감지기가 천장형 온풍기에 근접 설치된 경우 시도할 수 있는 대책으로 가장 적절한 설명을 고르시오.**

① 적응성이 있는 감지기로 교체 설치한다.
② 복구 스위치를 누르거나 동작된 감지기를 복구한다.
③ 기류흐름 방향이 아닌 위치에 이격 설치한다.
④ 구역 내에 환풍기를 설치한다.

37 **다음 제시된 자료를 참고하여 해당 소화기의 점검에 대하여 옳지 아니한 설명을 고르시오.**

번호	점검항목	점검결과
1-A-003	배치거리(보행거리 소형 20m 이내, 대형 30m 이내) 적합 여부	○
1-A-006	소화기의 변형·손상 또는 부식 등 외관의 이상 여부	○
1-A-007	지시압력계(녹색범위)의 적정 여부	(가)

점검 사진

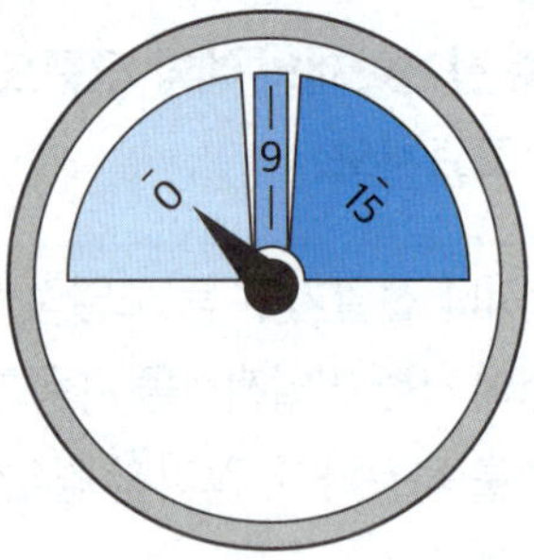

① 소화기의 능력단위가 2단위라면 보행거리 20m 이내로 설치되어 있을 것이다.
② 소화기의 노즐은 파손되지 않았을 것이다.
③ (가)는 O로 소화기의 압력은 정상 범위 내에 있다.
④ 1-A-007의 결과에 따라 재충전 또는 소화기 교체가 필요할 것이다.

38 **다음은 수신기의 화재 신호 정상 수신 여부를 확인하기 위한 시험을 진행 중인 장면을 나타낸 그림이다. 제시된 그림을 참고하여 현재 수신기의 상태에 대한 추론으로 적절하지 아니한 설명을 고르시오.**

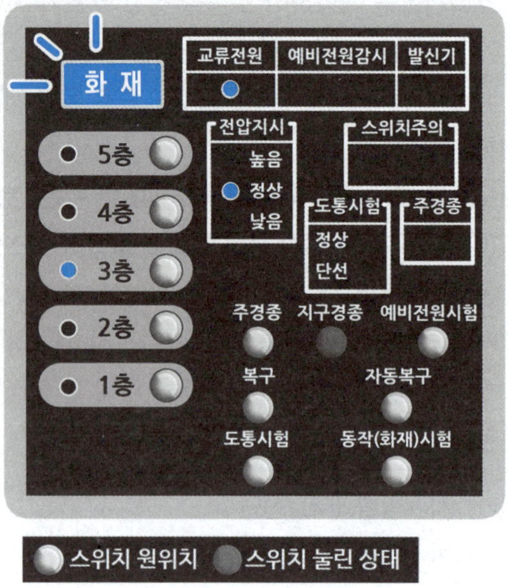

① 화재 신호는 3층에서 수신기로 통보되었다.
② 감지기의 동작으로 수신기에 화재 신호가 수신된 상황이다.
③ 주경종이 작동하여 명동이 울리고 있을 것이다.
④ 시험 종료 후에는 자동복구 스위치를 눌러 수신기를 원위치 상태로 복구한다.

39 **성인을 대상으로 하는 심폐소생술 시행 시 가슴압박에 대한 설명으로 옳지 아니한 것을 모두 고르시오.**

ⓐ 구조자의 팔은 직각이 되도록 한다.
ⓑ 분당 100~120회 속도, 5cm 깊이로 압박하며 30회 시행한다.
ⓒ 구조자의 체중을 실어 강하게 압박하되 갈비뼈가 손상되지 않도록 주의한다.
ⓓ 왼쪽 가슴 아래 중간 위치를 압박한다.
ⓔ 압박된 가슴은 완전히 이완이 이루어져야 한다.

① ⓐ, ⓑ, ⓒ ② ⓐ, ⓓ
③ ⓑ, ⓒ, ⓔ ④ ⓓ, ⓔ

40 습식스프링클러의 시험밸브 개방 시 감시제어반에서 확인되는 점등 상태로 옳지 아니한 부분을 고르시오.

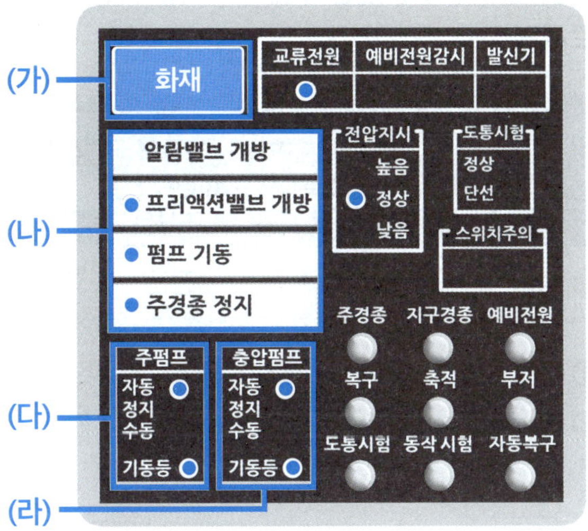

① (가) ② (나)
③ (다) ④ (라)

41 소방계획의 수립절차 중 2단계 위험환경 분석 단계에서 빈칸 (가)~(다)에 들어갈 말을 순서대로 고르시오.

1단계 사전기획	2단계 위험환경 분석	3단계 설계/개발	4단계 시행 및 유지관리
작성 준비 ↓ 요구사항 검토 ↓ 작성계획 수립	위험 (가) ↓ 위험 (나) ↓ 위험 (다)	목표 및 전략 수립 ↓ 실행계획 수립 (설계/개발)	구체적인 소방계획 수립 및 시행 ↓ 운영 및 유지관리

① (가): 환경 분석/평가, (나): 환경 식별, (다): 경감대책 수립
② (가): 경감대책 수립, (나): 환경 분석/평가, (다): 환경식별
③ (가): 환경 식별, (나): 경감대책 수립, (다): 환경 분석/평가
④ (가): 환경 식별, (나): 환경 분석/평가, (다): 경감대책 수립

42 자체점검 실시를 위한 점검 전 준비사항에 해당하는 것으로 보기 어려운 것을 고르시오.

① 소방본부장 또는 소방서장에게 사전 허가를 받아야 한다.
② 건물 관계인 등의 연락처를 사전에 확보해야 한다.
③ 음향장치 및 각 실별 방문점검에 대하여 미리 공지한다.
④ 점검의 목적과 필요성에 대하여 건물 관계인에게 사전에 안내하도록 한다.

43 다음의 사항들을 포함하는 소방교육 및 훈련의 실시원칙에 해당하는 것을 고르시오.

(1) 교육은 시기적절하게(Just-in-time) 이루어져야 한다. (2) 교육의 중요성을 전달해야 한다. (3) 전문성을 공유해야 한다. (4) 초기성공에 대해 격려가 이루어져야 한다. (5) 다양성을 활용하도록 한다.

① 목적의 원칙 ② 학습자 중심의 원칙
③ 동기부여의 원칙 ④ 관련성의 원칙

44 3선식 배선의 유도등을 설치할 수 있는 장소에 해당하지 아니하는 장소를 고르시오.

① 공연장, 암실 등 어두워야 할 필요가 있는 장소
② 상시 유동인구가 50인 이상인 장소
③ 외부 빛에 의해 피난구 및 피난 방향이 쉽게 식별되는 장소
④ 특정소방대상물의 관계인이나 종사원이 주로 사용하는 장소

45 공연장, 집회장, 관람장, 운동시설에 설치하는 유도등 및 유도표지의 종류에 해당하는 것을 모두 고르시오.

ⓐ 소형피난구유도등	ⓓ 통로유도등
ⓑ 중형피난구유도등	ⓔ 객석유도등
ⓒ 대형피난구유도등	ⓕ 피난구유도표지

① ⓐ, ⓓ
② ⓑ, ⓓ, ⓔ
③ ⓒ, ⓓ, ⓔ
④ ⓒ, ⓓ, ⓔ, ⓕ

46 아래 제시된 특정소방대상물의 지상 1층에서 화재가 발생한 경우 적용되는 음향장치의 경보방식으로 적절한 것을 고르시오.

용도	업무시설
규모/구조	• 층수 : 지상 10층 / 지하 2층 • 연면적 : 5,000m² • 철근콘크리트조
소방시설 현황 (일부)	소화기구, 자동화재탐지설비, 옥내소화전설비, 스프링클러설비, 비상경보설비, 비상방송설비, 시각경보기, 비상조명등

① 모든 층에 일제히 경보가 작동한다.
② 지상 1층과 모든 지하층에 우선적으로 경보가 작동한다.
③ 지상 1층부터 5층에 우선적으로 경보가 작동한다.
④ 지상 1층부터 5층, 그리고 모든 지하층에 우선적으로 경보가 작동한다.

47 아래의 표를 참고하여 물음에 답하시오. 점검을 위해서 3층에 있는 발신기의 누름버튼을 수동으로 눌렀을 때, 1층의 수신기에서 점등되는 표시등의 점등 여부에 대한 설명이 옳지 아니한 것을 모두 고르시오.

㉠ 화재 표시등	㉡ 1구역 (1층) 지구 표시등	㉢ 2구역 (2층) 지구 표시등	㉣ 3구역 (3층) 지구 표시등	㉤ 발신기등
점등	점등	소등	점등	점등

① ㉡
② ㉡, ㉢
③ ㉠, ㉣, ㉤
④ ㉠, ㉢, ㉣, ㉤

48 평면도가 다음과 같고 주요구조부가 내화구조로 이루어진 특정소방대상물에서 차동식 스포트형 감지기 1종을 설치하려고 할 때 설치해야 하는 감지기의 최소 수량을 구하시오. (단, 감지기 부착 높이는 4m 미만이다.)

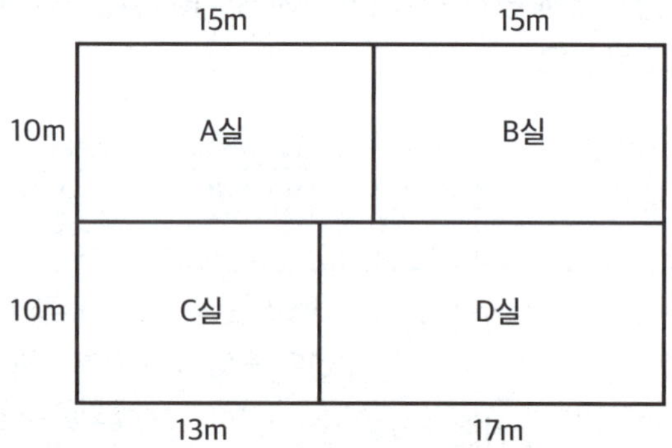

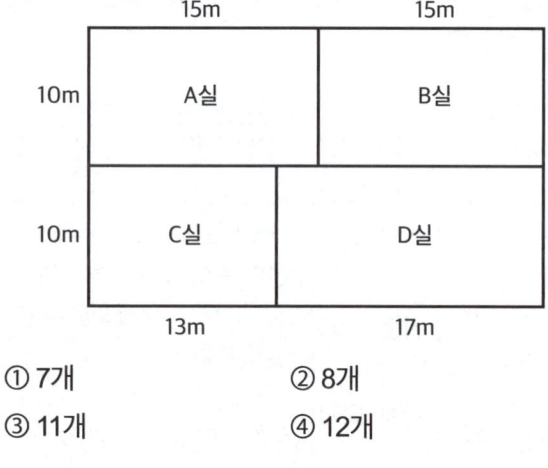

① 7개
② 8개
③ 11개
④ 12개

49 소방시설의 종류 중에서 소화설비에 해당하는 것이 아닌 것을 모두 고르시오.

㉮ 소화기	㉯ 상수도소화용수설비
㉰ 소화수조 및 저수조	㉱ 스프링클러설비
㉲ 간이소화용구	㉳ 자동소화장치

① ㉯, ㉰
② ㉯, ㉲
③ ㉮, ㉱, ㉳
④ ㉮, ㉱, ㉲, ㉳

50 다음은 펌프성능시험 중 최대운전에 대한 설명이다. 그림을 참고하여 최대운전 시 조작하는 밸브(A)로 알맞은 것을 그림의 (가)~(다)에서 고르고, 이때 빈칸(B)에 들어갈 값으로 알맞은 것을 고르시오.

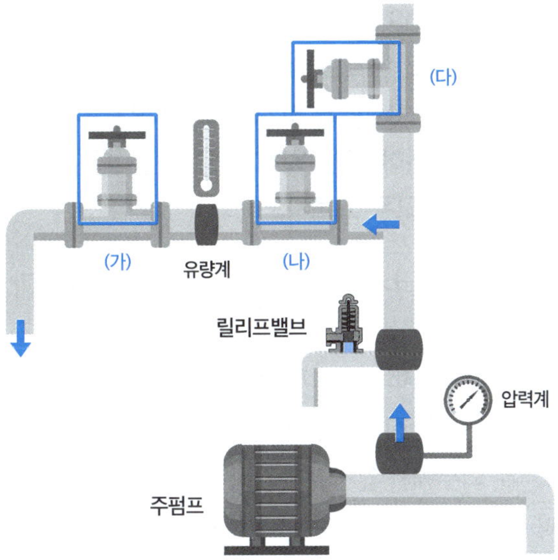

> • 최대운전
> 1. 유량조절밸브(A)를 중간 정도만 개방 후 주펌프 수동 기동
> 2. 유량계를 보며 유량조절밸브(A)를 조작하여 정격토출량의 (B)%일 때의 압력을 측정한다.
> 3. 이때 정격토출압력의 65% 이상 되는지를 확인한다.
> 4. 주펌프 정지

① (A) : (가), (B) : 140　② (A) : (나), (B) : 150
③ (A) : (가), (B) : 150　④ (A) : (다), (B) : 140

04 찐득한 문제 4회차

01 **소방안전관리자 현황표에 포함되는 사항에 해당하지 아니하는 것을 고르시오.**

① 소방안전관리자의 연락처
② 소방안전관리대상물의 등급
③ 소방안전관리대상물의 명칭
④ 소방안전관리자의 등급

02 **다음 중 대통령령으로 지정한 피난·방화시설 및 방화구획의 관리와 소방시설 및 소방관련 시설의 관리 업무를 관리업자로 하여금 대행하게 할 수 있는 소방안전관리대상물에 해당하지 아니하는 경우를 고르시오.**

① 200톤의 가연성 가스를 저장 및 취급하는 시설
② 연면적이 15,000m^2이고 층수가 30층인 아파트
③ 간이스프링클러설비만을 설치한 특정소방대상물
④ 아파트를 제외하고 층수가 15층이고 연면적이 10,000m^2인 특정소방대상물

03 **무창층이란 지상층 중에서 특정 요건을 모두 갖춘 개구부의 면적의 합계가 해당 층 바닥면적의 1/30 이하가 되는 층을 말한다. 이때 무창층에서 개구부가 갖추어야 하는 일정한 요건에 대한 설명으로 옳은 것을 모두 고르시오.**

ⓐ 개구부의 크기는 지름 40cm 이상의 원이 통과할 수 있을 것
ⓑ 건축물로부터 쉽게 피난할 수 있도록 개구부에는 창살 및 장애물 등이 설치되지 않을 것
ⓒ 내·외부에서 쉽게 부수거나 열 수 있을 것
ⓓ 해당 층의 바닥으로부터 개구부 하단까지의 높이가 1.5m 이내일 것
ⓔ 도로 또는 차량 진입이 가능한 빈터를 향할 것

① ⓐ, ⓓ　　② ⓐ, ⓒ, ⓔ
③ ⓑ, ⓒ, ⓔ　　④ ⓑ, ⓒ, ⓓ, ⓔ

04 **소방안전관리자 또는 소방안전관리보조자의 선임연기에 대한 설명으로 옳지 아니한 것을 고르시오.**

① 소방안전관리자 또는 소방안전관리보조자 강습교육이나 자격 시험이 선임기간 내에 있지 않아 선임할 수 없는 경우 선임연기 신청이 가능하다.
② 선임연기 신청 가능 대상은 2급, 3급 및 소방안전관리보조자를 선임해야 하는 소방안전관리대상물의 관계인이다.
③ 소방안전관리자 선임 연기기간 중 소방안전관리업무는 소방안전관리대상물의 관계인이 수행한다.
④ 선임 연기기간은 신청서를 제출한 날로부터 14일간 연기가 가능하다.

05 **다음은 소방기본법의 목적과 의의에 대한 설명이다. 빈칸 (A)~(C)에 들어갈 말을 순서대로 고르시오.**

> 화재를 __(A)__ 하거나 __(B)__ 하고 화재, 재난·재해, 그 밖의 위급한 상황에서의 __(C)__ 활동 등을 통하여 국민의 생명·신체 및 재산을 보호함으로써 공공의 안녕 및 질서 유지와 복리증진에 이바지함을 목적으로 한다.

① (A) : 발견·소화, (B) : 예방, (C) : 소방
② (A) : 경계·진압, (B) : 예방, (C) : 안전관리
③ (A) : 예방·경계, (B) : 진압, (C) : 구조·구급
④ (A) : 발견·예방, (B) : 진압, (C) : 시설관리

[6~8] 다음 제시된 건축물 일반현황 표를 참고하여 각 물음에 답하시오.

구분	건축물 일반현황
명칭	SR아파트
규모/구조	☑ 연면적 100,000m^2
	☑ 1,500세대
	☑ 지상 29층 / 지하 2층
	☑ 높이 130m
	☑ 형태(용도) : 주거시설(아파트)
	☑ 완공일 : 2022. 12. 28
	☑ 사용승인일 : 2023. 01. 19

06 **SR아파트는 몇 급에 해당하는 소방안전관리대상물인지 고르시오.**

① 특급소방안전관리대상물
② 1급소방안전관리대상물
③ 2급소방안전관리대상물
④ 3급소방안전관리대상물

07 **SR아파트에서 선임해야 하는 소방안전관리보조자의 최소 선임 인원 수를 고르시오.**

① 3명 ② 4명
③ 5명 ④ 6명

08 **다음 중 SR아파트의 소방시설등 자체점검 중 종합점검을 실시하고자 할 때 가장 적절한 시기를 고르시오.**

① 2023년 12월 ② 2024년 7월
③ 2025년 7월 ④ 2026년 1월

09 **소방안전관리자 및 소방안전관리보조자가 실무교육을 받지 않은 경우 부과되는 과태료는 얼마인지 고르시오.**

① 300만원 ② 200만원
③ 100만원 ④ 50만원

10 **다음 중 피난시설, 방화구획 및 방화시설 관련 금지행위 중에서 피난시설, 방화구획 및 방화시설의 훼손행위에 해당하는 행위로 보기 어려운 것을 고르시오.**

① 배연설비가 작동되지 아니하도록 기능상 지장을 주는 행위
② 자동폐쇄장치를 제거하는 행위
③ 방화문에 도어스톱을 설치하는 행위
④ 방화문을 철거하고 목재, 유리문 등을 설치하는 행위

11 **다음 중 양벌규정이 부과될 수 있는 행위를 한 자를 고르시오.**

① 소방자동차의 출동에 지장을 준 자
② 화재 또는 구조·구급이 필요한 상황을 거짓으로 알린 자
③ 정당한 사유 없이 소방대의 생활안전활동을 방해한 자
④ 소방안전관리자를 겸한 자

12 **다음 중 화재로 오인할 만한 우려가 있는 불을 피우거나 연막소독을 실시하고자 하는 자가 신고를 하지 아니하여 소방자동차를 출동하게 한 경우에 20만 원 이하의 과태료가 부과될 수 있는 지역 또는 장소에 해당하지 않는 장소 및 지역을 고르시오.**

① 목조건물이 밀집한 지역
② 위험물 저장·처리시설이 있는 지역
③ 시·도의 조례로 정하는 장소 및 지역
④ 석유화학제품을 생산하는 공장이 있는 지역

13 **다음 제시된 조건에 해당하는 소방안전관리자가 이수해야 하는 최초의 실무교육 실시 날짜로 가장 적절한 시기를 고르시오.**

- 강습교육 수료일 : 2023. 05. 06
- 소방안전관리자 자격수첩 취득일 : 2023. 08. 08
- 소방안전관리자 선임일 : 2024. 07. 12

① 2023년 11월 9일　② 2025년 1월 8일
③ 2025년 8월 7일　④ 2026년 7월 6일

14 **다음 중 건축물의 구조 및 재료의 구분에 대한 정의로 옳지 아니한 설명을 모두 고르시오.**

ⓐ 난연재료 : 불에 잘 타지 아니하는 성질을 가진 재료로서 성능기준을 충족하는 것
ⓑ 불연재료 : 불에 타지 아니하는 성질을 가진 재료로서 콘크리트·석재·벽돌·알루미늄·유리 등
ⓒ 내화구조 : 화염의 확산을 막을 수 있는 성질을 가진 구조로 철망모르타르·회반죽 바르기 등
ⓓ 방화구조 : 화재에 견딜 수 있는 성능을 가진 철근콘크리트조·연와조 기타 이와 유사한 구조

① ⓐ, ⓑ　② ⓑ, ⓒ
③ ⓒ, ⓓ　④ ⓑ, ⓓ

15 **다음 제시된 소방안전관리대상물에 선임할 수 있는 소방안전관리자의 자격에 해당하지 아니하는 사람을 <보기>에서 찾아 모두 고르시오. (단, 각 보기의 조건으로 발급 가능한 소방안전관리자 자격증은 소지한 것으로 간주한다.)**

명칭	만수르 빌딩
용도	판매시설, 업무시설
규모	• 층수 : 지상 13층 / 지하 2층 • 높이 : 70m • 연면적 : 10,000m^2 • 구조 : 철근콘크리트조

<보기>

ⓐ 위험물기능사 자격이 있는 사람
ⓑ 소방설비기사 자격이 있는 사람
ⓒ 공공기관 소방안전관리자 강습교육을 수료한 사람
ⓓ 소방기술사 자격이 있는 사람

① ⓐ, ⓑ, ⓓ　② ⓑ, ⓓ
③ ⓐ, ⓒ　④ ⓑ, ⓒ

16 **인화점에 대한 설명으로 옳은 설명을 모두 고르시오.**

㉠ 외부의 직접적인 점화원 없이 열의 축적에 의해 자연적으로 발화에 이르는 최저온도이다.
㉡ 액체의 인화현상은 증발과정을 거치며 인화에 필요한 에너지가 적은 것이 특징이다.
㉢ 고체의 인화현상은 확산과정을 거치며 인화에 필요한 에너지가 큰 것이 특징이다.
㉣ 일반적으로 연소점보다 10℃ 정도 높은 온도이다.

① ㉡　② ㉠, ㉢
③ ㉡, ㉣　④ ㉠, ㉡, ㉢, ㉣

17 다음 중 방화문 및 자동방화셔터에 대한 설명으로 옳지 아니한 것을 고르시오.

① 60분+방화문은 연기 및 불꽃을 차단할 수 있는 시간이 60분 이상이고, 열을 차단할 수 있는 시간이 30분 이상인 방화문을 말한다.
② 방화문은 항상 닫혀있는 구조 또는 화재 발생 시 불꽃, 연기 및 열에 의해 자동으로 닫힐 수 있는 구조여야 한다.
③ 자동방화셔터는 불꽃이나 연기를 감지한 경우 일부 폐쇄, 열을 감지한 경우 완전 폐쇄되는 구조여야 한다.
④ 자동방화셔터는 피난이 가능한 60분+방화문 또는 60분 방화문으로부터 5m 이내에 별도로 설치한다.

18 이 가스는 무색·무미·무취의 환원성이 강한 가스로 유독가스인 포스겐($COCl_2$)을 만들어 내기도 하고, 인체 내 헤모글로빈과 결합하여 산소의 운반 기능을 저해시켜 질식의 위험을 높이기도 한다. 이러한 설명에 해당하는 이 가스는 무엇인지 고르시오.

① 황화수소 ② 시안화수소
③ 이산화탄소 ④ 일산화탄소

19 다음의 설명에 해당하는 열의 전달 방식을 고르시오.

> • 어떤 물체가 다른 물체와 직접 접촉하여 열이 전달되는 열의 이동 방식으로 물체 내부에 있던 에너지가 접촉한 다른 물체로 이동하는 것을 말한다.
> • 이러한 열의 전달 방식에 의해 화염이 확산되는 경우는 흔하지 않다.
> • 이렇게 열이 전달되는 성질이나 정도의 차이가 작을수록 열의 축적이 용이하다.

① 복사 ② 대류
③ 전도 ④ 저항

20 연기는 벽이나 천장 면을 따라 흐르며 확산되는데 일반적으로 수평방향으로 이동 시 (가)의 속도로 이동한다. 이때 (가)의 유속으로 적합한 것을 고르시오.

① 0.5~1㎧ ② 1~2㎧
③ 2~3㎧ ④ 3~5㎧

21 다음의 설명에 해당하는 소화방식으로 알맞은 것을 고르시오.

> • 라디칼의 분기반응으로 라디칼의 수가 기하급수적으로 증가하는데 이러한 반응은 화염연소를 주도한다.
> • 이때 라디칼을 흡착 및 제거함으로써 이러한 반응을 무력화하여 연소가 계속되려는 성질을 약화시킬 수 있는데 이러한 소화방법은 화학적 작용에 의한 소화방식으로 볼 수 있다.

① 질식소화 ② 냉각소화
③ 억제소화 ④ 제거소화

22 인화성 액체, 가연성 액체 등이 가연물이 되어 발생하는 화재로, 연소 후 재가 남지 않는 이 화재는 질식 및 냉각소화가 적응성이 있다. 화재의 다섯 가지 분류 중 이 화재는 어느 것에 해당하는지 고르시오.

① B급화재 ② C급화재
③ D급화재 ④ K급화재

23 강산화제로 다량의 산소를 함유하고 있으며 가열이나 충격, 마찰 등에 의해 분해되고 산소를 방출시키는 특성을 가진 고체류에 해당하는 위험물은 무엇인지 고르시오.

① 제1류위험물 ② 제2류위험물
③ 제3류위험물 ④ 제4류위험물

24 **다음 제시된 <보기>를 참고하여 소방시설의 종류 중에서 경보설비에 해당하는 것만을 모두 고르시오.**

> <보기>
> ⓐ 비상방송설비 ⓑ 비상콘센트설비
> ⓒ 자동화재탐지설비 ⓓ 단독경보형 감지기
> ⓔ 무선통신보조설비 ⓕ 제연설비

① ⓐ, ⓑ, ⓒ ② ⓐ, ⓒ, ⓓ
③ ⓒ, ⓓ, ⓔ ④ ⓒ, ⓔ, ⓕ

25 **다음의 표를 참고하여 가스(A)에 해당하는 가스누설경보기의 설치위치로 옳은 것을 고르시오.**

구분	가스(A)	가스(B)
주성분	CH_4	C_4H_{10}
폭발범위	5~15%	1.8~8.4%
용도	도시가스	가정용, 공업용

① 가스연소기로부터 수평거리 6m 이내 위치에 설치
② 가스연소기 또는 관통부로부터 수평거리 4m 이내 위치에 설치
③ 탐지기의 상단이 바닥면의 상방 30cm 이내 위치에 설치
④ 탐지기의 하단이 천장면의 하방 30cm 이내 위치에 설치

26 **다음의 수칙 등을 따르는 소방교육 및 훈련의 실시원칙을 고르시오.**

> • 학습자들이 습득해야 할 기술이 활동 전체 중에서 어느 위치에 있는지 인식하도록 한다.
> • 학습자들에게 어떠한 기술을 어느 정도까지 익혀야 하는지 명확하게 제시해야 한다.

① 학습자 중심의 원칙 ② 목적의 원칙
③ 동기부여의 원칙 ④ 실습의 원칙

27 **화재발생 시 대응에 대한 설명으로 가장 적절한 것을 고르시오.**

① 화재 발견 시 발신기를 수동으로 작동하여 수신반으로 신호를 보낸다.
② 화재를 전파할 때에는 연기 등을 흡입하지 않도록 육성으로 전파하지 않는다.
③ 초기소화가 어려울 경우 원활한 대피를 위해 출입문을 열어두고 즉시 피난한다.
④ 화세와 상관없이 소화기 또는 옥내소화전을 사용하여 즉시 초기소화작업을 한다.

28 **자위소방대 조직구성도가 다음과 같을 때 해당 유형의 조직 구성에 대한 설명으로 옳은 설명을 고르시오.**

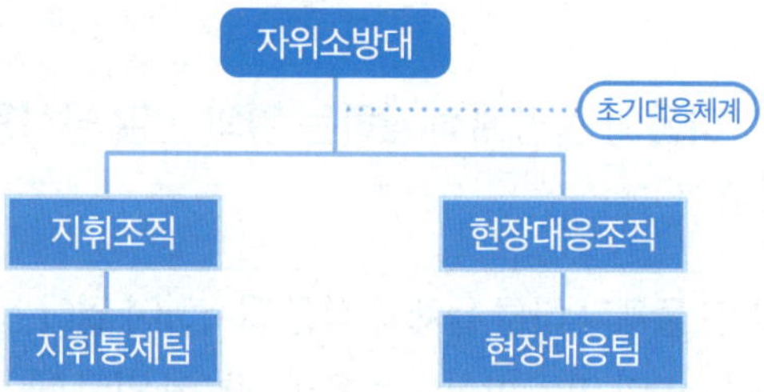

① 그림의 조직구성은 TYPE-Ⅰ의 대상물에 해당한다.
② 현장대응조직은 본부대와 지구대로 구성할 수 있다.
③ 현장대응조직은 비상연락, 초기소화, 피난유도 등의 개인별 업무를 담당할 수 있도록 현장대응팀을 구성한다.
④ 해당 대상물의 자위소방대 편성대원이 10인 이하인 경우에 해당한다.

29 **자위소방활동별 업무 및 활동에 대한 설명이 옳게 짝지어진 것을 모두 고르시오.**

(가) 응급구조 - 응급상황에서의 응급조치 및 응급의료소 설치·지원 업무
(나) 비상연락 - 119 화재신고 및 통보연락 업무
(다) 피난유도 - 화재 시 상황전파 및 재실자·방문자의 피난유도, 피난보조 활동
(라) 방호안전 - 위험물시설 제어 및 화재확산 방지, 비상반출 업무
(마) 초기소화 - 초기소화설비를 이용한 조기 화재진압 활동

① (가), (마)
② (가), (나), (다), (마)
③ (가), (나), (라), (마)
④ (가), (나), (다), (라), (마)

30 **다음의 그림을 참고하여 지혈대 사용 방법을 순서대로 나열하시오.**

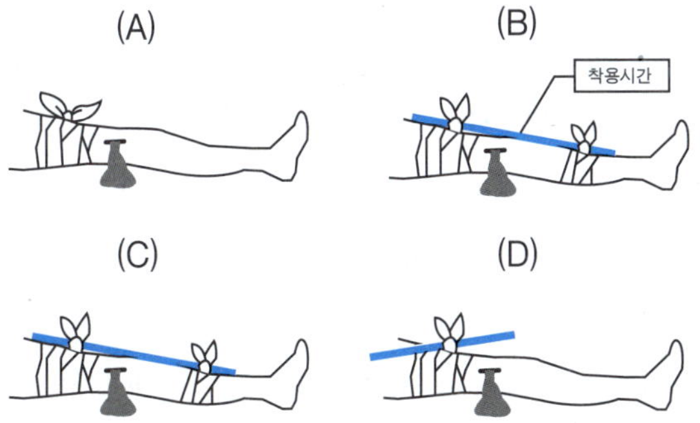

① (A) - (B) - (C) - (D)
② (A) - (D) - (C) - (B)
③ (A) - (B) - (D) - (C)
④ (A) - (D) - (B) - (C)

31 **장애유형별 피난보조 예시로 바르지 아니한 설명을 고르시오.**

① 청각장애인의 경우 지팡이를 이용할 수 있도록 하고 명확하고 큰 소리로 장애물 등을 미리 알려준다.
② 지적장애인의 경우 차분하고 느린 어조와 친절한 말투를 사용하여 도움을 주러 왔음을 밝힌다.
③ 전동휠체어 사용자는 되도록 휠체어의 전원을 끄고 피난약자를 업거나 안아서 피난을 보조한다.
④ 장애인의 몸무게가 보조자보다 가벼울 때는 피난약자를 업거나 또는 다리와 등을 받치고 안아서 이동한다.

32 **응급처치의 기본적인 사항에 대한 설명이 적절하지 아니한 것을 고르시오.**

① 일반적으로 체내 혈액량의 1/5 정도 출혈 시 생명을 잃게 되므로 반드시 지혈처리를 해야 한다.
② 상처로 인한 손상부위는 소독거즈로 응급처치 후 붕대로 드레싱 하는데 이때는 소독된 청결한 거즈 등을 사용해야 한다.
③ 환자의 구강 내 이물질이 있을 경우 기침을 유도하거나 하임리히법으로 이물질이 제거될 수 있도록 한다.
④ 환자의 구강 내 이물질이 제거되었다면 머리는 뒤로, 턱은 위로 들어 올려 기도를 개방하고 환자가 편안한 상태를 유지하도록 한다.

33 **다음 중 출혈이 발생했을 때 동반되는 증상으로 옳은 설명을 고르시오.**

① 호흡과 맥박이 느리고 불규칙해진다.
② 체온이 증가하고 탈수증상을 보인다.
③ 동공이 확대되고 구토가 발생한다.
④ 혈압이 증가하고 피부가 축축해진다.

34 다음은 종류가 다른 열감지기의 구성부 및 작동도를 나타낸 그림이다. 그림을 참고하여 제시된 각 감지기 (가),(나)의 종류별 특징에 대한 설명으로 옳은 것을 고르시오.

(가)

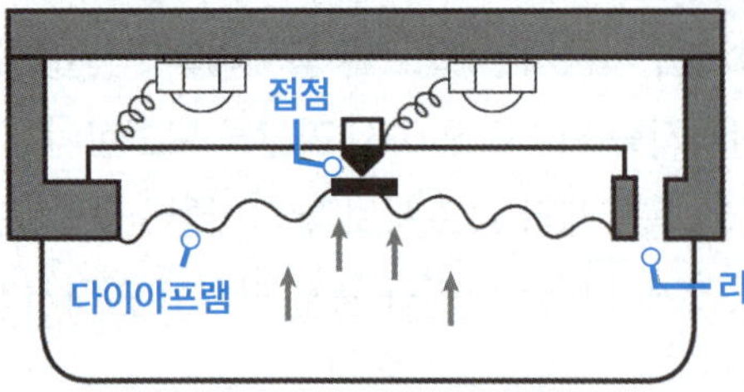

(나)

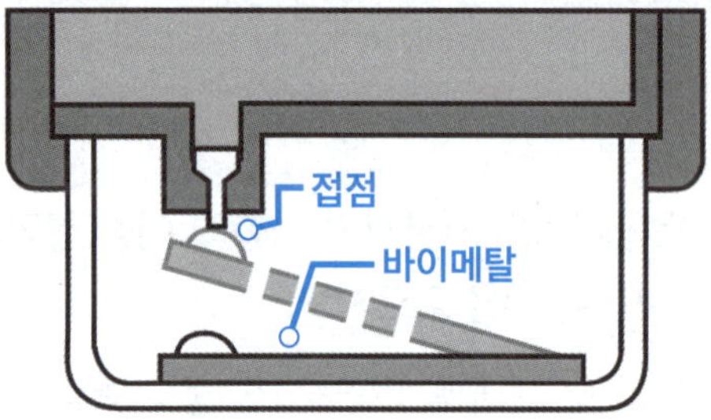

① (가)는 화재 시 주위 온도가 일정 온도에 도달하면 작동하는 방식이다.

② (가)는 사무실에 설치하기에 적합하다.

③ (나)는 화재 시 주위 온도의 일정 상승률에 따라 작동하는 방식이다.

④ (나)는 거실이나 보일러실에 설치하기에 적합하다.

35 일반인에 대한 심폐소생술 시행 방법에 대한 설명으로 적절하지 아니한 것을 고르시오.

① 현장이 안전한지 확인한 뒤 환자의 어깨를 가볍게 두드리며 반응을 확인한다.

② 반응이 없는 환자의 경우 10초 내로 환자의 얼굴과 가슴을 관찰하며 호흡 여부를 확인한다.

③ 성인의 경우 분당 100~120회 속도와 약 5cm 깊이로 가슴을 압박하며 가슴압박과 인공호흡의 비율은 50:2로 한다.

④ 인공호흡은 2회 시행하는 것이 바람직하나, 인공호흡 방법을 모르거나 꺼려지는 경우 가슴압박 시행을 유지한다.

36 자동심장충격기(AED)의 바람직한 사용 방법으로 보기 어려운 설명을 고르시오.

① 패드1은 오른쪽 빗장뼈 아래쪽에 부착한다.

② 패드2는 왼쪽 젖꼭지 아래의 중간 겨드랑이선에 부착한다.

③ "분석 중"이라는 음성 지시가 나오며 심장리듬을 분석할 때에는 심폐소생술을 멈추고 환자에게 손이 닿지 않도록 한다.

④ 제세동이 필요하여 제세동 버튼이 깜빡거리기 시작한다면 지체 없이 즉시 버튼을 눌러 제세동을 시행한다.

37 화상 환자를 이동하기 전 취해야 하는 조치에 대한 설명으로 적절하지 아니한 것을 고르시오.

① 화상환자가 입은 옷이 피부 조직에 붙은 경우 옷을 잘라 내거나 수건 등으로 접촉하지 않도록 한다.

② 1도 및 2도 화상의 경우 강한 수압으로 화상부위보다 위에서 아래로 흐르는 물에 화상부위의 열이 빠르게 식도록 한다.

③ 3도 화상은 물에 적신 천 등을 대어줌으로써 열기의 전달을 막고 통증을 줄여줄 수 있다.

④ 골절을 동반한 화상환자의 경우 무리한 압박을 가하는 드레싱은 하지 않는다.

38 P형 수신기의 점검방법으로 각 시험에 대한 설명이 옳지 아니한 것을 고르시오.

① 오동작 방지기능이 내장된 축적형 수신기의 경우 동작시험 전에 축적·비축적 선택 스위치를 비축적 위치에 두고 시험해야 한다.

② 회로 도통시험 결과 도통시험 확인등에 녹색 램프가 점등되면 정상으로 판정한다.

③ 예비전원시험 결과 전압계 측정 값이 4~8V가 나오면 예비전원으로 정상 작동할 수 있다.

④ 예비전원감시등이 점등되는 경우는 예비전원 연결 소켓의 분리 등 예비전원에 이상이 있음을 의미한다.

39 **지하층의 층수가 3층이고 지상의 층수가 12층인 특정소방대상물의 지상 3층에서 화재 발생 시 작동하는 경보방식으로 옳은 것을 고르시오.**

① 지상 3층부터 7층에 우선적으로 경종이 울린다.
② 지상 3층부터 7층, 그리고 모든 지하층에 우선적으로 경종이 울린다.
③ 지상 3층과 모든 지하층에 우선적으로 경종이 울린다.
④ 모든 층에 일제히 경종이 울린다.

40 **다음에 제시된 그림을 참고하여 해당 소방대상물의 경계구역은 최소 몇 개의 구역으로 구분할 수 있는지 계산하시오.**

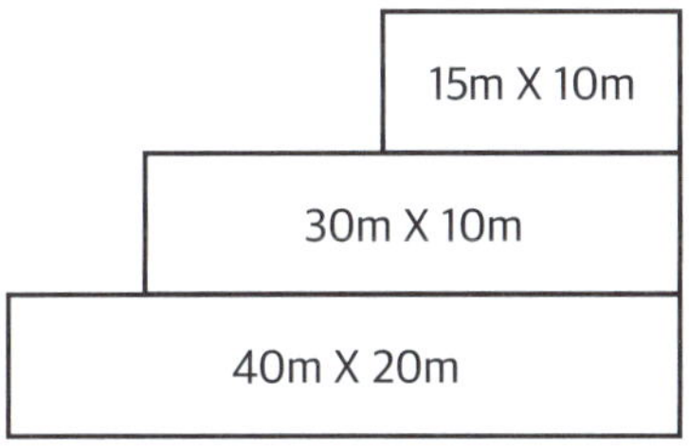

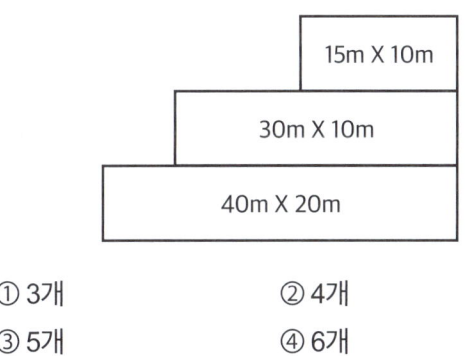

① 3개　　② 4개
③ 5개　　④ 6개

41 **다음 〈보기〉는 감지기의 배선 방식에 대한 설명이다. 〈보기〉의 설명에 해당하는 내용으로 빈칸 (A)와 (B)에 들어갈 말로 옳은 것을 순서대로 고르시오.**

보기

감지기 사이 회로를 연결하는 배선 방식은 (A) 으로 해야 한다. 이는 선로 간 연결 상태의 정상여부 확인을 위한 (B) 을/를 용이하게 하기 위한 방식이다.

① (A) : 교차회로방식　(B) : 동작시험
② (A) : 병렬방식　(B) : 도통시험
③ (A) : 송배선식　(B) : 동작시험
④ (A) : 송배선식　(B) : 도통시험

42 **펌프 명판상 토출량이 500L/min, 양정이 100m일 때 펌프성능시험 결과로 적합하지 아니한 것을 고르시오.**

	구분	토출량(L/min)	토출압(MPa)
①	체절운전	0	1.35
②	체절운전	0	1.25
③	정격운전	500	1.1
④	최대운전	850	0.5

43 **다음에 제시된 이 시험의 방법과 적부 판정 방식을 참고하여 설명에 해당하는 이 시험은 무엇인지 고르시오.**

- 로터리방식의 경우 이 시험을 위한 스위치를 누르고 회로선택스위치를 각 경계구역별로 차례대로 회전하여 시험을 진행한다.
- 전압계가 있는 경우 4~8V가 측정되면 정상이다.
- 확인등이 있는 경우 녹색불이 점등되면 정상이다.
- 전압계 측정 결과 0V이거나 단선 확인등에 적색불이 점등되면 이상이 있으므로 보수가 필요하다.

① 동작시험　　② 예비전원시험
③ 예비전원감시등시험　　④ 도통시험

44 **청각장애인용 시각경보장치의 설치기준으로 옳지 아니한 설명을 고르시오.**

① 복도·통로·청각장애인용 객실 및 공용으로 사용하는 거실에 설치할 것.
② 공연장·집회장·관람장 또는 이와 유사한 장소에 설치하는 경우 시선이 집중되는 무대부 등에 설치할 것.
③ 설치 높이는 바닥으로부터 2m 이상 2.5m 이하의 장소에 설치할 것.
④ 천장의 높이가 2m 이하일 경우 바닥으로부터 1.5m 이내의 장소에 설치할 것.

45 층수가 49층인 특정소방대상물에서 설치 개수가 가장 많은 층을 기준으로 옥내소화전의 개수가 7개일 때 수원의 저수량을 구하시오.

① $13m^3$ ② $18.2m^3$
③ $26m^3$ ④ $36.4m^3$

46 피난구조설비를 설치하는 설치장소별 피난기구의 적응성에 대한 설명으로 옳은 것을 고르시오.

① 노유자시설의 2층에서 완강기는 적응성이 있다.
② 다중이용업소로서 영업장의 위치가 4층 이하인 다중이용업소의 2층에서는 피난교가 적응성이 있다.
③ 노유자시설의 4층 이상 10층 이하에서는 미끄럼대가 적응성이 있다.
④ 입원실이 있는 의원의 4층 이상 10층 이하에서는 피난용트랩이 적응성이 있다.

47 가스계소화설비 점검 중 기동용기 솔레노이드밸브 격발 시험 방법에 대한 설명으로 옳지 아니한 것을 고르시오.

① 수동조작함의 기동스위치를 눌러 작동시킨다.
② 솔레노이드밸브에 부착된 수동조작버튼을 누르고 4~7초 지연시간 후 격발을 확인한다.
③ 교차회로방식의 감지기 A, B를 동작시킨다.
④ 제어반에서 솔레노이드밸브 선택스위치를 수동 위치에 놓고 정지 위치에 있던 스위치를 기동 위치로 전환한다.

48 다음은 스프링클러설비의 종류별 특징에 대한 설명이 적힌 표이다. 표의 내용 중 옳지 아니한 설명이 포함된 것을 고르시오.

구분	폐쇄형			개방형
	습식	건식	준비작동식	일제살수식
① 배관 내	• 1차측, 2차측: 가압수	• 1차측: 가압수 • 2차측: 압축 공기 또는 질소	• 1차측: 가압수 • 2차측: 대기압 상태	• 1차측: 가압수 • 2차측: 대기압 상태
② 유수검지장치	알람밸브 (Alarm Check Valve)	건식밸브 (Dry Valve)	프리액션 밸브 (Pre-Action Valve)	일제개방 밸브 (Deluge Valve)
③ 장점	• 저렴한 공사비 • 간단한 구조	• 신속한 소화 • 옥외 사용 가능	• 동결 우려 없음 • 오동작 시 수손 피해 없음 • 조기 경보로 용이한 대처	• 초기 화재에 유리한 신속 대처 • 간단한 구조
④ 단점	• 장소 사용 제한 • 동결 우려 • 오동작 시 수손 피해	• 살수 개시 지연 • 화재 초기 압축 공기에 의한 화재 촉진 우려	• 복잡한 구조 • 별도의 감지기 설치 • 고가의 시공비	• 대량 살수로 인한 수손 피해 우려

49 다음의 그림은 동력제어반의 상태를 나타낸 것이다. 그림을 참고하여 해당 동력제어반의 동작에 대한 설명으로 옳은 것을 고르시오.

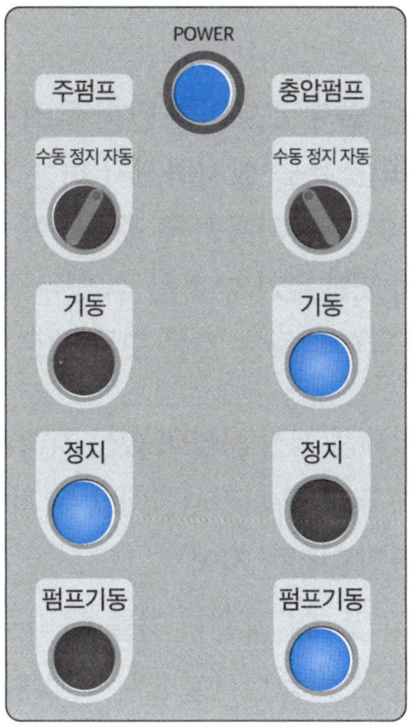

① 화재 발생 시 주펌프는 자동으로 기동될 수 없는 상태이다.

② 평상시 스위치 위치는 충압펌프와 같은 상태로 유지한다.

③ 화재신호에 의해 충압펌프가 자동으로 기동될 수 없는 상태이다.

④ 현재 충압펌프는 기동되지 아니한 상태이다.

50 다음 제시된 CP백화점의 소방계획서 일부 내용 및 현황을 참고하여 CP백화점에 대한 설명으로 바르지 아니한 것을 고르시오.

구분	건축물 일반현황
명칭	CP백화점
규모/구조	☑ 연면적 106,000m^2
	☑ 지상 15층 / 지하 5층
	☑ 높이 63m
	☑ 용도 : 판매시설, 음식점, 영화관
	☑ 사용승인 : 2023. 03. 08
소방시설 설치현황	[V] 옥내소화전설비 [V] 스프링클러설비 [V] 자동화재탐지설비

① 대통령령으로 정하는 일부 업무에 대한 업무 대행이 불가능한 소방안전관리대상물이다.

② 소방공무원 근무 경력이 20년 이상인 사람으로 특급소방안전관리자 자격증을 발급받은 사람을 소방안전관리자로 선임할 수 있다.

③ 소방안전관리보조자 최소 선임 인원수는 5명 이상이다.

④ 소방시설등의 자체점검 중 작동점검 제외 대상물로 반기에 1회 이상 종합점검을 실시한다.

05 찐득한 문제 5회차

01 화재를 예방·경계하거나 진압하고 화재 및 재난·재해, 또는 그 밖의 위급한 상황에서의 구조·구급 활동 등을 통해 국민의 생명, 신체 및 재산을 보호함으로써 공공의 안녕 및 질서 유지와 복리증진에 이바지하는 것을 목적으로 하는 법은 어느 것에 해당하는지 고르시오.

① 위험물안전관리법
② 소방기본법
③ 소방시설 설치 및 관리에 관한 법률
④ 화재의 예방 및 안전관리에 관한 법률

02 다음 중 한국소방안전원의 업무에 해당하지 아니하는 것을 고르시오.

① 화재 발생 위험 요인 등의 확인을 위한 화재안전조사 실시
② 화재예방과 안전관리의식 고취를 위한 대국민 홍보 및 각종 간행물 발간
③ 소방안전에 관련한 국제협력 업무
④ 정관으로 정하는 사항 및 회원에 대한 기술지원

03 다음 중 화재로 오인할 만한 우려가 있는 불을 피우거나 연막소독을 실시하고자 하는 자가 신고를 하지 아니하여 소방자동차를 출동하게 한 경우 20만 원 이하의 과태료가 부과될 수 있는 지역 또는 장소에 해당하지 아니하는 것을 모두 고르시오.

ⓐ 석유화학제품 생산 공장이 있는 지역
ⓑ 위험물의 저장 및 처리시설이 있는 지역
ⓒ 목조건물이 밀집한 지역
ⓓ 「산업입지 및 개발에 관한 법률」에 따른 산업단지
ⓔ 소방시설·소방용수시설 또는 소방출동로가 없는 지역
ⓕ 시장지역

① ⓐ, ⓒ, ⓕ
② ⓑ, ⓓ, ⓔ
③ ⓐ, ⓑ, ⓒ, ⓕ
④ ⓐ, ⓑ, ⓓ, ⓔ

04 화재의 예방조치 등에 따라 누구든지 화재예방강화지구 및 이에 준하는 대통령령으로 정하는 장소에서 하지 말아야 하는 행위에 해당하지 아니하는 행위를 고르시오.

① 용접·용단 등 불꽃을 발생시키는 행위
② 모닥불, 흡연 등 화기의 취급
③ 풍등 등 소형열기구 날리기
④ 소방자동차 전용구역에 주차하는 행위

05 **다음 중 양벌규정이 부과되는 행위에 해당하지 아니하는 것으로 보기 어려운 것을 고르시오.**

① 소방활동구역에 출입한 행위
② 소방훈련 및 교육을 하지 아니한 행위
③ 정당한 사유 없이 소방대의 생활안전활동을 방해한 행위
④ 소방안전관리자 및 소방안전관리보조자로서 실무교육을 받지 아니한 행위

06 **소방안전관리대상물의 근무자 및 거주자 등에 대한 소방훈련 등에 대한 설명으로 가장 옳은 것을 고르시오.**

① 모든 소방안전관리대상물의 관계인은 소방훈련 및 교육이 끝난 날부터 30일 이내에 소방훈련 및 교육의 결과를 소방본부장 또는 소방서장에게 제출한다.
② 시·도지사는 불특정 다수인이 이용하는 대통령령으로 정하는 특정소방대상물의 근무자 등을 대상으로 불시에 소방훈련 및 교육을 실시할 수 있다.
③ 소방안전관리자는 소방훈련과 교육에 필요한 장비 및 교재 등을 갖추어야 한다.
④ 관계인은 소방훈련 및 교육실시 결과를 결과기록부에 기록하고 소방훈련 등을 실시한 날부터 2년간 보관한다.

07 **건설현장 소방안전관리대상물의 공사 시공자는 건설현장 소방안전관리자를 선임한 경우, 선임한 날로부터 14일 내에 건설현장 소방안전관리자 선임신고서에 정해진 서류를 첨부하여 소방본부장 또는 소방서장에게 신고해야 한다. 이때 첨부해야 하는 서류에 해당하지 아니하는 것을 고르시오.**

① 건설현장 소방안전관리자 고용 계약서 사본
② 소방안전관리자 자격증
③ 건설현장 소방안전관리자 강습교육 수료증
④ 건설현장 소방안전관리대상물의 공사 계약서 사본

08 **다음 중 피난시설, 방화구획 및 방화시설 관련 금지행위 중에서 훼손행위에 해당하는 것을 모두 고르시오.**

(가) 용접, 조적, 쇠창살, 석고보드 또는 합판 등으로 비상(탈출)구의 개방을 불가하게 하는 행위
(나) 비상구에 잠금장치를 설치하여 누구나 쉽게 열 수 없도록 하는 행위
(다) 방화문을 철거 또는 제거하는 행위
(라) 방화구획에 개구부를 설치하여 기능에 지장을 주는 행위
(마) 배연설비가 작동되지 않도록 기능에 지장을 주는 행위
(바) 방화문에 고임장치 등을 설치하여 그 기능을 저해한 행위

① (가), (나), (다)
② (다), (라), (마)
③ (다), (마), (바)
④ (가), (다), (마), (바)

[9~11] 다음 제시된 일반현황 자료를 참고하여 각 물음에 답하시오.

구분	건축물 일반현황
명칭	BN아파트
규모/구조	☑ 연면적 8,000m^2
	☑ 599세대
	☑ 지상 12층
	☑ 높이 50m
	☑ 형태(용도) : 주거시설(아파트)
	☑ 완공일 : 2023. 01. 05
	☑ 사용승인일 : 2023. 02. 03
소방시설	[V] 옥내소화전설비 [V] 스프링클러설비 [V] 자동화재탐지설비

09 **소방안전관리대상물인 BN아파트의 등급으로 옳은 것을 고르시오.**

① 3급소방안전관리대상물
② 2급소방안전관리대상물
③ 1급소방안전관리대상물
④ 특급소방안전관리대상물

10 **BN아파트의 자체점검에 대한 설명으로 옳은 것을 고르시오.**

① 2025년 1월에는 작동점검을 실시했을 것이다.
② 소방시설관리사를 주된 인력으로 하여 2026년 7월에 종합점검을 실시한다.
③ 소방시설관리사를 주된 인력으로 하여 2026년 2월에 종합점검을 실시한다.
④ 종합점검 제외 대상으로 2026년 2월에 작동점검만 실시한다.

11 **BN아파트의 소방안전관리보조자 최소 선임 인원수를 고르시오.**

① 1명 이상　② 2명 이상
③ 3명 이상　④ 4명 이상

12 **다음은 자체점검 중 종합점검 시행 대상에 해당하는 조건을 나열한 표이다. 빈칸 (A)와 (B)에 들어갈 면적으로 옳은 값을 순서대로 고르시오.**

점검 구분	점검 대상
종합점검	(1) 소방시설등이 신설된 특정소방대상물
	(2) 스프링클러설비가 설치된 특정소방대상물
	(3) (호스릴 방식의 물분무등소화설비만을 설치한 경우를 제외하고) 물분무등소화 설비가 설치된 연면적 5,000m^2 이상의 특정소방 대상물(위험물제조소등 제외)
	(4) 「다중이용업소의 안전관리에 관한 특별법 시행령」에 의한 단란주점영업, 유흥주점 영업, 노래연습장업, 영화상영관, 고시원업 등 다중이용업의 영업장이 설치된 특정소방 대상물로서 연면적이 __(A)__ 이상인 것
	(5) 제연설비가 설치된 터널
	(6) 「공공기관의 소방안전관리에 관한 규정」 제2조에 따른 공공기관 중 연면적(터널 · 지하구의 경우 그 길이와 평균 폭을 곱하여 계산된 값을 말한다)이 __(B)__ 이상인 것으로서 옥내소화전설비 또는 자동화재 탐지설비가 설치된 것. (단, 「소방기본법」 제2조 제5호에 따른 소방대가 근무하는 공공기관은 제외)

① (A) : 1,000m^2, (B) : 2,000m^2
② (A) : 2,000m^2, (B) : 1,000m^2
③ (A) : 2,000m^2, (B) : 3,000m^2
④ (A) : 3,000m^2, (B) : 2,000m^2

13 다음 중 방염 처리 된 물품의 사용을 권장할 수 있는 경우에 해당하지 아니하는 것을 고르시오.

① 다중이용업소, 숙박시설에서 사용하는 침구류
② 의료시설에서 사용하는 침구류
③ 노유자시설에서 사용하는 소파 및 의자
④ 노래연습장업의 영업장에 설치하는 섬유류 소파 및 의자

14 소방안전관리자 및 소방안전관리보조자 선임 등 기준에 대한 설명으로 옳지 아니한 것을 고르시오.

① 소방본부장 또는 소방서장은 선임연기 신청서를 받은 경우 7일 이내에 선임 기간을 정해서 관계인에게 통보한다.
② 증축 또는 용도변경으로 소방안전관리대상물로 지정된 경우에는 사용승인일 또는 건축물관리대장에 용도변경 사실을 기재한 날로부터 30일 내에 소방안전관리자 및 소방안전관리보조자를 선임한다.
③ 소방안전관리자 및 소방안전관리보조자를 선임한 경우에 선임한 날부터 14일 내에 소방본부장 또는 소방서장에게 선임신고 한다.
④ 2급, 3급소방안전관리대상물의 관계인은 소방안전관리자 또는 소방안전관리보조자 강습교육이나 자격 시험이 선임기간 내에 있지 않아 선임이 불가한 경우 선임연기 신청이 가능하며 이 경우 소방본부장 또는 소방서상에게 선임연기 신청서를 제출한다.

15 다음 중 건축법에서 정하는 대수선에 해당하는 경우로 보기 어려운 것을 고르시오.

① 방화벽 또는 방화구획을 위한 바닥 또는 벽을 증설 또는 해체하는 것
② 다가구주택의 가구 간 경계벽 또는 다세대주택의 세대 간 경계벽을 수선 또는 변경하는 것
③ 기둥을 2개 이상 수선 또는 변경하는 것
④ 내력벽의 벽면적을 $30m^2$ 이상 수선 또는 변경하는 것

16 다음 중 화재성상 단계별로 나타나는 특징에 대한 설명이 옳지 아니한 것을 모두 고르시오.

(가) 초기에는 실내 온도가 급격히 상승하며 발화부위는 훈소현상으로 시작되는 경우가 대부분이다.
(나) 내장재 등에 착화된 시점은 성장기에 해당하며 이 단계에서 천장부근에 축적되어 있던 가연성 가스에 착화되면 플래시오버(Flash Over) 현상이 나타난다.
(다) 최성기에 이르면 실내 전체에 화염이 충만하고 연소가 최고조에 달한다.
(라) 내화구조의 경우 최성기까지 20~30분이 소요되며 목조건물의 경우에는 약 10분 정도가 소요되어 내화구조는 고온장기형, 목조건물은 저온단기형 그래프를 나타낸다.
(마) 화재 시 감쇠기에 이르면 화세가 감쇠하여 온도가 점차 내려가기 시작한다.

① (가), (라)　② (나), (다)
③ (나), (라), (마)　④ (가), (다), (라), (마)

17 **다음 중 화재의 분류별 특징과 소화방법에 대한 설명으로 옳지 아니한 설명에 해당하지 아니하는 것을 고르시오.**

ⓐ C급화재는 통전 중인 전기기기 및 배선과 관련한 화재로 수계소화는 감전의 위험이 있어 이산화탄소나 분말소화약제가 적응성이 있다.
ⓑ B급화재는 연소 후 재가 남으며 연소열이 크고 소화 시 포 등을 이용한 질식 및 냉각소화가 적응성이 있다.
ⓒ 일반 가연물에서 비롯되는 A급화재는 다량의 물이나 수용액을 이용한 냉각소화가 적응성이 있다.
ⓓ K급화재는 동식물유를 취급하는 조리기구에서 비롯된 화재로 분말소화약제나 건조사 등을 이용한 소화가 적응성이 있다.
ⓔ D급화재 시 칼륨, 나트륨, 마그네슘 등이 가연물이 될 수 있으며 물, 포, 강화액 등 수계소화약제가 적응성이 있다.

① ⓐ, ⓑ
② ⓐ, ⓒ
③ ⓐ, ⓒ, ⓔ
④ ⓑ, ⓓ, ⓔ

18 **다음 중 가연물질이 되기 위한 구비조건으로 옳은 설명에 해당하지 아니하는 것을 고르시오.**

ⓐ 지연성가스와 친화력이 약해야 한다.
ⓑ 비표면적이 작은 물질이어야 한다.
ⓒ 연쇄반응을 일으키는 물질이어야 한다.
ⓓ 열전도도가 작아 열의 축적이 용이해야 한다.
ⓔ 산화되기 어려운 물질로서 산소와 결합 시 발열량이 커야 한다.
ⓕ 활성화에너지 값이 작아야 한다.

① ⓐ, ⓑ
② ⓒ, ⓕ
③ ⓐ, ⓑ, ⓔ
④ ⓐ, ⓓ, ⓕ

19 **다음 중 화재위험작업의 관리감독 절차에 대한 설명으로 옳은 것을 고르시오.**

① 화재감시자는 작업 현장의 준비상태 확인 후, 화기작업 허가서를 발급한다.
② 화기작업 중 휴식시간 및 식사시간에는 화재감시자의 감시 활동이 일시 중단된다.
③ 작업 완료 시 화재감시자는 해당 작업구역 내에 30분 이상 더 상주하면서 감시를 진행해야 한다.
④ 화기작업 허가서는 현장 내 작업자와 관리자가 모두 확인하였다면 작업구역 내에 게시할 필요가 없다.

20 **각각의 소화방법에 대한 설명으로 바르지 아니한 것을 고르시오.**

① 질식소화 : 공기 중의 산소 농도를 15% 이하로 억제하는 소화방식
② 냉각소화 : 연소 중인 가연물의 열을 빼앗아 착화온도 이하로 떨어트리는 소화방식
③ 억제소화 : 연쇄반응을 약화시켜 표면연소에 작용하는 소화방식
④ 제거소화 : 연소반응에 관계된 가연물을 직접 제거하거나 파괴하는 소화방식

21 **위험물안전관리 제도에서 정하는 위험물안전관리자의 선임 및 해임에 대한 내용으로 옳은 설명에 해당하지 아니하는 것을 고르시오.**

① 제조소등의 관계인은 제조소등마다 대통령령으로 정하는 위험물의 취급에 관한 자격이 있는 사람을 안전관리자로 선임해야 한다.
② 위험물안전관리자는 위험물의 안전관리에 관한 직무를 수행해야 한다.
③ 위험물안전관리자가 해임 및 퇴직한 때에는 그 날로부터 60일 안에 새로운 안전관리자를 선임해야 한다.
④ 위험물안전관리자를 선임한 날로부터 14일 이내에 소방본부장 또는 소방서장에게 선임신고 한다.

22 다음 표의 내용을 참고하여 빈칸 (A)에 들어갈 위험물을 고르시오.

구분	자연발화성 물질 및 금수성 물질	자기반응성 물질	(A)
특징	• 물과 반응하거나 자연 발화에 의해 발열 또는 가연성 가스를 발생 • 용기 파손 및 누출에 주의 해야 한다.	• 가연성으로 산소를 함유하여 자기연소가 가능하다. • 가열이나 충격, 마찰 등에 의해 착화 및 폭발을 일으킨다. • 연소 속도가 빨라 소화가 곤란하다.	• 인화가 용이하다. • 대부분 물보다 가볍고 증기는 공기보다 무겁다. • 증기는 공기와 혼합되어 연소 및 폭발을 일으킨다. • 물에 녹지 않는다. • 대부분 주수 소화가 불가능 하다.

① 산화성 고체 ② 가연성 고체
③ 산화성 액체 ④ 인화성 액체

23 산화성 액체의 특징에 해당하는 설명을 고르시오.

ⓐ 저온에서 착화하기 용이한 가연성 물질이다.
ⓑ 가열, 충격, 마찰 등에 의해 분해되고 산소를 방출한다.
ⓒ 강산으로 산소를 발생시키는 조연성 액체이다.
ⓓ 연소하면서 유독가스를 발생시킨다.
ⓔ 일부는 물과 접촉하면 발열을 일으킨다.

① ⓑ, ⓔ ② ⓒ, ⓔ
③ ⓐ, ⓑ, ⓓ ④ ⓑ, ⓒ, ⓔ

[24~25] 다음 표를 보고 각 물음에 답하시오.

구분	(A)	(B)
주성분	CH_4	C_4H_{10}, C_3H_8
용도	도시가스	가정용, 자동차 연료용, 공업용
비중	0.6	1.5~2

24 표의 (A)에 해당하는 가스와 그 가스의 가스 누설경보기 설치 위치에 대한 설명이 옳은 것을 고르시오.

① LNG : 탐지기의 하단은 천장면의 하방 30cm 이내에 위치하도록 설치한다.
② LNG : 가스연소기 또는 관통부로부터 수평거리 4m 이내에 위치하도록 설치한다.
③ LPG : 탐지기의 상단은 바닥면의 상방 30cm 이내에 위치하도록 설치한다.
④ LPG : 가스연소기로부터 수평거리 8m 이내에 위치하도록 설치한다.

25 (B)가스의 주성분 중 C_3H_8의 폭발범위에 해당하는 것을 고르시오.

① 1.8~8.4% ② 2.1~9.5%
③ 4~75% ④ 5~15%

26 **습식스프링클러설비의 점검을 위해 그림의 ⓐ 밸브를 개방하였을 때 확인되는 사항으로 옳지 아니한 것을 고르시오.**

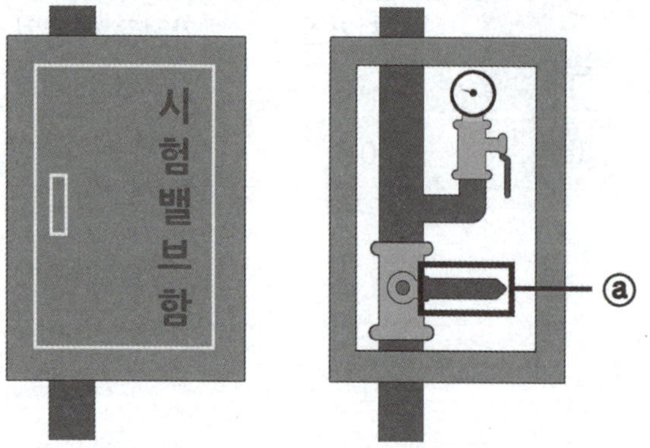

① 릴리프밸브가 개방되어 압력이 배출된다.
② 감시제어반의 화재표시등 및 해당구역 밸브개방 표시등이 점등된다.
③ 해당 구역의 경보(사이렌)가 작동한다.
④ 소화펌프가 자동으로 기동된다.

27 **소방시설의 종류 중에서 소화활동설비에 포함되는 설비를 모두 고르시오.**

㉮ 상수도소화용수설비	㉯ 제연설비
㉰ 유도등·비상조명등	㉱ 비상콘센트설비
㉲ 소화수조 및 저수조	㉳ 자동화재탐지설비

① ㉮, ㉲　　② ㉮, ㉳
③ ㉯, ㉱　　④ ㉰, ㉱

28 **분말소화기에 대한 설명으로 옳은 것을 모두 고르시오.**

ⓐ 제1인산암모늄을 주성분으로 하는 것은 ABC급 분말소화기이다.
ⓑ 분말소화기의 내용연수는 10년으로 하고 내용연수 경과 후 10년 이상이면 내용연수 등이 경과한 날의 다음 달부터 3년 동안 사용이 가능하다.
ⓒ 가압식 분말소화기의 지시압력계 정상 범위는 0.7~0.98MPa이다.
ⓓ 주성분이 탄산수소나트륨인 BC급 분말소화기 약제는 백색을 띤다.
ⓔ 일반적으로 폐기 시 생활폐기물 신고필증 스티커를 부착하여 지정된 장소에 배출하는 것이 바람직하다.

① ⓐ, ⓒ　　② ⓑ, ⓒ
③ ⓐ, ⓓ, ⓔ　　④ ⓑ, ⓓ, ⓔ

29 **출혈의 증상 및 지혈처리에 대한 설명으로 가장 옳은 설명을 고르시오.**

① 일반적으로 혈액량의 1/5에서 1/4 정도 출혈 발생 시 생명을 잃게 된다.
② 출혈 발생 시 호흡과 맥박이 빠르고 약하고 불규칙해진다.
③ 동공이 축소되고 두려움 및 불안을 호소하게 된다.
④ 점차 체온이 상승하고 혈압이 저하되며 호흡곤란 증세를 보인다.

30 **화재 시 소방활동을 수행할 수 있는 내열피복으로써 고온의 복사열에도 접근이 가능한 피복 형태의 인명구조기구로 옳은 것을 고르시오.**

① 방열복　　② 방화복
③ 공기호흡기　　④ 인공소생기

31 **자위소방대 조직 구성 시 현장대응조직을 비상연락팀, 초기소화팀, 피난유도팀으로 구성하며 필요 시 팀을 가감 편성할 수 있는 형태(TYPE)에 대한 설명으로 옳은 것을 고르시오.**

① 연면적 30,000m^2 미만의 1급이나 상시 근무인원이 50명 이상인 2급소방안전관리대상물에 적용된다.

② TYPE-Ⅲ가 적용되는 대상물로 편성대원이 10인 미만인 경우에 해당한다.

③ 최초의 현장대응조직을 본부대로, 추가적인 편성조직을 지구대로 구분하여 구성한다.

④ 상시근무인원이 50명 미만인 2급 또는 3급소방안전관리대상물로 편성대원이 10인 이상인 경우에 해당한다.

32 **다음의 그림을 참고하여 펌프성능시험 중 체절운전 시 (가)밸브와 (나)밸브의 개폐상태에 대한 설명으로 옳은 것을 고르시오.**

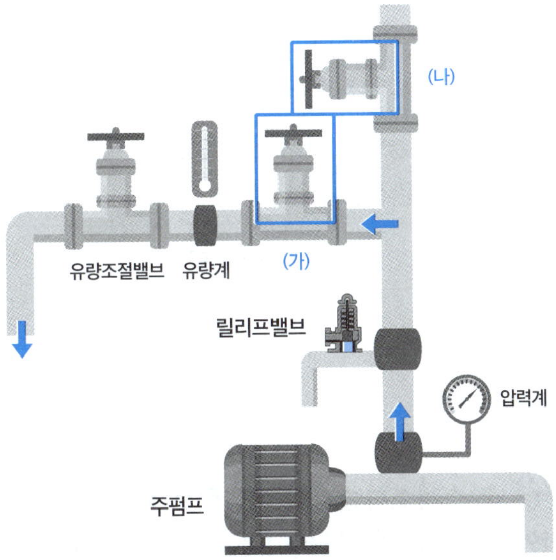

① (가) : 개방 (나) : 개방

② (가) : 개방 (나) : 폐쇄

③ (가) : 폐쇄 (나) : 개방

④ (가) : 폐쇄 (나) : 폐쇄

33 **작동점검표 작성을 위한 점검 전 준비사항에 해당하는 사항으로 보기 어려운 것을 고르시오.**

① 음향장치 및 각 실별 방문점검에 대해 미리 공지한다.

② 사전 설문조사를 통해 점검이 필요한 위치와 중요도를 확인한다.

③ 건물 관계인에게 점검의 목적과 필요성에 대해 사전에 안내한다.

④ 협의 및 협조를 받을 건물 관계인 등의 연락처를 미리 확보한다.

34 **다음은 일반인의 심폐소생술 시행 방법을 나타낸 것이다. 심폐소생술 시행 방법 중 빈칸에 들어갈 행동으로 옳은 것을 <보기>의 (가)~(다)를 참고하여 순서대로 나열하시오.**

(1) ________

(2) ________

(3) ________

(4) 가슴압박 30회 시행

(5) 인공호흡 2회 시행(방법을 모를 시 생략 가능,가슴압박만 시행)

(6) 가슴압박 및 인공호흡 반복 시행

(7) 환자 회복 시 회복자세 유지 및 상태 관찰

보기

(가) 환자의 호흡 확인

(나) 환자의 반응 확인

(다) 119 신고

① (가)-(나)-(다) ② (나)-(가)-(다)

③ (나)-(다)-(가) ④ (다)-(가)-(나)

35 다음은 3선식 유도등의 점검 방법을 나타낸 것이다. 빈칸 (A)와 (B)에 들어갈 말로 옳은 것을 순서대로 고르시오.

방법 1	방법 2
(1) 수신기에서 유도등 절환스위치를 (A) 위치로 전환하여 점등스위치가 ON이 된 상태에서 건물 내에 점등되지 않은 유도등이 있는지 확인한다.	(1) 유도등 절환스위치를 (B) 위치로 전환하여 감지기, 발신기, 중계기, 스프링클러 설비 등을 현장에서 작동한다. (2) 감지기, 발신기, 중계기, 스프링클러 설비 등이 동작함과 동시에 유도등이 점등되는지 확인한다.

① (A) : 자동 (B) : 자동
② (A) : 수동 (B) : 자동
③ (A) : 자동 (B) : 수동
④ (A) : 수동 (B) : 수동

36 바닥면적이 5,000m^2인 공연장에 능력단위가 5단위인 소화기를 설치하려고 한다. 이때 설치해야 하는 소화기의 최소한의 개수를 구하시오. (단, 건축물의 주요구조부는 내화구조이고 실내에 면하는 부분은 난연재료로 되어 있다.)

① 5개 ② 10개
③ 15개 ④ 17개

37 주거용 주방자동소화장치의 점검 사항에 해당하지 아니하는 것을 고르시오.

① 예비전원시험
② 약제 저장용기 점검
③ 방출헤드 점검
④ 가스누설차단밸브 시험

38 평면도가 다음과 같고 주요구조부가 내화구조로 된 특정소방대상물에서 4m 미만의 높이에 정온식 스포트형 1종 감지기를 부착할 때 설치하는 감지기의 최소 개수를 구하시오.

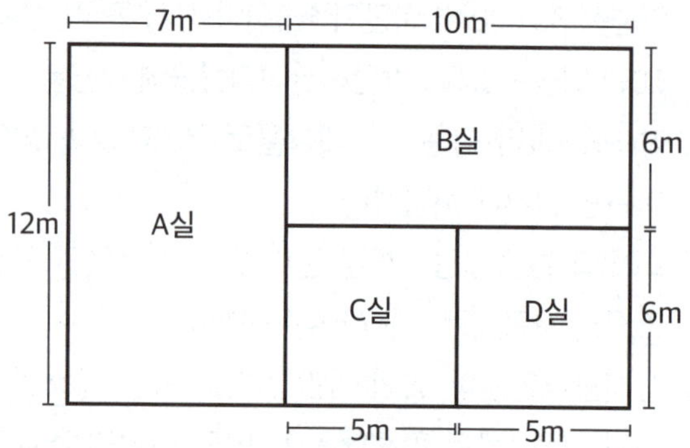

① 5개 ② 6개
③ 7개 ④ 8개

39 소방교육 및 훈련의 실시원칙 중에서 학습자 중심의 원칙에 해당하는 사항을 모두 고르시오.

ⓐ 핵심사항에 교육의 포커스를 맞추어야 한다.
ⓑ 기능적 이해에 비중을 두고 쉬운 것에서 어려운 것의 순서로 교육을 실시한다.
ⓒ 한 번에 한 가지씩 습득 가능한 분량으로 교육 및 훈련을 진행한다.
ⓓ 학습에 대한 보상을 제공해야 한다.
ⓔ 학습자의 능력을 고려하지 않은 훈련은 비현실적이고 불완전함을 인지한다.

① ⓑ, ⓒ ② ⓒ, ⓓ
③ ⓐ, ⓒ, ⓔ ④ ⓑ, ⓓ, ⓔ

40 가스계소화설비의 점검으로 확인하는 동작 확인 사항에 해당하지 아니하는 것을 고르시오.

① 가스소화약제 방출 확인
② 지연장치의 지연시간 체크 확인
③ 환기장치의 정지 확인
④ 자동폐쇄장치의 작동 확인

41 **스프링클러설비의 배관에 대한 설명으로 옳지 아니한 것을 고르시오.**

① 가지배관은 스프링클러헤드가 설치되는 배관을 의미한다.
② 직접 또는 수직배관을 통해 가지배관에 급수하는 역할을 하는 배관은 교차배관에 해당한다.
③ 교차배관은 가지배관과 수평 또는 밑에 설치한다.
④ 교차배관에서 분기되는 지점을 기준으로 한쪽 가지배관에 설치되는 헤드의 개수는 9개 이하로 한다.

42 **화상의 처치방법으로 바람직하지 아니한 것을 고르시오.**

① 물집이 터지지 않은 1도 및 2도 화상은 젖은 드레싱을 하고 붕대를 느슨하게 감는다.
② 물집이 터진 2도 및 3도 화상은 고압의 물을 피하고 생리식염수로 젖은 드레싱 후 붕대를 느슨하게 감는다.
③ 골절을 동반한 화상환자의 경우 2차 골절 예방을 위해 강한 힘으로 압박하여 드레싱한다.
④ 화공약품이 묻은 경우 약품이 묻은 옷과 장신구를 벗겨내고 건조한 드레싱을 한다.

43 **다음의 그림은 지구대 구역(Zone) 설정 예시를 나타낸 것이다. 그림을 참고하여 〈보기〉의 지구대 구역 설정 방식 중 옳은 설명으로 보기 어려운 것을 모두 고르시오.**

보기

ⓐ 용도구역 설정에 따라 지하2층은 0 Zone으로 설정한다.
ⓑ 지하1층의 면적이 1,100m²라면 수평구역 방식에 따라 2개의 Zone으로 구분한다.
ⓒ 수직구역 방식에 따라 1층, 2층을 묶어 하나의 구역으로 설정한다.
ⓓ 용도구역 설정에 따라 3층을 2개의 구역으로 설정한다.
ⓔ 4층은 수평구역 설정 방식에 따라 관리권원별로 분할하여 구역을 설정한다.

① ⓐ, ⓓ　　② ⓑ, ⓒ
③ ⓒ, ⓔ　　④ ⓓ, ⓔ

44 **관광숙박업을 제외한 숙박시설, 오피스텔 또는 지하층·무창층, 층수가 11층 이상인 특정소방대상물에 설치하는 유도등 및 유도표지의 종류로 옳게 짝지어진 것을 고르시오.**

① 대형피난구유도등, 통로유도등, 객석유도등
② 대형피난구유도등, 통로유도등
③ 중형피난구유도등, 통로유도등
④ 소형피난구유도등, 통로유도등

45 다음 중 설치장소별 피난기구의 적응성에 대한 설명이 바르지 아니한 것을 고르시오.

① 노유자시설의 4층 이상 10층 이하에서 피난사다리는 적응성이 없다.
② 피난용트랩은 영업장의 위치가 4층 이하인 다중이용업소의 2층에서 적응성이 있다.
③ 미끄럼대는 노유자시설의 4층 이상 10층 이하에서 적응성이 없다.
④ 의료시설, 근린생활시설 중 입원실이 있는 의원·접골원·조산원의 3층에서 승강식피난기는 적응성이 있다.

[46~48] 다음 제시된 소방계획서 및 작동기능점검표의 내용을 참고하여 각 물음에 답하시오.

1. 일반현황

구분	건축물 일반현황
명칭	제일빌딩
규모/구조	☑ 연면적 : 15,000m²
	☑ 층수 : 지상 10층/지하 2층
	☑ 용도 : 판매시설, 업무시설
	☑ 사용승인일 : 2023/05/08

2. 소방시설현황

소화설비	☑ (A) 수동식소화기 ☐ 간이소화용구
	☑ (B) 옥내소화전설비 ☑ (C) 옥외소화전설비
	☑ (D) 스프링클러설비 ☐ 간이스프링클러설비
경보설비	☑ 자동화재탐지설비/시각경보기
	☑ 비상방송설비

46 제일빌딩의 소방시설현황을 참고하여 (A), (B), (C), (D)의 정상 압력범위(MPa)로 옳지 아니한 것을 고르시오.

① (A) : 0.7 ~ 0.98MPa ② (B) : 0.1 ~ 0.7MPa
③ (C) : 0.25 ~ 0.7MPa ④ (D) : 0.1 ~ 1.2MPa

47 제일빌딩의 지하1층에서 화재 발생 시 적용되는 경보방식으로 옳은 것을 고르시오.

① 전층에 경보가 울린다.
② 지하 1층, 지하 2층, 지상 1층에 우선 경보가 울린다.
③ 지상 1층부터 4층, 그리고 모든 지하층에 우선 경보가 울린다.
④ 지하 1층, 그리고 지상 1층부터 4층에 우선 경보가 울린다.

48 다음은 제일빌딩에 설치된 자동화재탐지설비의 점검표 일부이다. 점검표를 참고하여 옳지 않은 설명을 고르시오.

번호	점검항목	점검결과
15-B. 수신기		
15-B-002	조작스위치의 높이는 적정하며 정상 위치에 있는지 여부	(가)
15-D. 감지기		
15-D-001	부착 높이 및 장소별 감지기 종류 적정 여부	○
15-E. 음향장치		
15-E-002	음향장치(경종 등) 변형·손상 확인 및 정상 작동(음량 포함) 여부	(나)
15-F. 시각경보장치		
15-F-001	시각경보장치 설치 장소 및 높이 적정 여부	○

① 수신기의 조작스위치 높이가 바닥으로부터 1.2m 높이에 있다면 (가)에는 ○표시를 한다.
② 제일빌딩의 거실 및 사무실에는 차동식 열감지기가 설치되어 있을 것이다.
③ 음량 측정 결과 1m 떨어진 곳에서 95dB이 측정되었다면 (나)는 × 표시를 한다.
④ 제일빌딩의 천장 높이가 1.8m라면 시각경보장치는 1.65m 이상의 장소에 설치되어 있을 것이다.

49 **휴대용비상조명등의 의무적인 설치대상에 해당하는 장소로 보기 어려운 것을 고르시오.**

① 다중이용업소

② 판매시설 중 대규모 점포

③ 숙박시설

④ 수용인원 50명 이상의 영화상영관

50 **다음 중 발신기의 누름버튼을 수동으로 눌러 발신기가 동작하였을 때 점등되어야 하는 표시등 및 작동하는 연동 장치를 다음의 그림에서 모두 고르시오.**

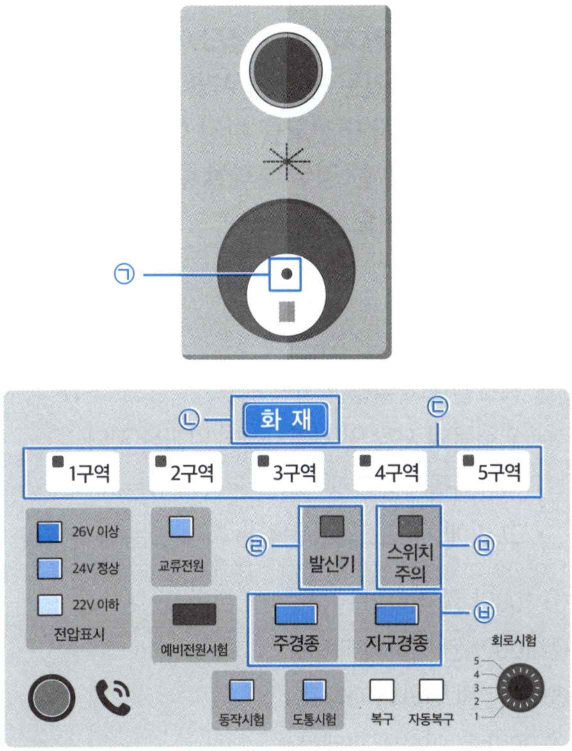

① ㉡, ㉢, ㉣

② ㉠, ㉡, ㉢, ㉣

③ ㉠, ㉡, ㉢, ㉣, ㉥

④ ㉠, ㉡, ㉢, ㉣, ㉤, ㉥

06 찐득한 문제 6회차

01 **아래 제시된 지역 또는 장소에서 화재로 오인할 만한 우려가 있는 불을 피우거나 연막소독을 실시하고자 하는 자가 신고를 하지 아니하여 소방자동차를 출동하게 한 경우 부과될 수 있는 벌칙으로 옳은 것을 고르시오.**

- 시장지역
- 공장·창고가 밀집한 지역
- 목조건물이 밀집한 지역
- 위험물의 저장 및 처리시설이 밀집한 지역
- 석유화학제품을 생산하는 공장이 있는 지역
- 그 밖에 시·도조례로 정하는 지역 또는 장소

① 100만 원 이하의 벌금
② 100만 원 이하의 과태료
③ 50만 원 이하의 과태료
④ 20만 원 이하의 과태료

02 **다음 중 「소방시설의 설치 및 관리에 관한 법률」에서 정하는 무창층에 대한 설명으로 옳지 아니한 것을 고르시오.**

① 지상층 중에서 개구부의 면적의 합계가 해당 층의 바닥면적의 30분의 1 이하가 되는 층을 의미한다.
② 개구부의 크기는 지름 40cm 이상의 원이 통과할 수 있는 크기여야 한다.
③ 해당 층의 바닥면으로부터 개구부 밑부분까지의 높이는 1.2m 이내여야 한다.
④ 개구부는 내부 또는 외부에서 쉽게 부수거나 열 수 있어야 한다.

03 **자체점검 결과의 조치 등에 따라 관리업자가 점검한 경우 관계인이 점검이 끝난 날부터 15일 이내에 소방시설등 자체점검 실시결과 보고서에 첨부하는 서류에 해당하는 것을 고르시오.**

① 소방시설등 자체점검 기록표
② 점검인력 배치확인서
③ 자체점검 결과 이행완료 보고서
④ 소방시설공사 계약서

04 **방염처리 물품의 성능검사 결과 다음 그림의 방염성능검사 합격표시를 부착하는 물품을 고르시오.**

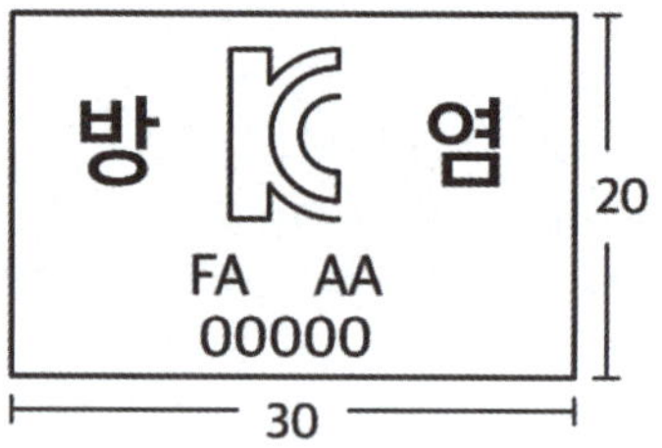

- 바탕 : 백색
- 검인 및 글자 : 남색
- 규격 : 30mm×20mm

① 카페트, 소파·의자, 섬유판
② 합판, 목재, 합성수지판, 목재 블라인드
③ 세탁 가능한 섬유류
④ 세탁 불가한 섬유류

05 **피난층에 대한 용어의 정의로 옳은 설명을 고르시오.**

① 지상층 중에서 개구부의 면적의 합계가 해당 층의 바닥면적의 30분의 1 이하가 되는 층
② 건축물의 바닥이 지표면 아래에 있는 층
③ 건축물의 지상에 위치한 1층
④ 곧바로 지상으로 갈 수 있는 출입구가 있는 층

06 화재의 예방 및 안전관리에 관한 법률에서 명시하고 있는 화재안전조사 결과에 따른 조치명령에 해당하지 아니하는 것을 고르시오.

① 소방대상물의 이전
② 소방대상물의 제거
③ 소방대상물의 용도변경
④ 소방대상물의 사용폐쇄

07 다음 중 각 행위를 한 사람에 대하여 부과되는 벌금 또는 과태료가 100만원에 해당하지 아니하는 경우를 고르시오.

① 소방안전관리자의 선임 신고를 기간 내에 하지 아니하여 지연 신고기간이 1개월 이상 3개월 미만인 경우
② 소방안전관리자 및 소방안전관리보조자가 실무교육을 받지 않은 경우
③ 피난시설, 방화구획 또는 방화시설을 폐쇄·훼손·변경하는 등의 행위를 한 경우로 1차 위반 시
④ 자체점검 결과의 보고 기간이 10일 이상 1개월 미만 지연된 경우

08 다음 제시된 사항을 참고하여 소방안전관리자 김○○의 실무교육 실시일로 가장 적절한 날짜를 고르시오.

- A회사에서 실무교육 이수 : 2023.08.15
- B회사로 이직하여 선임 : 2024.04.15

① 2025년 7월 13일 ② 2025년 9월 14일
③ 2026년 4월 6일 ④ 2026년 8월 10일

09 다음의 건축물 일반현황을 참고하여 해당 소방안전관리대상물에 대한 설명으로 옳지 아니한 것을 고르시오.

구분	건축물 일반현황
명칭	○○○아파트
규모/구조	• 용도 : 공동주택(아파트) • 층수 : 25층 • 높이 : 100m • 연면적 : 100,000m^2
사용승인일	2022.03.23
소방시설	• 옥내소화전설비 • 스프링클러설비 • 자동화재탐지설비

① 해당 소방안전관리대상물은 2급소방안전관리대상물이다.
② 소방설비기사 자격이 있는 사람으로서 1급 소방안전관리자 자격증을 발급받은 사람을 소방안전관리자로 선임할 수 있다.
③ 방염성능기준 이상의 실내장식물 등을 설치해야 하는 특정소방대상물이다.
④ 2026년 3월에 종합점검, 9월에 작동점검을 실시하는 특정소방대상물이다.

10 **다음의 각 연소용어에 대한 설명을 참고하여 빈칸에 들어갈 말 (A),(B),(C)를 순서대로 나열하시오.**

- 외부의 직접적인 점화원 없이 가열된 열의 축적에 의해 스스로 불이 일어날 수 있는 최저 온도를 (A)라고 한다.
- 연소 상태가 5초 이상 유지되어 계속될 수 있는 온도를 (B)라고 한다.
- 외부의 직접적인 점화원에 의해 불이 붙을 수 있는 최저 온도를 (C)라고 한다.

구분	(A)	(B)	(C)
①	인화점	연소점	발화점
②	인화점	발화점	연소점
③	발화점	연소점	인화점
④	연소점	인화점	발화점

11 **소방시설·피난시설·방화시설 및 방화구획 등이 법령에 위반된 것을 발견하였음에도 필요한 조치를 할 것을 요구하지 아니한 소방안전관리자에게 부과되는 벌칙이 벌금 또는 과태료 중 어느 것에 해당하는지, 그리고 그때의 부과 금액은 얼마인지 고르시오.**

① 500만원 이하의 벌금
② 300만원 이하의 벌금
③ 300만원 이하의 과태료
④ 200만원 이하의 과태료

12 **주요구조부가 내화구조이고 각 층별 바닥면적이 다음과 같은 건물의 면적별 방화구획 기준에 대한 설명으로 옳지 아니한 것을 고르시오. (단, 모든 층에는 스프링클러설비가 설치되어 있다.)**

12층 바닥면적 3,000m^2
11층 바닥면적 3,000m^2
10층 바닥면적 3,000m^2

① 10층은 1개의 방화구획으로 설정할 수 있다.
② 11층의 내장재가 불연재인 경우 바닥면적 600m^2 이내로 구획한다.
③ 11층의 내장재가 불연재가 아닌 경우 5개의 방화구획으로 설정할 수 있다.
④ 12층의 내장재가 불연재인 경우 2개의 방화구획으로 설정할 수 있다.

13 **다음 중 화재안전조사 항목으로 명시된 사항에 해당하지 아니하는 것을 고르시오.**

① 방염에 관한 사항
② 소방자동차 전용구역의 설치에 관한 사항
③ 소방계획의 수립 및 시행에 관한 사항
④ 피난시설, 방화구획 및 방화시설의 관리에 관한 사항

14 **건축물 면적의 산정 시 다음의 각 설명에 해당하는 용어 (A), (B)를 순서대로 고르시오.**

(A)	(B)
건축물의 각층 또는 그 일부로서 벽·기둥 기타 이와 유사한 구획의 중심선으로 둘러싸인 부분의 수평투영면적으로 한다.	건축물의 외벽(외벽이 없는 경우에는 외곽 부분의 기둥)의 중심선으로 둘러싸인 부분의 수평투영면적으로 한다.

① (A) : 연면적 (B) : 건축면적
② (A) : 건축면적 (B) : 연면적
③ (A) : 바닥면적 (B) : 건축면적
④ (A) : 건축면적 (B) : 바닥면적

15 화재 성상 단계별 나타나는 특징에 대한 설명으로 옳지 아니한 것을 고르시오.

① 초기에는 실내 온도가 크게 상승하지 않은 시점으로 발화부위는 훈소현상으로부터 시작되는 경우가 많다.
② 성장기에는 내장재 등에 착화되어 실내온도가 급격히 상승한다.
③ 실내 전체에 화염이 충만하며 연소가 최고조에 달하는 시점을 최성기라고 하며 목조건물이 내화구조에 비해 최성기까지 소요되는 시간이 짧은 편이다.
④ 감쇠기에서 플래시 오버(Flash Over) 상태가 되어 가연물은 대부분 타버리고 화세가 감쇠하여 온도가 하강하기 시작한다.

16 인화성 액체, 가연성 액체, 알코올 등과 같은 유류가 타는 화재에서 할론 소화약제를 이용한 억제소화 방식을 이용한 경우, 이에 해당하는 화재의 분류를 고르시오.

① A급화재 ② B급화재
③ C급화재 ④ D급화재

17 위험물안전관리법에서 정하는 용어의 정의 및 위험물안전관리자의 선임 등에 대한 설명으로 옳지 아니한 것을 고르시오.

① 위험물이란 인화성 또는 발화성 등의 성질을 가지는 것으로서 대통령령이 정하는 물품을 말한다.
② 제조소등의 관계인은 제조소등마다 위험물 취급에 관한 자격이 있는 자를 안전관리자로 선임해야 하며, 해임하거나 퇴직한 때에는 그 날로부터 30일 이내에 다시 선임해야 한다.
③ 제조소등의 관계인은 위험물 안전관리자를 선임한 경우 선임한 날로부터 14일 이내에 소방본부장 또는 소방서장에게 신고해야 한다.
④ 지정수량이란 위험물의 종류별로 위험성을 고려하여 행정안전부령이 정하는 수량으로서 제조소등의 설치허가 등에 있어서 최저의 기준이 되는 수량을 말한다.

18 다음 제시된 소방안전관리대상물의 건축물 현황을 참고하여 H아파트에 대한 설명으로 각 빈칸 (가) ~ (라)에 들어갈 내용이 적절하지 아니한 것을 고르시오.

<table>
<tr><th>명칭</th><td colspan="2">H아파트</td></tr>
<tr><th>용도</th><td colspan="2">공동주택(아파트)</td></tr>
<tr><th>규모</th><td colspan="2">• 지상 30층 / 지하 2층
• 높이 : 100m
• 연면적 : 80,000m²
• 850세대</td></tr>
<tr><th>사용승인</th><td colspan="2">2021년 6월 10일</td></tr>
<tr><th>소방안전관리대상물 등급</th><td colspan="2">(가)</td></tr>
<tr><th rowspan="2">소방안전관리자 현황</th><td>성명</td><td>최강남</td></tr>
<tr><td>등급</td><td>(나)</td></tr>
<tr><th>소방안전관리보조자 선임 규정</th><td colspan="2">(다)</td></tr>
<tr><th>점검일</th><td colspan="2">(라)</td></tr>
</table>

① (가): H아파트는 1급 소방안전관리대상물이다.
② (나): 1급소방안전관리자를 H아파트의 소방안전관리자로 선임할 수 있다.
③ (다): H아파트에 선임하여야 하는 소방안전관리보조자의 최소한의 선임 인원 수는 5명이다.
④ (라): H아파트는 2026년 6월에 종합점검, 12월에 작동점검을 실시할 것이다.

19 소방안전관리대상물에서 소방안전관리자의 업무 중 소방안전관리업무 수행에 관한 기록·유지에 관한 설명으로 옳지 아니한 것을 고르시오.

① 피난시설·방화구획 및 방화시설의 관리, 소방시설이나 그 밖의 소방 관련 시설의 관리, 화기취급의 감독 업무수행에 관한 기록·유지를 말한다.
② 소방안전관리자는 소방안전관리업무 수행에 관한 기록을 월 1회 이상 작성·관리해야 한다.
③ 업무 수행 중 보수 또는 정비가 필요한 사항을 발견한 경우에는 이를 지체 없이 관계인에게 알리고 기록해야 한다.
④ 소방안전관리자는 업무 수행에 관한 기록을 작성한 날부터 1년간 보관해야 한다.

20 다음 중 연기 및 연소 생성물이 인체에 미치는 영향과 특징에 대한 설명으로 옳지 아니한 것을 고르시오.

① 정신적으로 긴장 또는 패닉에 빠지게 되어 2차적 재해로 번질 우려가 있다.
② 연기성분 중 일산화탄소는 무색·무취·무미의 가스로 유독물인 포스겐의 발생으로 인한 생명의 위험이 있다.
③ 시야를 감퇴시켜 피난 및 소화활동을 저해할 수 있다.
④ 이산화탄소는 가스 자체로 독성이 강하며 산소 운반 기능을 약화시켜 질식의 위험이 있다.

21 화재위험작업 시 관리감독 절차에 대한 설명으로 옳지 아니한 것을 고르시오.

① 화재위험작업 시 화재안전 감독자(감독관)는 소방관서장의 작업 허가를 받아야 한다.
② 작업 현장의 준비상태 확인 및 화재안전 감시자 배치 후 화재안전 감독자(감독관)는 화기작업 허가서를 발급해야 한다.
③ 화기작업 허가서는 작업 구역 내에 게시하여 현장 내 작업자 및 관리자 등이 확인할 수 있도록 한다.
④ 화재감시자는 작업 중에는 물론, 휴식 및 식사시간에도 감시 활동을 계속 진행해야 한다.

22 화기취급작업 시 안전수칙에 따라 다음의 빈칸 (A)에 공통으로 들어갈 값을 고르시오.

가연물 이동	• 작업현장(반경 A 이내)의 가연물을 이동 및 제거 • 작업현장(반경 A 이내)의 바닥을 깨끗하게 청소
가연물 보호	• 작업현장(반경 A 이내)의 가연물 이동 및 제거가 어려울 시, 작업현장(반경 A 이내)의 가연물에 차단막 등 설치

① 10m ② 11m
③ 12m ④ 13m

23 다음의 특성에 해당하는 각 위험물 (A), (B)를 순서대로 고르시오.

(A)	(B)
물과 반응하거나 자연발화에 의해 발열 또는 가연성 가스를 발생시킬 수 있어 용기 파손이나 누출에 주의해야 한다.	대부분 물보다 가볍고 물에 녹지 않으며 증기는 공기보다 무겁다. 주수소화가 불가능한 것이 대부분이며 증기는 공기와 혼합되어 연소 및 폭발을 일으킨다.

① (A) : 제1류위험물 (B) : 제6류위험물
② (A) : 제2류위험물 (B) : 제3류위험물
③ (A) : 제3류위험물 (B) : 제4류위험물
④ (A) : 제4류위험물 (B) : 제5류위험물

24 다음은 용접(용단) 작업 시 비산 불티의 특성을 나타낸 것이다. 내용을 참고하여 ( )에 들어갈 값을 고르시오.

- 용접(용단) 작업 시 수천 개의 비산 불티 발생
- 비산 불티 적열 시 온도 : 약 1,600˚C 이상
- 발화원이 될 수 있는 비산 불티의 크기 : 직경 약 0.3~3mm
- 실내 무풍 시 불티의 비산거리 : 약 ( )

① 5m ② 8m
③ 11m ④ 15m

25 소방시설등 자체점검 결과의 조치 등에 따른 규정으로 옳지 아니한 설명을 고르시오.

① 관리업자등은 자체점검을 실시한 경우 그 점검이 끝난 날부터 10일 이내에 소방시설등 자체점검 실시결과 보고서에 소방시설등 점검표를 첨부하여 관계인에게 제출한다.
② 관계인은 점검이 끝난 날부터 15일 이내에 소방본부장 또는 소방서장에게 서면 또는 전산망을 통해 보고해야 한다.
③ 소방본부장 또는 소방서장에게 자체점검 실시 결과 보고를 마친 관계인은 자체점검 실시 결과 보고서를 점검이 끝난 날부터 2년간 자체 보관한다.
④ 자체점검 결과 보고를 마친 관계인은 보고한 날부터 30일 이내에 소방시설등 자체점검 기록표를 작성하여 특정소방대상물의 출입자가 쉽게 볼 수 있는 장소에 게시한다.

26 특정소방대상물에 설치해야 할 소방시설 적용기준에 따라 소화설비 중 옥내소화전설비를 설치하는 지하가 중 터널에 적용되는 설치대상 기준 ( )을 고르시오.

소방시설		적용 기준사항	설치대상
소화설비	옥내 소화전 설비	지하가 중 터널로서 터널	( )

① 500m 이상 ② 1,000m 이상
③ 1,500m 이상 ④ 2,000m 이상

27 다음 중 소화기에 대한 설명으로 옳은 것을 모두 고르시오.

ⓐ 축압식 분말소화기에는 지시압력계가 부착되어 있으며 적정 범위는 0.7~0.98MPa로 녹색으로 표시된다.
ⓑ 분말소화기의 내용연수는 10년으로 하고, 성능검사에 합격한 소화기는 내용연수 경과 후 10년 미만이면 3년간 사용할 수 있다.
ⓒ 이산화탄소 소화기는 질식, 냉각효과가 있으며 BC급 화재에 적응성이 있다.
ⓓ 할론 소화약제 중 가장 소화능력이 좋고 독성이 가장 적으며 냄새가 없는 것은 할론 2402 소화기의 특징이다.

① ⓐ, ⓑ ② ⓑ, ⓓ
③ ⓐ, ⓑ, ⓒ ④ ⓑ, ⓒ, ⓓ

28 다음에 제시된 감지기에 대한 설명으로 옳지 아니한 것을 고르시오.

① 바이메탈, 감열판, 접점 등의 구조로 이루어져 있다.
② 주위 온도가 일정 온도 이상이 되었을 때 작동한다.
③ 주위 온도가 일정 상승률 이상 되는 경우에 작동한다.
④ 보일러실, 주방 등에서 적응성이 있다.

29 각 방식별 가압송수장치에 대한 설명으로 옳지 아니한 것을 고르시오.

① 펌프방식 : 기동용 수압개폐장치를 통해 배관 내 압력이 저하되면 압력스위치가 작동하여 펌프를 기동한다.
② 압력수조방식 : 압력탱크 내에 물을 압입하고 탱크 내 압축된 공기 압력에 의해 송수하는 방식으로 탱크의 설치 위치가 한정적인 것이 단점이다.
③ 가압수조방식 : 별도의 용기에 충전된 압축공기 또는 불연성 고압기체에 따라 수조 내 소화용수를 가압 및 송수하는 방식으로 비상전원이 필요 없다.
④ 고가수조방식 : 고가수조의 자연낙차압으로 급수하는 방식으로 비상전원이 필요하지 않다.

30 스프링클러설비의 종류별 2차측 배관 내부의 채움 상태에 대한 설명으로 옳지 아니한 것을 고르시오.

① 일제살수식 : 가압수
② 건식 : 압축공기
③ 준비작동식 : 대기압 상태
④ 습식 : 가압수

31 층수가 10층 이하인 특정소방대상물에 적용되는 음향장치의 설치기준 및 경보방식에 대한 설명으로 옳지 아니한 것을 고르시오.

① 2층에서 발화한 경우 전층에 경보가 발한다.
② 1층에서 발화한 경우 발화층·그 직상 4개 층 및 지하층에 경보를 발한다.
③ 음량의 크기는 1m 떨어진 곳에서 90dB 이상 측정되어야 한다.
④ 층마다 설치하되 수평거리 25m 이하가 되도록 설치한다.

32 감시제어반의 스위치 위치가 다음과 같을 때 동력 제어반에서 점등이 확인되어야 하는 것을 (가)~(사)에서 모두 고르시오.

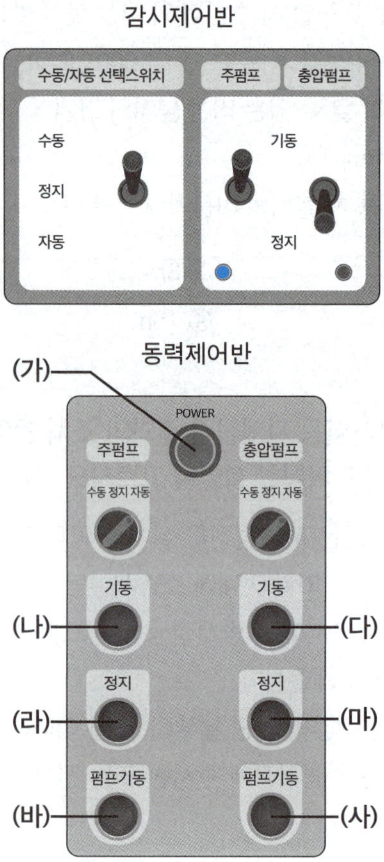

① (나), (바) ② (가), (나), (마)
③ (가), (다), (라), (사) ④ (가), (나), (마), (바)

33 다음 중 제시된 압력 값이 각 소화설비의 적정 압력 범위 내에 있지 아니한 것을 고르시오.

① 소화기 : 0.9MPa
② 옥내소화전설비 : 0.6MPa
③ 옥외소화전설비 : 0.8MPa
④ 스프링클러설비 : 1.0MPa

34 스프링클러설비의 설치장소가 지하층을 제외한 층수가 11층 이상인 특정소방대상물(아파트 제외)일 때 스프링클러헤드의 기준개수를 고르시오.

① 10개 ② 20개
③ 30개 ④ 40개

35 다음의 그림을 참고하여 P형 수신기의 도통 시험에 대한 설명으로 옳은 설명을 고르시오.(단, 수신기는 로터리방식이다.)

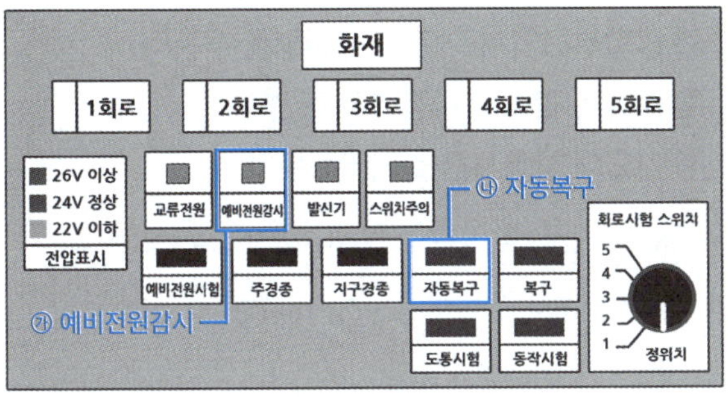

① 수신기에 화재 신호를 수동으로 입력하여 수신기의 각 표시등 점등 및 음향장치의 작동 등 정상적인 동작이 이루어지는지 확인하는 시험이다.

② 시험 결과 도통시험 확인등에 녹색불이 점등되거나, 전압계가 있는 경우 4~8V 값이 측정되면 정상 판정한다.

③ 시험 시 ㉮ 표시등은 점등된 상태이다.

④ 시험 순서는 도통시험 스위치와 ㉯ 스위치를 누르고 회로시험 스위치를 회전하며 진행한다.

36 자위소방대 구성도가 다음과 같을 때 해당 조직구성 유형(타입)에 대한 설명으로 옳은 것을 고르시오.

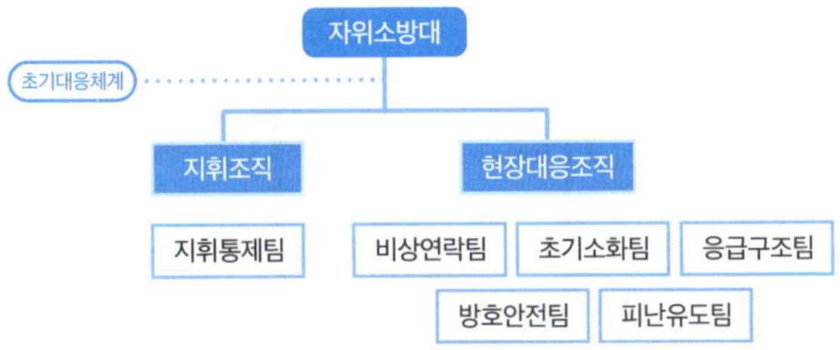

① 둘 이상의 현장대응조직을 운영할 수 있으며, 이 경우 본부대와 지구대로 구분한다.

② 1급의 경우 공동주택을 제외하고 연면적 30,000m^2 이상이면 그림과 같은 조직구성 방식을 적용한다.

③ 상시 근무인원이 50명 이상인 2급 대상물의 경우 그림의 조직구성 유형에 해당한다.

④ 현장대응조직은 하위 조직(팀)의 구분 없이 운영할 수 있다.

37 특정소방대상물별 소화기구의 능력단위 기준에 따라 위락시설에 적용되는 소화기구의 능력단위로 옳은 설명을 고르시오.

① 해당 용도의 바닥면적 30m^{2}마다 능력단위 1단위 이상

② 해당 용도의 바닥면적 50m^{2}마다 능력단위 1단위 이상

③ 해당 용도의 바닥면적 100m^{2}마다 능력단위 1단위 이상

④ 해당 용도의 바닥면적 200m^{2}마다 능력단위 1단위 이상

38 다음에 제시된 예시 그림을 참고하여 각 유도등에 대한 설명으로 옳지 아니한 것을 고르시오.

예시	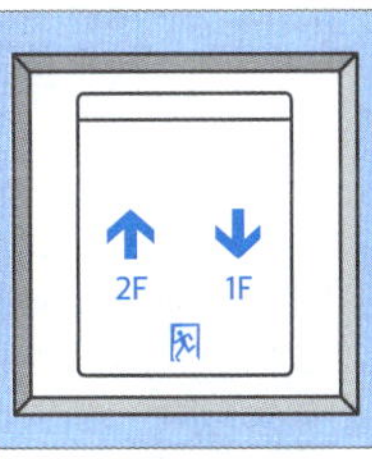	
① 종류	계단통로 유도등	피난구 유도등
② 용도	피난통로 안내를 위한 방향 명시	피난경로인 출입구를 표시
③ 설치장소	계단 하부	출입구 상부
④ 설치 높이	바닥으로부터 높이 1.5m 이하	바닥으로부터 높이 1m 이상

39 자위소방대 및 초기대응체계의 인력 편성에 대한 설명으로 옳은 것을 고르시오.

① 자위소방대 팀별 인원편성 시 각 팀별 최소편성 인원은 1명 이상으로 한다.

② 소방안전관리자를 자위소방대장으로, 소방안전관리대상물의 소유주, 법인의 대표를 부대장으로 지정한다.

③ 초기대응체계 편성 시 3명 이상은 수신반 또는 종합방재실에 근무하며 모니터링 및 지휘통제가 가능해야 한다.

④ 자위소방대원은 대상물 내 상시 근무자 또는 거주자 중 자위소방활동이 가능한 인력으로 편성해야 한다.

40 펌프성능시험 중 정격부하운전 시 그림에 표시된 각 밸브의 개폐상태로 옳은 것을 고르시오.

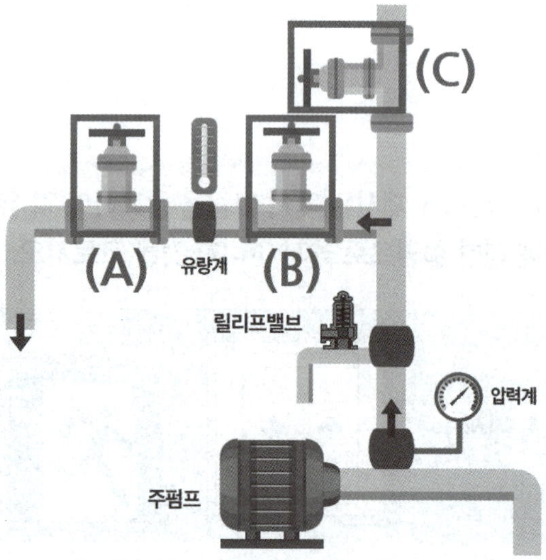

구분	(A)	(B)	(C)
①	폐쇄	폐쇄	폐쇄
②	개방	개방	폐쇄
③	폐쇄	개방	개방
④	개방	개방	개방

41 출혈 시 취할 수 있는 응급처치 방법 중 지혈대 사용법에 대한 순서를 차례대로 나열하시오.

> ㉮ 지혈대가 풀어지지 않도록 정리한다.
> ㉯ 출혈부위에서 5~7cm 상단부를 묶는다.
> ㉰ 출혈이 멈추는 지점까지 조인다.
> ㉱ 지혈대 착용시간을 기록해둔다.

① ㉮-㉰-㉯-㉱ ② ㉰-㉯-㉮-㉱

③ ㉯-㉰-㉮-㉱ ④ ㉰-㉱-㉯-㉮

42 그림을 참고하여 일반인 심폐소생술 시행방법에 대한 설명으로 옳지 아니한 것을 고르시오.

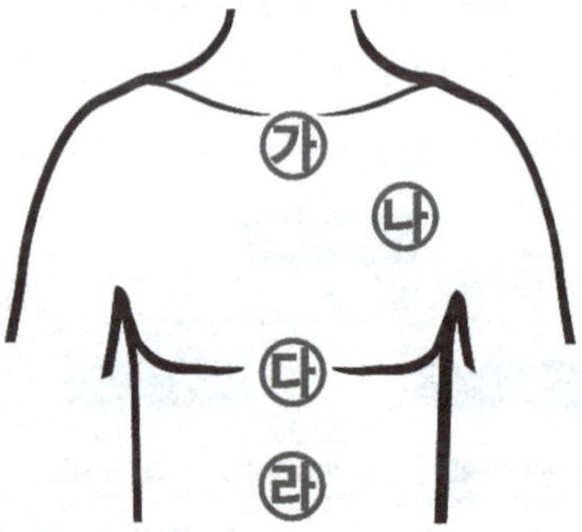

① 가슴압박과 인공호흡은 30:2의 비율로 반복 시행하는 것이 바람직하다.

② 가슴압박 시행 시 환자의 몸과 수직이 되도록 하고 체중을 실어 ㉯ 위치를 압박한다.

③ 성인의 경우 가슴압박은 분당 100~120회 속도, 약 5cm 깊이로 강하게 압박한다.

④ 인공호흡법을 모르거나 시행하기 꺼려지는 경우 인공호흡을 제외하고 가슴압박만 지속적으로 시행한다.

43 일반인 구조자의 심폐소생술 시행 방법으로 빈칸 (2)~(5)까지에 들어갈 순서를 (가)~(라)에서 찾아 순서대로 나열하시오.

(1) 환자의 어깨를 가볍게 두드리며 의식 및 반응 확인
(2) ______________________
(3) ______________________
(4) ______________________
(5) ______________________
(6) 가슴압박 및 인공호흡 반복 시행
(7) 환자 회복 시 회복 자세를 취하고 호흡 및 반응 관찰, 비정상 시 가슴압박 및 인공호흡 다시 시작

(가) 인공호흡 2회 시행
(나) 환자의 얼굴과 가슴을 10초 이내로 관찰하며 호흡의 정상 여부 확인
(다) 가슴압박 30회 시행
(라) 119에 신고

① (가)-(나)-(라)-(다)
② (나)-(라)-(가)-(다)
③ (나)-(라)-(다)-(가)
④ (라)-(나)-(다)-(가)

44 객석통로 직선 부분의 길이가 47m인 공연장에 객석유도등을 설치하려고 한다. 이때 설치해야 하는 객석유도등의 최소 개수를 구하시오.

① 9개 ② 10개
③ 11개 ④ 12개

45 자동화재탐지설비의 점검 시 혼란을 방지하기 위해 수신기에서 지구경종 스위치를 눌러 정지한 후, 감지기 시험기를 이용하여 5층에 위치한 감지기를 작동시켜 보았다. 그림과 표를 참고하여 이때 수신기의 점등 및 연동장치의 작동 상태에 대한 설명으로 옳지 아니한 것을 고르시오.

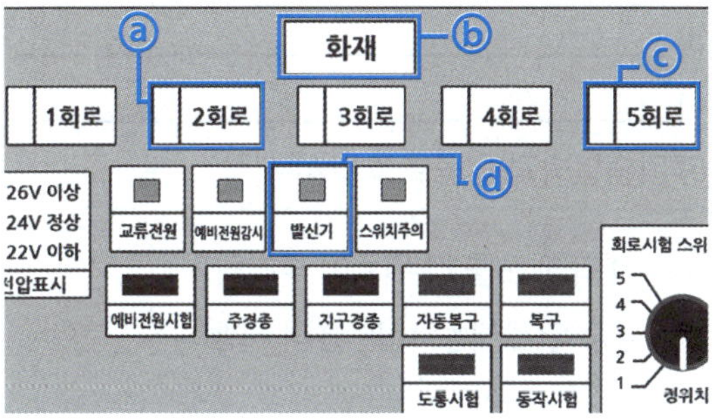

경계구역				
1회로	2회로	3회로	4회로	5회로
1층	2층	3층	4층	5층

① ⓐ 표시등에는 점등되지 않는다.
② 주경종이 울리고 ⓑ와 ⓒ 표시등에 점등된다.
③ ⓓ 표시등 점등과는 무관하므로 ⓓ 표시등은 점등되지 않는다.
④ 5층의 지구경종이 작동하여 경보를 발한다.

46 다음 제시된 장점 및 단점에 대한 설명에 부합하는 소화설비를 고르시오.

• 심부화재 소화에 적합하며, 비전도성으로 전기화재에 적응성이 있다. • 화재 진화 후 깨끗하고 피연소물에 대한 피해가 적은 편이다. • 소음이 크고, 질식 및 동상의 우려가 있으며 고압 설비로 주의·관리가 필요하다.

① 물분무소화설비 ② 이산화탄소소화설비
③ 포소화설비 ④ 미분무소화설비

47 다음은 자동심장충격기(AED)의 사용 순서를 나타낸 것이다. (1)~(4)까지 빈칸에 들어갈 순서로 옳은 것을 ⓐ~ⓓ에서 찾아 순서대로 나열하시오.

(1) ______
(2) ______
(3) ______
(4) ______
(5) 가슴압박과 인공호흡 다시 시작

ⓐ 두 개의 패드를 각 위치에 부착하기
ⓑ 심장충격(제세동) 버튼 눌러 시행
ⓒ 심장리듬 분석
ⓓ 자동심장충격기의 전원 켜기

① ⓐ-ⓓ-ⓑ-ⓒ　② ⓐ-ⓓ-ⓒ-ⓑ
③ ⓓ-ⓐ-ⓒ-ⓑ　④ ⓓ-ⓐ-ⓑ-ⓒ

48 다음의 각 스프링클러설비의 종류별 장점·단점에 대한 표를 참고하여 옳은 설명을 고르시오.

구분	폐쇄형 헤드			개방형 헤드
종류	습식	건식	준비 작동식	일제 살수식
장점	• 간단한 구조 • 저렴한 공사비 • 신속 소화	옥외 사용 가능	• 오동작 시 수손피해 우려 없음 • 조기 대처에 용이	초기화재 시 신속 대처에 용이
단점	(가)	(나)	(다)	(라)

① 동결의 우려가 있어 사용 가능한 장소가 제한적이라는 단점은 (가)에 해당한다.
② 화재 초기 압축공기에 의한 화재 촉진의 우려가 있다는 단점은 (다)에 해당한다.
③ 별도의 감지기 시공이 필요하다는 단점이 있는 것은 (나)에 해당한다.
④ 층고가 높은 장소에서는 사용이 불가하다는 단점이 있는 것은 (라)에 해당한다.

49 다음은 펌프 명판상 토출량이 100L/min이고, 양정이 100m인 펌프의 성능시험 결과표이다. 제시된 펌프성능시험 결과표를 참고하여 (가)~(라) 중 적정하지 아니한 값을 고르시오.

구분	펌프성능시험 결과표(실측치)		
	체절운전	정격운전 (100%)	최대운전
토출량 (L/min)	(가) 0	100	(다) 150
토출압력 (MPa)	1.3	(나) 1.0	(라) 0.55

① (가)　② (나)
③ (다)　④ (라)

50 다음 중 소방교육 및 훈련의 실시원칙에 해당하지 아니하는 것을 모두 고르시오.

㉮ 동기부여의 원칙
㉯ 현실의 원칙
㉰ 교육자 중심의 원칙
㉱ 경험의 원칙

① ㉮, ㉯, ㉱　② ㉯, ㉰
③ ㉯, ㉱　④ ㉰

MEMO

PART 02

소방안전관리자 2급

찐정리 득점을 위한 해설

CHAPTER

01 찐득한 해설 1회차

1회차 정답									
01	③	02	②	03	②	04	②	05	①
06	②	07	③	08	④	09	④	10	④
11	①	12	③	13	①	14	③	15	②
16	①	17	②	18	③	19	③	20	②
21	①	22	③	23	④	24	③	25	③
26	③	27	①	28	④	29	③	30	④
31	②	32	③	33	③	34	①	35	②
36	④	37	①	38	①	39	③	40	③
41	④	42	③	43	④	44	④	45	②
46	③	47	③	48	③	49	②	50	①

01 다음 제시된 보기를 참고하여 각 위반 행위에 대해 부과되는 벌금이 가장 큰 순서대로 나열한 것으로 옳은 것을 고르시오.

<보기>

㉠ 정당한 사유 없이 물의 사용이나 수도의 개폐장치의 사용 또는 조작을 하지 못하게 하거나 방해한 사람

㉡ 자체점검 결과 소화펌프 고장 등 중대위반사항이 발견된 경우 필요한 조치를 하지 않은 관계인 또는 관계인에게 중대위반사항을 알리지 아니한 관리업자등

㉢ 소방자동차의 출동을 방해한 사람

㉣ 소방안전관리자 자격증을 다른 사람에게 빌려주거나 빌리거나 이를 알선한 사람

① ㉠ - ㉢ - ㉡ - ㉣　② ㉡ - ㉠ - ㉣ - ㉢

③ ㉢ - ㉣ - ㉡ - ㉠　④ ㉣ - ㉠ - ㉡ - ㉢

답 ③

해 제시된 각 위반 행위에 해당하는 벌금은 다음과 같다.

[CHECK!]

㉠ 정당한 사유 없이 물의 사용이나 수도의 개폐장치의 사용 또는 조작을 하지 못하게 하거나 방해한 사람 - 100만원 이하의 벌금(소방기본법)

㉡ 자체점검 결과 소화펌프 고장 등 중대위반사항이 발견된 경우 필요한 조치를 하지 않은 관계인 또는 관계인에게 중대위반사항을 알리지 아니한 관리업자등 - 300만원 이하의 벌금(소방시설법)

㉢ 소방자동차의 출동을 방해한 사람 - 5년 이하의 징역 또는 5천만원 이하의 벌금(소방기본법)

㉣ 소방안전관리자 자격증을 다른 사람에게 빌려 주거나 빌리거나 이를 알선한 사람 - 1년 이하의 징역 또는 1천만원 이하의 벌금(화재예방법)

따라서 부과되는 벌금이 큰 순서대로 나열하면 ㉢-㉣-㉡-㉠ 순서가 되므로 옳은 것은 ③번.

[TIP] ONLY 챕스!

벌금 암기송 바로 보기

02 소방관계법령에서 정하는 각 용어에 대한 설명으로 옳지 아니한 것을 고르시오.

① 관계인이란 소방대상물의 소유자, 관리자 또는 점유자를 말한다.
② 소방대상물에는 건축물, 차량, 항해 중인 선박, 선박 건조 구조물 등이 포함된다.
③ 소방시설이란 소화설비, 경보설비, 피난구조설비, 소화용수설비, 소화활동설비로서 대통령령으로 정하는 것을 말한다.
④ 특정소방대상물이란 건축물 등의 규모, 용도 및 수용인원 등을 고려하여 소방시설을 설치해야 하는 소방대상물로서 대통령령으로 정하는 것을 말한다.

답 ②

해 항해 중인 선박은 소방대상물에 해당하지 않으므로 옳지 않은 설명은 ②번.

[CHECK!] 소방대상물
건축물, 차량, 선박(항구에 매어둔 선박만 해당), 선박 건조 구조물, 산림, 그 밖의 인공 구조물 또는 물건

03 다음 중 화재를 진압하고 화재, 재난·재해 그 밖의 위급한 상황에서 구조·구급활동 등을 하기 위하여 구성된 조직체인 소방대를 구성하는 인력에 포함되는 사람만을 모두 고르시오.

ⓐ 경찰공무원　ⓑ 자위소방대원
ⓒ 의용소방대원　ⓓ 의무소방원

① ⓐ, ⓑ　② ⓒ, ⓓ
③ ⓐ, ⓒ, ⓓ　④ ⓑ, ⓒ, ⓓ

답 ②

해 소방대란, 화재 및 재난·재해 등 위급 상황 시 구조·구급활동을 위해 소방공무원, 의무소방원, 의용소방대원으로 구성된 조직체를 말한다. 따라서 이에 해당하지 않는 ⓐ와 ⓑ를 제외하고 제시된 보기 중 소방대의 구성원으로 포함되는 인력만을 고른 것은 ⓒ,ⓓ로 ②번.

04 다음 중 한국소방안전원의 업무로 보기 어려운 것을 모두 고르시오.

㉮ 소방업무에 관하여 행정기관이 위탁하는 업무
㉯ 화재예방과 안전관리의식 고취를 위한 대국민 홍보
㉰ 소방기술과 안전관리 시설에 관한 개발·연구
㉱ 위험물 안전관리에 관한 행정 처리 업무
㉲ 소방안전에 관한 국제협력

① ㉮, ㉱　② ㉰, ㉱
③ ㉯, ㉰, ㉱　④ ㉰, ㉱, ㉲

답 ②

해 한국소방안전원의 업무는 다음과 같다.

[CHECK!]
- 소방기술과 안전관리에 관한 교육 및 연구·조사
- 소방기술과 안전관리에 관한 각종 간행물 발간
- 화재예방과 안전관리의식 고취를 위한 대국민 홍보
- 소방업무에 관하여 행정기관이 위탁하는 업무
- 소방안전에 관한 국제협력
- 그 밖에 회원에 대한 기술지원 등 정관으로 정하는 사항

따라서 이에 해당하지 않는 ㉰, ㉱는 안전원의 업무로 보기 어려우므로 옳지 않은 것만을 고른 것은 ②번.

[TIP] 안전원의 업무 핵심키워드
소방안전 관련 국제협력 통해 꾸준히 교육·연구·조사하고, 간행물도 발간해서 사람들이 알 수 있게 대국민 홍보! 행정기관의 위탁업무와 회원들 지원!

05 다음은 화재안전조사의 절차를 나타낸 것이다. 각 빈칸 (가), (나)에 들어갈 말로 가장 적절한 것을 고르시오.

> (1) (가)은/는 사전에 관계인에게 조사대상, 조사기간 및 조사사유 등 조사계획을 우편, 전화, 전자메일 또는 문자전송 등을 통해 통지하고 소방관서의 인터넷 홈페이지나 전산시스템을 통해 (나) 이상 공개해야 한다.
> (2) (가)은/는 사전 통지 없이 화재안전조사를 실시하는 경우에는 화재안전조사를 실시하기 전에 관계인에게 조사사유 및 조사범위 등을 현장에서 설명해야 한다.
> (3) (가)은/는 화재안전조사를 위하여 소속 공무원으로 하여금 관계인에게 보고 또는 자료의 제출을 요구하거나 소방대상물의 위치·구조·설비 또는 관리 상황에 대한 조사·질문을 하게 할 수 있다.

구분	(가)	(나)
① ✓	소방관서장	7일
②	시·도지사	7일
③	소방관서장	30일
④	시·도지사	30일

답 ①

해 화재안전조사는 소방관서장(소방청장, 소방본부장 또는 소방서장)이 소방대상물, 관계지역 또는 관계인에 대하여 소방시설등의 적법한 설치·관리 여부 및 화재 발생 위험 등을 확인하기 위해 실시하는 활동이므로, 실시 주체인 (가)에 공통으로 들어갈 용어는 '소방관서장'이다.

소방관서장은 이러한 화재안전조사를 위해 현장조사·문서열람·보고 요구 등을 할 수 있으며, 사전에 관계인에게 조사 대상, 기간, 사유 등을 통지하고 소방관서의 인터넷 홈페이지나 전산 시스템을 통해 7일 이상 공개해야 하므로, 빈칸 (나)는 '7일'이 적합하다. 따라서 각 빈칸에 들어갈 말로 옳은 것은 ①번.

06 다음 중 화재예방강화지구에 포함되는 지역으로 옳지 아니한 것을 고르시오.
① 석유화학제품 생산 공장이 있는 지역
② ✓ 공장 및 창고가 있는 지역
③ 위험물 저장·처리 시설이 밀집한 지역
④ 소방시설·소방용수시설 또는 소방출동로가 없는 지역

답 ②

해 화재예방강화지구에 포함되는 곳은, 공장 및 창고가 '밀집한' 지역이다. 따라서 옳지 않은 것은 ②.

> **[CHECK!] 화재예방강화지구**
> 1) 시장지역
> 2) 석유화학제품 생산 공장이 있는 지역
> 3) 공장·창고/목조건물/위험물 저장·처리 시설/노후·불량건축물이 '밀집한' 지역
> 4) 산업단지(「산업입지 및 개방에 관한 법률」에 따름)/물류단지
> 5) 소방시설·소방용수시설 또는 소방출동로가 없는 지역
> 6) 그 밖에 소방관서장이 화재예방강화지구로 지정할 필요가 있다고 인정하는 지역

07 다음 제시된 특정소방대상물이 해당하는 소방안전관리대상물의 등급으로 가장 적절한 것을 고르시오.

명칭	T빌딩
규모·구조	• 지상 8층 • 건축면적 : 1,000m² • 연면적 : 8,000m² • 높이 : 30m
용도	근린생활시설, 판매시설
소방시설 현황 (일부)	• 자동화재탐지설비 • 옥내소화전설비 • 스프링클러설비

① 특급소방안전관리대상물
② 1급소방안전관리대상물
③ ✓ 2급소방안전관리대상물
④ 3급소방안전관리대상물

답 ③

해 제시된 건물은 아파트가 아닌 특정소방대상물로, 1급 이상의 규모 및 조건에는 해당하지 않고, 옥내소화전설비, 스프링클러설비 등이 설치되어 있으므로 2급 소방안전관리대상물에 해당한다.
만약 지상층의 층수가 11층 이상이거나, 또는 연면적이 1만 5천 제곱미터 이상이라면 1급 대상물에 해당했겠지만, 제시된 건물의 규모는 그보다 작고, 2급 대상물로 분류되는 소방시설의 설치기준 조건은 갖추고 있으므로 2급 소방안전관리대상물임을 알 수 있다.

[참고!] 소방안전관리대상물의 구분(요약)

특급	• 아파트 : (지하 제외) 50층 이상 또는 높이 200m 이상 • (지하 포함) 30층 이상 또는 높이 120m 이상인 특정소방대상물(아파트 X) • 연면적 10만 제곱미터 이상인 특정소방대상물(아파트 X)
1급	• 아파트 : (지하 제외) 30층 이상 또는 높이 120m 이상 • 연면적 1만 5천 제곱미터 이상인 특정소방대상물(아파트 X) • 지상층의 층수가 11층 이상인 특정소방대상물(아파트 X) • 가연성 가스 1천톤 이상 저장·취급 시설
2급	• 옥내소화전설비, 스프링클러설비, 물분무등 소화설비를 설치해야 하는 특정소방대상물 • 가연성 가스 100톤 이상 1천톤 미만 저장·취급 시설 • (옥내소화전설비 또는 스프링클러설비 설치된) 공동주택 • 지하구 • 국보로 지정된 목조건축물 또는 보물
3급	간이스프링클러설비 또는 자동화재탐지설비 설치해야 하는 특정소방대상물

08 소방안전관리자를 선임하지 아니하는 특정소방대상물에서의 관계인의 업무로 적절하지 아니한 것을 고르시오.

① 화재발생 시 초기대응 업무
② 화기취급의 감독 업무
③ 피난·방화시설 및 방화구획의 유지·관리
④ 자위소방대 및 초기대응체계의 구성·운영·교육

답 ④

해 소방안전관리자를 선임하지 아니하는 특정소방대상물에서의 관계인의 업무는 ①, ②, ③번을 포함하여 그 외에도 '소방시설 및 소방관련 시설의 관리 업무' 또는 '그 밖에도 소방안전관리에 필요한 업무'가 포함된다. 하지만 ④번 '자위소방대 및 초기대응체계의 구성·운영·교육'은 소방안전관리자를 선임하는 소방안전관리대상물에서 '소방안전관리자'가 해야 하는 업무이므로 관계인의 업무에는 포함되지 않는다. 따라서 적절하지 않은 것은 ④.

09 다음 제시된 자료를 참고하여 해당 건축물의 소방안전관리자 및 소방안전관리보조자에 대한 설명으로 옳지 아니한 것을 고르시오.

명칭	PL빌딩
규모	• 지상 6층 • 연면적 : 25,000m^2 • 높이 : 25m
용도	근린생활시설
소방안전관리자 현황	• 선임일 : 2026. 05. 01 • 강습교육 수료 : 2025. 07. 07

① PL빌딩의 소방안전관리자는 2026년 5월 15일 이내에 선임 신고를 해야 한다.
② PL빌딩의 소방안전관리보조자는 최소 1명을 선임해야 한다.
③ PL빌딩의 소방안전관리자는 2027년 7월 6일까지 실무교육을 이수해야 한다.
④ PL빌딩은 2급소방안전관리자를 선임했을 것이다.

답 ④

해 PL빌딩은 (아파트 및 연립주택은 제외하고)연면적이 15,000m² 이상인 특정소방대상물에 해당하므로 1급 대상물에 해당한다. 따라서 선임할 수 있는 소방안전관리자의 등급도 1급 자격자이거나, 또는 그보다 상위 등급인 특급 소방안전관리자 자격이 있어야 하기 때문에 2급소방안전관리자를 선임했을 것이라는 ④번의 추론은 옳지 않다.

[CHECK!] 옳은 지문도 한 번 더!

- ① : "소방안전관리자의 선임 신고는 14일 내!" PL빌딩 소방안전관리자의 선임일이 2026년 5월 1일이므로, 선임일로부터 14일 내인 2026년 5월 15일 이내에 선임 신고를 해야 한다.
- ② : 연면적이 1만 5천 제곱미터 이상인 특정소방대상물(아파트 및 연립주택X)은 보조자 선임 대상이며, [대상물의 연면적 ÷ 15,000]으로 계산할 수 있다. (이때 소수점 이하는 버림). 따라서 25,000 ÷ 15,000 = 1.66… 이므로, 소수점은 버리고 PL빌딩의 보조자 선임 최소 인원은 1명으로 계산할 수 있다.
- ③ : PL빌딩의 소방안전관리자는 25년도에 강습교육을 수료하고 1년이 지나지 않아서 선임되었으므로, 강습교육 수료일에 최초의 실무교육을 이수한 것으로 본다. 따라서 강습 수료일을 기준으로 이후 2년마다(2년 후 같은 날의 하루 전까지) 실무교육을 실시하므로, 제시된 PL빌딩의 소방안전관리자는 2027년 7월 6일까지 다음 실무교육을 실시하면 된다.

10 다음 중 건축관계법령에서 정하는 각 용어의 설명이 옳지 아니한 것을 고르시오.

① 불에 타지 아니하는 성능을 가진 재료로서 콘크리트, 석재, 알루미늄, 유리 등의 재료를 불연재료라고 한다.
② 난연재료는 불에 잘 타지 아니하는 성질을 가진 재료를 의미한다.
③ 철망모르타르 바르기, 회반죽 바르기 등은 방화구조에 해당한다.
④ 화염의 확산을 막을 수 있는 성능을 가진 구조를 내화구조라고 한다.

답 ④

해 화염의 확산을 막을 수 있는 성능을 가진 구조로, 철망모르타르·회반죽 바르기 등은 '방화구조'에 해당하는 설명이다. ④번에서는 화염의 확산을 막을 수 있는 성능을 가진 구조를 내화구조라고 서술하고 있으므로 옳지 않은 설명에 해당한다. 내화구조란, 화재에 견딜 수 있는 성질을 가진 구조를 의미한다.

불연재	불에 타지 않는 성질을 가진 재료 : 콘크리트, 석재, 벽돌, 알루미늄, 유리 등
난연재	(타긴 타지만) 불에 잘 타지 않는 성질을 가진 재료
내화구조	화재에 견딜 수 있는 성능을 가진 철근콘크리트조·연와조 등으로 일정시간 강도나 형태가 크게 변하지 않으며 대체로 화재 이후에도 재사용이 가능한 구조
방화구조	내화구조에 비해 강도가 약하지만 화염의 확산을 막을 수 있는 성능을 가진 구조로, 인접 건물에서의 화재로 인한 연소확대 및 건물 내 화재가 확산되는 것을 방지해줄 수 있는 정도의 기능을 수행한다. (철망모르타르·회반죽 바르기 등)

11 방염에 대한 설명으로 옳은 것을 모두 고르시오.

A. 방염성능 기준 이상의 실내장식물을 설치해야 하는 특정소방대상물에서 수영장은 제외된다.
B. 층수가 11층 이상인 아파트의 붙박이 가구류는 방염대상물품을 사용해야 한다.
C. 섬유류·합성수지류 등을 원료로 하는 소파, 의자를 방염성능 기준 이상인 것으로 설치해야 하는 장소는 단란주점업, 유흥주점업, 노래연습장업 영업장에 한한다.
D. 다중이용업소, 의료시설, 노유자시설, 숙박시설, 운동시설은 침구류 및 소파, 의자에 대하여 방염처리 물품의 사용을 권장하는 장소이다.

① A, C ② B, C
③ A, D ④ B, D

답 ①

해 **[옳지 않은 이유!]**

- B : 11층 이상인 특정소방대상물은 방염성능 기준 이상의 실내장식물을 설치해야 하는 특정소방대상물이 되지만, 그 중에서 아파트는 그러한 장소에서 제외되므로 옳지 않은 설명이다.
- D : 운동시설은 침구류 및 소파, 의자를 방염처리 물품을 사용하도록 권장하는 장소에 포함되지 않으므로 옳지 않은 설명이다.

따라서 옳은 것은 A와 C로 ①.

12 다음은 소방안전관리업무 수행에 관한 기록·유지에 대한 설명이다. 빈칸 (가), (나)에 들어갈 말을 순서대로 고르시오.

- 소방안전관리자는 소방안전관리업무 수행에 관한 기록을 (가) 작성·관리해야 한다.
- 업무수행 중 보수 또는 정비가 필요한 사항을 발견한 경우에는 이를 지체없이 관계인에게 알리고, 서식에 기록해야 한다.
- 소방안전관리자는 업무 수행에 관한 기록을 작성한 날부터 (나)간 보관해야 한다.

① (가) : 연 1회 이상 (나) : 1년
② (가) : 연 1회 이상 (나) : 2년
③ (가) : 월 1회 이상 (나) : 2년
④ (가) : 월 1회 이상 (나) : 3년

답 ③

해 소방안전관리자는 소방안전관리업무 수행에 관한 기록을 '월 1회 이상' 작성·관리해야 하고, 기록을 작성한 날부터 '2년간' 보관해야 하므로 (가), (나)에 들어갈 말로 옳은 것은 ③번.

13 다음 중 피난시설, 방화구획 및 방화시설 관련 금지 행위 중에서 폐쇄행위에 해당하는 사례로 보기 어려운 것을 고르시오.

① 계단, 복도(통로) 또는 출입구에 물건을 쌓아놓거나 또는 장애물을 방치하는 행위
② 계단, 복도 등에 방범철책(창) 등을 설치하여 화재 시 피난할 수 없도록 하는 행위
③ 비상구 등에 고정식 잠금장치를 설치하여 누구나 쉽게 열 수 없도록 하는 행위
④ 용접, 조적, 쇠창살, 석고보드 또는 합판 등으로 비상(탈출)구의 개방이 불가능 하도록 하는 행위

답 ①

해 계단, 복도(통로), 출입구에 물건이나 장애물을 두고 방치하는 행위는 금지행위 중에서 [물건 적치 또는 장애물 설치] 사례에 해당하므로 폐쇄행위의 예시로는 보기 어렵다. 따라서 답은 ①번.

[CHECK!] 피난·방화시설(구획) 관련 금지 행위

폐쇄	• 계단, 복도에 방범철책(창) 설치하여 화재 시 피난할 수 없도록 하는 행위 • 비상구에 (고정식)잠금장치 설치하여 누구나 쉽게 열 수 없도록 하는 행위 • 용접, 조적, 쇠창살, 석고보드, 합판 등으로 비상(탈출)구의 개방이 불가하도록 하는 행위 • 화재 시 피난·방화시설을 사용할 수 없도록 폐쇄하는 행위
훼손	• 방화문을 철거(제거)하는 행위 • 방화문에 고임장치(도어스톱) 설치 또는 자동폐쇄장치를 제거하여 그 기능을 저해하는 행위 • 배연설비가 작동되지 않도록 기능에 지장을 주는 행위
적치·장애물 설치	• 계단, 복도(통로) 또는 출입구에 물건을 쌓아두거나 장애물을 방치하는 행위 • 계단 또는 복도에 방범철책(쇠창살)을 설치하는 행위 • 자동방화셔터 주위에 물건 또는 장애물을 방치하거나 설치하여 그 기능에 지장을 주는 행위
변경	• 방화구획 및 내부 마감재료를 임의로 변경하여 건축법령을 위반하는 행위 └, 임의구획으로 무창층 발생 └, 방화구획에 개구부 설치 • 방화문을 철거하고 목재, 유리문 등으로 변경하는 행위

14 정전기를 예방할 수 있는 예방 대책으로 가장 옳은 설명을 고르시오.

① 대전이 용이하도록 부도체 물질을 사용한다.
② 습도를 60% 이상으로 유지한다.
③ 실내의 공기를 이온화한다.
④ 접지시설을 설치하여 과잉전하를 축적한다.

답 ③

해 **[옳지 않은 이유!]**

① 전기 저항이 큰 물질일수록 대전(전기적인 성질을 띰)하기 쉬워지므로, 전기가 잘 통하고 전달되는 '전도체 물질'을 사용하는 것이 저항을 줄이고 전기를 흘려보내 정전기를 예방하기에 좋다. 따라서 부도체(비전도체 : 전기 전달이 어려운 물질) 물질을 사용한다는 설명은 옳지 않다.

② 정전기 예방을 위해서는 습도를 '70%' 이상으로 유지하는 것이 적절하므로 60%라는 설명은 적절하지 않다.

④ 접지시설을 설치하는 것이 정전기의 예방 방법은 맞지만, 접지시설을 설치함으로써, 발생되어 축적되어 있던 과잉전하를 흘려보내 방출하는 역할을 하므로 '과잉전하를 축적한다'는 설명이 옳지 않다.(결론적으로 과잉전하가 축적되어 쌓일수록 정전기가 발생하기 쉬워지므로 옳지 않은 설명이기도 하다.)

따라서 옳은 설명은 ③.

15 가연물질의 구비조건으로 옳지 아니한 설명을 모두 고르시오.

> ㉮ 활성화에너지 값이 작아야 한다.
> ㉯ 연쇄반응을 억제하는 물질이어야 한다.
> ㉰ 조연성 가스와 친화력이 강해야 한다.
> ㉱ 비표면적이 작아야 한다.
> ㉲ 산소와 결합 시 발열량이 커야 한다.
> ㉳ 열전도도가 작아야 열의 축적이 용이하다.

① ㉮, ㉯　② ㉯, ㉱
③ ㉯, ㉱, ㉳　④ ㉮, ㉰, ㉲, ㉳

답 ②

해 [옳지 않은 이유!]

㉯ 연쇄반응을 일으킬 수 있는 물질이어야 하는데, 반대로 억제하는 물질이어야 한다고 설명한 부분이 옳지 않다.

㉱ 산소와 접촉할 수 있는 비표면적이 '커야' 하므로 옳지 않은 설명이다.

따라서 옳지 않은 것만을 모두 고른 것은 ② ㉯, ㉱.

16 연소 용어에 대한 설명으로 옳지 아니한 것을 모두 고르시오.

> ㄱ. 외부의 직접적인 점화원에 의해 불이 붙는 최저온도를 인화점이라고 한다.
> ㄴ. 연소상태가 10초 이상 유지될 수 있는 최저온도를 연소점이라고 한다.
> ㄷ. 연소점이란 발화된 이후로 연소를 지속시킬 수 있는 가연성 증기를 충분히 발생시킬 수 있는 최저온도이다.
> ㄹ. 보통 인화점보다 연소점이, 연소점보다 발화점이 온도가 높다.
> ㅁ. 외부의 직접적인 점화원 없이 열의 축적에 의해 불이 붙는 최저온도를 발화점이라고 한다.

① ㄴ　② ㄴ, ㄷ
③ ㄱ, ㄷ, ㄹ　④ ㄱ, ㄷ, ㄹ, ㅁ

답 ①

해 [옳지 않은 이유!]

ㄴ. 연소점은 연소상태가 '5초' 이상 유지될 수 있는 온도를 말하므로, '10초' 이상이라고 서술한 부분이 잘못되었다.

그 외에는 모두 옳은 설명이므로, 옳지 않은 것은 ① 번에 'ㄴ'뿐이다.

[CHECK!]

연소점은 연소상태가 5초 이상 유지될 수 있는 온도를 뜻하기도 하지만, 이렇게 불이 붙은 상태가 유지되려면 그 만큼 충분한 양의 증기가 계속적으로 빠르게 발생해야 하므로, 한번 발화된 이후로도 불이 붙은 상태를 지속시킬 수 있을 정도로 증기를 충분히 발생시킬 수 있는 최저온도 역시 연소점이라고 볼 수 있다. 따라서 연소점에 대한 'ㄷ'의 설명도 옳은 설명이므로 함께 챙겨가기~!

17 다음의 보기를 참고하여 화재의 분류별로 나타나는 특징과 소화방법에 대한 설명이 옳지 아니한 것을 모두 고르시오.

> ㉮ A급화재는 유류화재로 발생 건수가 많고, 화재 시 다량의 물 또는 수용액을 이용한 냉각소화가 효율적이다.
> ㉯ B급화재는 연소 후 재를 남기지 않는 것이 특징이며, 질식소화 및 냉각소화가 적응성이 있다.
> ㉰ C급화재는 전기에너지가 발화원으로 작용하여 발생한 화재로 이산화탄소나 분말소화약제가 효과적이며, 물 사용 시 감전의 위험이 있다.
> ㉱ D급화재의 가연물은 가연성 금속류로, 수계소화약제를 사용하면 안되고 분말소화약제나 마른 모래 등으로 소화해야 한다.
> ㉲ K급화재는 동식물성 기름을 취급하는 조리기구에서 발생하는 화재로 소화를 위해 비누화 작용과 냉각 작용이 함께 이루어져야 한다.

① ㉮　② ㉮, ㉰
③ ㉯, ㉱　④ ㉮, ㉱, ㉲

답 ②

해 A급화재는 일반화재로 목재, 종이, 섬유 등 일반 가연물에서 발생하는 화재를 말하며, '유류화재'는 B급화재에 해당하므로 A급화재를 유류화재라고 설명한 ㉮의 설명은 옳지 않다.
또한 C급 전기화재는 전기에너지가 발화원으로 작용하여 발생한 화재가 아닌, 전류가 흐르는 상태의 전기기계·기구 및 배선 등에서 발생한 화재를 의미하므로 전기화재에 대한 ㉰의 설명도 적절하지 않다. 따라서 옳지 않은 설명만을 모두 고른 것은 ②번.

예를 들어, 전기 스파크가 튀어 불씨가 생겼더라도, 불이 붙은 것이 기름이라면 '기름이 타는 화재'이므로 소화방법도 유류에 맞춰야 하므로 B급 유류화재로 분류한다. 따라서 C급화재는 전기에너지가 발화원으로 작용한 화재가 아닌, 전기가 흐르고 있는 전기기구 등에서 발생한 화재임을 구분하기! ☑

[CHECK!] 화재의 분류별 소화방법

A급(일반)	다량의 물·수용액 → 냉각
B급(유류)	질식·냉각
C급(전기)	이산화탄소·분말 소화약제
D급(금속)	금속화재용 분말소화약제·마른모래(건조사)
K급(주방)	비누화 작용 + 냉각

18 다음의 사례에 해당하는 소화방식으로 가장 적절한 것을 고르시오.

- 가스화재 시 가스밸브를 폐쇄한다.
- 입으로 촛불을 불어서 순간적으로 증기를 날려 보낸다.

① 질식소화　② 억제소화
③ 제거소화　④ 냉각소화

답 ③

해 제거소화는 가연물을 제거하여 연소반응을 중지시키는 소화방식으로, 문제에서 제시된 사례 외에도, 산불화재 시 화재의 진행 방향에 있는 나무를 제거하거나, 가연물을 직접 파괴하는 등의 사례가 이러한 제거소화 방식에 해당한다.

19 건물화재 시 발생할 수 있는 현상으로, 실내온도가 급격히 상승하며 천장 부근에 축적되어 있던 가연성 가스에 불이 옮겨 붙으면서 일순간 실내 전체가 폭발적으로 화염에 휩싸이는 현상을 무엇이라고 하는지 고르시오.

① 백드래프트(Back Draft)
② 롤오버(Roll Over)
③ 플래시오버(Flash Over)
④ 플레임오버(Flame Over)

답 ③

해 건물화재 시, 성장기 단계에서 발생하는 현상으로 천장부근에 축적되어 있던 가연성 가스에 불길이 옮겨 붙으면서 실내 전체가 폭발적으로 화염에 휩싸이는 현상을 플래시오버(Flash Over)라고 한다.

20 다음 중 건축물의 주요구조부에 해당하는 것만을 모두 고르시오.

ⓐ 차양	ⓑ 내력벽
ⓒ 기둥	ⓓ 옥외계단
ⓔ 지붕틀	ⓕ 사잇기둥

① ⓑ, ⓒ, ⓓ　② ⓑ, ⓒ, ⓔ
③ ⓐ. ⓑ, ⓒ, ⓔ　④ ⓑ, ⓒ, ⓔ, ⓕ

답 ②

해 주요구조부란, 건축물의 구조상 주요한 골격으로 건축물의 안전에 결정적인 역할을 담당하는 부분을 말하며 여기에는 내력벽·기둥·바닥·보·지붕틀·주계단이 포함된다. 따라서 주요구조부에 해당하는 것은 ⓑ, ⓒ, ⓔ로 정답은 ②번.

[참고!]
사잇기둥, 차양, 옥외계단 등은 주요구조부에서 제외된다.

21 **산업안전보건기준에 관한 규칙으로 정하는 화기취급 안전관리규정에 대한 설명이 옳지 아니한 것을 고르시오.**

①✓ 통풍이나 환기가 충분하지 않은 장소에서 화재위험작업을 하는 경우 통풍 및 환기를 위한 산소 사용이 권장된다.
② 위험물이 있어 폭발 및 화재 발생 우려가 있는 장소 또는 그 상부에서 불꽃이나 아크를 발생하거나 고온으로 될 우려가 있는 화기·기계·기구 및 공구 등을 사용해서는 안된다.
③ 위험물, 인화성 유류 및 인화성 고체가 있을 우려가 있는 배관, 탱크, 드럼 등의 용기에 대하여 사전에 해당 위험물질을 제거하는 등 예방조치를 한 경우가 아니라면 화재 위험작업이 불가하다.
④ 화재위험 작업이 시작되는 시점부터 종료될 때까지 작업 내용·일시, 안전점검 및 조치에 관한 사항을 서면으로 작업 장소에 게시한다.

답 ①

해 산업안전보건기준에 관한 규칙의 주요 내용에 따르면 통풍이나 환기가 충분하지 않은 장소에서 화재 위험작업을 하는 경우, 통풍이나 환기를 위한 산소 사용이 불가하다. (∵밀폐 공간에서 화재위험작업 시 산소로 인한 화재 및 폭발 위험이 있기 때문.)
따라서 옳지 않은 설명은 ①번.

22 **다음의 특성을 가진 위험물의 종류로 가장 적합한 것을 고르시오.**

- 가연성으로 산소를 함유하고 있다.
- 가열, 충격, 마찰 등에 의해 착화 및 폭발을 일으킬 수 있다.
- 연소 속도가 매우 빨라서 소화가 곤란하다.

① 제1류위험물 ② 제4류위험물
③✓ 제5류위험물 ④ 제6류위험물

답 ③

해 가연성으로 산소를 함유하여 자기연소가 가능하고, 가열이나 충격(마찰) 등에 의해 착화 및 폭발이 일어날 수 있으며 연소 속도가 빨라 소화가 곤란하다는 특성을 가진 위험물은 제5류위험물인 자기반응성물질에 대한 설명이다. 이러한 제5류위험물에는 니트로글리세린(NG), 셀룰로이드, 트리니트로톨루엔(TNT) 등이 있다.

23 **가스누설경보기의 설치 위치에 대한 설명으로 옳지 아니한 것을 고르시오.**

① 증기비중이 1보다 큰 가스는 가스연소기로부터 수평거리 4m 이내에 위치하도록 설치한다.
② 증기비중이 1보다 작은 가스의 탐지기는 하단이 천장면의 하방 30cm 이내에 위치하도록 설치한다.
③ 증기비중이 1보다 작은 가스는 가스연소기로부터 수평거리 8m 이내에 위치하도록 설치한다.
④✓ 증기비중이 1보다 큰 가스의 탐지기는 하단이 천장면의 상방 30cm 이내에 위치하도록 설치한다.

답 ④

해 증기비중이 1보다 큰 가스의 경우, 공기보다 무거워서 바닥 쪽에 체류하므로 탐지기의 '상단'이 '바닥면'의 '상방 30cm' 이내에 위치하도록 설치해야 하므로 ④의 설명이 옳지 않다.

24 **다음 중 전기화재의 주요 원인으로 보기 어려운 것을 고르시오.**

① 전선의 합선 및 단락에 의한 발화
② 과전류에 의한 발화
③✓ 전기기구의 절연에 의한 발화
④ 전기기구의 과열 또는 정전기로부터의 불꽃에 의한 발화

답 ③

해 절연이란 전류가 통하지 않도록 하는 것으로, 이러한 절연의 상태가 불량한 '절연 불량'의 배선 및 전기기구 등으로 인해 전기화재가 발생할 수 있다.

따라서 전류가 통하지 않도록 처리된 '절연'에 의한 발화는 전기화재의 원인으로 보기 어려우므로 정답은 ③번.

25 피난시설, 방화구획 또는 방화시설을 폐쇄·훼손·변경 등의 행위를 한 사람에게 부과되는 벌칙(벌금 또는 과태료)을 고르시오.

① 1년 이하의 징역 또는 1천만원 이하의 벌금
② 300만원 이하의 벌금
✓③ 300만원 이하의 과태료
④ 50만원 이하의 과태료

답 ③

해 피난시설, 방화구획 또는 방화시설을 폐쇄·훼손·변경 등의 행위를 한 사람은 '300만원 이하의 과태료' 항목이 적용되므로 정답은 ③번.

[참고!]
피난시설, 방화구획 또는 방화시설을 폐쇄·훼손·변경 등의 행위를 한 사람.

300만원 이하의 과태료 (부과기준)		
1차 위반	**2차 위반**	**3차 위반**
100만원	200만원	300만원

26 자동심장충격기(AED)의 사용법으로 옳은 설명을 고르시오.

① 패드1을 왼쪽 빗장뼈 아래에 부착한다.
② 패드1을 오른쪽 젖꼭지 아래의 중간 겨드랑이선에 부착한다.
✓③ 패드2를 왼쪽 젖꼭지 아래의 중간 겨드랑이선에 부착한다.
④ 패드2를 흉골 아래쪽 절반 위치에 부착한다.

답 ③

해 자동심장충격기(AED)의 사용법 중 패드를 부착하는 위치는 다음과 같다.
- 패드1 : 오른쪽 빗장뼈(쇄골 부근) 아래
- 패드2 : 왼쪽 젖꼭지 아래(가슴 옆 부근)와 겨드랑이 중간

따라서 옳은 설명은 ③.

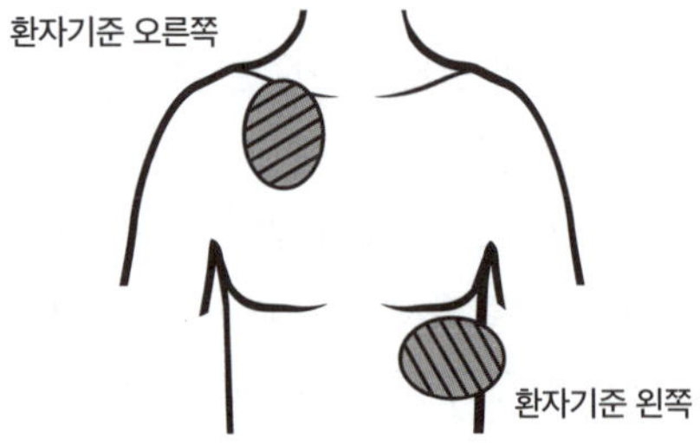

27 출혈의 증상으로 옳지 아니한 것을 고르시오.

✓① 호흡과 맥박이 느리고 불규칙해진다.
② 체온 및 혈압이 저하된다.
③ 피부가 창백하며 차고 축축해진다.
④ 동공이 확대되고 갈증을 호소한다.

답 ①

해 출혈이 발생하면 호흡과 맥박이 '빠르고' 불규칙해지므로, 느려진다는 ①의 설명이 옳지 않다.
그 외에도 출혈의 증상으로는 반사작용이 둔해지고, 호흡곤란 및 구토가 발생할 수 있으며 두려움과 불안을 호소하는 등의 증상들이 동반될 수 있다.

28 화상의 분류별 특징에 대한 설명으로 옳은 설명을 모두 고르시오.

㉮ 1도화상은 전층화상에 해당하고 통증이 없는 것이 특징이다.
㉯ 부분층화상은 발적과 수포, 진물 등의 증상이 동반된다.
㉰ 표피화상은 부종과 홍반 등이 동반되며 흉터 없이 치료가 가능하다.
㉱ 모세혈관까지 손상을 입는 것은 부분층화상의 특징이다.
㉲ 피하지방에 손상을 입고 피부가 검게 변하는 것은 3도화상의 증상이다.

① ㉮, ㉰, ㉱　　② ㉯, ㉰, ㉲
③ ㉮, ㉰, ㉱, ㉲　　✓④ ㉯, ㉰, ㉱, ㉲

답 ④

해 **[옳지 않은 이유!]**
㉮ '전층화상'의 특징으로 통증이 없는 것은 맞지만, 전층화상은 1도가 아닌, '3도화상'에 해당하므로 옳지 않은 설명이다.
그 외에는 모두 옳은 설명이므로 옳은 것만을 모두 고른 것은 ④ ㉯, ㉰, ㉱, ㉲.

29 다음은 기동용수압개폐장치인 압력챔버를 나타낸 그림이다. 그림에 표시된 각 부분 (A) ~ (D)의 명칭과 역할에 대한 설명으로 옳지 아니한 것을 고르시오.

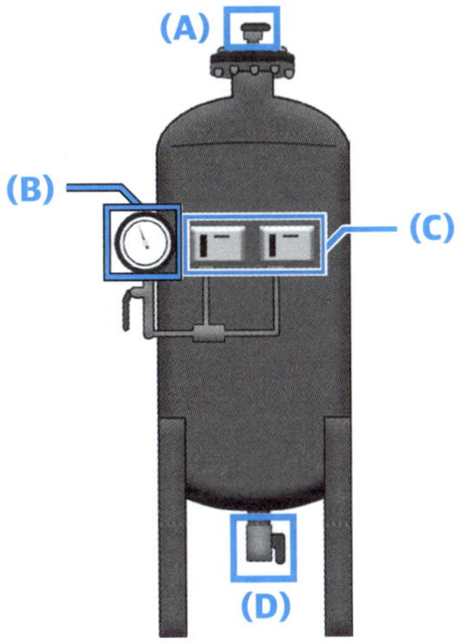

① (A) : 안전밸브 - 과압을 방출하는 역할
② (B) : 압력계 - 압력챔버 내 압력을 표시하는 역할
③ (C) : 펌프 선택스위치 - 펌프의 자동/수동 운전 방식을 변경하는 역할
④ (D) : 배수밸브 - 압력챔버 내 물을 배수하는 역할

답 ③

해 제시된 기동용수압개폐장치(압력챔버)의 구조부 중 표시된 (C)에 해당하는 것은 [압력스위치]로, 배관 내 압력 변화를 감지하여 특정 압력 범위에서 전기적 신호를 전달함으로써 펌프를 자동으로 기동하거나 또는 정지시키는 역할을 한다. 따라서 옳지 않은 설명은 ③번.

[CHECK!] 그럼, 펌프(자동/수동)선택스위치란?
동력제어반 및 감시제어반에 설치되어, 사용자가 펌프의 운전 방식을 수동으로 제어(선택)할 수 있으며 평상시에는 자동(AUTO) 또는 연동 위치에 두어 펌프가 자동으로 기동될 수 있도록 유지해야 한다.

30 다음의 그림을 참고하여 해당 소방시설의 점검에 대한 설명으로 옳지 아니한 것을 고르시오.

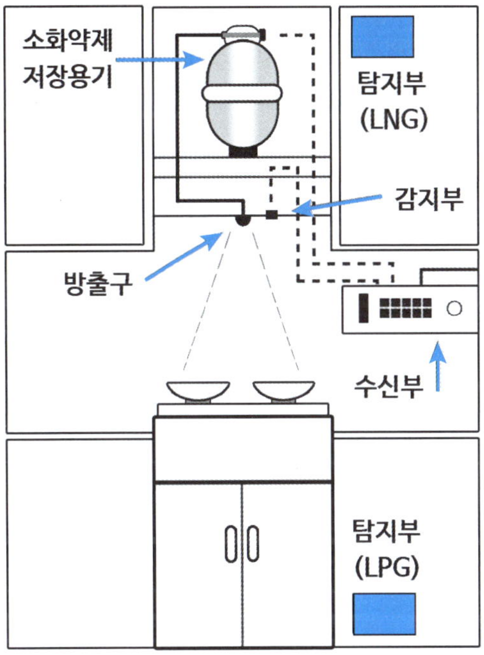

① 점검용 가스를 가스누설탐지부에 분사하여 화재경보음 발생과 가스누설차단밸브의 작동을 확인한다.
② 축압식인 경우, 약제 저장용기의 지시압력계가 초록색 범위 내에 있는지 확인한다.
③ 예비전원시험을 위해 전원 플러그를 뽑은 상태에서 수신부의 예비전원 램프가 점등되는지 확인한다.
④ 가스누설탐지부 점검 시 가스누설차단밸브의 작동 으로 가스차단밸브가 개방되어야 한다.

답 ④

해 제시된 그림의 소방시설은 소화설비 중에서 [주거용 주방자동소화장치]를 나타낸 그림으로, 이러한 주방자동소화장치는 화재 발생 시 열을 감지하여 소화약제를 자동으로 방출하는 초기소화와 동시에, 가스차단밸브를 작동시켜 가스 공급을 차단함으로써, 화재 확산 및 재발화를 예방하는 역할을 한다.
따라서 주거용 주방자동소화장치의 점검 시, 가스누설차단밸브가 작동하여 가스차단밸브가 자동으로 잠기는지(폐쇄) 확인해야 하므로, 가스차단밸브가 개방되어야 한다는 ④번의 설명은 옳지 않다.

[CHECK!]

주거용 주방자동소화장치의 점검 사항(요약)

가스누설 탐지부	• (점검용)가스를 탐지부에 분사하여 경보음 발생 확인 • 가스누설차단밸브가 작동하여 가스차단밸브 '잠김' 확인
감지부 시험	감지센서에 가열 시험하여 1차 감지 시 경보+가스차단 밸브 작동 확인 (다만, 2차 감지 시에는 소화약제까지 방출되므로 2차까지 진행하는 시험은 조심스러울 수 있다.)
가스누설 차단밸브	(1) 가스누설탐지부 시험으로 밸브 작동 확인 (2) 감지센서 가열시험으로 1차 감지 온도에서 밸브 작동 확인 (3) 수동작동 버튼으로 작동되는지 확인
예비전원 시험	전원의 플러그를 뽑은 상태에서 수신부의 예비전원램프가 점등되면 정상 판정 (정전 상황 대비!)
제어반 (수신부)	자동점검 기능 → 가스·온도센서 및 예비전원에 이상이 있을 시, 자동으로 점등된다.
약제 저장 용기	축압식 소화기 : 지시압력계가 있으며 압력 범위 녹색(정상) 확인

31 그림과 같은 형태의 자위소방대 조직 구성 시 그에 대한 설명으로 옳지 아니한 것을 고르시오.

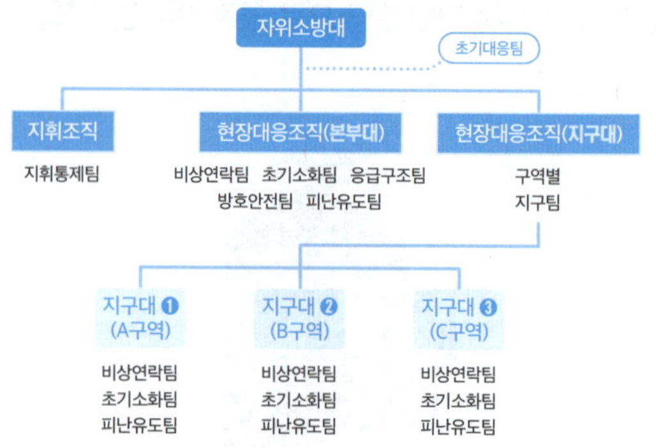

① 특급 또는 연면적 30,000m² 이상의 1급소방안전관리대상물에 적용되는 조직 구성 방식이다.
② 층에 따른 지구대 구역 설정 시 단일 층 또는 3층 이내의 일부 층을 하나의 구역으로 설정할 수 있다.
③ 용도에 따른 지구대 구역 설정 시 주차장 및 강당, 공장 등은 구역 설정에서 제외된다.
④ 그림과 같은 조직 구성 방식을 TYPE-Ⅰ로(으로) 표기한다.

답 ②

해 그림은 TYPE-Ⅰ의 방식으로, 특급소방안전관리대상물 또는 연면적 30,000m² 이상의 1급소방안전관리대상물에 적용되는 자위소방대 조직 구성 방식이다. 이러한 TYPE-Ⅰ의 방식에서는 현장대응조직을 본부대와 지구대로 나누는데, 이때 지구대의 구역(Zone) 설정 시 비거주용도인 주차장이나 강당, 공장 등은 구역 설정에서 제외되며, 또한 층에 따른 지구대 구역 설정 시 단일 층 또는 '5층 이내의 일부 층'을 하나의 구역으로 설정할 수 있다. 따라서 3층 이내라고 서술한 ②의 설명은 옳지 않다.

32 **자위소방대의 인력 편성 및 임무 부여에 대한 설명으로 옳지 아니한 것을 고르시오.**

① 자위소방대원은 대상물 내 상시 근무자 또는 거주 인원 중에서 자위소방활동이 가능한 인력으로 편성한다.

② 소방안전관리대상물의 소유주 또는 법인의 대표를 자위소방대장으로 지정한다.

③ 각 팀별로 최소 1명 이상의 인원을 편성한다.

④ 각 팀별 기능에 기초하여 대원별 개별 임무를 부여하는데, 임무의 중복 지정도 가능하다.

답 ③

해 자위소방대의 인력 편성 시 각 팀별로 최소 '2명 이상'의 인원을 편성하고, 팀별로 책임자(팀장)를 지정해야 한다. 따라서 최소 인원이 1명 이상이라고 서술한 ③의 설명은 옳지 않다.

33 **그림에서 버튼 방식 P형 수신기의 동작시험 시 조작하는 스위치 및 점등되는 표시등에 해당하지 아니하는 것을 고르시오.**

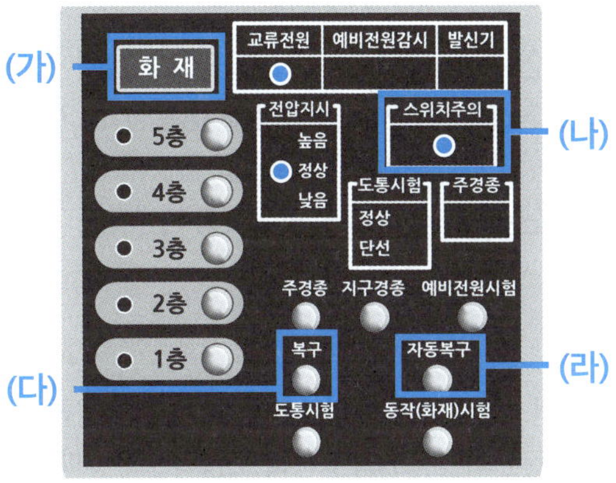

① (가) ② (나) ③ (다) ④ (라)

답 ③

해 버튼방식 P형 수신기의 동작시험 시 '동작(화재)시험' 스위치와 (라)의 '자동복구' 스위치를 누르고, 각 경계구역에 해당하는 회로버튼을 눌러보며 시험을 진행한다. 이러한 동작시험으로 (가)화재표시등 및 각 경계구역(지구)표시등이 점등되고, (나)스위치주의등이 점멸하며, 음향장치가 작동한다.

하지만 (다)'복구'스위치는 수신기의 동작시험과는 무관하므로, 동작시험 시 조작하는 스위치 및 점등되는 표시등에 해당하지 않는 것은 (다) 복구스위치.

[참고!]

동작시험 완료 : 동작(화재)시험 스위치와 자동복구 스위치를 정상 위치로 복구 → 화재표시등, 지구표시등, 스위치주의등 '소등' 확인

34 **각 자위소방활동에 해당하는 임무에 대한 설명이 옳지 아니한 것을 고르시오.**

① 비상연락 - 화재 상황 전파, 화재 확산 방지 및 119 신고 업무
② 응급구조 - 응급조치 및 응급의료소 설치 및 지원
③ 초기소화 - 초기소화설비를 이용한 조기 화재 진압
④ 피난유도 - 재실자 및 방문자의 피난유도 및 피난 약자의 피난보조

답 ①

해 자위소방활동에는 비상연락, 초기소화, 응급구조, 방호안전, 피난유도의 활동이 포함되는데, 이때 [비상연락] 활동에서는 화재 상황 전파 및 119신고와 통보연락 업무를 담당한다. '화재 확산 방지' 업무가 포함되는 활동은 비상연락이 아닌, [방호안전] 활동으로 여기에는 위험물 시설의 제어 및 비상 반출 업무도 포함된다. 따라서 화재 확산 방지 업무가 비상연락에 포함된다고 서술한 ①의 설명은 옳지 않은 설명이다.

35 **화재의 대응 및 피난방식에 대한 설명으로 옳지 않은 것을 고르시오.**

① 화재를 인지한 경우 소화기 또는 옥내소화전을 이용하여 신속한 초기소화 작업을 진행한다.
② 초기소화가 어려울 경우 출입문을 개방한 상태로 즉시 피난한다.
③ 화재를 발견하면 육성으로 화재 사실을 전파할 수 있다.
④ 화재신고 시 소방기관의 확인이 있기 전까지 전화를 끊지 않는다.

답 ②

해 초기소화가 어려운 경우, 열이나 연기가 확산되는 것을 방지하기 위해서는 출입문을 '닫고' 즉시 피난하는 것이 옳다. 따라서 출입문을 개방한 상태로 피난한다고 서술한 ②의 설명이 옳지 않다.

36 **초기대응체계의 인원편성에 대한 설명으로 옳지 아니한 것을 고르시오.**

① 소방안전관리보조자, 경비(보안) 근무자 또는 대상물의 관리인 등 상시 근무자를 중심으로 구성해야 한다.
② 근무자의 근무 위치, 근무 인원 등을 고려하여 편성해야 한다.
③ 휴일 및 야간에 무인경비시스템을 통해 감시하는 경우 무인경비회사와 비상연락체계 구축이 가능하다.
④ 초기대응체계 편성 시 2명 이상은 수신반 또는 종합방재실에 근무해야 한다.

답 ④

해 초기대응체계 편성 시 수신반 또는 종합방재실에 근무하면서 화재상황에 대한 모니터링 또는 지휘통제가 가능하도록 편성해야 하는 인원은 최소 '1명' 이상이므로 2명 이상이라고 서술한 ④의 설명이 옳지 않다.

37 **옥내소화전설비의 점검을 위해 방수압력 측정 시, 피토게이지를 근접시키는 적정 거리로 가장 알맞은 값을 고르시오.**

① 6.5mm ② 8.5mm
③ 10mm ④ 15mm

답 ①

해 방수압력 측정 시, 피토게이지(방수압력측정계)를 노즐 선단에 D/2만큼 근접시켜 측정한다. 이때 D는 노즐의 구경을 의미하는데, 옥내소화전의 경우 노즐 구경(D)은 13mm이므로 근접 거리(D/2)로 가장 적절한 값은 ①번 6.5mm.

$$\frac{13(D)}{2} = 6.5$$

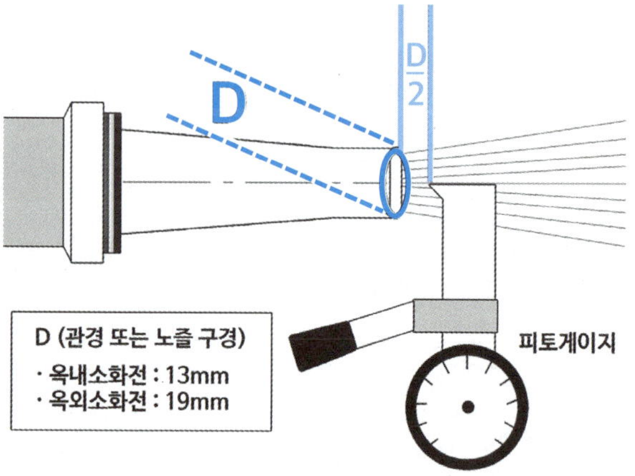

38 다음 중 특정소방대상물별 소화기구의 능력단위 기준으로 옳지 아니한 것을 고르시오.

① 숙박시설 : 해당 용도의 바닥면적 30m²마다 능력단위 1이상
② 공연장, 집회장, 의료시설 : 해당 용도의 바닥면적 50m²마다 능력단위 1이상
③ 근린생활시설, 판매시설, 업무시설 : 해당 용도의 바닥면적 100m²마다 능력단위 1이상
④ 그 밖의 것 : 해당 용도의 바닥면적 200m²마다 능력단위 1이상

답 ①

해 숙박시설은 해당 용도의 바닥면적 100m²마다 능력단위 1이상이 요구되므로 ①의 설명은 옳지 않다. 바닥면적 기준 30m²가 적용되는 특정소방대상물은 위락시설에 해당한다.

39 제시된 P형 수신기 그림을 참고하여 해당 그림이 나타내는 현재의 상황으로 가장 적절한 설명을 고르시오.

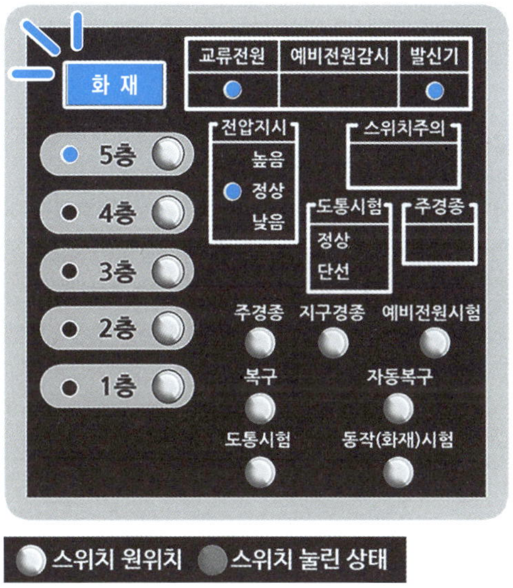

① 현재 주경종은 작동하지만 지구경종은 작동하지 않는 상태이다.
② 예비전원시험 결과 예비전원에 이상이 있는 상태이다.
③ 5층에 위치한 발신기가 동작한 상황이다.
④ 도통시험 결과 단선이 의심되는 상황이다.

답 ③

해 그림에서는 화재표시등과 경계구역 5층에 해당하는 지구표시등이 점등되었고, 또한 [발신기] 작동(표시)등이 점등된 것으로 보아, 5층의 발신기 작동으로 수신기에 화재 신호가 수신된 상황임을 유추할 수 있다. 따라서 이에 대한 설명으로 가장 적절한 것은 ③번.

[CHECK!] 옳지 않은 이유도 확인!

- ① : 주경종과 지구경종 '정지' 스위치가 현재는 모두 눌려 있지 않은 정상(원위치) 상태이므로, 화재 신호가 수신된 상황에서 주경종과 지구경종은 모두 정상적으로 작동하여 울릴 수 있는 상태이다.

(비교) 경종 정지 스위치를 누른 상태에서는 경종이 울리지 않는다.

(경종 정지 스위치)

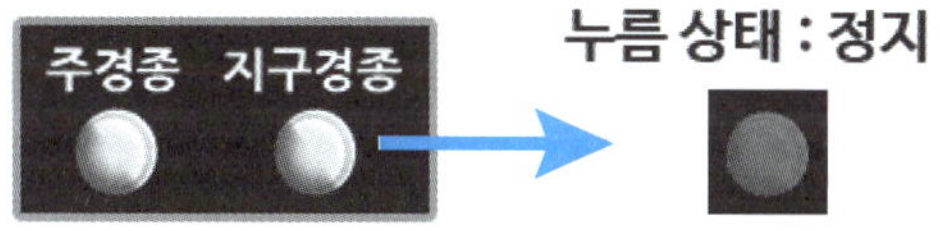

- ② : 예비전원시험은 예비전원시험 스위치를 누르고 있는 상태에서 전압지시를 확인하는 방식으로 진행하는데, 현재 그림의 수신기에서 예비전원시험 스위치는 누르지 않은 원위치 상태이므로 제시된 그림만으로는 예비전원시험의 결과를 알 수 없다. (현재는 평상시 교류전원 상태에서의 전압만 표시.)
- ④ : 도통시험 또한 도통시험 스위치를 누르고, 각 경계구역에 해당하는 버튼을 차례로 눌러보며 도통시험 결과(단선 여부)를 확인하는데, 현재 그림에서는 도통시험 스위치를 누르지 않은 원위치 상태이므로 제시된 그림만으로는 도통시험의 결과를 알 수 없다.

40 이산화탄소 소화설비에 대한 설명으로 옳지 않은 것을 모두 고르시오.

> ㉠ 심부화재에 적합하다.
> ㉡ 질식 및 동상의 우려가 있다.
> ㉢ 소음이 적다.
> ㉣ 진화 시 피연소물에 피해가 크다.
> ㉤ 전기화재에 적응성이 있다.

① ㉠, ㉡　　② ㉠, ㉤
③ ㉢, ㉣　　④ ㉡, ㉢, ㉣

답 ③

해 **[옳지 않은 이유!]**

이산화탄소 소화설비는 소음이 '큰' 고압 설비로, 질식 및 동상의 우려가 있어 주의·관리가 필요하다는 단점이 있다. 따라서 ㉢의 소음이 적다는 설명은 옳지 않다. 또한 이산화탄소 소화설비는 진화 후에 깨끗하고 피연소물에 피해가 적어 전기화재 등에 적응성이 있는 설비이므로 ㉣의 진화 시 피연소물에 피해가 크다는 설명 또한 옳지 않다. 따라서 옳지 않은 것만을 모두 고른 것은 ③ ㉢, ㉣.

41 경보설비에 포함되는 각 설비에 대한 설명이 적절하다고 보기 어려운 것을 고르시오.

① 발신기의 스위치 위치는 바닥으로부터 0.8m 이상 1.5m 이하의 높이에 위치하도록 설치한다.
② 수신기가 설치된 장소에는 경계구역 일람도를 비치한다.
③ 음향장치는 1m 떨어진 거리에서 90dB 이상의 음량이 출력되어야 한다.
④ 동작시험을 원활하게 하기 위해 감지기의 배선은 송배선식으로 한다.

답 ④

해 감지기의 배선을 '송배선식'으로 해야 하는 것은 맞지만, 이는 선로 사이의 연결 상태가 정상적인지를 확인하는 '도통시험'을 원활히 하게 위함이므로 동작시험을 위해 송배선식으로 한다는 설명이 적절하지 않다.

[참고!]

개정 전 표기는 '송배전식'이었으나, 개정되면서 '송배선식'으로 표기가 바뀌었다.
송배전식 = 송배선식

42 지상 층의 층수가 11층이고 지하층이 있는 특정소방대상물의 지상 1층에서 화재 시 작동하는 음향장치의 경보방식에 대한 설명으로 가장 적절한 것을 고르시오. (단, 이때 건물은 공동주택이 아니다.)

① 모든 층에 일제히 경보가 울린다.
② 지상 1층부터 지상 5층에 우선 경보가 울린다.
③ 지상 1층부터 지상 5층과 지하층에 우선 경보가 울린다.
④ 지상 1층부터 지상 2층과 지하층에 우선 경보가 울린다.

답 ③

해 11층 이상의 건물(공동주택의 경우 16층 이상)에서는 발화층 및 직상 4개층 우선 경보 방식을 사용하는데, 이때 [지상 1층]에서 화재가 발생한 경우, 발화층과 직상 4개 층+모든 지하층에 우선적으로 경보를 울리게 된다. 따라서 문제에서처럼 11층 이상인 건물의 지상 1층에서 화재가 발생했다면 발화층인 지상 1층과 그 위로 4개 층인 지상 5층까지, 그리고 지하층에 우선 경보를 발령하므로 옳은 것은 ③.

[음향장치의 경보방식]

1. 전층 경보	2번 외 건물은 모든 층에 일제히 경보
2. 발화층 +직상 4개층 우선 경보	11층 이상 건물 (공동주택은 16층 이상)
	• 지상2층 이상에서 화재 시 : 발화층+직상 4개층 우선 경보 • 지상1층에서 화재 시 : 발화층(1층)+직상4개층+모든 지하층 우선 경보 • 지하층 화재 시 : 발화한 지하층+그 직상층+그 외 모든 지하층 우선 경보

43 비화재보 시 대처 요령으로 빈칸 (ㄱ)과 (ㄴ)에 들어갈 순서로 알맞은 내용을 차례대로 고르시오.

1. 수신기에서 화재표시등, 지구표시등 확인
2. 지구표시등의 해당 구역으로 이동하여 화재 여부 확인
3. 비화재보 상황 확인
4. __(ㄱ)__ 버튼 누름
5. 비화재보 원인별 대책 실시
6. 수신기에서 복구 버튼 눌러 수신기 복구
7. __(ㄱ)__ 버튼 누름
8. __(ㄴ)__ 확인

	(ㄱ)	(ㄴ)
①	동작시험	스위치주의등 점등
②	동작시험	스위치주의등 소등
③	음향장치	스위치주의등 점등
④✓	음향장치	스위치주의등 소등

답 ④

해 화재표시등 및 지구표시등이 점등되어, 해당 구역에서 실제 화재 여부를 확인했으나 비화재보(실제 화재가 아닌데 경보가 울린 경우) 상황으로 확인되었다면 가장 먼저 [음향장치] 버튼을 눌러 음향 기능을 '정지'한다. 왜냐하면 실제 화재 상황이 아니기 때문에 건물 내 사람들이 혼란을 겪지 않도록 음향장치를 우선적으로 정지시켜 비활성화 하는 것이다.

이후 비화재보 상황의 원인별 대책을 실시하여 상황을 해결하고 나면, 수신기에서 복구 버튼을 눌러 수신기를 복구하고, 다시 [음향장치] 버튼을 눌러, 음향 기능을 원래대로 활성화 시킨다. (버튼을 한번 누르면 정지, 다시 누르면 버튼이 원상태로 복구되는 형태). 가장 마지막으로 [스위치주의등]이 '소등'되어, 수신기 상에서 눌려 있는(비활성화 되어 있는) 버튼이 하나도 없는지 다시 한번 확인하여 마무리한다.

[참고!]
스위치주의등이 '점등'되어 있다는 것은, 버튼이 하나라도 눌려 있는 상태를 뜻하므로, 모든 수신기의 버튼 상태가 눌려져 있지 않은 평상시 상태는 '소등'되어 있는 것이 옳다.

따라서 (ㄱ)에는 음향장치, (ㄴ)에는 스위치주의등 '소등'으로 옳은 것은 ④.

44 옥내소화전 설비의 구성 중 다음의 설명에 적합한 가압송수장치의 기동 방식을 고르시오.

- 별도의 압력탱크가 필요하며 압력탱크 내 압축공기 또는 불연성 고압기체에 의해 소방용수를 가압 및 송수하는 방식
- 전원이 필요하지 않다.

① 고가수조방식   ② 펌프방식
③ 압력수조방식   ④✓ 가압수조방식

답 ④

해 가압수조방식은 별도의 압력탱크가 필요하다는 것이 가장 큰 특징이다. 이렇게 별도로 갖춰진 압력탱크 내에서 가압원인 압축공기 또는 불연성 고압 기체에 의해 소방용수를 가압하여 송수하는 가압수조방식은 별도의 전원이 필요 없다.

45 〈보기〉는 로터리방식의 동작시험 방법 순서를 나타낸 것이다. 〈보기〉를 참고하여 괄호에 공통으로 들어갈 말로 옳은 것을 고르시오.

보기

① 동작시험 스위치, (　　) 스위치를 누르고 회로시험 스위치를 한 칸씩 회전하여 동작여부를 확인한다.
② 화재표시등, 지구표시등 및 기타 표시등의 점등 여부를 확인하고 음향장치 등 연동설비의 작동 여부 및 감지기 등 부속기기와 회로 접속 상태를 확인한다.
③ 기능에 이상이 있는 경우 회로 보수 등의 수리를 한다.
④ 이상이 없거나 수리를 끝내고 동작시험이 종료된 후에는 회로시험 스위치를 정상위치로 돌려놓고,
⑤ 동작시험 스위치, (　　) 스위치를 눌러 복구시킨다.
⑥ 복구 후 모든 표시등의 소등을 확인한다.

① 예비전원   ②✓ 자동복구
③ 음향장치   ④ 교류전원

답 ②

해 동작시험 방법은 버튼방식과 로터리방식이 있는데 두 방식 모두 처음에 동작시험 버튼과 [자동복구] 버튼을 누른 뒤, 버튼방식은 경계구역별로 버튼을 눌러 보면서, 로터리방식은 회로시험(회로선택) 스위치를 회전시키면서 표시등의 점등 여부 및 설비의 작동 여부를 확인한다. 그리고 시험이 끝난 뒤에는 동작시험 버튼과 자동복구 버튼을 다시 눌러 복구시키고 표시등들이 소등된 것을 확인한다. 따라서 괄호에 들어갈 말로 옳은 것은 ② 자동복구.

46 객석통로의 직선길이가 25m일 때 객석유도등의 설치 개수로 옳은 것을 고르시오.

① 4개 ② 5개
③ 6개 ④ 7개

답 ③

해 객석유도등의 설치 개수는 객석통로의 직선길이를 4로 나눈 값에서 1을 빼는 방식으로 계산한다. 따라서 (25 ÷ 4) - 1 = 5.25로 계산되는데, 이때 소수점 이하는 1로 보기 때문에 절상하여 총 6개를 설치해야 한다.

$$객석유도등= \frac{객석통로\ 직선길이(m)}{4} -1$$

47 다음에 제시된 소방시설등 작동기능점검표 중 소방시설별 점검표 일부를 참고하여 그에 대한 설명으로 옳은 것을 고르시오.

자동화재탐지설비 점검표		
번호	점검항목	점검결과
15-D-001	부착 높이 및 장소별 감지기 종류 적정 여부	○
15-D-009	감지기 변형·손상 확인 및 작동 시험 적합 여부	×

설비명	점검번호	불량내용	조치
경보설비	15-D-009	LED 점등 여부	(A)

① 감지기의 종류가 잘못 설치되었으므로 해당 장소에 적응성이 있는 감지기로 교체한다.
② 감지기는 정상적으로 작동하고 있다.
③ 전압측정 결과 정격 전압의 80% 이상 측정되었다면 (A)는 감지기를 교체했다는 내용일 것이다.
④ 15-D-009 항목의 점검 결과가 정상이므로 (A)에는 해당없음(/) 표시를 한다

답 ③

해 감지기에 대해서 두 가지 항목을 점검하였는데, '001' 항목은 점검결과가 ○(정상)였으므로 이상이 없는 상태이고, '009' 항목은 점검결과가 ×(불량)이므로 문제가 발견된 상태이다. 이때 '불량내용'을 나타내는 표에서 'LED 점등여부'가 기재되어 있으므로 LED가 점등되지 않아서 최종적인 점검결과가 불량이었음을 알 수 있다.

감지기의 LED가 점등되지 않는 경우, 전압 자체가 0V(0볼트)로 측정되었다면 회로가 문제이므로 회로 교체를 할 수 있지만 전압 측정 결과 정격 전압의 80% 이상 측정된다면 이때는 회로는 정상이나 감지기 자체의 불량이 의심되므로 감지기를 교체하는 조치를 취할 수 있다. 따라서 ③의 설명이 옳다.

[옳지 않은 이유!]

① '001' 항목의 감지기 종류 적정 여부의 점검 결과는 정상이므로 감지기는 현재 설치 장소에 적응성이 있는 것으로 맞게 설치되어 있음을 알 수 있다.

② '009' 항목에서 작동시험 적합 여부 등의 점검결과가 ×이므로 제대로 작동하지 않고 있음을 알 수 있다.

④ 점검결과에서 ○가 정상, ×가 불량이므로 점검결과가 ×인 '009' 항목의 점검 결과는 불량임을 알 수 있다.

48 다음 중 옥외소화전의 방수압력 측정 시 방수압력측정계에 표시되어야 하는 측정 결과로 가장 적합한 그림을 고르시오.

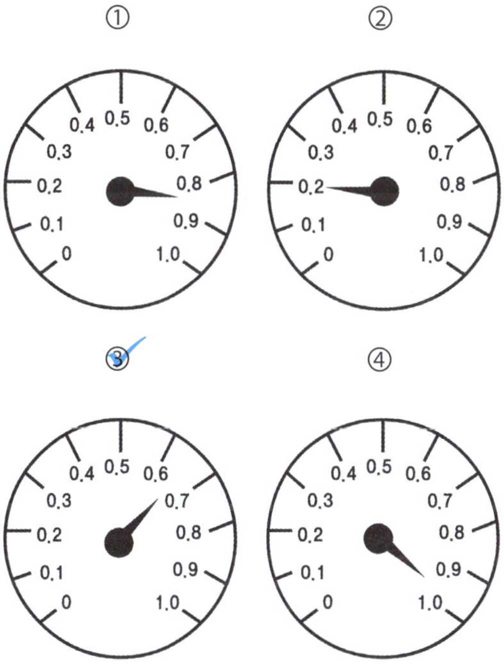

답 ③

해 옥외소화전의 적정 방수압력은 0.25MPa 이상 0.7MPa 이하이므로 측정 결과 값이 이 범위 내에 있는 것은 ③번.

<옥외소화전 적정 방수압력>

0.25MPa 이상 0.7MPa 이하

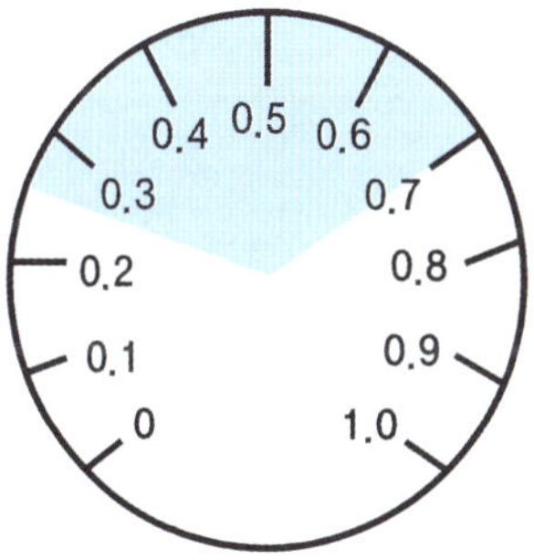

[CHECK!] 옳지 않은 이유

- ①, ④ : 적정 압력범위 초과
- ② : 압력 미달

49 다음 제시된 소방시설 점검항목별 점검에 따른 점검 결과에 대한 설명으로 옳지 아니한 것을 <보기>에서 찾아 모두 고르시오.

① 소화기구		
번호	점검항목	점검결과
1-A-006	소화기의 지시압력계 적정 여부	(가)
② 옥내소화전설비		
2-C-002	옥내소화전 방수량 및 방수압력 적정 여부	(나)
③ 자동화재탐지설비		
15-B-002	수신기 조작스위치의 설치 높이 적정 여부	○
15-E-002	음향장치의 음량 기준 적정 여부	(다)

<보기>

ⓐ 점검 결과 소화기의 지시압력계가 0.9MPa이라면 (가)에는 X 표시한다.
ⓑ 점검 결과 옥내소화전의 방수량이 110L/min이고, 방수압력이 0.5MPa로 측정되었다면 (나)에는 X 표시한다.
ⓒ 수신기의 조작스위치는 바닥으로부터 0.8m 이상 1.5m 이하의 높이에 설치되었을 것이다.
ⓓ 음향장치의 점검 결과 1m 떨어진 위치에서 100dB로 측정되었다면 (다)는 X 표시한다.

① ⓐ, ⓑ ② ⓐ, ⓓ
③ ⓑ, ⓒ ④ ⓑ, ⓓ

답 ②

해

점검결과 표시 : O(양호), X(불량), /(해당 없음)

(1) 소화기의 지시압력계 정상 범위(녹색 범위)는 0.7 ~ 0.98MPa이다. 따라서 소화기의 지시압력계가 0.9MPa이라면 이는 적정 범위 내에 있으므로 정상 판정하여 점검 결과 (가)에는 O(양호) 표시를 해야 하는데, 보기 ⓐ에서는 X 표시한다고 서술하고 있으므로 옳지 않은 설명이다.
(2) 음향장치는 1m 떨어진 위치에서 90dB 이상으로 측정되면 정상이므로, 100dB로 측정되었다면 정상 판정하여 (다)는 O(양호)로 표시하는 것이 옳다. 그러나 ⓓ에서는 X 표시한다고 서술하였으므로, <보기>에서 옳지 않은 것을 모두 고른 것은 ⓐ, ⓓ로 ②번.

[CHECK!] 옳은 설명도 살펴보기

- ⓑ : 옥내소화전의 적정 방수량은 130L/min 이상, 방수압력은 0.17MPa 이상 0.7MPa 이하이다. 따라서 점검 결과 옥내소화전의 방수량이 110L/min으로 측정되었다면 이는 적정 방수량 기준을 충족하지 못하기 때문에 점검 결과 (나)는 X(불량) 표시한다.
- ⓒ : 수신기의 조작스위치는 바닥으로부터 0.8m 이상 1.5m 이하의 높이에 설치되어야 하고, 이 항목에 대한 점검결과가 O(양호)로 표시되어 있으므로 조작스위치는 이러한 적정 높이에 설치되어 있음을 알 수 있다.

50 휴대용 비상조명등의 설치대상 및 기준에 대한 설명으로 옳지 아니한 것을 고르시오.

① 60분 이상 사용 가능한 건전지 및 배터리를 사용해야 한다.
② 자동 점등되는 구조여야 한다.
③ 숙박시설 및 다중이용업소는 객실 또는 영업장 내 구획된 실마다 잘 보이는 곳에 설치해야 한다.
④ 수용인원 100명 이상의 영화상영관은 휴대용 비상조명등 설치 대상이다.

답 ①

해 휴대용 비상조명등은 '20분' 이상 사용 가능한 건전지 및 배터리를 사용해야 하므로 60분 이상이라고 서술한 ①의 설명은 옳지 않다.

CHAPTER

02 찐득한 해설 2회차

2회차 정답									
01	②	02	④	03	③	04	④	05	③
06	③	07	①	08	①	09	②	10	①
11	①	12	④	13	①	14	①	15	②
16	②	17	②	18	③	19	④	20	③
21	②	22	①	23	③	24	①	25	④
26	④	27	③	28	①	29	②	30	②
31	③	32	②	33	①	34	③	35	③
36	①	37	④	38	②	39	④	40	④
41	③	42	③	43	①	44	②	45	④
46	③	47	④	48	①	49	③	50	④

01 소방공무원, 의무소방원, 의용소방대원으로 구성하는 조직체로 화재를 진압하고 화재 및 재난·재해, 그 밖의 위급한 상황에서 구조·구급 활동 등을 하는 사람들을 의미하는 용어로 옳은 것을 고르시오.

① 자위소방대　② 소방대
③ 소방안전관리자　④ 소방대장

답 ②

해 화재를 진압하고 화재 및 재난·재해, 그 밖의 위급한 상황에서 구조·구급 활동 등을 하기 위해 소방공무원, 의무소방원, 의용소방대원으로 구성하는 조직체를 [소방대]라고 한다. 따라서 옳은 것은 ② 소방대.

[참고!]

①의 자위소방대는 소방안전관리대상물에서 인명 및 재산 피해를 최소화하기 위해 편성하는 자율적인 안전관리 조직을 의미한다.

02 화재가 발생할 경우 사회·경제적으로 피해 규모가 클 것으로 예상되는 소방대상물에 대해 화재위험요인을 조사하고 그 위험성을 평가하여 개선대책을 수립하는 것을 의미하는 용어로 알맞은 것을 고르시오.

① 긴급조치　② 화재안전조사
③ 화재예방조치　④ 화재예방안전진단

답 ④

해 화재가 발생할 경우 사회·경제적으로 피해 규모가 클 것으로 예상되는 소방대상물에 대해 화재위험요인을 조사하고 그 위험성을 평가하여 [개선대책을 수립하는 것]을 '화재예방안전진단'이라고 한다.

[CHECK!]

① (위험물 시설 등에 대한) **긴급조치**: 소방본부장, 소방서장 또는 소방대장이 화재 진압 등을 위해서라면 정해진 소방용수 외에도 댐이나 저수지, 수영장 등의 물을 사용할 수 있다는 내용이 긴급조치에 해당한다.

② **화재안전조사**: 소방청장, 소방본부장 또는 소방서장이 소방시설등이 적법하게 설치·관리되고 있는지, 소방대상물에 화재 발생 위험은 없는지 등을 확인하기 위해서 소방대상물이나 관계지역, 관계인 등을 상대로 현장조사 및 문서 열람, 보고 요구 등을 하는 활동을 화재안전조사라고 한다.

③ **화재예방조치**: 소방관서장은 화재 발생 위험이 크거나 소화 활동에 지장을 줄 수 있다고 인정되는 행위나 물건에 대하여, 그 행위의 당사자나 물건의 소유자, 관리자 또는 점유자에게 행위의 금지 또는 제한, 물건의 이격, 적재 금지, 소화 활동에 지장을 줄 수 있는 물건의 이동 등을 명령할 수 있다는 내용이 화재의 예방조치에 해당한다.

이러한 용어들이 서로 헷갈리게 출제될 수 있으므로, 각 용어를 정확하게 암기해 주시는 것이 좋습니다~!

03 다음의 건축물 일반현황을 참고하여 해당 소방안전관리대상물에 대한 설명으로 옳지 아니한 것을 <보기>에서 찾아 모두 고르시오.

구분	건축물 일반현황
규모/구조	업무시설, 근린생활시설
	• 구조 : 철근콘크리트조 • 층수 : 지상 8층 • 높이 : 24m • 건축면적 : 2,000m² • 연면적 : 16,000m²
사용승인	2023. 06. 07

<보기>

㉠ 작동점검을 실시하지 않는 소방안전관리대상물에 해당한다.
㉡ 대통령령으로 정하는 소방안전관리업무 대행 가능 대상물의 기준을 충족한다.
㉢ 소방안전관리자 강습교육이나 자격시험이 선임기간 내에 있지 않아 선임할 수 없는 경우 해당 관계인은 선임연기 신청이 가능하다.
㉣ 소방안전관리보조자를 선임해야 하는 대상으로 최소한의 선임 인원수는 1명이다.

① ㉠, ㉢　② ㉡, ㉣
③ ㉠, ㉡, ㉢　④ ㉡, ㉢, ㉣

답 ③

해 제시된 건축물은 연면적이 15,000m² 이상인 특정소방대상물로 1급 소방안전관리대상물이다.

(1) 작동점검 제외 대상은 아래와 같다.

- 소방안전관리자를 선임하지 않는 대상
- 위험물제조소등
- 특급소방안전관리대상물

제시된 건축물은 위의 조건 중 어느 것에도 해당하지 않으므로, 매년 6월에 종합점검을 실시하고 그로부터 6개월 뒤인 매년 12월에 작동점검을 주기적으로 실시해야 하는 대상이다. 따라서 작동점검을 실시하지 않는다고 서술한 ㉠의 설명은 옳지 않다.

(2) 대통령령으로 정하는 업무 대행 가능 소방안전관리대상물의 범위(조건)는 다음과 같다.

- 지상층의 층수가 11층 이상인 1급대상물(연면적 1만 5천제곱미터 이상인 특정소방대상물과 아파트는 제외)
- 2급 및 3급대상물

제시된 건축물은 연면적이 1만 5천m² 이상인 특정소방대상물로, 대통령령으로 정하는 업무대행 소방안전관리대상물에서 제외되므로 ㉡의 설명도 옳지 않다.

(3) 선임연기가 가능한 대상은 2급 및 3급대상물의 관계인에 해당하므로, 문제의 1급소방안전관리대상물은 선임연기 대상에 해당하지 않는다. 따라서 ㉢의 설명도 옳지 않으므로 옳지 않은 것을 모두 고른 것은 ③번.

[참고!]
연면적이 15,000m² 이상인 특정소방대상물(아파트 및 연립주택은 제외)은 소방안전관리보조자 선임 대상으로, 초과되는 연면적 15,000m²마다 1명 이상을 추가로 선임한다.
문제의 건축물은 연면적이 16,000m²로 소방안전관리보조자를 선임해야 하는 대상이며, 이때 보조자 선임 인원수는 16,000(특정소방대상물의 연면적) ÷ 15,000(기준) = 1.06⋯으로 계산하여 소수점은 버리고, 1명을 보조자 선임 인원수로 산정한다.
└♥ **보조자** 선임 인원수 계산에서 **소수점은 버림!**

04 **건설현장 소방안전관리에 대한 설명으로 옳지 아니한 것을 고르시오**

① 소방시설공사 착공 신고일부터 건축물 사용승인일까지 건설현장 소방안전관리자를 선임해야 한다.
② 건설현장 소방안전관리대상물의 공사시공자는 건설현장 소방안전관리자를 선임한 날부터 14일 내에 소방본부장 또는 소방서장에게 선임 신고를 해야 한다.
③ 소방안전관리자 자격증을 발급받은 소방안전관리자로 건설현장 소방안전관리자 강습교육을 수료한 사람을 선임해야 한다.
④ 신축·증축·개축·재축·이전·철거 또는 대수선을 하려는 부분의 연면적의 합계가 1만 5천제곱미터 이상인 것은 건설현장 소방안전관리대상물이다.

답 ④

해 건설현장 소방안전관리대상물이 되는 것은, 신축·증축·개축·재축·이전· 용도변경 또는 대수선을 하려는 부분의 연면적의 합계가 1만 5천제곱미터 이상인 것은 건설현장 소방안전관리대상물인데, 이때 '철거' 행위는 포함되지 않으므로 ④의 설명은 옳지 않다.

[CHECK!]

건설현장 소방안전관리대상물에 포함되는 또 다른 조건

신축 · 증축 · 개축 · 재축 · 이전 · 용도변경 또는 대수선을 하려는 부분의 연면적이 5천제곱미터 이상인 것 중에서 다음의 어느 하나에 해당하는 것.

① 지하층의 층수가 2개 층 이상인 것
② 지상층의 층수가 11층 이상인 것
③ 냉동창고, 냉장창고 또는 냉동·냉장창고

05 **다음 중 300만 원 이하의 과태료가 부과되지 아니하는 사람을 고르시오.**

① 피난유도 안내정보를 제공하지 아니한 자
② 소방시설을 화재안전기준에 따라 설치·관리하지 아니한 자
③ 화재예방조치 조치명령을 정당한 사유 없이 따르지 아니하거나 방해한 자
④ 법 제 17조(화재의 예방조치 등) 제1항의 각 호를 위반하여 화기취급 등을 한 자

답 ③

해 화재예방조치 조치명령을 정당한 사유 없이 따르지 아니하거나 방해한 자는 300만 원 이하의 '벌금'에 해당하므로 과태료가 부과되지 않는 사람은 ③.

06 **방염처리 된 물품의 사용을 권장할 수 있는 경우에 해당하지 않는 것을 고르시오.**

① 다중이용업소에서 사용하는 침구류
② 건축물 내부의 천장 또는 벽에 부착하거나 설치하는 가구류
③ 종교시설에서 사용하는 소파
④ 숙박시설에서 사용하는 의자

답 ③

해 방염처리 된 물품의 사용을 권장할 수 있는 경우에 '종교시설'은 포함되지 않으므로 ③은 해당사항이 없다.

[CHECK!]

방염처리 된 물품의 사용을 권장할 수 있는 경우

- 다중이용업소, 의료시설, 노유자시설, 숙박시설 또는 장례식장에서 사용하는 침구류 · 소파 및 의자
- 건축물 내부의 천장 또는 벽에 부착하거나 설치하는 가구류

07 지상층 중에서 채광·환기·통풍 또는 출입 등을 위해 만든 창이나 출입구 등의 역할을 하는 개구부의 면적의 합계가 해당 층의 바닥면적의 30분의 1 이하가 되는 층에서 개구부가 갖추어야 하는 조건에 대한 설명으로 적절하지 아니한 것을 고르시오.

① 해당 층의 바닥면으로부터 개구부의 하단까지 높이가 1.5m 이내일 것
② 지름 50cm 이상의 원이 통과할 수 있을 것
③ 도로 또는 차량이 진입할 수 있는 빈터를 향할 것
④ 내부 또는 외부에서 쉽게 부수거나 열 수 있을 것

답 ①

해 이 문제는 [무창층]의 개구부 조건에 대해서 묻고 있는데, 이때 개구부의 높이는 해당 층의 바닥으로부터 '1.2m' 이내가 되어야 하므로 1.5m 이내라고 서술한 ①의 설명이 옳지 않다.

08 다음 중 양벌규정이 부과되지 아니하는 사람은?

① 법령을 위반하여 소방안전관리자를 겸한 자
② 정당한 사유 없이 화재예방안전진단 결과에 따른 보수·보강 등의 조치명령을 위반한 자
③ 관계인에게 중대위반사항을 알리지 아니한 관리업자등
④ 화재예방안전진단을 받지 아니한 자

답 ①

해 법령(법 제24조 특정소방대상물의 소방안전관리)을 위반하여 '소방안전관리자를 겸한 자'는 300만 원 이하의 과태료에 해당하는데 문제에서 묻고 있는 [양벌규정]은 벌금형의 행위에만 부과되므로 이러한 '과태료' 행위에는 양벌규정이 부과되지 않는다. 따라서 양벌규정이 부과되지 않는 사람은 ①.
②번은 3년 이하의 징역 또는 3천만 원 이하의 벌금에 해당한다. ③번은 300만 원 이하의 벌금에 해당한다. ④번은 1년 이하의 징역 1천만 원 이하의 벌금에 해당한다.

09 다음 제시된 표를 참고하여 해당 소방안전관리대상물에 대한 설명으로 옳지 아니한 것을 고르시오.

규모/구조	• 용도 : 의료시설
	• 연면적 : 5,600m² • 층수 : 지상 5층 / 지하 1층
소방시설	• 옥내소화전설비 • 스프링클러설비 • 자동화재탐지설비 • 피난기구, 유도등

① 1급 소방안전관리자 자격이 있는 사람을 소방안전관리자로 선임할 수 있다.
② 소방안전관리보조자를 최소 2명 이상 선임해야 한다.
③ 2급 소방안전관리대상물이다.
④ 대형피난구유도등 및 통로유도등을 설치하는 장소이다.

답 ②

해 소방안전관리보조자를 선임하는 대상물은 다음과 같다.

[CHECK!]
(1) 300세대 이상인 아파트 : 1명(초과되는 300세대마다 1명 이상을 추가로 선임)
(2) (아파트 및 연립주택 제외) 연면적이 1만 5천 제곱미터 이상인 특정소방대상물 : 1명(초과되는 연면적 1만 5천 제곱미터마다 1명 이상을 추가로 선임)
(3) (위의 (1), (2)를 제외한) 특정소방대상물 중에서 다음의 하나 : 1명
- 공동주택 중 기숙사
- 의료시설
- 노유자 시설
- 수련시설
- 숙박시설(숙박시설로 사용되는 바닥면적의 합계가 1,500m² 미만이고 관계인이 24시간 상시 근무하고 있는 숙박시설은 제외)

위 조건 중 (3)번에 해당하는 선임 대상물의 경우, 소방안전관리보조자의 최소 선임 인원 기준은 1명이므로 옳지 않은 설명은 ②번. (아파트에는 해당사항이 없고, 연면적이 1만 5천 제곱미터 이상에 해당하지 않으므로 (1), (2)번에는 해당하지 않는다.)

[참고!]
문제의 대상물은 1급대상물의 조건(지상층의 층수가 11층 이상이거나 연면적이 15,000m² 이상인 특정소방대상물 등)에 해당하지 않고, 옥내소화전설비 및 스프링클러설비 등이 설치되어 있으므로 2급소방안전관리대상물에 해당하며, 이보다 상위 등급인 1급소방안전관리자 자격이 있는 사람을 소방안전관리자로 선임할 수 있으므로 ①번과 ③번은 옳은 설명이다. 또한 설치장소가 의료시설일 때 유도등은 대형피난구유도등 및 통로유도등을 설치하므로 ④번의 설명도 옳다.

10 다음 제시된 위험물 중에서 산화성을 갖는 물질은 무엇인지 고르시오.

① 제1류위험물 ② 제2류위험물
③ 제3류위험물 ④ 제4류위험물

답 ①

해 위험물을 특성별로 분류하면 다음과 같다.

제1류	제2류	제3류
산화성 고체	가연성 고체	자연발화성 및 금수성 물질
제4류	제5류	제6류
인화성 액체	자기반응성 물질	산화성 액체

제1류위험물과 제6류위험물은 가열이나 충격, 마찰 등으로 산소를 방출하여 연소 및 폭발을 촉진시킬 수 있는 산화성 물질에 해당하므로, 문제에서 제시된 위험물 중 산화성을 갖는 (산화성)물질에 해당하는 것은 ①번 제1류위험물.

11 소방안전관리자를 선임하지 아니하는 특정소방대상물에서의 관계인의 업무에 해당하지 아니하는 것을 모두 고르시오.

<보기>
㉠ 피난·방화시설, 방화구획의 유지·관리
㉡ 화기취급의 감독
㉢ 소방계획서의 작성·시행
㉣ 화재발생 시 초기대응
㉤ 소방시설 및 소방관련 시설의 관리

① ㉢ ② ㉢, ㉣
③ ㉠, ㉣, ㉤ ④ ㉠, ㉡, ㉣, ㉤

답 ①

해 이번 문제는 소방안전관리자가 없는 대상물에서, '관계인' 선에서 수행해야 하는 업무를 구분하는 것이 핵심인데, 이때 이러한 관계인의 업무에 해당하지 '않는 것'들을 골라내도록 묻고 있다.
소방안전관리자를 선임하지 않는 대상물에서 관계인이 해야 하는 업무에 ㉢ 소방계획서의 작성·시행은 포함되지 않으므로 답은 ① ㉢.
소방계획서를 작성하는 것은 '소방안전관리자'가 하는 일이다.

[참고!]
실제 시험에서도 '모두 고르시오' 문제에서 답이 하나 뿐인 경우가 종종 있었으므로, '모두'라는 키워드에 헷갈리지 않고 정.확.한 답을 찾아내는 것이 중요해요~ !

12 **다음 중 소방대상물에 해당하지 아니하는 것이 포함된 것을 고르시오.**

① 차량, 건축물
② 산림, 인공 구조물
③ 항구에 매어둔 선박, 인공물
④ 선박 건조 구조물, 항해 중인 선박

답 ④

해 소방대상물이란 쉽게 말해서, 불이 나면 소방대가 가서 (신속하게) 불을 끌 수 있는 것들을 의미하는데, 바다에 떠서 항해 중인 선박이나 하늘을 날고 있는 비행기는 소방대가 출동하여 불을 끄기 어렵고, 차라리 화재가 발생하면 신속하게 사람들을 대피시키는 것이 효과적이므로 항해 중인 선박과 비행 중인 항공기(비행기)는 소방대상물에 포함되지 않는다. 따라서 ④번의 선박건조구조물은 소방대상물이 맞지만, '항해 중인 선박'이 소방대상물에 해당하지 않으므로 정답은 ④.

[CHECK!] 소방대상물
건축물, 차량, 산림, 인공구조물 및 물건, 항구에 매어둔 선박, 선박 건조 구조물.

13 **피난·방화시설의 유지·관리 및 금지행위 중에서 변경행위에 해당하지 않는 것을 고르시오.**

① 비상구에 용접·조적 등을 하는 행위
② 방화문을 철거하고 유리문을 설치하는 행위
③ 임의구획으로 무창층을 발생시킨 행위
④ 방화구획에 개구부를 설치하는 행위

답 ①

해 ②~④의 행위는 모두 금지행위 중 [변경행위]에 해당하지만, 비상(탈출)구에 용접이나 조적, 석고보드 등으로 문을 열 수 없게 하는 행위는 금지행위 중에서 '폐쇄 및 잠금' 행위에 해당하므로 변경행위에는 해당하지 않는다.

14 **가연성물질의 구비조건으로 옳은 것만을 모두 고르시오.**

㉮ 활성화에너지 값이 커야 한다.
㉯ 지연성 가스인 산소, 염소와 친화력이 강해야 한다.
㉰ 연쇄반응을 일으키지 않는 물질이어야 한다.
㉱ 비표면적이 작아야 한다.
㉲ 열의 이동이 용이하도록 열전도도가 작아야 한다.

① ㉯ ② ㉮, ㉯
③ ㉰, ㉱ ④ ㉮, ㉯, ㉲

답 ①

해 **[옳지 않은 이유!]**

㉮ 불이 붙기 위해서 들여야 하는 힘이 적을수록 연소되기 쉽기 때문에, 연소가 잘 일어나는 가연물질이 되기 위해서는 (들여야 하는) 활성화에너지 값이 '작아야' 하므로 ㉮의 설명은 옳지 않다.

㉰ 연쇄반응이 계속해서 일어나야 연소가 더 확대되고 유지될 수 있으므로, 가연물질은 연쇄반응을 '일으킬 수 있는' 물질이어야 하므로 ㉰의 설명은 옳지 않다.

㉱ '비표면적'이란 단위 질량(부피)당 입자의 표면적을 의미한다. 쉽게 말해서 통나무를 덩어리째로 두었을 때보다, 그 통나무를 톱밥 형태로 잘게 갈아서 펼쳐놓으면 비표면적이 훨씬 커지는데, 이렇게 되면 산소가 사이사이에 스며들 수 있는 면적도 커지므로 통나무보다 비표면적이 큰 톱밥의 형태일 때 연소가 더 쉬워진다. 따라서 비표면적은 '커야' 하므로 의 ㉱의 설명은 옳지 않다.

㉲ 열전도도가 작아야 하는 것은 맞지만, 열전도도가 작을수록 열의 '축적'이 용이해 연소하기에 더 유리해지는 원리이다. 열의 '이동'이 용이하다는 것은 그만큼 열을 쉽게 빼앗길 수 있다는 말과 같기 때문에 열이 이동하려는 성질인 열전도도는 작아야 하며, 이렇게 열전도도가 작을 때 열의 '축적'이 용이하므로 ㉲의 설명은 옳지 않다.

따라서 옳은 설명은 ㉯.

15 가연물이 될 수 없는 조건 중에서 산소와 화합하여 흡열반응을 일으키는 물질은 무엇인지 고르시오.

① 헬륨, 아르곤, 네온
② 질소 또는 질소산화물
③ 이산화탄소
④ 일산화탄소

답 ②

해 산소와 화합하여 흡열반응을 일으키는 물질은 질소 또는 질소산화물로 이러한 물질은 불연성 물질에 해당한다.

[CHECK!] 물질별 가연물이 될 수 없는 이유

① 헬륨, 아르곤, 네온
- 산소와 결합하지 못하는 불활성 기체

③ 이산화탄소, 물
- 산소와 화학반응을 일으킬 수 없는 물질

[CHECK!] 일산화탄소

'일산화탄소'는 산소와 반응하며, 가연물이 될 수 '있는' 물질이다.

16 다음 중 산소공급원이 될 수 있는 물질과 그에 대한 설명으로 옳지 아니한 것을 고르시오.

① 제1류위험물인 산화성고체는 강산화제로써 다량의 산소를 함유하고 있다.
② 자기반응성물질인 제3류위험물은 분자 내에 가연물과 산소를 충분히 함유하고 있다.
③ 산화성액체인 제6류위험물은 자체는 불연이나 강산으로 산소를 발생하는 조연성 액체이기도 하다.
④ 일반적으로 공기 중에 약 1/5 정도의 산소가 존재한다.

답 ②

해 자기반응성물질이 분자 내에 가연물과 산소를 충분히 함유하고 있어 산소 공급원이 될 수 있는 것은 맞지만, 이러한 자기반응성물질은 3류가 아닌 '제5류'위험물이므로 ②의 설명은 옳지 않다.

17 점화원이 될 수 있는 요소 중에서 열에너지가 파장 형태로 방사되는 현상으로, 화염과 직접적인 접촉 없이도 연소가 확대될 수 있어 가연성 물질에 장시간 방사될 시 발화로 이어질 수 있는 요소로 알맞은 것은 무엇인지 고르시오.

① 열전도 ② 복사열
③ 고온표면 ④ 정전기 불꽃

답 ②

해 [복사]의 가장 큰 특징은 열이 '파장 형태'로 방사되어 화염(불꽃)과 직접적으로 접촉하지 않더라도, 파장 형태로 방사되는 열에너지에 의해 발화가 될 수 있다는 것이다. 따라서 문제의 설명으로 적합한 것은 ② 복사열.

18 다음의 설명에 해당하는 건축 용어와 그에 대한 설명으로 빈칸 (A), (B)에 들어갈 말을 순서대로 고르시오.

(A)이란, 기존 건축물의 전부 또는 일부(내력벽·기둥·보·지붕틀 중 (B) 이상이 포함되는 경우를 말한다)를 철거하고 그 대지 안에 종전과 동일한 규모의 범위 안에서 건축물을 다시 축조하는 것을 말한다.

① (A) 신축, (B) : 2개 ② (A) 증축, (B) : 2개
③ (A) 개축, (B) : 3개 ④ (A) 재축, (B) : 3개

답 ③

해 기존 건축물의 전부 또는 일부를 철거하고 그 대지 안에 종전과 동일한 규모의 범위 안에서 건축물을 다시 축조하는 것을 '개축'이라고 하며, 여기서 말하는 건축물의 일부란 내력벽·기둥·보·지붕틀 중 '3개' 이상이 포함되는 경우를 말한다.
따라서 (A)는 개축, (B)는 3개 이상으로 정답은 ③번.

[참고!] 건축용어

신축	건축물이 없는 대지에 새로이 건축물을 축조하는 것
증축	기존 건축물이 있는 대지 안에서 건축물의 건축면적·연면적·층수 또는 높이를 증가시키는 것
재축	건축물이 천재지변이나 기타 재해에 의해 멸실된 경우, 그 대지 안에 일정 요건을 갖추어 다시 축조하는 것

19 등유의 연소범위(vol%) 내에 있는 값으로 옳지 아니한 것을 고르시오.

① 1 ② 3
③ 5 ④ 7

답 ④

해 (안전원의 강습교재상 표기된 내용을 기준으로) 등유의 연소 범위(vol%) 값은 0.7~5이므로 이 범위 내 값이 아닌 것은 ④ 7.

기체/증기	연소범위 (vol%) (하한~상한)	기체/증기	연소범위 (vol%) (하한~상한)
수소	4.1~75	메틸알코올	6~36
아세틸렌	2.5~81	암모니아	15~28
중유	1~5	아세톤	2.5~12.8
등유	0.7~5	휘발유	1.2~7.6

20 통전 중인 전기 기기 등에서 비롯된 화재의 소화를 위해 불연성 기체인 이산화탄소로 덮어서 산소의 농도를 약 15% 이하로 억제하여 화재를 진압하였다면 이 과정에서 사용된 소화방식으로 가장 적절한 것을 고르시오.

① 제거소화 ② 억제소화
③ 질식소화 ④ 냉각소화

답 ③

해 이산화탄소 소화약제는 크게 질식작용과 냉각작용 효과를 낼 수 있는데, 이때 이산화탄소로 '덮어서' 산소(및 산소 공급원)를 차단하는, 다시 말해서 산소의 농도를 15% 이하로 제한함으로써 소화하는 작용은 [질식소화] 방식을 사용하는 것에 해당한다. 질식소화의 핵심은, '산소'에 작용하여 산소의 농도를 제한(억제, 농도를 떨어트림)하는 것이다.
이때 '억제'라는 말 때문에 억제소화와 헷갈리거나, '떨어트림'이라는 말 때문에 냉각소화와 헷갈리지 않도록, [질식소화]는 '산소'의 농도에 작용한다는 점을 정확하게 구분하는 것이 Tip!

[CHECK!] 어떻게 다를까요?

- 억제소화는 '연쇄반응'의 무력화(연쇄반응에 작용)
- 냉각소화는 가연물의 '열을 빼앗아' 착화온도 이하로 '온도'를 낮추는 방식이다. (열에너지에 작용)

[21~22] 다음에 제시된 소방안전관리대상물의 건축물 현황 등을 참고하여 각 질문에 답하시오.

<table>
<tr><th>명칭</th><td colspan="2">서울빌딩</td></tr>
<tr><th>용도</th><td colspan="2">업무시설</td></tr>
<tr><th>규모</th><td colspan="2">• 지상 15층
• 연면적 : 10,000m²
• 높이 : 60m</td></tr>
<tr><th rowspan="3">소방안전 관리자 현황</th><td>성명</td><td>김철수</td></tr>
<tr><td>강습교육 수료일자</td><td>2025. 08. 21</td></tr>
<tr><td>선임일자</td><td>2026. 01. 05</td></tr>
<tr><th>소방시설 현황(일부)</th><td colspan="2">• 자동화재탐지설비
• 소화기구
• 옥내소화전설비
• 스프링클러설비
• 유도등 및 비상조명등</td></tr>
</table>

21 다음 지문의 빈칸에 들어갈 실무교육 이수 기한으로 가장 적절한 날짜를 고르시오.

> 서울빌딩에 선임된 소방안전관리자 김철수는 ____________ 까지 실무교육을 이수하여야 한다.

① 2026년 8월 20일 ② 2027년 8월 20일
③ 2028년 1월 4일 ④ 2028년 9월 4일

답 ②

해 소방안전관리자로 선임되면 원칙적으로 선임일로부터 6개월 이내에 실무교육을 이수해야 하고, 그 이후에는 최초 실무교육을 받은 날을 기준일로 하여 매 2년마다(2년 후 기준일과 같은 날의 전까지) 1회 이상 실무교육을 받아야 한다.

이때 소방안전관리자 강습교육(또는 실무교육)을 받은 후 1년 이내에 소방안전관리(보조)자로 선임된 사람은 해당 강습교육을 수료한 날에 최초 실무교육을 이수한 것으로 보는데,

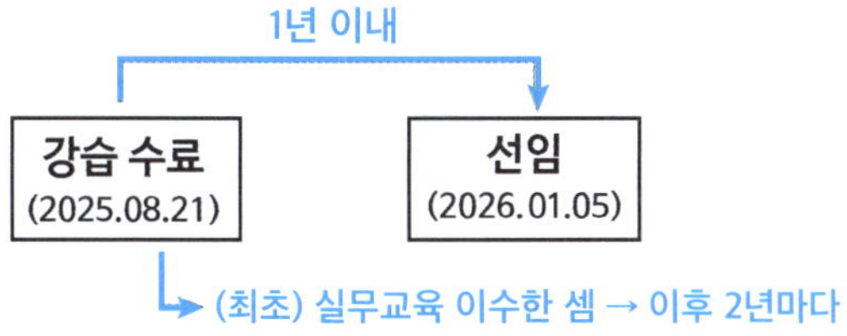

문제의 사례는 강습교육을 수료하고 1년 이내에 선임된 경우이므로, 최초 실무교육 이수 = 강습교육 수료일 = 2025년 8월 21일로, 이 날을 기준일로 하여 2년 후 같은 날의 하루 전까지 다음 실무교육을 받아야 하므로 김철수의 실무교육 이수 기한은 ②번 2027년 8월 20일까지이다.

22 서울빌딩에 선임된 소방안전관리자 김철수의 선임 신고 기한으로 가장 적절한 날짜를 고르시오.

① 2026년 1월 19일 ② 2026년 1월 20일
③ 2026년 2월 4일 ④ 2026년 3월 6일

답 ①

해 소방안전관리(보조)자를 선임한 경우에는 행정안전부령으로 정하는 바에 따라, 선임한 날부터 14일 이내에 소방본부장 또는 소방서장에게 선임 신고를 해야 하므로, 김철수의 선임신고 기한은 선임일인 2026년 1월 5일을 기준으로 14일 이내인 2026년 1월 19일까지이다.

23 다음의 설명에 부합하는 가스의 주성분으로 옳은 것을 고르시오.

- 증기비중: 0.6
- 폭발범위: 5~15%
- 용도: 도시가스
- 누출 시 천장쪽에 체류함

① C_3H_8 ② C_3H_4
③ CH_4 ④ C_4H_{10}

답 ③

해 문제의 설명에 부합하는 가스는 액화천연가스인 LNG에 대한 설명으로 주성분은 메탄이다. 이때 메탄의 화학식은 CH_4로 나타내므로 LNG의 주성분으로 옳은 표기는 ③.

[CHECK!]
① C_3H_8은 프로판, ④ C_4H_{10}은 부탄으로 이 두 가지는 액화석유가스인 LPG의 주성분이므로 옳지 않고, ② C_3H_4는 소방안전관리자 2급(화기취급감독)에서는 다루지 않는 물질이다.

24 다음 중 각각의 면적별 방화구획 설치 기준에 대한 설명이 옳지 아니한 것을 고르시오.(단, 이때 대상물은 주요구조부가 내화구조 또는 불연재료로 된 건축물로서 연면적이 1,000m²를 넘는 것을 말한다)

① ✓ 스프링클러설비가 설치된 경우로 6층 : 바닥면적 1,000m² 이내마다 구획
② 스프링클러설비(자동식소화설비)가 설치되지 않은 경우로 11층 : 바닥면적 200m² 이내마다 구획
③ 스프링클러설비가 설치된 경우로 13층 : 바닥면적 600m² 이내마다 구획
④ 스프링클러설비가 설치되고 내장재가 불연재인 경우로 15층 : 바닥면적 1,500m² 이내마다 구획

답 ①

해 면적별 방화구획 시, 10층 이하의 층은 바닥면적 1,000m² 이내마다 구획 기준이 적용되며 이때 스프링클러설비(이와 유사한 자동식 소화설비)를 설치한 경우에는 위 면적의 X3배 이내마다 구획 가능하다. 따라서 ①번의 경우, 바닥면적 3,000m² 이내마다 구획 기준이 적용되므로 옳지 않은 설명은 ①번.

[참고!] 면적별 방화구획 설치기준 단위

주요구조부가 내화구조 또는 불연재료로 된 건축물로서 연면적이 1,000m²를 넘는 것은 다음 기준에 따라 방화구획

층별	구획단위(바닥면적)		스프링클러 설치 시
10층 이하	1,000m²		3,000m²
11층 이상	내장재 : 불연재×	200m²	600m²
	내장재 : 불연재○	500m²	1,500m²

25 화재감시자 배치 시 사업주는 화재감시자에게 업무 수행에 필요한 장비 등을 지급해야 한다. 이때 산업안전보건기준에 관한 규칙으로 정하는 지급 장비 등에 해당하지 아니하는 것을 고르시오.

① 확성기　　　　② 휴대용 조명기구
③ 화재 대피용 마스크　④ ✓ 안전화

답 ④

해 산업안전보건기준에 관한 규칙에 따라 규정에 해당하는 장소에서 용접·용단을 하는 경우 화재감시자를 지정하여 해당 장소에 배치해야 하며, 이러한 경우 사업주는 화재감시자에게 업무 수행에 필요한 확성기, 휴대용 조명기구 및 화재 대피용 마스크 등 대피용 방연장비를 지급하도록 정하고 있다.
이러한 규정에 안전화는 포함되어 있지 않으므로 정답은 ④번.

26 가스계소화설비의 점검 전 안전조치 단계 중 3단계 (A) ~ (C)에 들어갈 과정으로 옳은 순서를 고르시오.

1단계	1. 기동용기에서 선택밸브에 연결된 조작동관 및 저장용기에 연결된 개방용 동관을 분리한다.
2단계	2. 제어반의 솔레노이드밸브를 연동 정지한다.
3단계	(A) _____ (B) _____ (C) _____

	(A)	(B)	(C)
①	솔레노이드 분리	안전핀 제거	안전핀 체결
②	솔레노이드 분리	안전핀 체결	안전핀 제거
③	안전핀 제거	솔레노이드 분리	안전핀 체결
④✓	안전핀 체결	솔레노이드 분리	안전핀 제거

답 ④

해 가스계 소화설비의 점검 시 (안전사고 예방을 위해) 가스가 유출되지 않도록 점검 전 안전조치를 하는데, 조작동관 및 개방용 동관을 분리하고 솔밸브를 연동 정지한 후, (안전을 위해) 안전핀을 '체결'한 상태에서 솔레노이드를 분리한 뒤, 격발시험을 위해 안전핀을 제거하는 순서로 준비한다. 따라서 3단계의 순서로 옳은 것은 ④번.

27 **자위소방대 유형(TYPE)별 조직구성에 대한 설명으로 옳지 아니한 것을 고르시오.**

① TYPE-Ⅰ의 대상물은 둘 이상의 현장대응조직을 운영할 수 있다.
② 연면적이 3만제곱미터 미만인 1급의 경우 TYPE-Ⅱ가 적용된다.
③ TYPE-Ⅲ의 대상물 중 편성인원이 10인 이하인 현장대응조직은 하위 조직의 구분 없이 운영이 가능하다.
④ TYPE-Ⅰ의 지구대는 각 구역(Zone)별 규모 및 편성대원 등 현장운영 여건에 따라 팀을 구성할 수 있다.

답 ③

해 TYPE-Ⅲ의 대상물 중 편성인원이 10인 '미만'인 현장대응조직은 하위 조직(팀)의 구분 없이 통합 운영이 가능하다. 이때 10인 '미만'을 '이하'와 혼동하지 않아야 한다. '미만'은 1명부터 9명까지의 인원으로 '10인'은 포함되지 않는 단위이지만, '이하'는 '10인'까지를 포함하는 단위이므로 TYPE-Ⅲ에서 하위 조직의 구분 없이 현장대응조직을 운영할 수 있는 조건은 편성대원이 10인 '미만'인 대상물에 해당한다는 점을 체크!

[CHECK!]

TYPE-Ⅲ의 대상물인데 편성대원이 10인 '이상'(10명부터)인 곳의 현장대응조직은 비상연락팀, 초기소화팀, 피난유도팀으로 구성한다.

28 **초기대응체계의 구성 및 인원편성에 대한 설명으로 적절하지 아니한 것을 고르시오.**

① 초기대응체계는 화재가 발생한 때에 한정하여 일시적으로 운영된다.
② 초기대응체계는 자위소방대에 포함하여 편성하되, 화재 발생 초기에 신속하게 대응할 수 있도록 구성해야 한다.
③ 대상물의 특성이 반영된 특수기능을 수행할 수 있도록 소규모팀으로 편성한다.
④ 소방안전관리보조자를 운영 책임자로 지정하는데 보조자가 없는 대상처는 선임 대원을 운영책임자로 한다.

답 ①

해 초기대응체계는 해당 소방안전관리대상물이 사용되는 기간 동안 '상시적으로 운영'되어야 하므로, 일시적으로 운영한다고 서술한 ①의 설명은 옳지 않다.

29 **화재 시 일반적인 피난행동 요령으로 옳은 설명을 고르시오.**

① 고층에서 대피할 때에는 엘리베이터를 이용해 신속하게 지상층으로 이동한다.
② 출입문을 열기 전 문 손잡이가 뜨겁다면 다른 길을 찾는다.
③ 탈출한 후에는 구조대원의 안내에 따라 건물에 진입하여 재실자의 피난을 돕는다.
④ 연기는 바닥면을 따라 이동하므로 연기 발생 시 몸을 일으킨 자세로 이동한다.

답 ②

해 **[옳지 않은 이유!]**

화재 시 엘리베이터는 작동이 멈출 수도 있고, 그로 인해 연기 및 화염이 가득한 층에서 엘리베이터 안에 갇힐 위험도 있기 때문에 엘리베이터는 절대 이용하지 않고 '계단을 통해' 옥외로 대피하는 것이 바람직하다. 따라서 ①의 설명은 옳지 않다. 또한 탈출 후에는 화재가 발생한 건물에 다시 들어가지 말아야 하므로 ③의 설명도 옳지 않다. 연기는 상승기류이므로, 바닥 쪽에는 아직 공기가 남아있을 가능성이 있어 '낮은 자세로' 입과 코를 젖은 수건 등으로 막고 대피하는 것이 바람직하다. 따라서 ④의 설명도 옳지 않다.

출입문을 열기 전, 문손잡이를 잡았을 때 손잡이가 뜨겁다면 이미 문 너머에 화염이 있을 가능성이 높으므로 그 문을 열지 않고 다른 길을 찾는 것이 바람직하다. 따라서 옳은 설명은 ②.

30 다음 제시된 소방계획의 주요원리 중에서, 빈칸 ㉠과 ㉡의 주요내용이 다음과 같을 때 각 빈칸에 들어갈 주요원리로 가장 적절한 것을 순서대로 고르시오.

주요원리	주요내용
지속적 발전모델	PDCA Cycle(Plan : 계획, Do : 이행·운영, Check : 모니터링, Act : 개선)
㉠	• 외부 : 거버넌스(정부 - 대상처 - 전문기관) 및 안전관리 네트워크 구축 • 내부 : 협력 및 파트너십 구축
㉡	• 모든 형태의 위험 포괄 • 재난의 전주기적(예방·대비 - 대응 - 복구) 단계 위험성 평가

	㉠	㉡
①	종합적 안전관리	통합적 안전관리
②	통합적 안전관리	종합적 안전관리
③	주기적 안전관리	종합적 안전관리
④	통합적 안전관리	주기적 안전관리

답 ②

해 소방계획의 주요원리에는 종합적 안전관리 / 통합적 안전관리 / 지속적 발전모델이 있다.

주요원리	주요내용
종합적 안전관리	• 모든 형태의 위험 포괄 • 재난의 전주기적(예방·대비 - 대응 - 복구) 단계 위험성 평가 ↳ 쉽게 말해서, 위험이 발생하기 전 예방부터 - 상황 후 복구까지 전 과정을 **종합적으로** 관리!
통합적 안전관리	• 외부 : 거버넌스(정부 - 대상처 - 전문기관) 및 안전관리 네트워크 구축 • 내부 : 협력 및 파트너십 구축 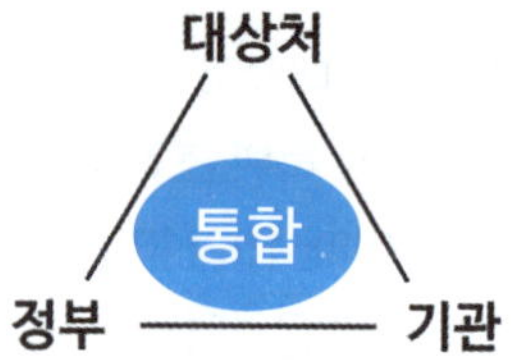 ↳ 내·외부 네트워크(시스템 통합!)
지속적 발전모델	PDCA Cycle(Plan : 계획, Do : 이행·운영, Check : 모니터링, Act : 개선)

따라서 빈칸 ㉠은 통합적 안전관리, ㉡은 종합적 안전관리가 들어가는 것이 적절하므로 답은 ②번.

31 그림을 참고하여 옥내소화전의 주펌프를 수동으로 기동하기 위해 조작할 수 있는 방법으로 가장 적절한 설명을 고르시오.

감시제어반

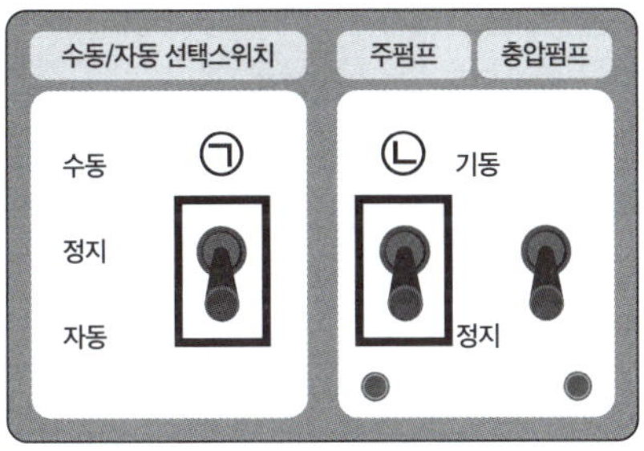

동력제어반

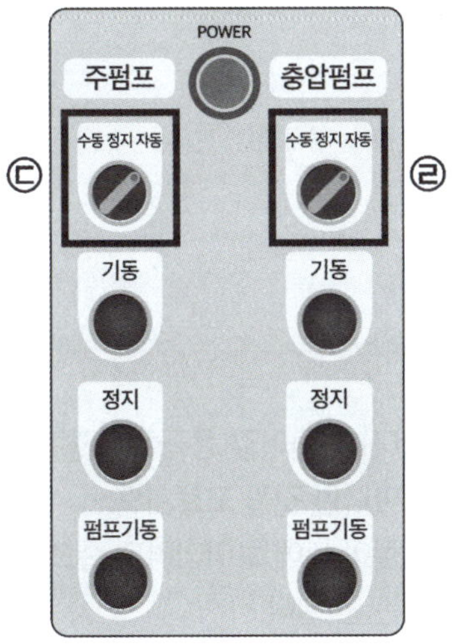

① ㉠만 수동 위치로 이동한다.

② ㉡만 기동 위치로 이동한다.

③ ㉢을 수동 위치로 이동하고 기동버튼을 누른다.

④ ㉣을 수동 위치로 이동하고 기동버튼을 누른다.

답 ③

해 문제에서는 '주펌프'만 '수동'으로 기동하는 방법을 묻고 있다.

[옳지 않은 이유!]

(1) 감시제어반에서 ㉠만 수동 위치로 이동하면, 수동 - 정지 상태이므로 펌프는 기동되지 않는다.

(2) 감시제어반에서 ㉡만 기동 위치로 이동하면, 자동 - 기동 상태이므로 문제에서 묻고 있는 주펌프 수동 기동을 위한 조작과는 무관하다.

(3) 동력제어반에서 ㉣을 수동 위치로 이동하고 기동버튼을 누르는 것은 '충압'펌프를 수동 기동하기 위한 조작이므로 문제에서 묻고 있는 주펌프의 수동 기동을 위한 조작과는 무관하다. 따라서 주펌프를 수동 기동하기 위한 조작으로 가장 적절한 설명은 ③번으로, 동력제어반의 ㉢(주펌프 자동/수동 선택스위치)을 '수동' 위치로 이동하고 펌프 기동버튼을 누르는 방법을 택할 수 있다.

[참고!]

감시제어반에서 주펌프를 수동 기동하기 위해서는 ㉠을 수동 위치로, ㉡을 기동 위치로 이동하는 방법으로 조작할 수 있다.

32 피난약자의 피난보조 시 장애유형별 피난보조 예시로 적합하다고 보기 어려운 행위를 고르시오.

① 지체장애인의 피난보조 시 불가피한 경우를 제외하고는 2인 1조가 되어 피난을 보조한다.

② 시각장애인의 피난보조 시 이쪽, 저쪽 등 친숙한 표현을 사용하여 장애물 등의 위치를 미리 알려준다.

③ 지적장애인의 피난보조 시 차분하고 느린 어조로 도움을 주러 왔음을 밝힌다.

④ 청각장애인의 피난보조 시 표정이나 메모, 조명 등을 적극적으로 활용한다.

답 ②

해 시야 확보가 어려운 시각장애인의 피난유도 시에는 여기, 저기, 이쪽, 저쪽과 같은 애매한 표현을 사용하면 시각장애인의 입장에서는 정확한 위치를 알기 어렵기 때문에 "좌측으로 1m", "오른쪽 2m 방면"처럼 명확한 표현을 사용하여 장애물이나 계단 등의 위치를 미리 알려주는 것이 바람직하다. 따라서 애매한 표현을 사용하는 ②의 행동이 장애유형별 피난보조 예시로 바람직하지 않다.

33 응급처치의 목적 및 중요성에 대한 설명이 바르지 아니한 것을 고르시오.

① 2차적으로 발생하는 질병을 치료하는 목적을 갖는다.

② 긴급한 환자의 생명을 유지하고 환자의 고통을 경감시킬 수 있다.

③ 응급처치를 통해 전문 치료기관으로의 이송 후 빠른 회복을 도울 수 있다.

④ 의료비를 절감할 수 있다.

답 ①

해 응급처치는 전문적인 치료가 시행되기 전에 즉각적이고 임시적인 '처치'를 제공하는 것으로, 긴급한 환자의 생명 유지 및 2차적인 합병증을 예방하고 고통을 경감시킴으로써 이후 병원 등 전문 치료기관으로 옮겨져 의사에게 제대로 된 치료를 받을 때에 도움을 주어 환자의 회복을 빠르게 할 수 있고, 이로써 의료비를 절감하는 효과도 기대할 수 있다.

그러나 응급처치는 임시적이고 즉각적인 '처치'의 개념이므로, 어떠한 질병을 치료하는 것은 불가능하다. 응급처치로는 상처 등으로 인해 발생될지도 모를 2차적인 합병증을 예방하는 정도만 가능하기 때문에, 질병을 치료하는 목적을 갖는다고 서술한 ①의 설명은 옳지 않다.

[34~35] 다음의 응급처치 체계도를 참고하여 물음에 답하시오.

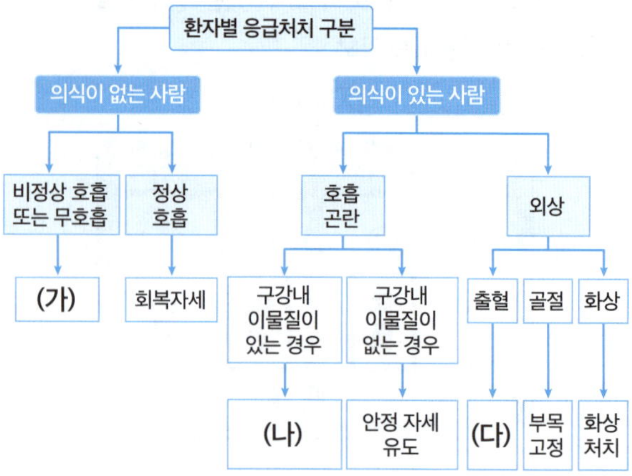

34 (나)와 (다)에 들어갈 응급처치 행동에 대한 각 설명이 옳지 아니한 것을 고르시오.

① (나) : 이물질이 눈에 보이더라도 손으로 제거하려 해서는 안 된다.

② (나) : 기침을 유도하거나 하임리히법으로 복부를 밀어내 이물질이 제거되도록 한다.

③ (다) : 출혈이 심하지 않다면 지혈대를 사용하여 지혈한다.

④ (다) : 직접압박 시 소독거즈로 출혈 부위를 덮고 4~6인치의 압박붕대로 출혈부위가 압박되도록 감는다.

답 ③

해 (나)는 이물질을 효과적으로 제거하는 방식으로 ①, ②의 설명이 모두 적절하다. (다)는 지혈처리로 직접압박법과 지혈대를 사용하는 방법이 있다. 이 중 직접압박법에 대한 ④의 설명은 옳지만, 일반적인 지혈로 해결되지 않을 정도로 출혈이 심한 경우에 지혈대를 사용하므로 ③의 설명은 부적절하다.

참고적으로 지혈대는 강한 압박에 의해 괴사가 발생할 위험이 있으므로 5cm 이상의 넓은 띠를 사용하고, 지혈대 착용 시 착용 시간을 기록해 두는 것이 바람직하다.

35 (가)에 들어갈 응급처치 시행 방법에 대한 설명으로 옳은 것을 고르시오.

① C→B→A의 순서로 시행한다.
② 맥박 및 호흡의 정상 여부를 30초 내로 판별한다.
③ 인공호흡에 거부감이 있다면 시행하지 않아도 된다.
④ 성인의 경우 가슴압박은 분당 60~80회의 속도와 약 5cm 깊이로 강하게 압박한다.

답 ③

해 [옳지 않은 이유!]
(가)는 심폐소생술로, C(Compression 가슴압박)→A(Airway 기도유지)→B(Breathing 인공호흡)의 순서로 진행하므로 ①의 설명은 옳지 않다. 또한 심폐소생술 시행 전 환자의 맥박 및 호흡의 정상 여부를 판별할 때에는 '10초 내'로 판별해야 하므로 ②의 설명도 옳지 않다.
성인을 대상으로 가슴압박을 시행할 경우 5cm 깊이로 강하게 압박하는 것은 맞지만, 이때 속도는 분당 100~120회가 적절하므로 ④의 설명은 옳지 않고, 인공호흡은 자신이 없거나 거부감이 있다면 하지 않고 가슴압박만 시행하는 것이 바람직하므로 옳은 설명은 ③.

36 화상환자를 전문치료 기관으로 이동하기 전에 취할 수 있는 조치에 대한 설명으로 적절하지 아니한 것을 고르시오.

① 환자의 옷가지와 피부조직이 붙어 있을 경우 물에 적신 수건 등을 사용해 약한 힘으로 옷가지를 떼어낸다.
② 환자의 통증 호소에 동요되어 식용기름 등을 바르는 일이 없도록 한다.
③ 1도나 2도 화상은 실온의 물을 약하게 하여 흐르는 물에 열감을 식혀준다.
④ 부분층화상을 입은 환자의 경우 수포가 발생한 상태에서는 감염의 우려가 있으므로 터트리지 않는다.

답 ①

해 화상환자가 입고 있는 옷과 (화상을 입은) 피부 조직이 엉겨 붙어있을 때에는 옷을 잘라내거나 하지 말고, 수건으로 닦는 등 무언가 접촉되는 일이 없도록 하는 것이 바람직하므로 ①의 설명은 옳지 않다.

37 자동심장충격기(AED)의 올바른 사용방법에 해당하지 아니하는 것을 고르시오.

① 제세동이 필요한 환자의 경우 제세동 버튼을 누르기 전 다른 사람들이 환자에게서 떨어져 있는지 확인해야 한다.
② 심장리듬 분석 중에는 하고 있던 심폐소생술을 멈추고 환자에게서 모두 손을 떼야 한다.
③ AED는 정상적인 호흡이 없는 심정지 환자에게만 사용해야 한다.
④ 패드1은 오른쪽 젖꼭지 옆 겨드랑이에, 패드2는 왼쪽 빗장뼈 아래에 부착한다.

답 ④

해 AED 패드를 부착할 때 올바른 부착 위치는 다음과 같다.
- 패드 1 : 오른쪽 빗장뼈(쇄골부분) 아래
- 패드 2 : 왼쪽 젖꼭지 아래의 중간겨드랑선

참고로 안전원의 강습교재상 '패드 2'의 부착위치는 위의 설명과 같은데, AED의 홍보자료 등에서는 패드 2의 부착 위치를 '가슴 옆 겨드랑이'와 같이 표현하기도 해요~! 표현은 약간 다르지만 부착하는 위치는 동일하므로, 패드 2의 부착위치는 왼쪽편 가슴과 겨드랑이의 중간 부분임을 기억해 주시는 것이 좋습니다.

38 **3선식 배선을 사용하는 유도등이 자동으로 점등되는 경우에 해당하지 아니하는 상황을 고르시오.**

① 상용전원이 정전되거나 전원선이 단선되는 상황
② 옥내소화전을 사용하는 상황
③ 비상경보설비의 발신기가 작동하는 상황
④ 전기실의 배선반에서 수동으로 점등하는 상황

답 ②

해 3선식 유도등은 평상시에는 소등되어 있다가 자동화재탐지설비 및 비상경보장치의 감지기·발신기가 작동하거나, 자동소화설비가 작동했을 때, 또는 상용전원이 정전되거나 전원선이 단선됐을 때에도 자동으로 점등되는 구조이다. 또한 전기실의 배전반이나 방재업무를 통제하는 곳에서 사람이 수동으로 점등했을 때에도 점등되는데, ②번의 옥내소화전은 소화설비 중에서 자동식이 아닌, 일종의 수동식 설비이므로 3선식 유도등이 자동으로 점등되는 경우 중에 '옥내소화전이 작동되는 상황'은 포함되지 않는다.

[참고!]
자동식 소화설비는 스프링클러설비, 가스계소화설비 등이 있다.

39 **다음은 펌프성능시험 결과표를 나타낸 것이다. 표를 참고하여 이에 대한 설명으로 옳지 아니한 것을 고르시오. (단, 펌프 명판에 명시된 토출량은 600L/min이고, 양정은 100m이다.)**

펌프성능시험 결과표			
구분	체절운전	정격운전	최대운전
토출량(L/min)	(가)	600	(다)
토출압(MPa)	(나)	1.0	(라)

① (가)는 0인 상태를 말한다.
② (나)는 1.4MPa 이하로 측정되면 정상이다.
③ (다)는 900L/min일 것이다.
④ (라)의 실측치가 0.6MPa이었다면 토출압력은 정상이다.

답 ④

해 (1) 정격부하운전 : 펌프 명판상 토출량 및 양정을 기준으로 유량이 정격유량(100%) 상태인 정격운전 시, 압력이 정격토출압 이상이면 정상이다. 따라서 토출량이 600L/min일 때 측정된 압력이 1MPa(=양정 100m) 이상이면 정상이다.
(2) 체절운전 : 체절운전은 토출량이 0인 상태에서 펌프를 기동하여 그 때의 체절압력이 정격압력의 140% 이하로 측정되면 정상이다. 따라서 체절운전 시 토출량(가)는 0인 상태에서 측정한 압력(나)의 값이 정격압력인 1MPa의 곱하기 1.4배(140%)인 1.4MPa 이하로 측정되면 정상이다.
(3) 최대운전 : 최대운전은 150% 유량운전으로 유량이 정격의 150%일 때, 토출압력이 정격의 65% 이상이면 정상으로 판정한다. 따라서 최대운전 시 토출량(다)는 정격(600L/min)의 곱하기 1.5배(150%)인 900L/min일 때, 토출압력(라)는 정격(1MPa)압력의 65%인 0.65MPa 이상 측정되면 정상이다.

따라서 최대운전 시 토출압력 (라)는 0.65MPa 이상이어야 하는데, 측정치가 0.6MPa이었다면 정격압력 대비 65% 이상에 미치지 못하므로 토출압력이 정상이라고 서술한 ④번의 설명이 옳지 않다.

40 **자동화재탐지설비에 포함되는 각 구조의 설치기준에 대한 설명이 옳지 아니한 것을 고르시오.**

① 수신기 : 조작스위치의 높이는 0.8m 이상 1.5.m 이하여야 한다.
② 발신기 : 바닥으로부터 0.8m 이상 1.5.m 이하의 높이로 층마다 설치해야 한다.
③ 시각경보장치 : 바닥으로부터 2m 이상 2.5m 이하의 장소에 설치하는데 천장의 높이가 2m 이하인 경우에는 천장으로부터 0.15m 이내의 장소에 설치한다.
④ 음향장치 : 층마다 설치하되 보행거리가 25m 이하가 되도록 설치한다.

답 ④

해 음향장치는 각 층마다 설치하되, '수평거리'가 25m 이하가 되도록 설치해야 하므로 보행거리라고 서술한 ④의 설명이 옳지 않다.

41 가스계소화설비의 주요 구성요소에 해당하는 것을 모두 고르시오.

㉮ 저장용기	㉯ 디플렉타
㉰ 기동용 가스용기	㉱ 선택밸브
㉲ 솔레노이드 밸브	㉳ 릴리프밸브

① ㉰, ㉱ ② ㉮, ㉰, ㉳
③ ㉮, ㉰, ㉱, ㉲ ④ ㉮, ㉯, ㉱, ㉳

답 ③

해 ㉯ '디플렉타'는 스프링클러설비의 구조부 중 하나로, 헤드를 통해 방출되는 물을 세분하는 역할을 하는 부분이다. 그래서 ㉯는 스프링클러설비의 구성요소이므로 가스계소화설비에는 포함되지 않는다.
또, ㉳ 릴리프밸브는 옥내소화전설비나 스프링클러설비와 같이 펌프가 작동하는 설비에서 펌프에 무리가 가지 않도록 과압을 방출해 주는 역할을 하는데 이러한 릴리프밸브도 가스계소화설비의 주요 구성에는 해당하지 않는다.
따라서 가스계소화설비의 주요 구성에 해당하는 것은 ㉮, ㉰, ㉱, ㉲로 ③.

42 〈보기〉는 발신기의 작동 점검 시 단계별 과정을 나타낸 것이다. 〈보기〉의 빈칸에 들어갈 과정으로 옳은 것을 고르시오.

보기

1. 발신기 누름버튼을 수동으로 누름
2. ______________________
3. 주경종, 지구경종, 비상방송 등 연동설비 작동 확인
4. 발신기 누름버튼 복구 및 결합
5. 수신기에서 화재신호 복구

① 축적형 수신기의 경우 축적·비축적 선택스위치를 비축적 위치로 설정
② 도통시험 확인등의 녹색불 점등 확인
③ 수신기의 발신기등 및 발신기의 응답램프 점등 확인
④ 음향장치(주경종, 지구경종, 사이렌, 비상방송 등) 정지

답 ③

해 발신기를 점검하기 위해서 발신기의 누름버튼을 (사람이 수동으로) 누르면→수신기로 그 신호가 전달되어 [발신기등]에 점등되어야 한다. 이것은 수신기가 방재실 등에 있는 관리자(사람)에게 "누군가가 발신기를 눌렀어요!"하고 보여주는 것과도 같다. 이렇게 수신기가 화재 신호를 전달받았다면→신호를 보낸 발신기에서는 [응답표시등]이 점등되어 수신기가 그 신호를 잘 받았음을 알려주게 된다. 이로써 발신기와 수신기간의 신호 전달이 정상적임을 확인할 수 있고, 그 이후의 확인 과정은 문제의 〈보기〉와 같다.
따라서 빈칸에 들어갈 설명으로 옳은 것은 ③.
①은 '수신기' 점검 중 동작시험을 하기 전 설정사항이고 ②도 수신기 점검방법으로 회로 도통시험의 점검 결과가 정상일 때 확인되는 사항이다. ④는 비화재보 상황으로 확인되었을 때 수신기에서 음향장치를 정지하는 과정이 포함되므로 ①, ②, ④는 〈발신기 점검〉과는 무관한 내용이다.

43 **준비작동식 스프링클러설비의 점검 시 A or B 감지기 작동으로 확인하는 사항에 해당하지 아니하는 것을 고르시오.**

① 전자밸브(솔레노이드 밸브) 작동
② 경종 및 사이렌 경보
③ 지구표시등 점등
④ 화재표시등 점등

답 ①

해 준비작동식 스프링클러설비의 점검은 두 가지 경우로 나눌 수 있다. (1) A or B : 감지기 둘 중에 일단 하나만 작동한 경우, (2) A and B : 감지기가 둘 다 작동한 경우.

(1) A or B : 감지기 둘 중에 하나만 일단 먼저 화재를 감지한 경우(를 시험하는 점검)에 해당한다. 이때는 화재표시등과, 지구표시등(작동한 감지기의 구역 표시)이 점등되는데, 준비작동식은 이렇게 감지기가 하나라도 작동하면 사람들을 우선적으로 대피시키기 위하여 화재표시등과 지구표시등에 불을 띄우고, 경종이나 사이렌 경보를 울린다.

(2) A and B : 그러다가 감지기 두 개가 모두 만장일치로 화재가 났음을 감지하게 된 경우(를 시험하는 점검)에는 본격적으로 화재 진압 단계에 돌입하므로, 전자밸브(솔밸브)가 작동(개방)하여, 중감챔버에서 배수가 이루어지고 준비작동식 밸브가 개방된다. 이후 압력스위치가 작동하여 사이렌 경보가 울리고 밸브개방 표시등이 점등되며 스프링클러헤드를 통해 물이 방수되어 압력이 떨어지면 펌프가 기동하게 된다. 따라서 이러한 과정에 따라 A and B 감지기(둘 다)가 작동한 경우에는 전자밸브(솔밸브) 작동, 준비작동식밸브 개방으로 배수가 이루어짐, 밸브개방표시등 점등, 사이렌 경보 울림, 펌프의 자동기동을 확인하게 된다.

이번 문제에서는 (1) A or B(둘 중에 하나)의 점검 확인 사항을 묻고 있으므로, (2) A and B의 확인사항에 해당하는 ①번은 해당사항이 없다.

44 **층수가 7층인 건물의 각 층마다 옥내소화전이 3개 설치되어 있을 때 수원의 저수량으로 옳은 것을 고르시오.**

① 4.6m^3　② 5.2m^3
③ 7.8m^3　④ 15.6m^3

답 ②

해 대상물의 층수가 29층 이하일 때 옥내소화전 수조의 저수량을 구하는 방식은:
옥내소화전 설치개수 N에 2.6m^3를 곱한 값으로 계산한다. 이때 설치개수 N의 최대 값은 29층 이하일 때는 2개까지로 정하기 때문에, 문제의 대상물의 각 층마다 설치된 개수가 3개라고 하더라도 N은 2를 넘지 않기 때문에 N은 2가 된다.
그리고 29층 이하의 건물에서는 옥내소화전의 방수량인 130L/min으로 20분 이상 버텨주어야 하므로, 130L/min × 20분일 때의 값인 2.6m^3를 설치개수 N과 곱하여 수원의 저수량을 계산한다.
따라서 설치된 옥내소화전의 개수(최대 개수) 2에 2.6m^3를 곱하여, 문제의 건물에서 옥내소화전 수원의 저수량은 5.2m^3로 계산한다.

45 **옥내소화전의 방수압력 측정 시 주의사항으로 옳은 것만을 모두 고르시오.**

㉮ 방수압력 측정 시 방사형 관창을 사용한다.
㉯ 어느 층에 있어서도 2개 이상 설치된 경우에는 방수압력과 방수량 측정 시 2개를 개방시켜 놓고 측정한다.
㉰ 피토게이지는 무상주수 상태에서 직각으로 측정한다.
㉱ 초기 방수 시 이물질이나 공기 등을 완전히 배출한 후 측정한다.

① ㉮, ㉯　② ㉰, ㉱
③ ㉯, ㉰　④ ㉯, ㉱

답 ④

해 【옳지 않은 이유!】

㉮ 옥내소화전의 방수압력 측정 시 '직사형' 관창을 사용해야 하므로 옳지 않은 설명이다.

㉰ 피토게이지 사용 시 물이 방수되는 형태는 무상주수 상태가 아닌, '봉상주수' 상태여야 한다. 봉상주수란, 긴 봉(막대)과 같은 형태로 분사하는 것을 말하며 이러한 봉상주수 상태에서 방수압력측정계인 피토게이지를 직각이 되도록 근접하여 측정하는 것이 옳다.

옥내소화전설비의 점검을 위해 방수압력 및 방수량을 측정할 때에, 그 건물의 어느 층에 있어서도 옥내소화전이 2개 이상 설치된 경우에는 2개를 개방시켜 놓고 측정하는 것이 옳다. (설치개수가 1개인 경우에는 1개만 개방하여 측정함.) 또한 피토게이지는 입구의 구경이 작아 막힘이나 고장이 발생할 우려가 있으므로 정확한 측정을 위해서 방수 초기에 이물질이나 공기 등을 완전히 배출한 후 측정해야 한다. 따라서 옳은 설명만을 고른 것은 ④ ㉯, ㉱.

답 ③

해 (ㄱ)은 '체절'운전으로 체절압력이 정격토출압의 140% '이하'여야 하고 체절압력 미만에서 릴리프밸브가 작동해야 한다. 따라서 잘못된 내용을 서술한 ①의 설명은 옳지 않다. 또한 (ㄴ)은 '최대' 운전으로 유량이 정격토출량의 '150%'일 때 압력계의 압력이 정격토출압력의 '65% 이상'이면 정상이다. 따라서 ②의 설명은 옳지 않고 ③의 설명이 옳다. 마지막 (ㄷ)은 정격부하운전이 맞지만, 이러한 펌프성능시험 시 정확한 시험을 위해 유량계에 기포가 통과(유입)하지 않도록 주의해야 하므로, 기포가 유입되어야 한다고 서술한 ④의 설명도 옳지 않다.

따라서 옳은 설명은 ③.

46 다음은 펌프성능시험에 대한 설명이다. 각 빈칸에 들어갈 말로 옳은 설명을 고르시오.

> ㉮ (ㄱ)운전:
> 체절압력이 정격토출압력의 __(A)__ 인지 확인하고 릴리프밸브 작동 여부를 확인한다.
> ㉯ (ㄴ)운전:
> 유량이 정격토출량의 __(B)__ 일 때 압력계의 압력이 정격토출압력의 __(C)__ 이/가 되는지 확인한다.
> ㉰ (ㄷ)운전:
> 유량이 100%일 때 정격토출압력 이상인지 확인한다.

① (ㄱ)은 최대운전으로 (A)는 140% 이상이다.
② (ㄴ)은 체절운전으로 (B)는 150%, (C)는 45% 이상이다.
③ (ㄴ)은 최대운전으로 (B)는 150%, (C)는 65% 이상이다. ✓
④ (ㄷ)은 정격부하운전으로 시험 시 유량계에 기포가 유입되도록 주의한다.

47 다음은 준비작동식 스프링클러설비의 작동순서를 나타낸 것이다. 문제의 빈칸 (A), (B), (C)에 들어갈 말로 옳은 것을 차례대로 고르시오.

> 1. 화재 발생
> 2. 교차회로 방식의 __(A)__ 감지기 작동→경종/사이렌 경보 및 화재표시등 점등
> 3. __(B)__ 감지기 작동 또는 수동기동장치(SVP) 작동
> 4. 준비작동식 유수검지장치 작동
> (4-1). 전자밸브(솔레노이드 밸브) 작동
> (4-2). 중간챔버 감압 및 밸브 개방
> (4-3). __(C)__ 작동→사이렌 경보 및 밸브개방표시등 점등
> 5. 2차측으로 급수 및 헤드 개방→방수
> 6. 배관 내 압력이 저하되어 펌프 자동 기동

	(A)	(B)	(C)
①	A and B	A or B	수격방지기
②	A and B	A or B	클래퍼
③	A or B	A and B	드라이밸브
④ ✓	A or B	A and B	압력스위치

답 ④

해 준비작동식 스프링클러설비는 화재 발생 시 'A or B(A 또는 B)' 감지기 둘 중 하나가 먼저 작동했을 때 우선적으로 경종 및 사이렌 경보가 울리고 화재표시등이 점등되어 화재사실을 알리고 사람들을 우선적으로 대피시킨다.

이후 'A and B(A 그리고 B)' 감지기가 둘 다 작동되거나 수동기동장치인 SVP가 작동하면 비로소 화재 진압을 위한 소화작업을 진행하게 되는데, 준비작동식 유수검지장치인 프리액션밸브의 전자밸브가 작동(개방)한다. 그러면 중간챔버의 물이 배수되면서 감압하여 밸브가 개방된다.

이 과정에서 작은 통로를 통해 흘러 들어간 소량의 물이 '압력스위치'를 작동시키고 이 신호를 수신기가 전달받아 사이렌 경보 및 밸브개방표시등이 점등된다. 이후 헤드를 통해 물이 방수되어 배관 내 압력이 떨어지면 펌프가 자동으로 기동된다.

따라서 (A)에는 A or B, (B)에는 A and B, (C)에는 압력스위치가 들어가는 것이 옳으므로 정답은 ④.

48 유도등의 종류별 설치 기준에 대한 설명으로 바르지 아니한 것을 고르시오.

① 거실통로유도등은 구부러진 모퉁이 및 보행거리 20m마다 설치하고 바닥으로부터 1.5m 이하의 위치에 설치할 것.

② 복도통로유도등은 바닥으로부터 높이 1m 이하의 위치에 설치하는데 바닥에 설치하는 통로유도등은 하중에 따라 파괴되지 않는 강도의 것으로 할 것.

③ 피난구유도등은 피난구의 바닥으로부터 높이 1.5m 이상으로서 출입구에 인접하도록 설치한다.

④ 계단통로유도등은 각 층의 경사로 참 또는 계단참마다 설치하고 바닥으로부터 높이 1m 이하의 위치에 설치할 것.

답 ①

해 거실통로유도등은 [바닥으로부터 1.5m] '이상'의 위치에 설치해야 하므로 1.5m 이하라고 서술한 ①의 내용이 바르지 않다. 거실은 사람들이 모여 있는 장소기 때문에 거실통로의 피난구 및 피난 방향을 알려주는 거실통로유도등은 위쪽에 있어야 잘 보일 것이다. 그래서 바닥으로부터 1.5m '이상'임을 기억하면 암기하기에 수월하다.

[참고!]

거실통로유도등은 '구부러진 모퉁이 및 보행거리 20m마다 설치할 것'은 옳은 설치기준이다.

[49~50] 다음은 MD스퀘어의 소방계획서 중 일부 내용을 발췌한 것이다. 다음의 현황을 참고하여 각 물음에 답하시오.

구분	건축물 일반현황	
명칭	MD스퀘어	
규모/구조	☑건축면적 3,500m²	
	☑연면적 16,000m²	
	☑지상 5층 / 지하 2층	
	☑높이 22m	
	☑용도 : 판매시설, 근린생활시설	
	☑사용승인 : 2022. 02. 27	
소방시설 일반현황		
소화설비	설비	점검결과
	[V] 소화기구 [V] 소화기	○
	[V] 자동소화설비	○
	[V] 옥내소화전설비	○
	[V] 스프링클러설비	○

49 MD스퀘어에 대한 설명으로 옳지 아니한 설명을 고르시오.

① 소방서장은 MD스퀘어의 관계인으로 하여금 소방관서와 함께 합동소방훈련을 실시하도록 할 수 있다.

② MD스퀘어는 대통령령으로 지정한 일부 업무에 대하여 관리업자로 하여금 업무의 대행이 가능한 대상물에 해당하지 아니한다.

③ 위험물기능장, 위험물산업기사 또는 위험물기능사 자격을 가진 사람으로 2급소방안전관리자 자격증을 발급받은 사람을 소방안전관리자로 선임할 수 있다.

④ 소방안전관리보조자를 최소 1명 이상 선임해야 하는데 소방안전관리대상물의 소방안전관리에 대한 강습교육을 수료한 사람을 소방안전관리보조자로 선임할 수 있다.

답 ③

해 MD스퀘어는 연면적이 15,000m² 이상인 특정소방대상물로 1급소방안전관리대상물에 해당한다(MD스퀘어의 연면적은 16,000m²이다). 그런데 ③번의 선임자격은 2급소방안전관리자의 선임자격이므로 1급대상물인 MD스퀘어에는 적용할 수 없다. 따라서 옳지 않은 설명은 ③.
특·1급대상물은 합동소방훈련이 가능하므로 ①의 설명은 옳다. 업무대행이 가능한 1급대상물의 조건은 아파트를 제외하고 11층 이상이고 연면적이 만 오천제곱미터 미만이어야 하므로 MD스퀘어는 이에 해당하지 않는다는 ②의 설명도 옳다. 또한 MD스퀘어는 연면적 만 오천제곱미터 이상의 특정소방대상물로 소방안전관리보조자를 1명 이상 선임해야 되는데 소방안전관리보조자는 소방안전관리대상물(특·1·2·3급)의 소방안전관리에 대한 강습교육을 수료한 사람을 보조자로 선임할 수 있으므로 ④의 설명도 옳다.

50 MD스퀘어의 소방시설등 자체점검에 대한 설명으로 옳은 것을 고르시오.

① 작동점검만 실시하는 대상물이다.

② 작동점검 제외 대상으로 반기에 1회 이상 종합점검만 실시하는 대상물이다.

③ 2026년 2월에는 작동점검, 2026년 8월에는 종합점검을 실시한다.

④ 2026년 2월에는 종합점검, 2026년 8월에는 작동점검을 실시한다.

답 ④

해 MD스퀘어는 스프링클러설비가 설치된 특정소방대상물로 종합점검과 작동점검을 실시하는 대상물이다. 그리고 이때 사용승인일이 2022년 2월이었으므로 사용승인일이 포함된 (매년) 2월에 종합점검을, 그로부터 6개월 뒤인 (매년) 8월에는 작동점검을 실시한다. 따라서 MD스퀘어의 자체점검에 대한 설명으로 옳은 것은 ④번.

[참고!]
작동점검이 제외되는 대상은 ① 소방안전관리자를 선임하지 않는 대상, ② 위험물제조소등, ③ 특급소방안전관리대상물이므로 1급 소방안전관리대상물인 MD스퀘어는 해당사항이 없다.

03 찐득한 해설 3회차

3회차 정답									
01	④	02	①	03	③	04	①	05	①
06	③	07	①	08	①	09	③	10	④
11	③	12	②	13	①	14	④	15	①
16	③	17	④	18	②	19	②	20	④
21	②	22	②	23	②	24	①	25	②
26	④	27	③	28	③	29	④	30	①
31	③	32	④	33	②	34	①	35	①
36	③	37	③	38	④	39	②	40	②
41	④	42	①	43	③	44	②	45	③
46	①	47	①	48	②	49	①	50	③

01 다음 중 소방관계법령에서 다루는 각 법률에 대한 설명이 바르지 아니한 것을 고르시오.

① 화재예방법은 화재로부터 국민의 생명, 신체, 재산을 보호하고 공공의 안전과 복리증진에 이바지함이 궁극적인 목적이다.

② 소방시설법에서는 소방용품 성능관리에 필요한 사항 등을 규정한다.

③ 소방기본법의 의의는 화재를 예방·경계하거나 진압하고 화재 및 재난·재해, 그 밖의 위급한 상황에서의 구조·구급활동 등을 통해 국민의 생명, 신체, 재산을 보호하는 것이다.

④ 공공의 안녕 및 질서 유지와 복리증진에 이바지함이 궁극적인 목적인 것은 소방시설법이다.

답 ④

해 공공의 '안녕' 및 '질서 유지'와 복리증진에 이바지하는 것을 궁극적인 목적으로 하는 법률은 [소방기본법]에 해당하므로 옳지 않은 설명은 ④.

[CHECK!]

화재예방법과 소방시설법은 둘 다 공공의 '안전'과 복리증진에 이바지함을 목적으로 한다.

02 다음 중 무창층에서 갖추어야 하는 개구부의 조건에 해당하지 아니하는 것을 모두 고르시오.

(가) 개구부의 크기는 지름 30cm 이상의 원이 통과할 수 있을 것.
(나) 안전을 위해 쉽게 부서지지 않을 것.
(다) 개구부의 하단이 해당 층의 바닥으로부터 1.5m 이내의 높이에 위치할 것.
(라) 도로 또는 차량 진입이 가능한 빈터를 향할 것.
(마) 창살 및 장애물이 없을 것.

① (가), (나), (다)　② (가), (라), (마)
③ (나), (다), (마)　④ (나), (라), (마)

답 ①

해 **[옳지 않은 이유!]**

무창층이란 지상층에서 개구부 면적의 총합이 해당 층 바닥면적의 1/30 이하인 층을 말한다. 이때 개구부의 크기는 지름 '50cm 이상'의 원이 통과할 수 있어야 하므로 (가)의 설명은 옳지 않다. 또한 유사시 쉽게 부술 수 있어야 하기 때문에 (나)의 설명도 옳지 않다. 그리고 개구부의 하단이 해당 층의 바닥으로부터 '1.2m 이내'의 높이에 위치해야 하므로 (다)의 설명도 옳지 않다. 따라서 옳지 않은 것만을 모두 고른 것은 ① (가), (나), (다).

03 세대 수가 1,400세대인 아파트와 연면적이 48,000m²인 특정소방대상물에서 선임해야 하는 소방안전관리보조자의 선임 인원수를 합산한 값으로 옳은 것을 고르시오.(단, 특정소방대상물의 경우 아파트를 제외한 특정소방대상물을 말한다.)

① 5명 ② 6명
③ 7명 ④ 8명

답 ③

해 (1) 세대 수가 1,400세대인 아파트의 보조자 선임 인원 : 1,400÷300=4.66으로 소수점은 절하하여 4명 선임.

> 300세대 이상의 아파트의 경우에는 초과되는 300세대마다 1명을 추가로 선임하므로 세대 수÷300을 한 값으로 계산하며 소수점은 절하한다.

(2) (아파트를 제외하고) 연면적이 48,000m²인 특정소방대상물의 보조자 선임 인원 : 48,000m²÷15,000=3.2로 소수점은 절하하여 3명 선임.

> 아파트를 제외하고 연면적이 15,000m² 이상인 특정소방대상물은 초과되는 15,000m²마다 보조자 1명을 추가로 선임하므로 특정소방대상물의 연면적÷15,000m²로 계산하고 남는 소수점은 절하한다.

(3) 따라서 아파트 보조자 선임인원 4명+특정소방대상물 보조자 선임인원 3명=7명

04 다음 중 화재안전조사에 대한 설명으로 적절하지 아니한 것을 고르시오.

① 화재안전조사의 실시 주체는 시·도지사, 소방본부장 또는 소방서장이다.
② 화재예방안전진단이 불성실하거나 불완전하다고 인정되는 경우 실시할 수 있다.
③ 조사대상, 기간 및 사유 등이 포함된 조사 계획을 소방관서 인터넷 홈페이지나 전산 시스템을 통해 7일 이상 공개해야 한다.
④ 화재안전조사를 위해 관계인에게 보고 또는 자료의 제출을 요구할 수 있다.

답 ①

해 화재안전조사는 소방관서장(소방청장, 소방본부장 또는 소방서장)이 소방대상물, 관계 지역 또는 관계인에 대하여 소방시설등의 설치·관리 상황이나 화재 발생 위험 등을 확인하기 위해 실시하는 조사·문서열람·보고 요구 등의 활동을 말한다.
따라서 화재안전조사의 실시 주체는 소방청장, 소방본부장 또는 소방서장으로 시·도지사라고 서술한 ①번의 설명이 옳지 않다.

05 다음의 설명을 참고하여 빈칸 (A)에 들어갈 용어로 옳은 것과, <보기>에 제시된 구성원 중에서 (A)에 포함되는 인력으로 적절하지 아니한 구성원을 각각 고르시오.

화재를 진압하고 화재, 재난·재해 그 밖의 위급한 상황에서 구조·구급활동 등을 하기 위하여 다음 각 목의 사람으로 구성된 조직체를 **(A)** 라고 한다.

<보기> 구성원	ⓐ「위험물안전관리법」에 따른 자체소방대원 ⓑ「의무소방대설치법」에 따라 임용된 의무소방원 ⓒ「소방공무원법」에 따른 소방공무원 ⓓ「의용소방대 설치 및 운영에 관한 법률」에 따른 의용소방대원

① (A) : 소방대 / ⓐ
② (A) : 소방대 / ⓑ
③ (A) : 자위소방대 / ⓒ
④ (A) : 자위소방대 / ⓓ

답 ①

해 화재 진압 및 구조·구급활동을 위해 구성된 조직체를 소방대라고 하므로, 빈칸 (A)에 들어갈 말로 적합한 것은 소방대.
그리고 이러한 소방대를 구성하는 인력에는 소방공무원, 의무소방원, 의용소방대원이 포함될 수 있는데 자체소방대원은 소방대 구성 인력에 해당하지 않으므로 제시된 <보기>의 구성원 중에서 적절하지 않은 것은 ⓐ. 따라서 빈칸 (A)에 들어갈 말과, 소방대의 구성원으로 적절하지 않은 보기를 고른 것은 ①번.

[CHECK!]
소방대 : 소방공무원, 의무소방원, 의용소방대원!
- 자위소방대? 건물에 상시 근무하거나 거주하는 사람 중에서 화재 발생 시 초기소화, 피난유도, 비상연락 등을 수행할 수 있는 인력으로, 민간 건물 단위에서 자체적으로 결성하는 조직
- 자체소방대? 위험물안전관리법에 따라 위험물 시설 단위에서 결성해야 하는 조직

☞ 이러한 자위소방대나 자체소방대는 소방기본법에서 명시하는 "소방대"의 구성원에는 포함되지 않는다는 점 체크!

06 다음 중 건축물의 주요구조부에 해당하는 것은 무엇인지 고르시오.

① 작은 보　　② 최하층 바닥
③ 지붕틀　　④ 옥외계단

답 ③

해 건축물의 주요구조부는 내력벽·기둥·바닥·보·지붕틀·주계단을 말한다. 따라서 제시된 선택지 중에서 주요구조부에 해당하는 것은 ③번 지붕틀.

[참고!] 주요구조부에서 제외되는 것
사잇기둥, 최하층 바닥, 작은 보, 옥외계단, 차양, 그 밖에 이와 유사한 부분은 제외.

07 다음의 지문을 참고하여 이와 같은 조건으로 소방안전관리보조자로 선임된 경우 최초의 실무교육 실시 일로 가장 적절한 날짜를 고르시오.

- 소방안전관리대상물에서 소방안전 관련 업무에 2년 이상 근무한 경력으로 선임된 소방안전관리보조자
- 선임일 : 2025년 7월 21일
- 이전 강습교육 또는 실무교육 수료 내역 없음

① 2025년 10월 17일　　② 2026년 1월 15일
③ 2026년 7월 15일　　④ 2027년 7월 12일

답 ①

해 소방안전 관련 업무경력으로 선임된 보조자의 경우에는 선임된 날부터 3개월 이내에 최초의 실무교육을 실시하고, 그 이후에는 2년마다 1회 이상 실무교육을 받아야 한다. 따라서 소방안전 관련 업무 경력으로 선임된 소방안전관리보조자로, 선임된 날(2025년 7월 21일)부터 3개월 이내인 2025년 10월 20일 이내에 최초의 실무교육을 실시해야 하므로 기한 내에 있는 가장 적절한 날짜는 ①번.

08 방염처리물품의 성능검사 시험 중 선처리물품의 성능검사에 대한 설명에 해당하지 아니하는 것을 고르시오.

① 방염성능검사가 완료되면 확인표시를 부착한다.
② 성능검사 실시기관은 한국소방산업기술원이 주관한다.
③ 검사 신청수량 중 일정한 수량의 표본을 추출하여 검사를 실시한다.
④ 제조 또는 가공 과정에서 방염처리하는 커튼류 및 카펫, 목재류 등의 물품을 말한다.

답 ①

해 방염처리물품의 성능검사 시험 중 〈선처리물품〉의 방염성능검사가 완료되면 [합격표시]를 부착한다. '확인' 표시를 부착하는 것은 현장처리물품에 해당하는 설명이므로 선처리물품에 대한 설명으로 적절하지 않다.

09 화재안전조사의 절차에 대한 설명으로 옳은 것을 고르시오.

① 소방관서장은 조사계획을 소방관서의 인터넷 홈페이지나 전산시스템을 통해 30일 이상 공개해야 한다.
② 소방관서장은 사전 통지 없이 화재안전조사를 실시할 수 있으며 실시 전 관계인에게 설명해야 하는 의무가 없다.
③ 화재안전조사의 조사계획은 조사대상, 조사기간 및 조사사유 등을 포함해야 한다.
④ 소방관서장은 원활한 화재안전조사 실시를 위하여 소속 공무원으로 하여금 관계인에게 소방대상물의 사용 금지 또는 제한을 명할 수 있다.

답 ③

해 **[옳지 않은 이유!]**

소방관서장은 조사계획을 소방관서의 인터넷 홈페이지나 전산시스템을 통해 '7일' 이상 공개해야 하므로 30일 이상이라고 서술한 ①의 설명은 옳지 않다. 또한 소방관서장이 사전 통지 없이 화재안전조사를 실시하는 경우에는 조사를 실시하기 전에 미리 관계인에게 조사 사유와 범위 등을 현장에서 설명해야 하므로 설명할 의무가 없다고 서술한 ②의 설명도 옳지 않다. 마지막으로 소방관서장은 화재안전조사를 위해 소속 공무원으로 하여금 관계인에게 보고 및 자료의 제출 요구, 또는 소방대상물의 위치·구조·설비 또는 관리 상황에 대한 조사·질문을 하게 할 수 있는데, ④번에서는 소방대상물의 사용을 금지시키거나 제한할 수 있다고 서술하고 있으므로 ④의 설명도 옳지 않다. 따라서 옳은 설명은 ③.

[CHECK!]

화재안전조사를 한 결과, 해당 소방대상물의 위치·구조·설비 또는 관리 상황이 화재예방을 위해 보완될 필요가 있거나, 또는 화재가 발생하면 인명이나 재산 피해가 클 것으로 예상되는 때에 (행안부령으로 정하는 바에 따라) 관계인에게 소방대상물의 개수·이전/제거, 사용금지 또는 제한, 사용폐쇄, 공사의 정지·중지 등 필요한 조치를 명할 수 있다. 이렇게 극단적인 "치울 것! 쓰지 말 것! 중지할 것!"같은 (조치)명령은 화재안전조사를 한 '결과에 따라' 위험성이 있다고 예상되는 때에 명할 수 있다는 점을 체크!

10 **다음 중 소방안전관리보조자 선임 대상물에 대한 설명으로 옳지 아니한 것을 고르시오.**

① 아파트 중 300세대 이상인 아파트는 소방안전관리보조자 선임 대상으로 초과되는 300세대마다 1명 이상을 추가로 선임한다.
② 연면적이 15,000m² 이상인 특정소방대상물(아파트 및 연립주택 제외)은 소방안전관리보조자 선임 대상으로 초과되는 연면적 15,000m²마다 1명을 추가로 선임한다.
③ 공동주택 중 기숙사, 의료시설, 노유자시설, 수련시설은 소방안전관리보조자를 선임해야 하는 대상물이다.
④ 숙박시설 중에서 숙박시설로 사용되는 바닥면적의 합계가 2,500m² 미만이고 관계인이 24시간 상시 근무하고 있는 숙박시설은 소방안전관리보조자 선임 대상물에서 제외된다.

답 ④

해 소방안전관리보조자 선임 대상물은 다음과 같다.
(1) 아파트 중 300세대 이상인 아파트
(2) 연면적이 15,000m² 이상인 특정소방대상물(아파트 및 연립주택 제외)
(3) 위의 (1), (2)를 제외한 특정소방대상물 중 다음의 어느 하나에 해당하는 특정소방대상물
- 공동주택 중 기숙사
- 의료시설, 노유자시설, 수련시설
- 숙박시설

단, 이때 숙박시설로 사용되는 바닥면적의 합계가 1,500m² 미만이고 관계인이 24시간 상시 근무하는 숙박시설은 제외되므로, 숙박시설에 대한 보조자 선임 제외 대상 기준을 2,500m² 미만으로 서술한 ④번의 설명이 옳지 않다.

11 **다음 중 가장 무거운 벌금이 부과되는 행위를 고르시오.**

① 소방시설등에 대하여 스스로 점검을 하지 않거나 관리업자등으로 하여금 정기적으로 점검하게 하지 아니한 행위
② 소방대가 화재진압·인명구조 또는 구급활동을 위하여 현장에 출동하거나 현장에 출입하는 것을 고의로 방해하는 행위
③ 소방시설에 폐쇄·차단 행위를 하여 사람을 상해에 이르게 한 행위
④ 화재안전조사 결과에 따른 조치명령을 정당한 사유 없이 위반한 행위

답 ③

해 ① 소방시설등에 대하여 스스로 점검을 하지 않거나 관리업자등으로 하여금 정기적으로 점검하게 하지 않은 (행위를 한) 사람 - 1년 이하의 징역 또는 1천만 원 이하의 벌금
② 소방대가 화재진압·인명구조 또는 구급활동을 위하여 현장에 출동하거나 현장에 출입하는 것을 고의로 방해하는 행위(를 한 사람) - 5년 이하의 징역 또는 5천만 원 이하의 벌금
③ 소방시설에 폐쇄·차단 행위를 하여 사람을 상해에 이르게 한 행위 - 7년 이하의 징역 또는 7천만 원 이하의 벌금
④ 화재안전조사 결과에 따른 조치명령을 정당한 사유 없이 위반한 행위(를 한 사람) - 3년 이하의 징역 또는 3천만 원 이하의 벌금

[CHECK!]

소방시설에 폐쇄·차단 행위를 한 사람은 5년 이하의 징역 5천만 원 이하의 벌금이지만, 이러한 폐쇄·차단 행위로 인하여 사람이 상해를 입은 때에는 7년 이하의 징역 7천만 원 이하의 벌금에 해당하고, 사람을 사망에 이르게 한 때에는 10년 이하의 징역 1억 이하의 벌금에 해당하므로 ③번의 행위가 가장 무거운 벌금에 해당한다.

12 **제시된 그림과 조건을 참고하여 해당 건축물의 높이를 산정하시오.**

- 건축물의 건축면적 : 1,300m²
- 옥상부분 A의 수평투영면적 : 80m²
- 옥상부분 B의 수평투영면적 : 70m²

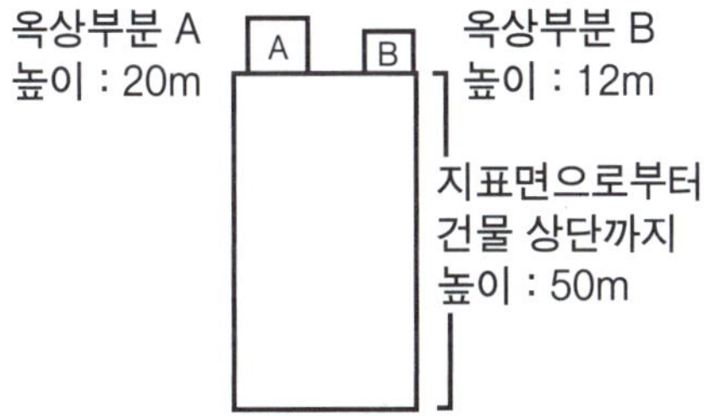

① 52m
② 58m
③ 62m
④ 70m

답 ②

해 (1) 옥상부분 수평투영면적의 합계가 건축물의 건축면적의 8분의 1을 넘으면(초과) 옥상부분의 높이 전부를 산입하지만,

(2) 옥상부분 수평투영면적의 합계가 건축물의 건축면적의 8분의 1 이하인 경우에는 옥상부분의 높이가 12m를 넘는 부분만 건축물의 높이에 산입한다.

문제의 경우, 옥상부분 A와 B의 수평투영면적의 합계는 150m²로, 건축물의 건축면적인 1,300m²의 8분의 1(162.5) '이하'에 해당한다.

따라서 옥상부분 중에서 높이가 12m를 넘는 부분만 산입하므로, 지표면으로부터 건물 상단까지의 높이인 50m에+(옥상부분 중 12m를 넘는) 8m를 산입하여 건축물의 높이는 총 58m로 산정할 수 있다. 따라서 정답은 ②.

13 **소방안전관리대상물의 근무자 및 거주자 등에 대한 소방훈련 등에 대한 설명으로 바르지 아니한 것을 고르시오.**

① 소방안전관리업무의 전담이 필요한 소방안전관리대상물의 관계인은 소방훈련 및 교육을 한 날부터 7일 이내에 소방훈련 및 교육에 대한 결과를 소방본부장 또는 소방서장에게 제출해야 한다.

② 연 1회 이상 실시해야 하는데 다만, 소방본부장 또는 소방서장이 화재예방을 위하여 필요하다고 인정하여 2회의 범위에서 추가로 실시하도록 요청한 경우에는 소방훈련 및 교육을 실시해야 한다.

③ 관계인은 소방훈련과 교육을 실시하는 경우 소방훈련 및 교육에 필요한 장비 및 교재 등을 갖추어야 한다.

④ 소방본부장 또는 소방서장은 다수인이 이용하는 대통령령으로 정하는 특정소방대상물의 근무자 등에게 불시에 소방훈련 및 교육을 실시할 수 있는데, 이 경우 소방본부장 또는 소방서장은 훈련 실시 10일 전까지 계획서를 관계인에게 통지해야 한다.

답 ①

해 소방안전관리업무의 전담이 필요한 소방안전관리대상물의 관계인은 소방훈련 및 교육을 한 날부터 '30일 이내'에 소방훈련 및 교육에 대한 결과를 소방본부장 또는 소방서장에게 제출해야 한다. 따라서 7일 이내라고 서술한 ①의 설명이 옳지 않다.

14 다음 중 산소와 화학반응을 일으킬 수 없는 물질로 가연물이 될 수 없는 조건에 해당하는 것을 고르시오.

① CO ② He, Ne
③ H_2 ④ H_2O, CO_2

답 ④

해 ② He, Ne - 헬륨, 네온의 화학식으로 헬륨, 네온, 아르곤은 가연물이 될 수 없는 물질인 것을 맞지만 산소와 결합하지 못하는 불활성 기체이므로 문제에서 묻고 있는 조건에는 해당하지 않는다. 또 ① CO는 일산화탄소로, 이는 가연물이 될 수 있는 물질이므로 해당사항이 없고, ③ H_2도 수소로 폭발성이 강한 물질(연소반응 함)이므로 해당사항이 없다.
따라서 산소와 화학반응을 일으키지 않아 가연물이 될 수 없는 물질은 ④ H_2O(물)과 CO_2(이산화탄소)이다.

[TIP]
이렇게 화학식으로 출제될 수 있으므로 강습교재에 기재된 물과 이산화탄소의 화학식은 암기하시면 유리해요!

15 다음 중 아크(Arc)용접의 열적 특성에 해당하는 설명을 고르시오.

① 청백색의 강한 빛과 열을 내며, 가장 온도가 높은 부분의 최고온도는 약 6,000℃ 정도이다.
② 일반적으로 화염 조절이 용이한 산소-아세틸렌을 사용한다.
③ 점화 후 산소를 분출시키면서 매연이 없어진다.
④ 휘백색의 백심과 푸른 속불꽃, 투명한 청색의 겉불꽃 형태의 화염이 관찰된다.

답 ①

해 용접 방식에 따라 크게 아크(Arc) 용접과 가스 용접으로 구분할 수 있는데, ②~④번까지의 설명은 가스 용접의 특성에 해당한다.
아크(Arc) 용접은 전류를 이용한 용접 방식으로 이때 발생되는 아크(Arc)는 청백색의 강한 빛과 열을 내며, 그 온도는 일반적으로 3,500~5,000℃, 온도가 가장 높은 부분의 최고온도는 약 6,000℃ 정도로 고열을 발생시키는 것이 특징이다. 따라서 아크 용접에 대한 특성을 설명한 것은 ①번.

16 소방시설등의 자체점검 중 종합점검 실시 대상에 대한 설명으로 옳지 아니한 것을 고르시오.

① 스프링클러설비가 설치된 특정소방대상물
② 제연설비가 설치된 터널
③ 물분무등소화설비가 설치된 연면적 4,000m² 이상의 특정소방대상물
④ 공공기관 중 연면적이 1,000m² 이상인 것으로서 옥내소화전설비 또는 자동화재탐지설비가 설치된 것

답 ③

해 종합점검 실시 대상은 물분무등소화설비(호스릴 방식만을 설치한 경우는 제외)가 설치된 연면적 '5,000m²' 이상인 특정소방대상물이므로 4,000m²로 서술한 ③번의 설명이 옳지 않다.

[참고!] 종합점검 실시 대상
(1) 소방시설등이 신설된 특정소방대상물
(2) 스프링클러설비가 설치된 특정소방대상물
(3) 물분무등소화설비(호스릴 방식만을 설치한 경우는 제외)가 설치된 연면적 5,000m² 이상인 특정소방대상물(위험물제조소등 제외)
(4) 단란주점영업, 유흥주점영업, 영화상영관, 노래연습장업, 고시원업 등 다중이용업의 영업장이 설치된 특정소방대상물로서 연면적이 2,000m² 이상인 것
(5) 제연설비가 설치된 터널
(6) 공공기관 중 연면적이 1,000m² 이상인 것으로서 옥내소화전설비 또는 자동화재탐지설비가 설치된 것

17 칼륨, 나트륨, 마그네슘 등 가연성이 강한 '이것' 류가 가연물이 되는 화재로 괴상보다는 분말상으로 존재할 때 가연성이 증가한다는 특성을 가진 '이 화재'는 무엇인지 고르시오.

① C급화재
② B급화재
③ A급화재
④ D급화재 ✓

답 ④

해 칼륨, 나트륨, 마그네슘 그리고 알루미늄 등은 가연성이 강한 금속류이며, 이러한 가연성 금속류가 가연물이 되어 발생하는 화재를 D급 금속화재라고 한다. D급(금속)화재는 가연물이 괴상(덩어리) 상태일 때보다 분말 형태일 때 가연성이 증가하며, 물과 반응하여 폭발성이 있는 강한 수소를 발생시키는 것이 대부분이기 때문에 수계소화약제가 아닌 금속화재용 분말소화약제나 건조사(마른 모래) 등을 사용하는 것이 바람직하다.

18 연기에 대한 설명으로 옳지 아니한 것을 고르시오.

① 최근의 건물화재는 방염 처리된 물질의 사용으로 연소는 억제되지만 다량의 연기입자 및 유독가스가 발생되는 것이 특징이다.
② 일반적으로 연기의 확산 시 유속은 수평 방향으로 이동할 때 가장 빠르다. ✓
③ 일산화탄소나 포스겐과 같은 유독물을 발생하여 생명을 위험하게 만든다.
④ 계단실 내 수직이동 시 속도는 3~5㎧이다.

답 ②

해 일반적으로 연기의 확산(이동) 속도(m/sec)는 (1) 수평방향 : 0.5~1㎧, (2) 수직방향 : 2~3㎧, (3) 계단실 내 수직이동 : 3~5㎧로 수평방향보다 수직방향일 때 더 빠르게 확산되고, 계단실 내에서 수직방향으로 이동할 때 가장 빠르다. 따라서 옳지 않은 설명은 ②.

19 연소의 4요소 중 연쇄반응을 약화시켜 소화하는 방식으로 할론, 할로겐화합물 소화약제에 의한 부촉매 작용을 이용한 소화가 이러한 사례에 해당한다. 화학적 작용에 의한 소화방법이기도 한 이 방법은 무엇인지 고르시오.

① 질식소화
② 억제소화 ✓
③ 냉각소화
④ 제거소화

답 ②

해 연소의 4요소 중 연쇄반응을 약화시키는 화학적 작용에 의한 소화방법은 억제소화로 할론, 할로겐화합물 소화약제에 의한 억제(부촉매) 작용이 이러한 억제소화에 해당한다. 따라서 정답은 ②번.

[참고!] 소화방법

제거소화	가연물 제거
질식소화	산소(공급원) 차단, 공기 중 산소 농도 15% 이하로↓
냉각소화	열을 빼앗아 착화온도 이하로 내림

20 다음은 K급화재의 소화 방법에 대한 설명으로, 빈칸 (A)와 (B)에 들어갈 각각의 작용을 순서대로 고르시오.

> 연소물의 표면을 차단하는 (A)작용과 식용유 자체의 온도를 발화점(착화온도) 이하로 빠르게 하강시키는 (B)작용을 동시에 적용하는 소화방법이 필요하다.

① (A) : 질식 (B) : 부촉매
② (A) : 질식 (B) : 냉각
③ (A) : 비누화 (B) : 부촉매
④ (A) : 비누화 (B) : 냉각 ✓

답 ④

해 K급화재는 주방화재로, 주방에서 사용하는 동식물유 등을 취급하는 조리기구에서 발생한 화재를 의미한다. 이러한 K급 주방화재는 연소물의 표면을 차단하는 비누화 작용 및 식용유의 온도를 발화점 이하로 떨어트리는 냉각작용을 동시에 적용해야 하므로 빈칸 (A)에는 '비누화', (B)에는 '냉각'이 들어가는 것이 옳다. 따라서 정답은 ④.

21 **휘발유의 지정수량으로 옳은 값을 고르시오.**

① 100L ② 200L

③ 400L ④ 1,000L

답 ②

해 지정수량이란 위험물의 종류별로 위험성을 고려해, 대통령령으로 정하는 제조소등의 설치허가 시 기준이 되는 최저 기준 수량을 말한다. 이때 휘발유의 지정수량은 200L이다.

[CHECK!] 지정수량

(1) 유황 : 100Kg, (2) 휘발유 : 200L, (3) 질산 : 300Kg,

(4) 알코올류 : 400L, (5) 등·경유 : 1,000L, (6) 중유 : 2,000L

외우기 [TIP]

황.발.질.코 1,2,3,4! 등경 천! 중 이천!

22 **위험물 중 인화성 액체의 공통적인 성질에 대한 설명에 해당하지 아니하는 것을 고르시오.**

① 착화온도가 낮은 것은 위험하다.

② 물과 혼합되어 연소 및 폭발을 일으킨다.

③ 물보다 가볍고, 대부분 물에 녹지 않는다.

④ 인화하기 쉽다.

답 ②

해 위험물 중 인화성 액체는 제4류위험물에 해당하는데, 이러한 제4류위험물의 공통적인 성질은 인화하기 쉬우며 착화온도가 낮은 것은 위험하고, 증기는 대부분 공기보다 무거우며, 물보다는 가볍고 대부분 물에 녹지 않는 것이 특징이다. 또한 그 증기는 공기와 혼합되어 연소·폭발을 일으키는데, 제4류위험물은 물에 녹지 않으므로 물과 혼합되어 연소 및 폭발을 일으키는 것은 공통된 성질로 보기 어렵다. (증기와 '공기'가 혼합되었을 때 연소·폭발). 따라서 제4류위험물인 인화성 액체의 성질에 해당하지 않는 설명은 ②.

23 **유류 취급 시 주의사항으로 바른 설명만을 모두 고르시오.**

ⓐ 불을 켜두고 장시간 자리를 비울 시 창문을 열어 환기시킨다.

ⓑ 유류가 들어있던 빈 드럼통을 절단할 시 드럼통 속에 남아있던 유증기를 완전히 배출한 후 작업한다.

ⓒ 유류통의 연료량을 확인할 때에는 손전등 대신 라이터를 사용한다.

ⓓ 난로는 가연물로부터 충분히 거리를 띄운다.

ⓔ 불씨 부근에 가연물질을 적재하여 보관한다.

① ⓐ, ⓑ, ⓓ ② ⓑ, ⓓ

③ ⓐ, ⓒ, ⓔ ④ ⓐ, ⓑ, ⓓ, ⓔ

답 ②

해 **[옳지 않은 이유!]**

ⓐ 불을 켜둔 상태에서는 장시간 자리를 비우는 것 자체가 위험하므로, 환기 여부와 상관없이 장시간 자리를 비우지 않는 것이 바람직하다. 따라서 ⓐ의 설명은 바르지 않다.

ⓒ 유류통의 연료량을 확인할 때에는 불이 붙을 위험이 있으므로 성냥이나 라이터를 사용하지 말고 손전등을 사용하는 것이 바람직하다. 따라서 ⓒ의 설명도 옳지 않다.

ⓔ 가연물질은 그 자체가 불이 붙기 쉬운 물질이므로 불씨 부근에 가연물질을 방치하지 말아야 하므로 적재해서(쌓아서) 보관한다는 ⓔ의 설명도 옳지 않다.

따라서 옳지 않은 ⓐ, ⓒ, ⓔ를 제외한 ⓑ, ⓓ만이 옳다. (옳은 것만을 고른 것은 ②.)

[24~25] 다음의 도표를 보고 각 물음에 답하시오.

구분	(A)	(B)
주성분	C_3H_8, C_4H_{10}	CH_4
용도	가정용, 공업용, 자동차 연료용	도시가스
비중	1.5~2	(가)
가스누설 경보기 설치위치	(나)	(다)

24 빈칸 (A), (B)와 (나), (다)에 들어갈 각각의 설명이 옳게 짝지어진 것을 고르시오.

① (A) : LPG,
(나) : 탐지기의 상단은 바닥면으로부터 상방 30cm 이내 위치에 설치

② (A) : LNG,
(나) : 가스 연소기로부터 수평거리 8m 이내 위치에 설치

③ (B) : LPG,
(다) : 탐지기의 상단은 천장면으로부터 상방 30cm 이내 위치에 설치

④ (B) : LNG,
(다) : 가스연소기 또는 관통부로부터 수평거리 4m 이내 위치에 설치

답 ①

해 주성분으로 보아 (A)는 LPG, (B)는 LNG이다. 그러면 남는 보기는 ①번과 ④번이 남는데, 이때 (A) LPG의 가스누설 경보기 설치위치는 가스연소기 또는 관통부로부터 수평거리 4m 이내의 위치에 설치, 탐지기의 상단은 바닥면으로부터 상방 30cm 이내 위치에 설치해야 하므로 옳은 설명은 ①.

[참고!]
(B) LNG의 설치위치 : 가스연소기로부터 수평거리 8m 이내, 탐지기의 하단이 천장면으로부터 하방 30cm 이내 위치에 설치.

25 빈칸 (가)에 들어갈 값으로, 연료가스 (B)의 비중에 해당하는 값을 고르시오.

① 0.2 ② 0.6
③ 1.0 ④ 1.4

답 ②

해 (B) LNG의 비중은 0.6으로 증기비중이 1보다 작은 가스이기 때문에 누출되면 높은 곳(천장 쪽)에 체류한다. 따라서 (가)에 들어갈 값은 0.6으로 ②.

26 다음 제시된 표를 보고 (A)와 (B) 각 유도등의 명칭으로 옳은 것을 차례대로 고르시오.

명칭	(A)	(B)
예시		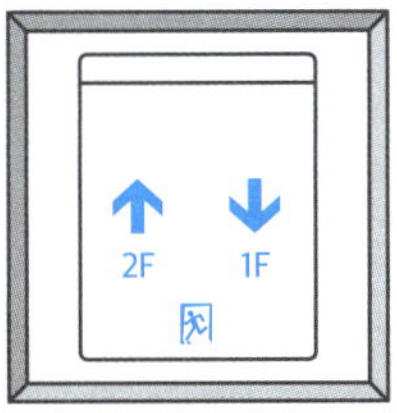

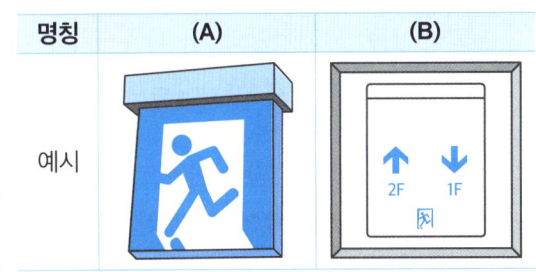

① (A) : 거실통로유도등, (B) : 복도통로유도등
② (A) : 거실통로유도등, (B) : 계단통로유도등
③ (A) : 피난구유도등, (B) : 객석유도등
④ (A) : 피난구유도등, (B) : 계단통로유도등

답 ④

해 (A)는 '피난구'유도등으로 피난구의 바닥으로부터 높이 1.5m 이상 출입구 상부 쪽에 설치한다. (B)는 '계단'통로유도등으로 각 층의 경사로 참 또는 계단참마다 설치하며 바닥으로부터 높이 1m 이하의 위치(하부 쪽)에 설치한다.
따라서 (A)는 피난구유도등, (B)는 계단통로유도등으로 정답은 ④.

27 수신기의 점검방법 중 감지기 사이 회로의 단선 유무 및 기기 등의 접속 상황이 정상적인지 확인하기 위해 실시하는 시험은 무엇인지 고르시오.

① 동작시험　　② 예비전원시험
③ 도통시험　　④ 펌프성능시험

답 ③

해 소방안전관리자 과정에서 다루는 [수신기 점검방법]은 크게 세 가지가 있는데 (1) 동작시험, (2) 도통시험, (3) 예비전원시험이 있다.

(1) **동작시험** : 수신기에 화재신호를 수동으로 입력했을 때 수신기가 정상적으로 동작하는지를 확인하기 위해 실시하는 시험으로, 화재표시등과 지구표시등, 기타 표시장치 등의 점등 여부와 음향장치의 작동확인 등이 정상적인지 확인한다.

(2) **도통시험** : 감지기 사이의 회로 단선 유무와 기기 등의 접속 상황을 확인하기 위한 시험으로 전압계가 있는 경우 4~8V가 측정되거나 도통시험 확인 등이 따로 있는 경우 녹색 등이 점등되는 것으로 정상 여부를 판단한다.

(3) **예비전원시험** : 상용전원이 정전되더라도 자동적으로 예비전원으로 절환되고, 다시 복구했을 때에는 자동적으로 상용전원으로 다시 절환되는지 여부를 확인하는 시험으로, 또한 화재 등에 의해 정전되어 상용전원이 차단되었을 때 수신기가 정상적으로 동작할 수 있는 (예비)전압을 가지고 있는지를 확인하는 시험이다.

따라서 문제의 설명에 해당하는, '회로 단선 유무 및 기기 등의 접속 상황'을 확인하는 시험은 ③ 도통시험에 해당한다.

28 다음의 그림을 참고하여 감시제어반의 상태를 MCC와 동일하게 만들기 위해 조작해야 하는 스위치 및 표시등의 점등 상태로 옳은 설명을 고르시오.

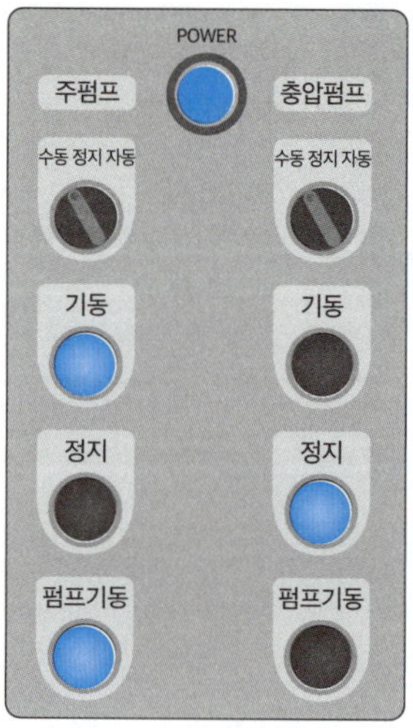

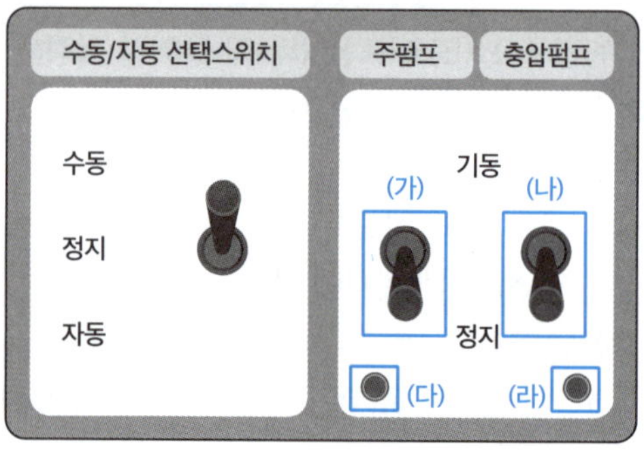

① (가) 스위치는 현 상태를 유지한다.
② (나) 스위치를 기동 위치로 놓는다.
③ (다) 표시등은 점등, (라) 표시등은 소등되어야 한다.
④ (다) 표시등은 소등, (라) 표시등은 점등되어야 한다.

답 ③

해 현재 MCC(위쪽)는 주펌프, 충압펌프가 [수동]인 상태로 '주펌프'만 [기동]하고 충압펌프는 정지 상태이다. 따라서 감시제어반이 이와 동일한 상태가 되려면 (가)를 기동 위치에 놓고, (나)는 현 상태를 유지하면 되는데 이때 주펌프 기동으로 표시등 (다)에만 점등된다. 따라서 옳은 설명은 ③.

29 다음의 옥내소화전 사용 순서에서 각 빈칸 (가), (나)에 들어갈 설명으로 옳은 것을 고르시오.

1. 옥내소화전함에 발신기가 부착된 경우 발신기를 먼저 눌러 화재신호를 보낸다.
2. 소화전함을 개방하여 노즐을 잡고 호스가 꼬이지 않도록 전개하여 화점까지 이동한다.
3. '밸브 개방'을 외치며 밸브를 (가) 으로 돌려 개방한다.
4. 노즐을 조작하여 방수하는데 이때 한 손은 관창 (나) 을/를 잡고 다른 손은 결합부를 잡아 호스를 몸에 밀착시킨다.
5. 사용 후 '밸브 폐쇄'를 외치며 완전히 폐쇄하고 호스는 음지에서 말려 재사용을 위해 잘 정리해 둔다.

① (가) : 시계방향, (나) : 선단
② (가) : 반시계방향, (나) : 후단
③ (가) : 시계방향, (나) : 후단
④ (가) : 반시계방향, (나) : 선단

답 ④

해 옥내소화전의 밸브 개방 시 밸브를 [반시계방향]으로 돌려 개방하므로 (가)는 반시계방향, 또한 방수 시 한 손은 관창의 앞쪽 부분인 '선단'을 잡고 다른 손은 결합부를 잡아 호스를 몸에 밀착시키는 것이 바람직하므로 (나)는 선단이 들어가는 것이 옳다. 따라서 정답은 ④.

30 옥외소화전이 7개 설치된 때에 소화전함 설치 기준으로 옳은 것을 고르시오.

① 옥외소화전마다 5m 이내의 장소에 1개 이상의 소화전함을 설치한다.
② 옥외소화전 3개마다 1개 이상의 소화전함을 설치한다.
③ 옥외소화전마다 3m 이내의 장소에 1개 이상의 소화전함을 설치한다.
④ 11개 이상의 소화전함을 각각 분산하여 설치한다.

답 ①

해 옥외소화점함의 설치 기준은 다음과 같다.

(1) 옥외소화전 10개 이하 : 옥외소화전마다 5m 이내의 장소에 1개 이상의 소화전함을 설치
(2) 옥외소화전이 11개 이상~30개 이하 : 11개 이상의 소화전함을 각각 분산하여 설치
(3) 옥외소화전이 31개 이상 : 옥외소화전 3개마다 1개 이상의 소화전함을 설치

따라서 문제와 같이 옥외소화전이 7개 설치되었다면 (1)의 경우에 해당하므로 정답은 ①.

[참고!]
보기 ③번은 해당사항이 없는 함정 지문!

31 스프링클러설비의 적정 방수압력으로 옳은 것을 고르시오.

① 0.12MPa 이상 0.2MPa 이하
② 0.12MPa 이상 1MPa 이하
③ 0.1MPa 이상 1.2MPa 이하
④ 0.1MPa 이상 1.5MPa 이하

답 ③

해 스프링클러설비의 적정 방수압력은 0.1MPa 이상 1.2MPa 이하이므로 정답은 ③.

[TIP]
스프렁은 112~!

32 지하층을 제외한 층수가 10층 이하인 특정소방대상물로 특수가연물을 저장·취급하는 공장 또는 창고에서 폐쇄형 스프링클러헤드를 사용하는 경우 수원의 저수량을 고르시오.

① $16m^3$　② $26m^3$
③ $32m^3$　④ $48m^3$

답 ④

해 폐쇄형 스프링클러헤드를 사용하는 경우 저수량은: 헤드 기준개수 X $1.6m^3$로 계산한다. (이때 $1.6m^3$는 스프링클러설비의 분당 방수량 X 20분을 적용한 값이다.) 따라서 지하층을 제외한 층수가 10층 이하인 특정소방대상물로 특수가연물을 저장·취급하는 공장 또는 창고의 기준개수가 30개이므로, 30 X $1.6m^3 = 48m^3$.

스프링클러설비의 설치 기준(헤드 개수)

10층 이하 소방 대상물 (지하제외)	공장	특수가연물 저장·취급	30
		그 밖의 것	20
	근린생활시설, 판매시설, 복합 건축물	판매시설, 복합건축물	30
		그 밖의 것	20
	헤드 부착 높이	8m 이상	20
		8m 미만	10
11층 이상, 지하			30

33 바닥면적이 $3,000m^2$인 의료시설에 능력단위 3단위의 소화기를 설치할 때 최소한의 설치 개수를 구하시오. (단, 시설의 주요구조부가 내화구조이고 실내에 면하는 부분은 불연재로 되어 있다.)

① 5개　② 10개
③ 15개　④ 20개

답 ②

해 의료시설의 경우 해당 용도의 바닥면적 $50m^2$마다 능력단위 1 이상의 소화기를 1개 이상 설치해야 하는데, 이때 문제의 의료시설은 주요구조부가 내화구조이고 실내에 면하는 부분은 불연재로 되어 있으므로 기준면적의 X2배까지 완화하여 $100m^2$마다 능력단위 1 이상 기준이 적용된다.

그러면 3,000÷100으로 요구되는 능력단위는 30단위인데, 이때 설치하려는 소화기의 능력단위가 3단위이므로 30÷3=10개를 설치하는 것으로 계산할 수 있다.

34 다음의 설명에 부합하는 감지기의 종류로 알맞은 것을 고르시오.

- 주위 온도가 일정 상승률 이상 되는 경우에 작동
- 구조: 다이아프램, 감열실, 리크구멍, 접점 등
- 설치 장소: 거실, 사무실 등

① 차동식 스포트형 감지기
② 정온식 스포트형 감지기
③ 이온화식 스포트형 감지기
④ 광전식 스포트형 감지기

답 ①

해 [차동식] 감지기는 평상시 온도가 완만한 거실이나 사무실 등에 설치하여 주위 온도가 일정 '상승률' 이상으로 급격히 상승할 때 작동하며, 주요 구성부로는 다이아프램, 리크구멍 등이 있다. 따라서 제시된 설명에 부합하는 감지기의 종류로 옳은 것은 ①번 차동식 감지기.

[CHECK!] 정온식과 차동식 비교

구분	정온식	차동식
작동원리	일정 온도 이상 되면 작동	온도가 일정 상승률 이상 상승하면 작동
구조	바이메탈, 감열판, 접점 등	다이아프램, 리크구멍, 감열실, 접점 등
설치 장소	보일러실, 주방	거실, 사무실

35 다음 중 전기화재의 예방 요령으로 옳지 아니한 것을 모두 고르시오.

㉠ 백열전등이나 전열기구 등 고열이 발생하는 기구에는 열에 강한 비닐전선을 사용한다.
㉡ 규격 퓨즈를 사용하고, 끊어진 경우에는 원인을 찾아 조치한다.
㉢ 전선은 묶거나 꼬이지 않도록 하여 사용한다.
㉣ 과전류 차단장치를 설치한다.
㉤ 누전차단기를 설치하고 연 1회 간격으로 작동 여부를 확인한다.

① ㉠, ㉤ ② ㉡, ㉢
③ ㉡, ㉢, ㉣ ④ ㉠, ㉡, ㉤

답 ①

해 **[옳지 않은 이유!]**

- 비닐전선은 열에 취약하기 때문에, 고열이 발생하는 기구 등에는 열에 강한 고무코드 전선을 사용하는 것이 바람직하므로 ㉠의 설명은 옳지 않다.
- 전기화재 예방을 위해 누전차단기의 작동 여부는 매달(월) 1~2회 확인하는 것이 바람직하므로 ㉤의 설명도 적절하지 않다.

따라서 옳지 않은 설명만을 모두 고른 것은 ①번.

[CHECK!] 그 외 전기화재 예방 요령

- 하나의 콘센트에 여러 전기기구를 꽂아서 사용(문어발 사용)하지 않기
- 사용하지 않는 기구의 전원을 끄고 플러그를 뽑아 두기
- 플러그는 콘센트에 흔들림 없이 완전하게 꽂아 사용하고, 뽑을 때는 선을 잡아당기는 것이 아니라 플러그의 몸체를 잡고 뽑기
- 전기담요는 밟거나 접어서 사용하지 않을 것

36 비화재보의 원인 중 감지기가 천장형 온풍기에 근접 설치된 경우 시도할 수 있는 대책으로 가장 적절한 설명을 고르시오.

① 적응성이 있는 감지기로 교체 설치한다.
② 복구 스위치를 누르거나 동작된 감지기를 복구한다.
③ 기류흐름 방향이 아닌 위치에 이격 설치한다.
④ 구역 내에 환풍기를 설치한다.

답 ③

해 천장형 온풍기에 감지기가 밀접하게 설치되어 있어서 온풍기의 뜨거운 바람에 의해 감지기가 영향을 받아 비화재보를 계속 일으키는 경우라면, 감지기를 온풍기의 바람(기류)이 흐르는 위치가 아닌 다른 위치로 이격 설치하여 온풍기 바람의 영향을 받지 않도록 조치하는 것이 바람직하다. 따라서 정답은 ③.

[참고!]

① 주방에 차동식 감지기가 설치된 경우 자주 비화재보가 울릴 수 있으므로 이럴 때에 적응성이 있는 정온식 감지기로 교체하는 것이 바람직하다.
② 장마철 공기 중 습도가 증가하여 감지기가 오동작한 경우 시도할 수 있는 조치에 해당한다.
④ 담배연기로 인해 연기감지기가 오동작하여 비화재보가 자주 울리는 경우 시도하는 조치에 해당한다.

37 다음 제시된 자료를 참고하여 해당 소화기의 점검에 대하여 옳지 아니한 설명을 고르시오.

번호	점검항목	점검결과
1-A-003	배치거리(보행거리 소형 20m 이내, 대형 30m 이내) 적합 여부	○
1-A-006	소화기의 변형·손상 또는 부식 등 외관의 이상 여부	○
1-A-007	지시압력계(녹색범위)의 적정 여부	(가)

점검 사진

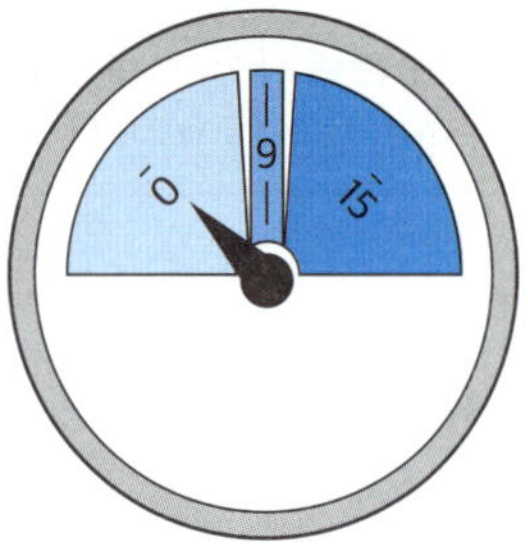

① 소화기의 능력단위가 2단위라면 보행거리 20m 이내로 설치되어 있을 것이다.

② 소화기의 노즐은 파손되지 않았을 것이다.

③ (가)는 O로 소화기의 압력은 정상 범위 내에 있다.

④ 1-A-007의 결과에 따라 재충전 또는 소화기 교체가 필요할 것이다.

답 ③

해 문제의 소화기는 지시압력계가 '미달' 범위에 있으므로 점검결과는 X(불량)가 되어야 한다. 따라서 옳지 않은 설명은 ③.
그리고 이러한 결과에 따라 압력 재충전 또는 소화기 교체가 필요하므로 ④의 설명은 옳고, 만약 소화기의 능력단위가 2단위라면 소형소화기의 배치거리(1-A-003) 결과가 정상이므로 ①도 옳은 설명이다. 마찬가지로 1-A-006 항목도 점검결과가 정상(O)이므로 노즐 등이 파손되지 않았음을 알 수 있어 ②도 옳은 설명이다.

38 다음은 수신기의 화재 신호 정상 수신 여부를 확인하기 위한 시험을 진행 중인 장면을 나타낸 그림이다. 제시된 그림을 참고하여 현재 수신기의 상태에 대한 추론으로 적절하지 아니한 설명을 고르시오.

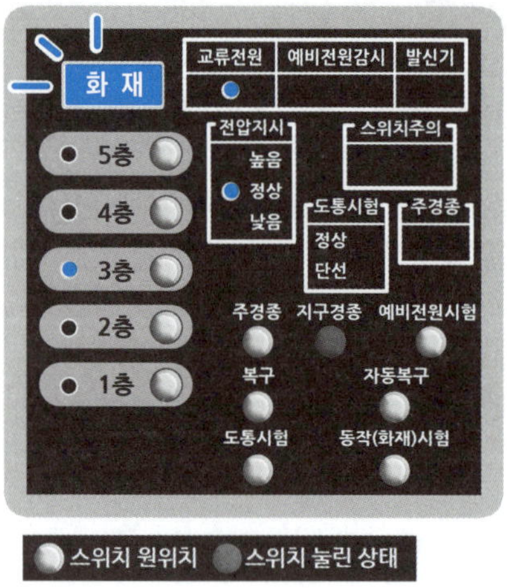

① 화재 신호는 3층에서 수신기로 통보되었다.

② 감지기의 동작으로 수신기에 화재 신호가 수신된 상황이다.

③ 주경종이 작동하여 명동이 울리고 있을 것이다.

④ 시험 종료 후에는 자동복구 스위치를 눌러 수신기를 원위치 상태로 복구한다.

답 ④

해 시험이 종료되면 수신기의 [복구] 스위치를 누르고, 또한 현재 눌려 있는 지구경종 정지 스위치도 원위치로 복구하여 경종이 울릴 수 있는 평상시(원위치) 상태로 수신기를 복구하여야 하므로, 자동복구 스위치를 눌러 복구한다는 ④번의 설명은 옳지 않다.

자동복구 스위치는?

동작시험을 할 때, 자동복구 스위치를 누르고 각 경계구역에 해당하는 다이얼(또는 버튼)을 순차적으로 조작하면서, 다음 경계구역으로 넘어갈 때마다 별도의 조작 없이 (자동으로) 복구하여 시험의 편의성을 높여주는 보조적인 기능을 수행하지만, 이러한 자동복구 스위치가 계속 눌려 있는 상태라면 실제 화재 상황에서 신호가 일시적으로만 발생한 경우, 자동으로 복구되어버려 신호가 누락되는 위험이 발생할 수도 있어요.

따라서 시험 종료 또는 화재 진압 후 수신기를 평상시 상태로 완전히 복구할 때에는 자동복구가 아닌, [복구] 스위치를 누른다는 점을 체크!

[CHECK!] 옳은 것도 다시 보기

화재표시등 점등 + 경계구역 3층에 해당하는 표시등이 점등되었고, 이때 발신기(작동표시)등은 점등되지 않았으므로 3층에 위치한 감지기가 동작하여 화재신호가 수신되었음을 알 수 있다. 또한 현재 지구경종 정지 스위치가 눌린 상태로 지구경종은 울리지 않고 있지만, 주경종은 정지 스위치를 누르지 않은 원위치 상태이므로 화재신호에 따라 주경종은 작동하여 울리고 있을 것이므로 ①, ②,③번의 설명은 적절하다.

39 성인을 대상으로 하는 심폐소생술 시행 시 가슴압박에 대한 설명으로 옳지 아니한 것을 모두 고르시오.

> ⓐ 구조자의 팔은 직각이 되도록 한다.
> ⓑ 분당 100~120회 속도, 5cm 깊이로 압박하며 30회 시행한다.
> ⓒ 구조자의 체중을 실어 강하게 압박하되 갈비뼈가 손상되지 않도록 주의한다.
> ⓓ 왼쪽 가슴 아래 중간 위치를 압박한다.
> ⓔ 압박된 가슴은 완전히 이완이 이루어져야 한다.

① ⓐ, ⓑ, ⓒ　　② ⓐ, ⓓ
③ ⓑ, ⓒ, ⓔ　　④ ⓓ, ⓔ

답 ②

해 ⓐ 구조자와 환자와의 각도는 직각이 되도록 하나, 이때 구조자의 팔은 일직선으로 쭉 뻗은 상태여야 하므로 구조자의 팔의 각도가 직각이 되어야 한다는 설명이 잘못되었다.
ⓓ 가슴압박 시행 위치는 환자의 가슴뼈(흉골) 아래쪽 절반 위치이므로 ⓓ의 설명도 옳지 않다.
따라서 옳지 않은 것만을 모두 고른 것은 ② ⓐ, ⓓ.

40 습식스프링클러의 시험밸브 개방 시 감시제어반에서 확인되는 점등 상태로 옳지 아니한 부분을 고르시오.

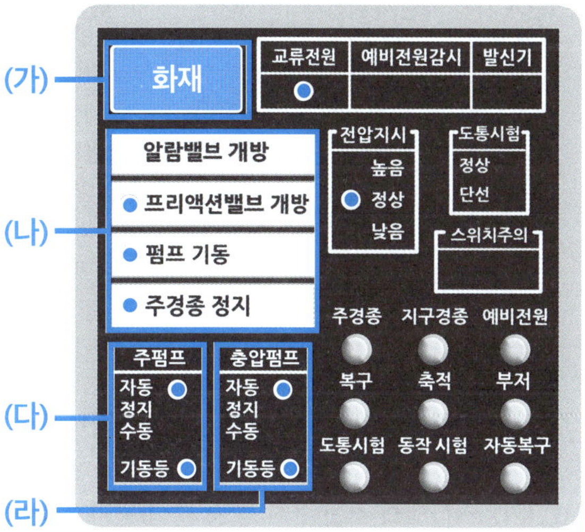

① (가)　　② (나)
③ (다)　　④ (라)

답 ②

해 습식 스프링클러설비의 점검을 위해 시험밸브를 개방, 가압수를 배출시키면 습식 유수검지장치의 클래퍼가 개방·압력스위치의 동작으로 화재표시등 및 밸브개방표시등 점등, 경보(사이렌) 발령, 소화펌프의 자동 기동이 확인되어야 한다. (충압 먼저 기동, 이후 주펌프 기동).
따라서 습식의 점검과는 무관한 준비작동식 밸브(프리액션밸브)의 개방표시등에 점등되어 있고, 주경종은 정지되어 있는 상태인 (나)의 점등 상태는 옳지 않다.('알람밸브' 개방에 점등 / 경보 발령이 확인되는 상태여야 옳다.)

41 소방계획의 수립절차 중 2단계 위험환경 분석 단계에서 빈칸 (가)~(다)에 들어갈 말을 순서대로 고르시오.

1단계 사전 기획	2단계 위험환경 분석	3단계 설계/개발	4단계 시행 및 유지관리
작성 준비 ↓ 요구사항 검토 ↓ 작성계획 수립	위험 (가) ↓ 위험 (나) ↓ 위험 (다)	목표 및 전략 수립 ↓ 실행계획 수립 (설계/개발)	구체적인 소방계획 수립 및 시행 ↓ 운영 및 유지관리

① (가):환경 분석/평가, (나):환경 식별, (다):경감대책 수립
② (가):경감대책 수립, (나):환경 분석/평가, (다):환경식별
③ (가):환경 식별, (나):경감대책 수립, (다):환경 분석/평가
④ (가):환경 식별, (나):환경 분석/평가, (다):경감대책 수립

답 ④

해 소방계획의 수립절차 중 2단계 위험환경 분석 단계에서는 위험환경 식별→위험환경 분석/평가→위험경감대책 수립의 순서로 먼저 대상물 내 물리적·인적 위험환경(요인)을 식별하고, 이에 대해 분석 및 평가를 실시한 후 그에 대한 대책을 수립하는 순서로 진행한다. 따라서 (가)~(다)에 들어갈 순서로 옳은 것은 ④.

42 자체점검 실시를 위한 점검 전 준비사항에 해당하는 것으로 보기 어려운 것을 고르시오.

① 소방본부장 또는 소방서장에게 사전 허가를 받아야 한다.
② 건물 관계인 등의 연락처를 사전에 확보해야 한다.
③ 음향장치 및 각 실별 방문점검에 대하여 미리 공지한다.
④ 점검의 목적과 필요성에 대하여 건물 관계인에게 사전에 안내하도록 한다.

답 ①

해 자체점검 실시 후 그 결과에 대한 보고는 소방본부장 또는 소방서장에게 해야 하지만, 점검 전 준비사항으로 소방본부장 또는 소방서장에게 허가를 받는 것은 해당사항이 없으므로 답은 ①번.

43 다음의 사항들을 포함하는 소방교육 및 훈련의 실시원칙에 해당하는 것을 고르시오.

(1) 교육은 시기적절하게(Just-in-time) 이루어져야 한다.
(2) 교육의 중요성을 전달해야 한다.
(3) 전문성을 공유해야 한다.
(4) 초기성공에 대해 격려가 이루어져야 한다.
(5) 다양성을 활용하도록 한다.

① 목적의 원칙 ② 학습자 중심의 원칙
③ 동기부여의 원칙 ④ 관련성의 원칙

답 ③

해 문제에서 제시된 사항들은 소방교육 및 훈련의 실시원칙 중, 동기부여의 원칙에 해당한다. 이 외에도 적절한 스케줄 배정, 핵심사항에 포커스, 재미 부여, 사회적 상호작용 및 학습에 대한 보상 제공 등의 내용이 동기부여의 원칙에 포함된다.

44 3선식 배선의 유도등을 설치할 수 있는 장소에 해당하지 아니하는 장소를 고르시오.

① 공연장, 암실 등 어두워야 할 필요가 있는 장소
② 상시 유동인구가 50인 이상인 장소
③ 외부 빛에 의해 피난구 및 피난 방향이 쉽게 식별되는 장소
④ 특정소방대상물의 관계인이나 종사원이 주로 사용하는 장소

답 ②

해 유도등은 (기본적으로) 2선식 배선을 사용하는 경우 항상 점등 상태를 유지해야 하지만, 세 가지 장소에서는 상시 충전되어 필요 시 자동으로 점등되는 3선식 배선의 유도등을 설치(사용)할 수 있다. 문제에 제시된 보기 중 ②번은 아예 해당사항이 없고, 그 외 ①, ③, ④번의 장소는 3선식 배선이 가능한 장소에 해당한다. 따라서 해당하지 않는 장소는 ②.

45 공연장, 집회장, 관람장, 운동시설에 설치하는 유도등 및 유도표지의 종류에 해당하는 것을 모두 고르시오.

ⓐ 소형피난구유도등	ⓓ 통로유도등
ⓑ 중형피난구유도등	ⓔ 객석유도등
ⓒ 대형피난구유도등	ⓕ 피난구유도표지

① ⓐ, ⓓ
② ⓑ, ⓓ, ⓔ
③ ⓒ, ⓓ, ⓔ
④ ⓒ, ⓓ, ⓔ, ⓕ

답 ③

해 공연장, 집회장, 관람장, 운동시설에 설치하는 유도등 및 유도표지의 종류는 [대형]피난구유도등과 [통로]유도등, 그리고 [객석]유도등이다. 참고적으로 공연장·집회장·관람장·운동시설 외에도 유흥주점영업시설 중에서 손님이 춤을 출 수 있는 무대가 설치된 카바레, 나이트클럽 또는 그 밖에 이와 비슷한 영업시설에도 동일한 종류의 유도등 및 유도표지를 설치한다.

46 아래 제시된 특정소방대상물의 지상 1층에서 화재가 발생한 경우 적용되는 음향장치의 경보방식으로 적절한 것을 고르시오.

용도	업무시설
규모/구조	• 층수 : 지상 10층 / 지하 2층 • 연면적 : 5,000m² • 철근콘크리트조
소방시설 현황 (일부)	소화기구, 자동화재탐지설비, 옥내소화전설비, 스프링클러설비, 비상경보설비, 비상방송설비, 시각경보기, 비상조명등

① 모든 층에 일제히 경보가 작동한다.
② 지상 1층과 모든 지하층에 우선적으로 경보가 작동한다.
③ 지상 1층부터 5층에 우선적으로 경보가 작동한다.
④ 지상 1층부터 5층, 그리고 모든 지하층에 우선적으로 경보가 작동한다.

답 ①

해 발화층에 따라 음향장치의 경보 방식이 다르게 적용되는 것은 **층수가 11층 이상**(공동주택의 경우 16층 이상)인 **특정소방대상물**의 경우에 발화층과 직상 4개층에 우선 경보가 적용되는데, 문제에서 제시된 조건은 일반 건축물로 층수가 10층 이하인 특정소방대상물이므로 우선 경보 방식을 적용하는 대상이 아니다. 따라서 화재가 발생한 경우, 발화층과 상관없이 모든 층에 일제히 경보가 작동하는 전층 경보 방식이 적용되므로 적합한 설명은 ①번.

층수 11층 이상 건물 (공동주택은 16층 이상)	[우선경보 적용] • 지상 2층 이상 화재 : 발화층 + 직상 4개층 • 지상 1층 화재 : 발화층(1층) + 직상 4개 + 모든 지하층 • 지하층 화재 : 발화층 + 그 직상층 + 기타 모든 지하층
☑ **그 외 (10층 이하)**	**전층 경보**

47 아래의 표를 참고하여 물음에 답하시오. 점검을 위해서 3층에 있는 발신기의 누름버튼을 수동으로 눌렀을 때, 1층의 수신기에서 점등되는 표시등의 점등 여부에 대한 설명이 옳지 아니한 것을 모두 고르시오.

㉠ 화재 표시등	㉡ 1구역 (1층) 지구 표시등	㉢ 2구역 (2층) 지구 표시등	㉣ 3구역 (3층) 지구 표시등	㉤ 발신 기등
점등	점등	소등	점등	점등

① ㉡　　② ㉡, ㉢
③ ㉠, ㉣, ㉤　　④ ㉠, ㉢, ㉣, ㉤

답 ①

해 3층에 있는 발신기의 누름버튼을 누른다면 화재신호를 수신한 1층의 수신기에서는 (1) [화재표시등]이 점등되고, (2) 3층에 해당하는 [3구역 지구표시등]이 점등될 것이다. 또한 발신기가 화재신호를 보냈기 때문에 (3) [발신기등]이 점등된다.

[참고!] 참고적으로 점검을 위해 미리 음향장치를 정지시켜놓지 않았다면 화재신호를 수신하여 음향장치도 작동할 것이다.

그래서 문제에서 제시된 것처럼 3층 발신기 점검으로 점등되어야 하는 표시등은 ㉠ 화재표시등, ㉣ 3구역(3층)지구표시등, ㉤ 발신기등이고, 여기에 해당하지 않는 1층과 2층 구역에 해당하는 1구역 지구표시등과 2구역 지구표시등은 '소등'되어 있을 것이다. 그런데 표에서는 ㉡ 1구역(1층)지구표시등이 '점등'된다고 설명하고 있으므로 옳지 않은 설명을 고른 것은 ① ㉡.

[참고!] ㉢은 2구역지구표시등이 '소등'된다고 맞게 설명하고 있으므로 옳은 설명이다.

48 평면도가 다음과 같고 주요구조부가 내화구조로 이루어진 특정소방대상물에서 차동식 스포트형 감지기 1종을 설치하려고 할 때 설치해야 하는 감지기의 최소 수량을 구하시오. (단, 감지기 부착 높이는 4m 미만이다.)

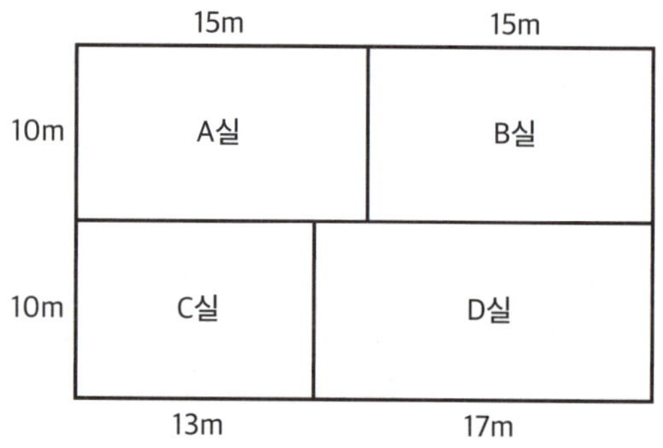

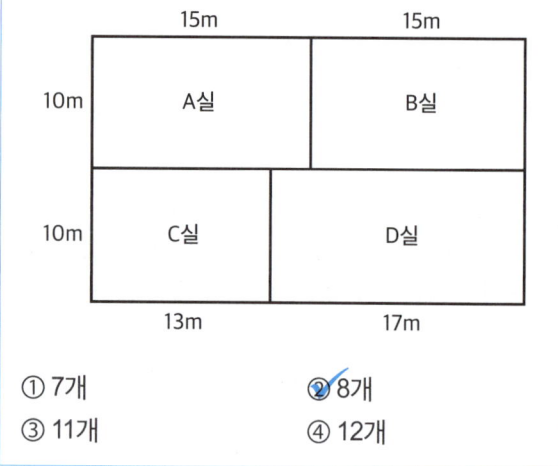

① 7개　　② 8개
③ 11개　　④ 12개

답 ②

해 주요구조부가 내화구조로 된 특정소방대상물로, 감지기 부착 높이가 4m 미만일 때 차동식 1종의 설치 유효면적 기준은 $90m^2$이다. 이때 A실과 B실의 면적은 각각 $150m^2$, C실은 $130m^2$, D실은 $170m^2$이므로 감지기를 각 실마다 2개씩 설치한다. (차동식 1종 감지기 1개로 유효한 면적이 $90m^2$이므로 2개로는 $180m^2$까지 유효하기 때문).

따라서 A~D실까지 각 실마다 감지기를 2개씩 설치하므로 감지기의 최소 설치 개수는 8개.

구분		차		보		정		
		1	2	1	2	특	1	2
4m 미만	내화 구조	90	70	90	70	70	60	20
	기타 구조	50	40	50	40	40	30	15

49 소방시설의 종류 중에서 소화설비에 해당하는 것이 아닌 것을 모두 고르시오.

㉮ 소화기	㉯ 상수도소화용수설비
㉰ 소화수조 및 저수조	㉱ 스프링클러설비
㉲ 간이소화용구	㉳ 자동소화장치

① ㉯, ㉰　② ㉯, ㉲
③ ㉮, ㉱, ㉳　④ ㉮, ㉱, ㉲, ㉳

답 ①

해 소방시설에는 소화설비, 경보설비, 피난구조설비, 소화용수설비, 소화활동설비가 있는데, 이 중에서 [소화설비]에 포함되는 것들은 소화기구, 자동소화장치, 옥내소화전/옥외소화전설비, 스프링클러설비, 물분무등소화설비가 있다.
㉮ 소화기와 ㉲ 간이소화용구는 '소화기구'에 해당하고 ㉱ 스프링클러설비와 ㉳ 자동소화장치도 소화설비에 해당하는데 '㉯ 상수도소화용수설비'와 '㉰ 소화수조 및 저수조'는 〈소화용수설비〉에 해당하므로 소화설비로 분류되지 않는다. 따라서 소화설비가 아닌 것은 ㉯, ㉰로 ①.

50 다음은 펌프성능시험 중 최대운전에 대한 설명이다. 그림을 참고하여 최대운전 시 조작하는 밸브(A)로 알맞은 것을 그림의 (가)~(다)에서 고르고, 이때 빈칸(B)에 들어갈 값으로 알맞은 것을 고르시오.

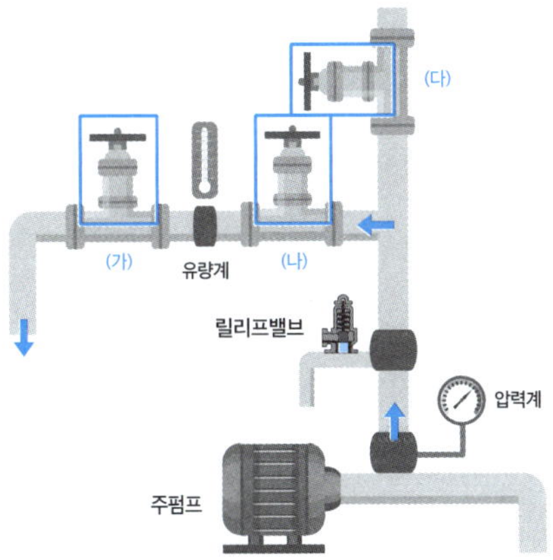

• 최대운전
1. 유량조절밸브(A)를 중간 정도만 개방 후 주펌프 수동 기동
2. 유량계를 보며 유량조절밸브(A)를 조작하여 정격토출량의 ___(B)___%일 때의 압력을 측정한다.
3. 이때 정격토출압력의 65% 이상 되는지를 확인한다.
4. 주펌프 정지

① (A) : (가), (B) : 140　② (A) : (나), (B) : 150
③ (A) : (가), (B) : 150　④ (A) : (다), (B) : 140

답 ③

해 최대운전은 유량조절밸브-그림에서 (가) 밸브를 조절하여 정격토출량이 150%일 때 압력을 측정하여 정격토출압력의 65% 이상이면 정상으로 판정하는 시험이다. 따라서 조작해야 하는 밸브(유량조절밸브) A는 (가), 빈칸 (B)에 들어갈 값은 150으로 정답은 ③.

[참고!]
(나)는 개폐밸브, (다)는 개폐표시형 개폐밸브(펌프토출 측 개폐밸브)이다.

04 찐득한 해설 4회차

4회차 정답									
01	④	02	②	03	③	04	④	05	③
06	②	07	③	08	④	09	④	10	④
11	③	12	②	13	②	14	③	15	③
16	①	17	④	18	④	19	③	20	①
21	③	22	①	23	①	24	②	25	④
26	②	27	①	28	③	29	③	30	②
31	①	32	①	33	③	34	②	35	③
36	④	37	②	38	③	39	①	40	①
41	④	42	④	43	④	44	④	45	③
46	④	47	②	48	③	49	③	50	③

01 소방안전관리자 현황표에 포함되는 사항에 해당하지 아니하는 것을 고르시오.

① 소방안전관리자의 연락처
② 소방안전관리대상물의 등급
③ 소방안전관리대상물의 명칭
④ 소방안전관리자의 등급

답 ④

해 소방안전관리자 현황표에 포함되는 사항은 소방안전관리자의 이름, 선임일자, 연락처, 근무위치(화재 수신기 위치)와 소방안전관리대상물의 명칭과 등급이다. 여기에 소방안전관리자의 등급은 포함되지 않으므로 해당사항이 없는 것은 ④.

02 다음 중 대통령령으로 지정한 피난·방화시설 및 방화구획의 관리와 소방시설 및 소방관련 시설의 관리 업무를 관리업자로 하여금 대행하게 할 수 있는 소방안전관리대상물에 해당하지 아니하는 경우를 고르시오.

① 200톤의 가연성 가스를 저장 및 취급하는 시설
② 연면적이 15,000m^{2}이고 층수가 30층인 아파트
③ 간이스프링클러설비만을 설치한 특정소방대상물
④ 아파트를 제외하고 층수가 15층이고 연면적이 10,000m^{2}인 특정소방대상물

답 ②

해 업무대행이 가능한 대상물의 조건은 2급·3급소방안전관리대상물 또는 1급소방안전관리대상물 중에서는 예외적으로 (아파트를 제외하고) 11층 이상+연면적이 만 오천제곱미터 '미만'인 특정소방대상물이 해당한다.

①번은 2급대상물, ③번은 3급대상물, ④번은 예외적으로 업무대행이 가능한 1급대상물의 조건에 해당하지만, ②번은 '아파트를 제외한' 1급 특정소방대상물의 업무대행 가능 조건에도 해당하지 않고, 거기에 연면적도 15,000m^{2}로 만 오천제곱미터 '이상'에 해당하기 때문에 결론적으로 업무대행이 가능한 1급대상물의 조건인 (아파트를 제외하고) 연면적 만 오천제곱미터 '미만'의 층수가 11층 이상인 특정소방대상물에 해당하지 않는다. 따라서 업무대행 조건에 해당하지 않는 것은 ②.

03 무창층이란 지상층 중에서 특정 요건을 모두 갖춘 개구부의 면적의 합계가 해당 층 바닥면적의 1/30 이하가 되는 층을 말한다. 이때 무창층에서 개구부가 갖추어야 하는 일정한 요건에 대한 설명으로 옳은 것을 모두 고르시오.

ⓐ 개구부의 크기는 지름 40cm 이상의 원이 통과할 수 있을 것
ⓑ 건축물로부터 쉽게 피난할 수 있도록 개구부에는 창살 및 장애물 등이 설치되지 않을 것
ⓒ 내·외부에서 쉽게 부수거나 열 수 있을 것
ⓓ 해당 층의 바닥으로부터 개구부 하단까지의 높이가 1.5m 이내일 것
ⓔ 도로 또는 차량 진입이 가능한 빈터를 향할 것

① ⓐ, ⓓ　　② ⓐ, ⓒ, ⓔ
③ ⓑ, ⓒ, ⓔ　　④ ⓑ, ⓒ, ⓓ, ⓔ

답 ③

해 **[옳지 않은 이유!]**
ⓐ 개구부의 크기는 지름 '50cm 이상'의 원이 통과할 수 있어야 하므로 40cm라고 서술한 부분이 옳지 않다, ⓓ 해당 층의 바닥으로부터 개구부 밑부분까지의 높이가 '1.2m 이내'여야 하므로 1.5m 이내라고 서술한 부분이 옳지 않다. 따라서 ⓐ와 ⓓ를 제외한 ⓑ, ⓒ, ⓔ가 옳기 때문에 정답은 ③.

04 소방안전관리자 또는 소방안전관리보조자의 선임연기에 대한 설명으로 옳지 아니한 것을 고르시오.

① 소방안전관리자 또는 소방안전관리보조자 강습교육이나 자격 시험이 선임기간 내에 있지 않아 선임할 수 없는 경우 선임연기 신청이 가능하다.
② 선임연기 신청 가능 대상은 2급, 3급 및 소방안전관리보조자를 선임해야 하는 소방안전관리대상물의 관계인이다.
③ 소방안전관리자 선임 연기기간 중 소방안전관리 업무는 소방안전관리대상물의 관계인이 수행한다.
④ 선임 연기기간은 신청서를 제출한 날로부터 14일간 연기가 가능하다.

답 ④

해 소방본부장 또는 소방서장은 선임연기 신청서를 제출받은 경우 3일 이내에 선임기간을 정하여 관계인에게 연기일을 통보하게 된다. 따라서 선임연기 신청서를 제출한 날로부터 14일간 연기된다는 규정은 없는 내용이므로 옳지 않은 설명은 ④번.

05 다음은 소방기본법의 목적과 의의에 대한 설명이다. 빈칸 (A)~(C)에 들어갈 말을 순서대로 고르시오.

화재를 (A) 하거나 (B) 하고 화재, 재난·재해, 그 밖의 위급한 상황에서의 (C) 활동 등을 통하여 국민의 생명·신체 및 재산을 보호함으로써 공공의 안녕 및 질서 유지와 복리증진에 이바지함을 목적으로 한다.

① (A) : 발견·소화, (B) : 예방, (C) : 소방
② (A) : 경계·진압, (B) : 예방, (C) : 안전관리
③ (A) : 예방·경계, (B) : 진압, (C) : 구조·구급
④ (A) : 발견·예방, (B) : 진압, (C) : 시설관리

답 ③

해 소방기본법은 화재를 예방·경계하거나 진압하고, 화재나 재난·재해 및 위급상황에서 구조·구급활동을 함으로써 국민의 생명과 신체, 재산을 보호하고 공공의 안녕 및 질서 유지와 복리증진에 이바지함을 목적으로 한다. 따라서 빈칸 (A)에는 예방·경계, (B)는 진압, (C)는 구조·구급이 들어가는 것이 옳다.

[6~8] 다음 제시된 건축물 일반현황 표를 참고하여 각 물음에 답하시오.

구분	건축물 일반현황
명칭	SR아파트
규모/구조	☑ 연면적 100,000m²
	☑ 1,500세대
	☑ 지상 29층 / 지하 2층
	☑ 높이 130m
	☑ 형태(용도) : 주거시설(아파트)
	☑ 완공일 : 2022. 12. 28
	☑ 사용승인일 : 2023. 01. 19

06 SR아파트는 몇 급에 해당하는 소방안전관리대상물인지 고르시오.

① 특급소방안전관리대상물
② 1급소방안전관리대상물
③ 2급소방안전관리대상물
④ 3급소방안전관리대상물

답 ②

해 SR아파트는 높이가 120m 이상인 아파트에 해당하므로 1급소방안전관리대상물에 해당한다. 1급소방안전관리대상물의 조건은 [30층 이상 또는 높이 120m 이상의 '아파트']로 SR아파트는 지상층의 층수는 30층이 안되지만 높이가 120m 이상인 '130m'이므로 1급대상물인 아파트가 된다.

[CHECK!]
아파트를 제외하고 지하를 포함하여 30층 이상이거나 또는 높이가 120m 이상인 (아파트가 아닌 다른 형태의) 특정소방대상물은 특급대상물에 해당한다. 또한 (아파트를 제외하고) 연면적 10만m² 이상의 특정소방대상물도 특급에 해당하지만, 문제의 〈SR아파트〉는 특정소방대상물이 아닌 '아파트'이므로 1급의 규모에 해당!

07 SR아파트에서 선임해야 하는 소방안전관리보조자의 최소 선임 인원 수를 고르시오.

① 3명 ② 4명
③ 5명 ④ 6명

답 ③

해 SR아파트는 300세대 이상의 아파트에 해당하고, 이때 초과되는 300세대마다 보조자를 1명 이상 추가로 선임해야 하므로 SR아파트의 세대 수인 1,500 나누기 기준 세대 값인 300세대로 계산한다.
따라서 1,500 ÷ 300 = 5이므로 최소 보조자 선임 인원 수는 5명.

08 다음 중 SR아파트의 소방시설등 자체점검 중 종합점검을 실시하고자 할 때 가장 적절한 시기를 고르시오.

① 2023년 12월　② 2024년 7월
③ 2025년 7월　④ 2026년 1월

답 ④

해 소방시설등의 자체점검 중 종합점검은 매년 건축물의 사용승인일이 속하는 달에 실시하므로, 사용승인일이 2023년 1월이었던 SR아파트의 종합점검은 사용승인일이 속하는 달인 (매년) 1월에 종합점검을 실시한다. 따라서 가장 적절한 시기는 ④번.

[CHECK!] 더 알아보기

소방시설등의 자체점검에는 종합점검과 작동점검이 있다.

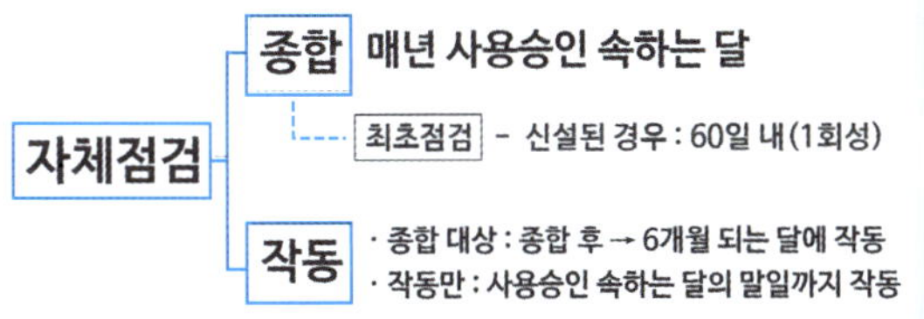

- 최초점검 : 특정소방대상물이 신설된 경우(소방시설등이 신설된 특정소방대상물), 건축물을 사용할 수 있게 된 날부터 60일 이내에 실시
- 작동점검 및 종합점검(최초점검 제외)은 건축물 사용승인 후, 그 다음 해부터 실시
  - ▶종합점검 : 건축물의 사용승인일이 속하는 달에 실시
  - ▶작동점검 : 종합점검을 받은 달부터 6개월이 되는 달에 실시(단, 작동점검만 실시하는 대상의 경우에는 사용승인일이 속하는 달의 말일까지)

└, SR아파트는 종합점검과 작동점검을 모두 실시하는 대상이므로 (신설로 최초점검을 한 후에는) 사용승인 다음 해인 2024년 1월(사용승인일이 속하는 달)에 첫 종합점검을 실시 → 이후 6개월이 되는 24년 7월에 작동점검 실시. (이후로 이렇게 매년 1월에는 종합, 7월에는 작동점검 패턴 반복)

[TIP] 챕스랜드 참고 영상 바로 보기

09 소방안전관리자 및 소방안전관리보조자가 실무교육을 받지 않은 경우 부과되는 과태료는 얼마인지 고르시오.

① 300만원　② 200만원
③ 100만원　④ 50만원

답 ④

해 실무교육을 받지 아니한 소방안전관리자 및 소방안전관리보조자의 경우 100만원 이하의 과태료 조항으로 구분되어 있으나, 과태료 부과 개별기준에 따라 소방안전관리자 및 소방안전관리보조자가 실무교육을 받지 않은 경우 실질적으로 부과되는 과태료는 50만원이므로 정답은 ④번.

10 다음 중 피난시설, 방화구획 및 방화시설 관련 금지행위 중에서 피난시설, 방화구획 및 방화시설의 훼손행위에 해당하는 행위로 보기 어려운 것을 고르시오.

① 배연설비가 작동되지 아니하도록 기능상 지장을 주는 행위
② 자동폐쇄장치를 제거하는 행위
③ 방화문에 도어스톱을 설치하는 행위
④ 방화문을 철거하고 목재, 유리문 등을 설치하는 행위

답 ④

해 ①~③까지는 모두 훼손행위에 해당하지만, ④는 '변경'행위에 해당하므로 훼손행위에 해당하지 않는 것은 ④.

[CHECK!]

방화문을 철거(제거)하는 행위는 '훼손'!
방화문을 철거하고 목재나 유리문으로 변경(설치)하는 것은 '변경'!

11 **다음 중 양벌규정이 부과될 수 있는 행위를 한 자를 고르시오.**

① 소방자동차의 출동에 지장을 준 자
② 화재 또는 구조·구급이 필요한 상황을 거짓으로 알린 자
③ 정당한 사유 없이 소방대의 생활안전활동을 방해한 자
④ 소방안전관리자를 겸한 자

답 ③

해 양벌규정은 '벌금'형에 해당하는 행위를 한 자에 한하여 부과되는 것이므로 보기 중에서 벌금형에 해당하는 행위를 하여 양벌규정이 부과될 수 있는 행위를 한 사람은 ③번이다.

[CHECK!]
① 소방자동차의 출동에 지장을 준 자 - 200만 원 이하의 과태료
② 화재 또는 구조·구급이 필요한 상황을 거짓으로 알린 자 - 500만 원 이하의 과태료
③ 정당한 사유 없이 소방대의 생활안전활동을 방해한 자 - 100만 원 이하의 벌금
④ 소방안전관리자를 겸한 자 - 300만 원 이하의 과태료

12 **다음 중 화재로 오인할 만한 우려가 있는 불을 피우거나 연막소독을 실시하고자 하는 자가 신고를 하지 아니하여 소방자동차를 출동하게 한 경우에 20만 원 이하의 과태료가 부과될 수 있는 지역 또는 장소에 해당하지 않는 장소 및 지역을 고르시오.**

① 목조건물이 밀집한 지역
② 위험물 저장·처리시설이 있는 지역
③ 시·도의 조례로 정하는 장소 및 지역
④ 석유화학제품을 생산하는 공장이 있는 지역

답 ②

해 문제의 20만 원 이하의 과태료가 부과될 수 있는 지역 및 장소에 해당하는 것은 위험물 저장·처리시설이 '밀집한' 지역이므로 옳지 않은 것은 ②.

[CHECK!]
이 외에도 (1) 시장지역, (2) 공장·창고가 밀집한 지역도 포함된다.

13 **다음 제시된 조건에 해당하는 소방안전관리자가 이수해야 하는 최초의 실무교육 실시 날짜로 가장 적절한 시기를 고르시오.**

• 강습교육 수료일 : 2023. 05. 06
• 소방안전관리자 자격수첩 취득일 : 2023. 08. 08
• 소방안전관리자 선임일 : 2024. 07. 12

① 2023년 11월 9일
② 2025년 1월 8일
③ 2025년 8월 7일
④ 2026년 7월 6일

답 ②

해 소방안전관리(보조)자로 선임된 경우, 선임된 날로부터 6개월 내에 최초의 실무교육을 받아야 하므로 제시된 조건의 소방안전관리자는 선임된 날인 2024년 7월 12일을 기준으로 6개월 이내인 2025년 1월 11일까지 최초의 실무교육을 받아야 한다. 따라서 실무교육 실시 날짜로 가장 적절한 것은 ②번.

📖 강습교육을 수료한지 1년이 지나서 선임된 경우로, 기본적인 - 선임된 날부터 6개월 내에 실무교육 실시 - 원칙 적용.

[CHECK!] 더 알아보기

☑ 만약 강습교육(또는 이전의 실무교육)을 수료하고 1년 이내에 선임된 경우였다면?

위의 기본 원칙인 - 6개월 내 최초의 실무교육을 강습 수료일에 실시한 것으로 보아, 강습교육(또는 이전의 실무교육)을 이수한 날(2023년 5월 6일)로부터 2년 주기(2025년 5월 5일까지)로 실무교육을 실시하게 되었을 것!

수료 내역 없거나 1년 지나서 선임	선임된 날부터 6개월 내
강습(또는 실무)교육 받고 1년 이내 선임	강습 수료일(또는 이전 실무교육일) 기준으로 2년 주기

[CHECK!] 옳지 않은 이유도 확인

- ① : 실무교육 실시 의무는 선임된 경우에 발생하므로, 소방안전관리자로 선임되기 이전 날짜인 ①번은 해당 X
- ③, ④ : 제시된 조건에 따라 선임된 날부터 6개월 내 실무교육 실시 기한을 초과하므로 X

☑ **함정 주의! 자격증 취득일은 무관하므로 무시하는 조건**

14 다음 중 건축물의 구조 및 재료의 구분에 대한 정의로 옳지 아니한 설명을 모두 고르시오.

ⓐ 난연재료 : 불에 잘 타지 아니하는 성질을 가진 재료로서 성능기준을 충족하는 것
ⓑ 불연재료 : 불에 타지 아니하는 성질을 가진 재료로서 콘크리트·석재·벽돌·알루미늄·유리 등
ⓒ 내화구조 : 화염의 확산을 막을 수 있는 성질을 가진 구조로 철망모르타르·회반죽 바르기 등
ⓓ 방화구조 : 화재에 견딜 수 있는 성능을 가진 철근콘크리트조·연와조 기타 이와 유사한 구조

① ⓐ, ⓑ　② ⓑ, ⓒ
③ ⓒ, ⓓ　④ ⓑ, ⓓ

답 ③

해 [옳지 않은 이유!]

- 화염의 확산을 막을 수 있는 성질을 가진 구조로 철망모르타르·회반죽 바르기 등은 방화구조에 대한 설명으로, 인접건물 화재에 의한 연소 및 건물 내 화재 확산을 방지하기 위한 구조를 말한다. (막을 방)
- 화재에 견딜 수 있는 성능을 가진 구조로, 화재 시 일정시간 동안 형태나 강도 등이 크게 변하지 않는 것으로 철근콘크리트조·연와조 기타 이와 유사한 구조를 내화구조라고 한다. (견딜 내)

따라서 방화구조와 내화구조의 정의를 반대로 서술한 ⓒ와 ⓓ의 설명이 옳지 않으므로 옳지 않은 것만을 고른 것은 ③번.

[참고!] 재료의 구분

불연재료	불에 타지 않는 성능을 가진 재료 : 콘크리트·석재·벽돌·기와·철강·알루미늄·유리 등
준불연재료	불연재료에 준하는 성질을 가진 재료
난연재료	불에 잘 타지 않는 성능을 가진 재료

15 다음 제시된 소방안전관리대상물에 선임할 수 있는 소방안전관리자의 자격에 해당하지 아니하는 사람을 <보기>에서 찾아 모두 고르시오. (단, 각 보기의 조건으로 발급 가능한 소방안전관리자 자격증은 소지한 것으로 간주한다.)

명칭	만수르 빌딩
용도	판매시설, 업무시설
규모	• 층수 : 지상 13층 / 지하 2층 • 높이 : 70m • 연면적 : 10,000m^2 • 구조 : 철근콘크리트조

<보기>
ⓐ 위험물기능사 자격이 있는 사람
ⓑ 소방설비기사 자격이 있는 사람
ⓒ 공공기관 소방안전관리자 강습교육을 수료한 사람
ⓓ 소방기술사 자격이 있는 사람

① ⓐ, ⓑ, ⓓ　② ⓑ, ⓓ
③ ⓐ, ⓒ　④ ⓑ, ⓒ

답 ③

해 제시된 만수르 빌딩은 (아파트 제외) 지상층의 층수가 11층 이상인 특정소방대상물에 해당하므로, 1급 소방안전관리대상물로 분류된다.

그리고 각 보기는 ⓐ : 2급 / ⓑ : 1급 / ⓒ : 보조자 / ⓓ : 특급 소방안전관리자의 선임 자격에 해당하므로, 1급 소방안전관리자 선임 조건인 ⓑ와, 상위 등급인 특급 소방안전관리자 선임 조건 ⓓ는 만수르 빌딩의 소방안전관리자 선임 자격을 충족한다.

그러나 2급 자격인 ⓐ와, 보조자 선임 자격인 ⓒ는 1급 대상물인 만수르 빌딩의 소방안전관리자로 선임할 수 없는 조건이므로, <보기> 중에서 해당사항이 없는 것은 ③번 ⓐ, ⓒ.

[참고!] 소방안전관리자 선임자격 간단 요약

어느 하나에 해당하는 사람으로서, 소방안전관리자 자격증을 발급받은 사람. / 또는 각 등급 시험 합격자

특	• 소방기술사, 소방시설관리사 • 소방설비기사 + 1급에서 5년 이상 • 소방설비산업기사 + 1급에서 7년 이상 • 소방공무원 20년
1	• 소방설비(산업)기사 • 소방공무원 7년
2	• 위험물(기능장·기능사·산업기사) • 소방공무원 3년
3	• 소방공무원 1년

보조자	• (특·1·2·3급) 소방안전관리자 자격자 • (특·1·2·3급) 소방안전관리 강습수료자 • 공공기관 소방안전관리자 강습수료자 • 소방안전관리대상물 소방안전 업무 2년

16 인화점에 대한 설명으로 옳은 설명을 모두 고르시오.

ㄱ 외부의 직접적인 점화원 없이 열의 축적에 의해 자연적으로 발화에 이르는 최저온도이다.
ㄴ 액체의 인화현상은 증발과정을 거치며 인화에 필요한 에너지가 적은 것이 특징이다.
ㄷ 고체의 인화현상은 확산과정을 거치며 인화에 필요한 에너지가 큰 것이 특징이다.
ㄹ 일반적으로 연소점보다 10℃ 정도 높은 온도이다.

① ㄴ　　② ㄱ, ㄷ
③ ㄴ, ㄹ　　④ ㄱ, ㄴ, ㄷ, ㄹ

답 ①

해 **[옳지 않은 이유!]**

ㄱ 발화점에 대한 설명이므로 옳지 않다. '인화점'은 연소범위가 만들어졌을 때 외부에서 (직접적인) 점화원이 공급되어 인화될 수 있는 최저온도를 의미한다.

ㄷ 고체의 인화현상에서 필요한 에너지가 큰 것은 맞지만, 고체는 〈열분해〉 과정을 거치므로 확산과정이라고 설명한 부분이 잘못 되었다.

ㄹ 일반적으로 인화점보다 연소점이 10℃ 정도 높은 온도이므로 반대로 서술한 ㄹ도 옳지 않다.

따라서 옳은 설명은 ㄴ뿐이다.

17 다음 중 방화문 및 자동방화셔터에 대한 설명으로 옳지 아니한 것을 고르시오.

① 60분+방화문은 연기 및 불꽃을 차단할 수 있는 시간이 60분 이상이고, 열을 차단할 수 있는 시간이 30분 이상인 방화문을 말한다.
② 방화문은 항상 닫혀있는 구조 또는 화재 발생 시 불꽃,연기 및 열에 의해 자동으로 닫힐 수 있는 구조여야 한다.
③ 자동방화셔터는 불꽃이나 연기를 감지한 경우 일부 폐쇄, 열을 감지한 경우 완전 폐쇄되는 구조여야 한다.
④ 자동방화셔터는 피난이 가능한 60분+방화문 또는 60분 방화문으로부터 5m 이내에 별도로 설치한다.

답 ④

해 자동방화셔터는 방화문(피난이 가능한 60분 또는 60분+방화문)으로부터 '3m 이내'에 별도로 설치해야 하므로 5m 이내라고 서술한 ④번의 설명이 옳지 않다.

[참고!] 1. 방화문의 구분

60분+방화문	연기·불꽃 차단 60분 이상+열 차단 30분 이상
60분 방화문	연기·불꽃 차단 60분 이상
30분 방화문	연기·불꽃 차단 30분 이상(60분 미만)

[참고!] 2. 자동방화셔터 설치기준 Point

- 방화문으로부터 3m 이내 별도 설치
- 불꽃·연기 감지 시 : 일부 폐쇄
- 열 감지 시 : 완전 폐쇄

18 이 가스는 무색·무미·무취의 환원성이 강한 가스로 유독가스인 포스겐($COCl_2$)을 만들어 내기도 하고, 인체 내 헤모글로빈과 결합하여 산소의 운반 기능을 저해시켜 질식의 위험을 높이기도 한다. 이러한 설명에 해당하는 이 가스는 무엇인지 고르시오.

① 황화수소 ② 시안화수소
③ 이산화탄소 ④ 일산화탄소

답 ④

해 문제의 설명에 해당하는 가스는 일산화탄소(CO)이다. 일산화탄소는 상온에서 염소와 작용하여 유독 가스 포스겐($COCl_2$)을 생성한다. 또한 산소의 운반기능을 저해하여 질식하게 만들 수 있는 가스이기도 하다. 따라서 정답은 ④.

[TIP]

포스겐의 화학식($COCl_2$) 안에 CO(일산화탄소)가 들어있기 때문에, 이렇게 문제에서 포스겐을 생성하는 가스를 물어보면 CO(일산화탄소)를 고를 수 있어요~!

[CHECK!] 일산화탄소와 이산화탄소 비교

일산화탄소(CO)	이산화탄소(CO_2)
• 무색, 무미, 무취 • 산소 운반기능 저해→질식 위험 • 염소와 작용하여 포스겐 생성	• 무색, 무미 • 가스 자체는 독성 거의 없음 • 다량일 때 사람의 호흡 속도를 증가시킴 →주변 유해 가스 흡입을 증가시킬 수 있어 위험

19 다음의 설명에 해당하는 열의 전달 방식을 고르시오.

- 어떤 물체가 다른 물체와 직접 접촉하여 열이 전달되는 열의 이동 방식으로 물체 내부에 있던 에너지가 접촉한 다른 물체로 이동하는 것을 말한다.
- 이러한 열의 전달 방식에 의해 화염이 확산되는 경우는 흔하지 않다.
- 이렇게 열이 전달되는 성질이나 정도의 차이가 작을수록 열의 축적이 용이하다.

① 복사 ② 대류
③ 전도 ④ 저항

답 ③

해 직접 접촉에 의해 열이 전달되는 방식은 '전도'에 해당하며 이러한 열전도율이 작을수록 열의 축적이 용이하다. 또한 열전도에 의해서 화염이 확산되는 경우는 흔하지 않다. 따라서 설명에 해당하는 열전달 방식은 ③ 전도.
참고로 열이 전달되는 방식은 전도, 대류, 복사로 세 가지가 있으며 저항은 해당사항이 없다.

[CHECK!] 전도 VS 복사

구분	전도	복사
핵심 키워드	직접 접촉	• 파장 형태로 열에너지 방사 • 접촉 없이 연소 확산

20 연기는 벽이나 천장 면을 따라 흐르며 확산되는데 일반적으로 수평방향으로 이동 시 (가)의 속도로 이동한다. 이때 (가)의 유속으로 적합한 것을 고르시오.

① 0.5~1㎧ ② 1~2㎧
③ 2~3㎧ ④ 3~5㎧

답 ①

해 연기가 수평방향으로 이동할 때의 속도는 0.5~1㎧이다. 따라서 정답은 ①.

[CHECK!] 연기의 이동 속도

수평방향(↔)	수직방향(↕)	계단실 내 수직이동
0.5~1㎧	2~3㎧	3~5㎧
수평방향일 때보다 수직으로 이동할 때 더 빠르게 확산되고, 계단실처럼 한정된 공간에서 수직 이동할 때 가장 빠르게 확산된다.		

21 다음의 설명에 해당하는 소화방식으로 알맞은 것을 고르시오.

- 라디칼의 분기반응으로 라디칼의 수가 기하급수적으로 증가하는데 이러한 반응은 화염연소를 주도한다.
- 이때 라디칼을 흡착 및 제거함으로써 이러한 반응을 무력화하여 연소가 계속되려는 성질을 약화시킬 수 있는데 이러한 소화방법은 화학적 작용에 의한 소화방식으로 볼 수 있다.

① 질식소화 ② 냉각소화
③ 억제소화 ④ 제거소화

답 ③

해 라디칼이 분기반응을 통해 그 수가 기하급수적으로 증가하는 연쇄반응을 일으키고, 이러한 연쇄반응은 화염연소를 주도한다. 이러한 연쇄반응을 억제하기 위해서는 할론, 할로겐화합물 소화약제나 분말 소화약제를 사용하여 라디칼을 흡착 및 제거하고 연쇄반응을 약화시켜 소화하는 억제소화 방법이 적응성이 있다. 따라서 설명에 부합하는 것은 연쇄반응에 작용하는 [억제소화]에 해당한다.

22 인화성 액체, 가연성 액체 등이 가연물이 되어 발생하는 화재로, 연소 후 재가 남지 않는 이 화재는 질식 및 냉각소화가 적응성이 있다. 화재의 다섯 가지 분류 중 이 화재는 어느 것에 해당하는지 고르시오.

① B급화재 ② C급화재
③ D급화재 ④ K급화재

답 ①

해 인화성 액체, 가연성 액체인 석유나 휘발유 또는 알코올 등과 같은 유류가 가연물이 되어 발생하는 화재를 B급 유류화재라고 한다. 이러한 유류화재는 연소 후 재가 남지 않으며 포 등을 사용한 질식·냉각소화가 적응성이 있다. 따라서 설명에 부합하는 화재는 ① B급화재.

23 강산화제로 다량의 산소를 함유하고 있으며 가열이나 충격, 마찰 등에 의해 분해되고 산소를 방출시키는 특성을 가진 고체류에 해당하는 위험물은 무엇인지 고르시오.

① 제1류위험물 ② 제2류위험물
③ 제3류위험물 ④ 제4류위험물

답 ①

해 문제의 설명에 해당하는 것은 산화성 고체로, 이는 제1류위험물에 해당한다.

[CHECK!]

② 제2류위험물은 '가연성 고체'
③ 제3류위험물은 '자연발화성 물질 및 금수성 물질'
④ 제4류위험물은 '인화성 액체'에 해당한다.

24 다음 제시된 <보기>를 참고하여 소방시설의 종류 중에서 경보설비에 해당하는 것만을 모두 고르시오.

<보기>

ⓐ 비상방송설비 ⓑ 비상콘센트설비
ⓒ 자동화재탐지설비 ⓓ 단독경보형 감지기
ⓔ 무선통신보조설비 ⓕ 제연설비

① ⓐ, ⓑ, ⓒ ② ⓐ, ⓒ, ⓓ
③ ⓒ, ⓓ, ⓔ ④ ⓒ, ⓔ, ⓕ

답 ②

해 경보설비는 화재 사실을 통보하는 것으로 다음의 설비 및 기구 등이 포함된다.

- 자동화재탐지설비
- 단독경보형감지기
- 시각경보기
- 가스누설경보기 / 누전경보기
- 비상경보설비 / 비상방송설비
- 자동화재 속보설비
- 화재알림설비
- 통합감시시설

따라서 제시된 <보기> 중에서 이에 해당하는 것은 ⓐ, ⓒ, ⓓ로 ②번.

[CHECK!] 더 알아보기

소방시설에는 소화설비, 경보설비, 피난구조설비, 소화용수설비, 소화활동설비가 있으며 문제의 ⓑ 비상콘센트설비, ⓔ 무선통신보조설비, ⓕ 제연설비는 모두 소방시설 중 소화활동설비에 해당한다.

25 다음의 표를 참고하여 가스(A)에 해당하는 가스누설경보기의 설치위치로 옳은 것을 고르시오.

구분	가스(A)	가스(B)
주성분	CH_4	C_4H_{10}
폭발범위	5~15%	1.8~8.4%
용도	도시가스	가정용, 공업용

① 가스연소기로부터 수평거리 6m 이내 위치에 설치
② 가스연소기 또는 관통부로부터 수평거리 4m 이내 위치에 설치
③ 탐지기의 상단이 바닥면의 상방 30cm 이내 위치에 설치
④ 탐지기의 하단이 천장면의 하방 30cm 이내 위치에 설치

답 ④

해 주성분이 CH_4(메탄)인 가스(A)는 LNG에 해당한다. LNG의 비중은 0.6으로 1보다 작기 때문에 누출 시 천장 쪽에 체류하여 가스누설경보기는 가스연소기로부터 수평거리 8m 이내 위치, 탐지기의 하단이 천장면의 하방 30cm 이내에 위치하도록 설치한다. 따라서 이러한 LNG의 가스누설경보기 설치위치 기준에 부합하는 설명은 ④.

[참고!]
가스(B)는 LPG로 주성분에는 C_4H_{10}(부탄) 외에도 프로판(C_3H_8)도 포함되며 이때 프로판의 폭발범위는 2.1~9.5%이다.

26 다음의 수칙 등을 따르는 소방교육 및 훈련의 실시원칙을 고르시오.

- 학습자들이 습득해야 할 기술이 활동 전체 중에서 어느 위치에 있는지 인식하도록 한다.
- 학습자들에게 어떠한 기술을 어느 정도까지 익혀야 하는지 명확하게 제시해야 한다.

① 학습자 중심의 원칙 ② 목적의 원칙
③ 동기부여의 원칙 ④ 실습의 원칙

답 ②

해 문제에서 제시된 내용은 소방교육 및 훈련의 실시원칙 중 [목적의 원칙]에 해당한다.

[TIP]
목적의 원칙에서 중요한 핵심 키워드는 기술!

[비교!]
헷갈리기 쉬운 소방교육 및 훈련의 실시원칙 주요 키워드 요약

목적	• 어떤 기술을 어느 정도까지 • 습득할 기술이 어느 위치에 있는가
학습자 중심	• 한 번에 한 가지씩 • 쉬운 것 → 어려운 것 순으로 • 감동 있는 교육, 기능적 이해
동기부여	• 재미 부여, 보상 제공 • 초기성공에 대한 격려, 상호작용 • 다양성 · 중요성 · 전문성 • 핵심사항에 포커스 • 적절한 스케줄, 시기적절하게
실습	• 실습 통한 지식 습득 • 목적 생각하고 적절한 방법으로 정확하게

27 화재발생 시 대응에 대한 설명으로 가장 적절한 것을 고르시오.

① 화재 발견 시 발신기를 수동으로 작동하여 수신반으로 신호를 보낸다.
② 화재를 전파할 때에는 연기 등을 흡입하지 않도록 육성으로 전파하지 않는다.
③ 초기소화가 어려울 경우 원활한 대피를 위해 출입문을 열어두고 즉시 피난한다.
④ 화세와 상관없이 소화기 또는 옥내소화전을 사용하여 즉시 초기소화작업을 한다.

답 ①

해 **[옳지 않은 이유!]**

화재 전파 방법 중에는 "불이야!"라고 소리쳐서 전파하는 육성전파 방식도 포함되므로 ②의 설명은 옳지 않다. 또한 화세의 크기가 너무 크다면 초기소화작업이 불가할 수 있어 즉시 피난하는 것이 바람직하므로 ④의 설명도 옳지 않고, 이렇게 초기소화가 어려워서 즉시 피난해야 하는 상황이라면 그때는 열이나 연기가 확산되는 것을 방지하기 위해 출입문을 '닫고' 즉시 피난하는 것이 옳기 때문에 ③의 설명도 옳지 않다.

따라서 화재대응에 대한 옳은 설명은 ①. 화재 전파 방법 중에는 발신기와 같은 화재경보장치를 작동시키는 방법도 있는데, 사람이 발신기의 누름버튼을 수동으로 눌러 화재경보장치가 작동하면 화재 신호가 수신반으로 보내진다.

28 자위소방대 조직구성도가 다음과 같을 때 해당 유형의 조직 구성에 대한 설명으로 옳은 설명을 고르시오.

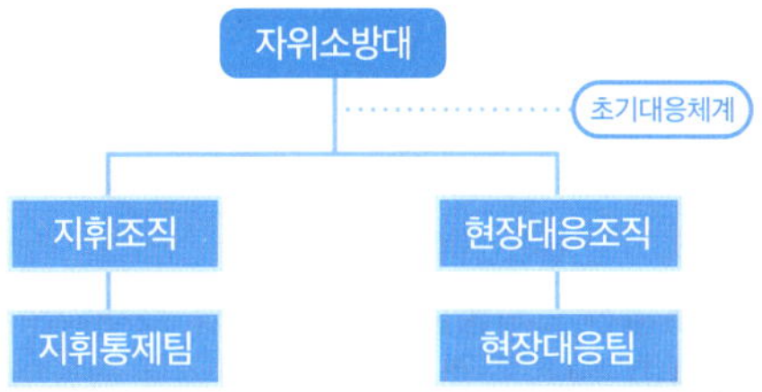

① 그림의 조직구성은 TYPE-Ⅰ의 대상물에 해당한다.
② 현장대응조직은 본부대와 지구대로 구성할 수 있다.
③ 현장대응조직은 비상연락, 초기소화, 피난유도 등의 개인별 업무를 담당할 수 있도록 현장대응팀을 구성한다.
④ 해당 대상물의 자위소방대 편성대원이 10인 이하인 경우에 해당한다.

답 ③

해 **[옳지 않은 이유!]**

그림의 조직구성은 TYPE-Ⅲ의 대상물 중에서도 편성대원이 10인 '미만'인 경우에 해당한다. 따라서 ①과 ④의 설명은 옳지 않다. 이때 10인 '미만'에는 10인이 포함되지 않지만, 10인 '이상'에는 10인도 포함되는 개념이므로 ④번은 '이하'가 아닌 '미만'이어야 옳다. 또한 현장대응조직을 본부대와 지구대로 구분하여 구성하는 대상물은 TYPE-Ⅰ에 해당하므로 ②의 설명도 옳지 않다.

따라서 옳은 설명은 ③. TYPE-Ⅲ의 대상물 중에서도 편성대원이 10인 '미만'인 경우 현장대응조직은 하위 조직을 팀별로 구분하지 않고 운영할 수 있지만, 대원들은 개인별로 비상연락, 초기소화, 피난유도 등의 업무를 담당하여 수행할 수 있도록 현장대응팀을 구성해야 하므로 ③의 설명이 옳다.

29 **자위소방활동별 업무 및 활동에 대한 설명이 옳게 짝지어진 것을 모두 고르시오.**

(가) 응급구조 - 응급상황에서의 응급조치 및 응급의료소 설치·지원 업무
(나) 비상연락 - 119 화재신고 및 통보연락 업무
(다) 피난유도 - 화재 시 상황전파 및 재실자·방문자의 피난유도, 피난보조 활동
(라) 방호안전 - 위험물시설 제어 및 화재확산 방지, 비상반출 업무
(마) 초기소화 - 초기소화설비를 이용한 조기 화재 진압 활동

① (가), (마)
② (가), (나), (다), (마)
③ (가), (나), (라), (마)
④ (가), (나), (다), (라), (마)

답 ③

해 '화재 시 상황전파'는 [비상연락] 활동에 포함되는 업무이므로 '피난유도' 활동에 포함시킨 (다)의 설명은 옳지 않다. 피난유도 활동은 재실자 및 방문자의 피난유도와 피난약자의 피난을 보조하는 피난보조 활동이 포함된다.

따라서 (다)를 제외한 (가), (나), (라), (마)의 설명이 옳기 때문에 정답은 ③.

30 **다음의 그림을 참고하여 지혈대 사용 방법을 순서대로 나열하시오.**

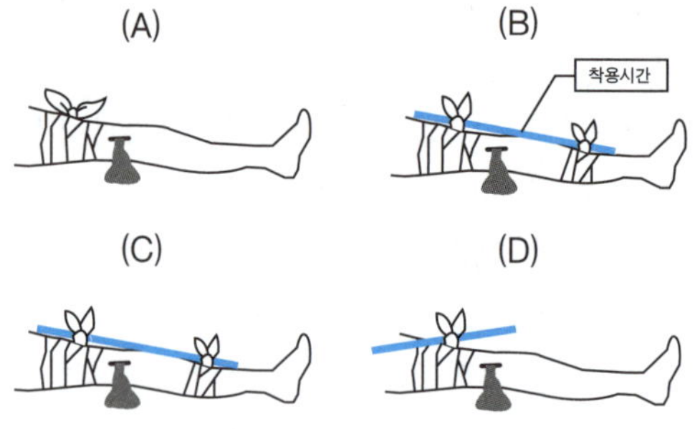

① (A)-(B)-(C)-(D)
② (A)-(D)-(C)-(B)
③ (A)-(B)-(D)-(C)
④ (A)-(D)-(B)-(C)

답 ②

해 지혈대는 절단과 같이 심한 출혈에 사용하는 최후의 수단으로, 관절 부위를 피해 5cm 이상의 넓은 띠를 사용하여 장착한다. 사용법의 순서는 다음과 같다.

(1) 출혈 부위에서 5~7cm 상단을 묶음
(2) 출혈이 멈추는 지점에서 조임을 멈춤
(3) 지혈대가 풀리지 않도록 정리(고정)
(4) 지혈대 착용 시간 기록(괴사의 위험이 있어서 장시간 착용 금지)

따라서 이에 대한 그림을 순서대로 나타낸 것은 ②.

31 **장애유형별 피난보조 예시로 바르지 아니한 설명을 고르시오.**

① 청각장애인의 경우 지팡이를 이용할 수 있도록 하고 명확하고 큰 소리로 장애물 등을 미리 알려준다.
② 지적장애인의 경우 차분하고 느린 어조와 친절한 말투를 사용하여 도움을 주러 왔음을 밝힌다.
③ 전동휠체어 사용자는 되도록 휠체어의 전원을 끄고 피난약자를 업거나 안아서 피난을 보조한다.
④ 장애인의 몸무게가 보조자보다 가벼울 때는 피난약자를 업거나 또는 다리와 등을 받치고 안아서 이동한다.

답 ①

해 ① 청각장애인의 경우 소리를 듣는 것에 어려움이 있기 때문에 큰 소리로 장애물 등을 알려주는 것은 바람직한 방법으로 보기 어렵다. 따라서 청각장애인의 피난보조 시 바람직한 예시는, 청각을 대신하여 시각적으로 전달할 수 있도록 표정이나 제스쳐를 사용하고 손전등과 같은 조명 또는 메모 등을 이용하는 것이 바람직하다. 따라서 옳지 않은 설명은 ①.

32 응급처치의 기본적인 사항에 대한 설명이 적절하지 아니한 것을 고르시오.

① 일반적으로 체내 혈액량의 1/5 정도 출혈 시 생명을 잃게 되므로 반드시 지혈처리를 해야 한다.
② 상처로 인한 손상부위는 소독거즈로 응급처치 후 붕대로 드레싱 하는데 이때는 소독된 청결한 거즈 등을 사용해야 한다.
③ 환자의 구강 내 이물질이 있을 경우 기침을 유도하거나 하임리히법으로 이물질이 제거될 수 있도록 한다.
④ 환자의 구강 내 이물질이 제거되었다면 머리는 뒤로, 턱은 위로 들어 올려 기도를 개방하고 환자가 편안한 상태를 유지하도록 한다.

답 ①

해 일반적으로 체내 혈액량의 15~20%가 출혈되면 생명이 위험해질 수 있고 30% 출혈에 육박하면 사망에 이른다. 그런데 1/5은 20%에 해당하므로 혈액량의 5분의 1정도 출혈이 발생했을 때 생명을 잃게 된다는 설명은 적절하지 않으므로 정답은 ①. 다만, 이렇게 출혈량에 따라 생명이 위험해질 수도 있고, 또한 출혈로 인해 쇼크 상태에 빠질 위험이 있기 때문에 신속한 지혈처리는 중요한 사항이다.

33 다음 중 출혈이 발생했을 때 동반되는 증상으로 옳은 설명을 고르시오.

① 호흡과 맥박이 느리고 불규칙해진다.
② 체온이 증가하고 탈수증상을 보인다.
③ 동공이 확대되고 구토가 발생한다.
④ 혈압이 증가하고 피부가 축축해진다.

답 ③

해 **[옳지 않은 이유!]**

출혈 발생시 호흡과 맥박은 '빠르고' 약하고 불규칙해지므로 느려진다고 서술한 ①의 설명은 옳지 않다. 또한 체온이 '저하'되기 때문에 ②의 설명도 옳지 않다. (다만, 탈수증상을 보이는 것은 맞다.) 마찬가지로 체온과 같이 혈압도 저하되어 떨어지므로 ④의 설명도 옳지 않다. (다만, 피부는 차고 축축하고 창백해진다.)

따라서 출혈이 발생했을 때 나타나는 증상으로 옳은 설명은 ③. 그 외에도 반사작용이 둔해지고, 갈증 및 두려움이나 불안을 호소하는 증상들도 나타날 수 있다.

34 다음은 종류가 다른 열감지기의 구성부 및 작동도를 나타낸 그림이다. 그림을 참고하여 제시된 각 감지기 (가),(나)의 종류별 특징에 대한 설명으로 옳은 것을 고르시오.

(가)

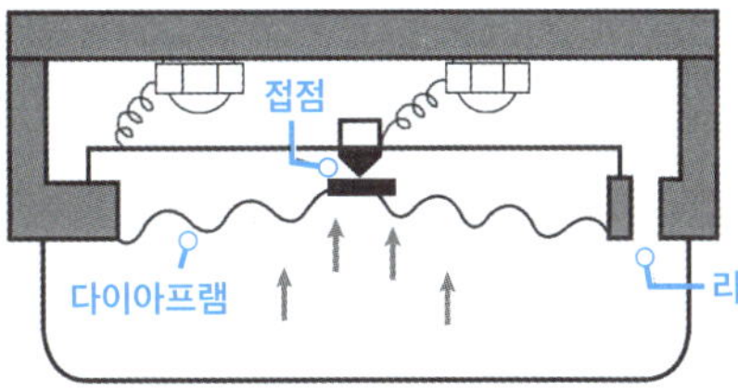

(나)

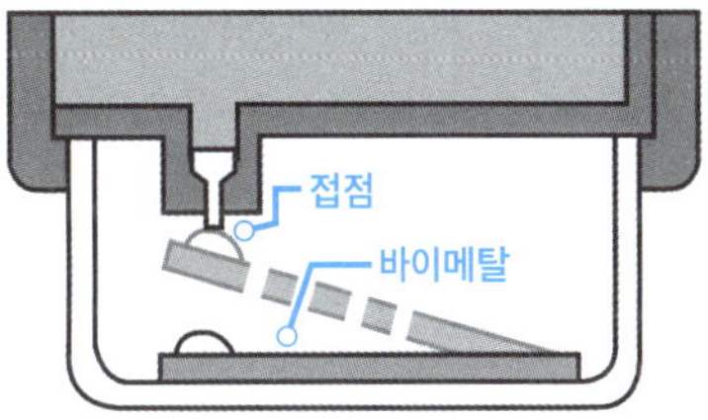

① (가)는 화재 시 주위 온도가 일정 온도에 도달하면 작동하는 방식이다.
② (가)는 사무실에 설치하기에 적합하다.
③ (나)는 화재 시 주위 온도의 일정 상승률에 따라 작동하는 방식이다.
④ (나)는 거실이나 보일러실에 설치하기에 적합하다.

답 ②

해 그림의 (가)는 차동식 스포트형 열감지기, (나)는 정온식 스포트형 열감지기로 각 감지기의 주요 특징은 다음과 같다.

구분	차동식	정온식
구조	다이아프램, 리크구멍, 접점, 감열실(차-다리!)	바이메탈, 접점, 감열판
작동원리	단시간에 온도 급상승(주위 온도가 일정 상승률 이상) 시 작동 ↳ 예를 들어, 1분에 6도 이상 급상승!	일정한 온도(이상)에서 작동 ↳ 예를 들어, 정해놓은 온도 70도에 도달하면 작동!
설치장소	거실, 사무실 ↳ 평상시 온도가 대체로 완만하기 때문에 갑자기 온도가 급상승하면 비정상(화재)일 가능성이 높은 장소	보일러실, 주방 ↳ 기본적으로 온도가 다소 높거나 온도 변화가 잦을 수 있는 장소 : 정해둔 온도에서 작동하도록 설정

따라서 ①, ③, ④번을 제외하고 옳은 설명은 ②번. 차동식인 (가)는 사무실, 거실 등에 설치하기에 적합하다.

[CHECK!] 옳지 않은 이유

① : 주위 온도가 일정(정해진) 온도에 도달했을 때 작동하는 방식은 정온식인 (나)에 해당하는 설명이다.

③ : 주위 온도가 일정 상승률 이상으로 급상승할 때 작동하는 방식은 차동식인 (가)에 해당하는 설명이다.

④ : 정온식인 (나)는 보일러실이나 주방 등에 설치하기에는 적합하지만, 거실에 설치하기에는 적합하지 않다.

35 일반인에 대한 심폐소생술 시행 방법에 대한 설명으로 적절하지 아니한 것을 고르시오.

① 현장이 안전한지 확인한 뒤 환자의 어깨를 가볍게 두드리며 반응을 확인한다.

② 반응이 없는 환자의 경우 10초 내로 환자의 얼굴과 가슴을 관찰하며 호흡 여부를 확인한다.

③ 성인의 경우 분당 100~120회 속도와 약 5cm 깊이로 가슴을 압박하며 가슴압박과 인공호흡의 비율은 50:2로 한다.

④ 인공호흡은 2회 시행하는 것이 바람직하나, 인공호흡 방법을 모르거나 꺼려지는 경우 가슴압박 시행을 유지한다.

답 ③

해 성인의 경우 분당 100~120회 속도와 약 5cm 깊이로 압박되도록 가슴압박을 시행하는 것은 바람직하지만, 이때 가슴압박과 인공호흡의 비율은 30:2가 적당하다. 따라서 적절하지 않은 설명은 ③.

[참고!]

인공호흡의 경우 정확한 방법을 모르거나 꺼려진다면 인공호흡 단계는 제외하고, 가슴압박을 지속적으로 계속 시행하며 유지하는 것이 바람직하다.

36 **자동심장충격기(AED)의 바람직한 사용 방법으로 보기 어려운 설명을 고르시오.**

① 패드1은 오른쪽 빗장뼈 아래쪽에 부착한다.
② 패드2는 왼쪽 젖꼭지 아래의 중간 겨드랑이선에 부착한다.
③ "분석 중"이라는 음성 지시가 나오며 심장리듬을 분석할 때에는 심폐소생술을 멈추고 환자에게 손이 닿지 않도록 한다.
④ 제세동이 필요하여 제세동 버튼이 깜빡거리기 시작한다면 지체 없이 즉시 버튼을 눌러 제세동을 시행한다.

답 ④

해 AED가 심장리듬을 분석하여 심장충격(제세동)이 필요한 환자의 경우에는 AED의 자체적인 에너지 충전 후 제세동 버튼이 깜빡거리기 시작한다. 이때 환자와 접촉해 있는 다른 사람들까지 충격이 전달될 수 있기 때문에, 제세동 버튼을 누르기 전에 다른 사람들이 환자에게서 모두 떨어져 있는지 확인한 후 버튼을 누르는 것이 바람직하다. 따라서 버튼이 깜빡거릴 때 이러한 확인 없이 즉시 버튼을 누르는 것은 바람직한 사용 방법으로 보기 어려우므로 정답은 ④.

37 **화상 환자를 이동하기 전 취해야 하는 조치에 대한 설명으로 적절하지 아니한 것을 고르시오.**

① 화상환자가 입은 옷이 피부 조직에 붙은 경우 옷을 잘라 내거나 수건 등으로 접촉하지 않도록 한다.
② 1도 및 2도 화상의 경우 강한 수압으로 화상부위보다 위에서 아래로 흐르는 물에 화상부위의 열이 빠르게 식도록 한다.
③ 3도 화상은 물에 적신 천 등을 대어줌으로써 열기의 전달을 막고 통증을 줄여줄 수 있다.
④ 골절을 동반한 화상환자의 경우 무리한 압박을 가하는 드레싱은 하지 않는다.

답 ②

해 1도 및 2도 화상의 경우 흐르는 물로 화상부위의 열을 식혀주는 것은 바람직한 조치이지만, 이때 물은 약한 수압이어야 하므로 강한 수압으로 조치한다는 ② 번의 설명이 옳지 않다.

38 **P형 수신기의 점검방법으로 각 시험에 대한 설명이 옳지 아니한 것을 고르시오.**

① 오동작 방지기능이 내장된 축적형 수신기의 경우 동작시험 전에 축적·비축적 선택 스위치를 비축적 위치에 두고 시험해야 한다.
② 회로 도통시험 결과 도통시험 확인등에 녹색 램프가 점등되면 정상으로 판정한다.
③ 예비전원시험 결과 전압계 측정 값이 4~8V가 나오면 예비전원으로 정상 작동할 수 있다.
④ 예비전원감시등이 점등되는 경우는 예비전원 연결 소켓의 분리 등 예비전원에 이상이 있음을 의미한다.

답 ③

해 예비전원시험의 경우 전압계 측정 값이 [19~29V]가 측정되거나, 램프 방식 수신기의 경우 녹색불이 점등되면 예비전원이 정상인 상태로, 화재로 인한 정전 등의 상황에서도 수신기가 예비전원으로 정상 작동할 수 있는 충분한 전압을 가지고 있음을 의미한다.
하지만 ③번에서는 4~8V라고 설명하고 있으므로 옳지 않은 것은 ③.
전압계 측정 값이 4~8V일 때 정상으로 판정하는 것은 예비전원시험이 아닌, 회로 <도통시험>의 정상 작동 판정 방식이다.

39 지하층의 층수가 3층이고 지상의 층수가 12층인 특정소방대상물의 지상 3층에서 화재 발생 시 작동하는 경보방식으로 옳은 것을 고르시오.

① 지상 3층부터 7층에 우선적으로 경종이 울린다.

② 지상 3층부터 7층, 그리고 모든 지하층에 우선적으로 경종이 울린다.

③ 지상 3층과 모든 지하층에 우선적으로 경종이 울린다.

④ 모든 층에 일제히 경종이 울린다.

답 ①

해 11층 이상의 특정소방대상물(공동주택은 16층 이상)의 경우 지상 2층 이상의 층에서 화재가 발생했을 때는 화재가 발생한 발화층과+그 위로 직상 4개 층에 우선 경보를 발령한다. 따라서 문제에서의 대상물은 층수가 11층 이상인 특정소방대상물에 해당하므로 지상 3층(지상 2층 이상의 층)에서 화재가 발생했다면 발화층인 지상 3층부터 그 위로 직상 4개 층에 우선 경보가 적용되어, 지상 3층부터 7층에 우선적으로 경종이 울린다고 설명한 ①번의 방식에 해당한다.

음향장치의 경보방식

1. 전층 경보	2번 외 건물은 모든 층에 일제히 경보
2.발화층 +직상 4개층 우선 경보	11층 이상 건물 (공동주택은 16층 이상)
	• 지상2층 이상에서 화재 시 : 발화층+직상 4개층 우선 경보 • 지상1층에서 화재 시 : 발화층(1층)+직상 4개층+모든 지하층 우선 경보 • 지하층 화재 시 : 발화한 지하층+그 직상층+그 외 모든 지하층 우선 경보

40 다음에 제시된 그림을 참고하여 해당 소방대상물의 경계구역은 최소 몇 개의 구역으로 구분할 수 있는지 계산하시오.

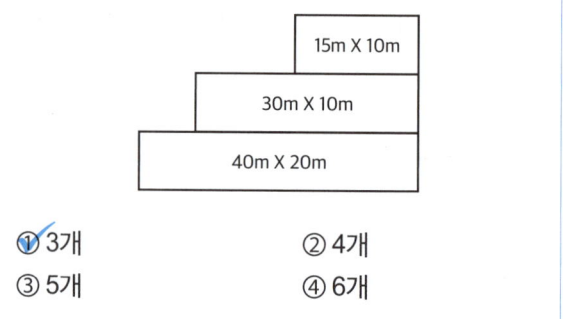

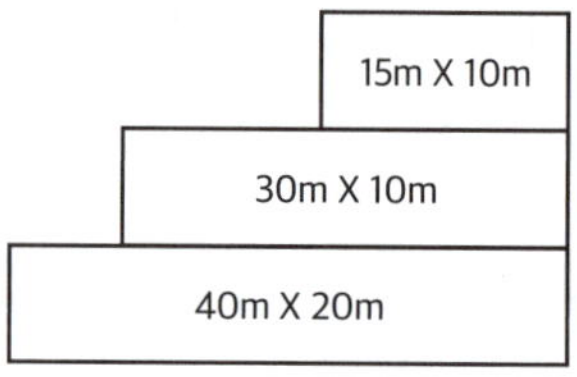

① 3개 ② 4개

③ 5개 ④ 6개

답 ①

해 하나의 경계구역의 면적은 600m² 이하로 하고 한 변의 길이는 50m 이내로 한다. 그림의 1층은 40m X 20m로 한 변의 길이는 50m 이하이고 면적은 800m² 이므로 1층은 (600m²를 넘기 때문에) 2개의 경계구역으로 설정한다. 2층과 3층도 한 변의 길이가 50m를 넘지 않는데 그림상 2층의 면적은 300m², 3층의 면적은 150m²이다. 이때 2개 층의 면적의 합이 500m² 이하이면 하나의 경계구역으로 묶을 수 있으므로 2층과 3층(면적 합 450m²)을 하나의 경계구역으로 묶어서 1층은 2개+2층과 3층을 1개의 경계구역으로 설정하여 총 3개의 경계구역으로 계산할 수 있다.

41 다음 〈보기〉는 감지기의 배선 방식에 대한 설명이다. 〈보기〉의 설명에 해당하는 내용으로 빈칸 (A)와 (B)에 들어갈 말로 옳은 것을 순서대로 고르시오.

보기

감지기 사이 회로를 연결하는 배선 방식은 __(A)__ 으로 해야 한다. 이는 선로 간 연결 상태의 정상여부 확인을 위한 __(B)__ 을/를 용이하게 하기 위한 방식이다.

① (A) : 교차회로방식, (B) : 동작시험

② (A) : 병렬방식, (B) : 도통시험

③ (A) : 송배선식, (B) : 동작시험

④ (A) : 송배선식, (B) : 도통시험

답 ④

해 감지기의 배선 방식은 송배선식(개정 전 표기 : 송배전식)으로 하는데, 송배선식은 원활한 도통시험을 하기 위한 배선 방식이다. 따라서 (A)는 송배선식, (B)는 도통시험으로 정답은 ④.

42 펌프 명판상 토출량이 500L/min, 양정이 100m일 때 펌프성능시험 결과로 적합하지 아니한 것을 고르시오.

	구분	토출량(L/min)	토출압(MPa)
①	체절운전	0	1.35
②	체절운전	0	1.25
③	정격운전	500	1.1
④	최대운전	850	0.5

답 ④

해 문제에서 제시된 조건을 기준으로 각 펌프성능시험별 토출량 및 정상 압력은 다음과 같다.

펌프성능시험 결과표			
구분	체절운전	정격운전 (100%)	최대운전
토출량(L/min)	0	500	750
토출압(MPa)	1.4 이하	1.0 (이상)	0.65 (이상)

(1) 정격(100%)부하운전 : 토출량 500L/min, 정격압력 1MPa(=양정 100m) 이상 측정되면 정상.
(2) 체절운전 : 토출량 0의 상태에서 체절압력이 정격압력의 140% 이하여야 하므로 압력이 1.4MPa 이하로 측정되면 정상.
(3) 최대운전(유량 150%) : 토출량이 정격의 150%(1.5배)인 750L/min일 때, 압력이 정격 대비 65%(0.65MPa) 이상 측정되면 정상.

따라서 ①,②번의 체절운전 시 토출량과 압력, ③번의 정격운전 시 토출량과 압력은 적합하나, ④번 최대운전 시 토출량과 토출압력이 적합하지 않으므로 정답은 ④번.

43 다음에 제시된 이 시험의 방법과 적부 판정 방식을 참고하여 설명에 해당하는 이 시험은 무엇인지 고르시오.

- 로터리방식의 경우 이 시험을 위한 스위치를 누르고 회로선택스위치를 각 경계구역별로 차례대로 회전하여 시험을 진행한다.
- 전압계가 있는 경우 4~8V가 측정되면 정상이다.
- 확인등이 있는 경우 녹색불이 점등되면 정상이다.
- 전압계 측정 결과 0V이거나 단선 확인등에 적색불이 점등되면 이상이 있으므로 보수가 필요하다.

① 동작시험　　② 예비전원시험
③ 예비전원감시등시험　　④ 도통시험

답 ④

해 전압계 측정 결과 값이 4~8V면 정상으로 판정하는 시험은 수신기의 점검 중 [회로 도통시험]에 해당하는 설명이다.
회로 도통시험은 수신기 타입에 따라 로터리방식과 버튼방식이 있으며, 참고적으로 이번 문제에서 제시되지 않은 버튼 방식의 경우 [도통시험] 스위치를 누르고 각 경계구역에 해당하는 동작 버튼을 차례대로 눌러 시험해볼 수 있다. 따라서 설명에 해당하는 시험은 ④ (회로) 도통시험이다.

[참고!] 추가로 ③번의 예비전원감시등 시험이라는 개념은 없고 다만, '예비전원감시등'에 불이 들어와 있다면 연결된 소켓이 분리되는 등 예비전원에 문제가 있는 상태이므로 점검 및 조치가 필요하다.

44 청각장애인용 시각경보장치의 설치기준으로 옳지 아니한 설명을 고르시오.

① 복도·통로·청각장애인용 객실 및 공용으로 사용하는 거실에 설치할 것.
② 공연장·집회장·관람장 또는 이와 유사한 장소에 설치하는 경우 시선이 집중되는 무대부 등에 설치할 것.
③ 설치 높이는 바닥으로부터 2m 이상 2.5m 이하의 장소에 설치할 것.
④ 천장의 높이가 2m 이하일 경우 바닥으로부터 1.5m 이내의 장소에 설치할 것.

답 ④

해 (청각장애인용) 시각경보장치는 바닥으로부터 2m 이상 2.5m 이하의 장소에 설치하는데 다만 천장의 높이가 2m 이하일 경우에는 [천장으로부터 0.15m 이내]의 장소에 설치해야 하므로 ④의 설명이 옳지 않다.

45 층수가 49층인 특정소방대상물에서 설치 개수가 가장 많은 층을 기준으로 옥내소화전의 개수가 7개일 때 수원의 저수량을 구하시오.

① $13m^3$　② $18.2m^3$
③ $26m^3$　④ $36.4m^3$

답 ③

해 30층~49층의 경우 옥내소화전 수원의 저수량은 옥내소화전의 설치 개수가 가장 많은 층의 설치개수 N에 곱하기 $5.2m^3$를 한 값으로 계산한다. (이때 $5.2m^3$는 옥내소화전설비의 방수량 130L/min X 40분을 한 값이다.)

30층 이상부터는 설치개수 N의 최대개수를 5개까지로 하므로 가장 많이 설치된 층을 기준으로개수가 7개라고 하더라도 N은 최대 값인 5로 계산하여 5 X $5.2m^3$ = ③ $26m^3$.

46 피난구조설비를 설치하는 설치장소별 피난기구의 적응성에 대한 설명으로 옳은 것을 고르시오.

① 노유자시설의 2층에서 완강기는 적응성이 있다.
② 다중이용업소로서 영업장의 위치가 4층 이하인 다중이용업소의 2층에서는 피난교가 적응성이 있다.
③ 노유자시설의 4층 이상 10층 이하에서는 미끄럼대가 적응성이 있다.
④ 입원실이 있는 의원의 4층 이상 10층 이하에서는 피난용트랩이 적응성이 있다.

답 ④

해 보기 중에서 설치장소별 적응성이 있는 피난기구에 대해 옳은 설명을 하고 있는 것은 ④번이다. 그 외에는 모두 해당 설치장소에서 적응성이 없는 피난기구를 이야기하고 있다.

피난구조설비 설치장소 및 기구별 적응성

각 시설 및 설치장소별로 적응성이 있는 피난기구를 나타낸 도표

1) 시설(설치장소)
　가. 노유자시설 = 노인
　나. (근린생활시설, 의료시설 중) 입원실이 있는 의원 등 = 의원
　다. 4층 이하의 다중이용업소 = 다중이
　라. 그 밖의 것 = 기타
2) 가장 기본이 되는 피난기구 5종 세트 : 구조대, 미끄럼대, 피난교, 다수인(피난장비), 승강식(피난기)
3) 1층, 2층, 3층, 4~10층 총 4단계의 높이

구조대/미끄럼대/피난교/다수인/승강식				
구분	노인	의원	다중이 (2 ~ 4층)	기타
4층 ~ 10층	구교다승	피난트랩 구교다승	구미다승 사다리 +완강	구교다승 사다리 +완강 +간이완강 +공기안전 매트
3층	구미교다승 (전부)	피난트랩 구미교다승 (전부)		구미교다승 (전부) 사다리 +완강 +간이완강 +공기안전 매트 피난트랩
2층		×		×
1층			×	

1) 노유자 시설 4~10층에서 '구조대': 구조대의 적응성은 장애인 관련 시설로서 주된 사용자 중 스스로 피난이 불가한 자가 있는 경우 추가로 설치하는 경우에 한함
2) 기타(그 밖의 것) 3~10층에서 간이완강기: 숙박시설의 3층 이상에 있는 객실에 한함
3) 기타(그 밖의 것) 3~10층에서 공기안전매트: 공동주택에 추가로 설치하는 경우에 한함

47 가스계소화설비 점검 중 기동용기 솔레노이드 밸브 격발 시험 방법에 대한 설명으로 옳지 아니한 것을 고르시오.

① 수동조작함의 기동스위치를 눌러 작동시킨다.
② 솔레노이드밸브에 부착된 수동조작버튼을 누르고 4~7초 지연시간 후 격발을 확인한다.
③ 교차회로방식의 감지기 A, B를 동작시킨다.
④ 제어반에서 솔레노이드밸브 선택스위치를 수동 위치에 놓고 정지 위치에 있던 스위치를 기동 위치로 전환한다.

답 ②

해 가스계소화설비의 점검 중에서 솔레노이드밸브의 격발을 시험하는 방법 중, 솔밸브에 부착된 수동조작 버튼을 직접 눌러서 격발시켜보는 경우에는 수동조작 버튼을 눌렀을 때 즉시 격발이 확인되어야 하므로 4~7초 지연시간 후 격발을 확인한다는 ②의 설명은 옳지 않다.

48 다음은 스프링클러설비의 종류별 특징에 대한 설명이 적힌 표이다. 표의 내용 중 옳지 아니한 설명이 포함된 것을 고르시오.

구분	폐쇄형			개방형
	습식	건식	준비 작동식	일제 살수식
① 배관 내	• 1차측, 2차측: 가압수	• 1차측: 가압수 • 2차측: 압축 공기 또는 질소	• 1차측: 가압수 • 2차측: 대기압 상태	• 1차측: 가압수 • 2차측: 대기압 상태
② 유수검지장치	알람밸브 (Alarm Check Valve)	건식밸브 (Dry Valve)	프리액션 밸브 (Pre-Action Valve)	일제개방 밸브 (Deluge Valve)
③ 장점	• 저렴한 공사비 • 간단한 구조	• 신속한 소화 • 옥외 사용 가능	• 동결 우려 없음 • 오동작 시 수손 피해 없음 • 조기 경보로 용이한 대처	• 초기 화재에 유리한 신속 대처 • 간단한 구조
④ 단점	• 장소 사용 제한 • 동결 우려 • 오동작 시 수손 피해	• 살수 개시 지연 • 화재 초기 압축 공기에 의한 화재 촉진 우려	• 복잡한 구조 • 별도의 감지기 설치 • 고가의 시공비	• 대량 살수로 인한 수손 피해 우려

답 ③

해 [건식]스프링클러설비의 경우 2차측 배관 내부에 있던 압축공기 또는 질소가 먼저 방출되기 때문에 살수가 시작되기까지 다소 시간이 소요된다는 단점이 있다. 따라서 건식의 장점으로 신속한 소화가 가능하다고 서술한 부분이 옳지 않고, 또한 [일제살수식]스프링클러설비의 경우 준비작동식과 마찬가지로 별도의 감지기(화재감지장치) 등을 설치해야 하므로 구조가 복잡하다는 것이 단점이 될 수 있는데, 일제살수식의 장점에 구조가 간단하다고 서술한 부분도 옳지 않다. 따라서 옳지 않은 내용을 포함한 것은 [건식]과 [일제살수식]의 '장점'에 대한 부분이므로 정답은 ③.

49 다음의 그림은 동력제어반의 상태를 나타낸 것이다. 그림을 참고하여 해당 동력제어반의 동작에 대한 설명으로 옳은 것을 고르시오.

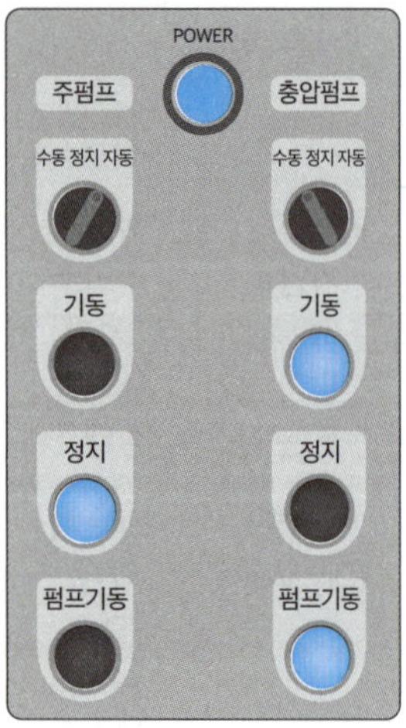

① 화재 발생 시 주펌프는 자동으로 기동될 수 없는 상태이다.
② 평상시 스위치 위치는 충압펌프와 같은 상태로 유지한다.
③ 화재신호에 의해 충압펌프가 자동으로 기동될 수 없는 상태이다.
④ 현재 충압펌프는 기동되지 아니한 상태이다.

답 ③

해 **[옳지 않은 이유!]**
주펌프 선택스위치가 [자동] 위치에 있으므로 화재가 발생하면 주펌프는 신호를 수신하여 자동 기동이 가능한 상태이다. 따라서 주펌프가 자동으로 기동될 수 없다고 설명한 ①의 설명은 옳지 않다. 또한 평상시 스위치의 위치는 그림상 주펌프와 같이 '자동'에 두는 것이 바람직하므로 ②의 설명도 옳지 않다.

[참고!] 충압펌프는 현재 '수동' 위치에 있는데 평상시에 수동 위치에 두고 관리하면 안 된다.

이러한 충압펌프의 경우 현재 선택스위치를 '수동' 위치에 두고 기동해 둔 상태로 충압펌프가 기동되어 펌프기동등에도 점등된 상태이므로 ④의 설명은 옳지 않은데, 현재 충압펌프의 스위치가 '수동'으로 되어 있으므로 이 상태로는 화재신호 등에 의해 자동으로 기동될 수 없는 상태이므로 (시험 등이 끝나면) 스위치를 다시 자동위치로 돌려놓아야 한다. 따라서 그림의 MCC(동력제어반)에 대한 설명으로 옳은 것은 ③.

50 다음 제시된 CP백화점의 소방계획서 일부 내용 및 현황을 참고하여 CP백화점에 대한 설명으로 바르지 아니한 것을 고르시오.

구분	건축물 일반현황
명칭	CP백화점
규모/구조	☑ 연면적 106,000m^2
	☑ 지상 15층 / 지하 5층
	☑ 높이 63m
	☑ 용도 : 판매시설, 음식점, 영화관
	☑ 사용승인 : 2023. 03. 08
소방시설 설치현황	[V] 옥내소화전설비 [V] 스프링클러설비 [V] 자동화재탐지설비

① 대통령령으로 정하는 일부 업무에 대한 업무 대행이 불가능한 소방안전관리대상물이다.
② 소방공무원 근무 경력이 20년 이상인 사람으로 특급소방안전관리자 자격증을 발급받은 사람을 소방안전관리자로 선임할 수 있다.
③ 소방안전관리보조자 최소 선임 인원수는 5명 이상이다.
④ 소방시설등의 자체점검 중 작동점검 제외 대상물로 반기에 1회 이상 종합점검을 실시한다.

답 ③

해 CP백화점은 연면적이 10만 제곱미터 이상인 특정소방대상물에 해당하므로 특급소방안전관리대상물에 해당한다. 따라서 업무의 대행이 불가능하고, 특급소방안전관리자 자격증을 발급받은 사람을 소방안전관리자로 선임해야 하므로 ①번과 ②번의 설명은 옳은 설명이다. 또한 특급대상물의 경우 작동점검 제외 대상에 해당하고 대신 종합점검을 반기에 1회 이상 실시하므로 ④의 설명도 옳은 설명이다.
반면 CP백화점의 연면적은 106,000m^{2}로 연면적이 만 오천제곱미터 이상인 특정소방대상물에 해당하여 소방안전관리보조자를 선임하여야 하는데, 이때 106,000÷15,000=7.06으로 소방안전관리보조자는 최소 7명 이상 선임해야 하므로 ③의 설명이 옳지 않다. 따라서 옳지 않은 것은 ③.

05 찐득한 해설 5회차

5회차 정답									
01	②	02	①	03	②	04	④	05	③
06	④	07	①	08	③	09	②	10	③
11	①	12	②	13	④	14	①	15	③
16	①	17	②	18	③	19	③	20	③
21	③	22	④	23	②	24	①	25	②
26	①	27	③	28	③	29	②	30	①
31	④	32	④	33	②	34	③	35	②
36	②	37	③	38	①	39	①	40	①
41	④	42	③	43	④	44	③	45	②
46	②	47	①	48	③	49	④	50	③

01 화재를 예방·경계하거나 진압하고 화재 및 재난·재해, 또는 그 밖의 위급한 상황에서의 구조·구급 활동 등을 통해 국민의 생명, 신체 및 재산을 보호함으로써 공공의 안녕 및 질서 유지와 복리증진에 이바지하는 것을 목적으로 하는 법은 어느 것에 해당하는지 고르시오.

① 위험물안전관리법
② 소방기본법
③ 소방시설 설치 및 관리에 관한 법률
④ 화재의 예방 및 안전관리에 관한 법률

답 ②

해 예방·경계/진압/구조·구급 활동으로 공공의 안녕 및 질서유지, 복리증진에 이바지하는 것은 〈소방기본법〉의 개념에 해당한다.

소방기본법&화재의 예방 및 안전관리에 관한 법률&소방시설 설치 및 관리에 관한 법률

구분	소방기본법	화재의 예방 및 안전관리에 관한 법률	소방시설 설치 및 관리에 관한 법률
의의	화재를 예방·경계 하거나 진압하고 화재, 재난·재해, 그 밖의 위급한 상황에서의 구조·구급 활동 등을 통하여 국민의 생명·신체 및 재산을 보호함으로써	화재의 예방과 안전관리에 필요한 사항을 규정함으로써	특정소방대상물 등에 설치해야 하는 소방시설 등의 설치·관리와 소방용품 성능 관리에 필요한 사항을 규정함으로써
주목적	공공의 안녕 및 질서 유지와 복리 증진에 이바지함	화재로부터 국민의 생명·신체, 재산을 보호하고 공공의 안전과 복리 증진에 이바지함	국민의 생명·신체, 재산을 보호하고 공공의 안전과 복리증진에 이바지함을 목적으로 한다.
공통목적	국민의 생명·신체, 재산을 보호 및 복리증진에 이바지		

02 다음 중 한국소방안전원의 업무에 해당하지 아니하는 것을 고르시오.

① 화재 발생 위험 요인 등의 확인을 위한 화재안전조사 실시
② 화재예방과 안전관리의식 고취를 위한 대국민 홍보 및 각종 간행물 발간
③ 소방안전에 관련한 국제협력 업무
④ 정관으로 정하는 사항 및 회원에 대한 기술지원

답 ①

해 화재안전조사를 실시하는 것은 한국소방안전원의 업무에 해당하지 않는다. 화재안전조사는 소방청장, 소방본부장 또는 소방서장이 소방대상물이나 관계지역, 또는 관계인에 대하여 소방시설등의 설치 및 관리 등이 적법한지 여부와 해당 소방대상물에서 화재 발생 등의 위험 요인이 있는지 등을 확인하기 위해 실시하는 활동으로 이러한 화재안전조사의 실시 주체에 한국소방안전원은 해당하지 않으므로 ①의 설명은 옳지 않다.

03 다음 중 화재로 오인할 만한 우려가 있는 불을 피우거나 연막소독을 실시하고자 하는 자가 신고를 하지 아니하여 소방자동차를 출동하게 한 경우 20만 원 이하의 과태료가 부과될 수 있는 지역 또는 장소에 해당하지 아니하는 것을 모두 고르시오.

ⓐ 석유화학제품 생산 공장이 있는 지역
ⓑ 위험물의 저장 및 처리시설이 있는 지역
ⓒ 목조건물이 밀집한 지역
ⓓ 「산업입지 및 개발에 관한 법률」에 따른 산업단지
ⓔ 소방시설·소방용수시설 또는 소방출동로가 없는 지역
ⓕ 시장지역

① ⓐ, ⓒ, ⓕ　② ⓑ, ⓓ, ⓔ
③ ⓐ, ⓑ, ⓒ, ⓕ　④ ⓐ, ⓑ, ⓓ, ⓔ

답 ②

해 **[해당하지 않는(옳지 않은) 이유]**

위험물의 저장 및 처리시설이 '밀집한' 지역이 화재 등의 통지에서 정하는 20만 원 이하의 과태료가 부과되는 지역에 해당하므로 '밀집'이라는 말을 포함하지 않은 ⓑ는 해당하지 않는다.

또한 ⓓ와 ⓔ는 20만 원 이하의 과태료가 부과되는 장소가 아니라, [화재예방강화지구]에 해당하는 장소이므로 문제에서 묻고 있는 장소 또는 지역에는 해당하지 않는다.

따라서 화재 등의 통지에서 정하는 20만 원 이하의 과태료가 부과되는 장소(지역)에 해당하지 '않는' 것을 모두 고른 것은 ⓑ, ⓓ, ⓔ로 정답은 ②.

[CHECK!] 20만 원 통지 장소 vs 화재예방강화지구

미리 통지 장소 (20만 원 과태료)	화재예방강화지구
• 시장지역 • ★[밀집한 지역]: 공장·창고 / 목조건물 / 위험물 저장·처리시설 • 석유화학제품 생산 공장 이 있는 지역 • 그 밖에 시·도조례로 정하는 지역	• 시장지역 • ★[밀집한 지역]: 공장·창고 / 목조건물 / 위험물 저장·처리시설 / 노후·불량건축물 • 석유화학제품 생산 공장 이 있는 지역 • 산업단지, 물류단지 • 소방시설·소방용수 시설·소방 출동로 없는 지역 • 그 밖에 소방관서장이 지정할 필요를 인정한 지역

04 화재의 예방조치 등에 따라 누구든지 화재예방강화지구 및 이에 준하는 대통령령으로 정하는 장소에서 하지 말아야 하는 행위에 해당하지 아니하는 행위를 고르시오.

① 용접·용단 등 불꽃을 발생시키는 행위
② 모닥불, 흡연 등 화기의 취급
③ 풍등 등 소형열기구 날리기
④ 소방자동차 전용구역에 주차하는 행위

답 ④

해 소방자동차 전용구역에 주차하는 행위를 해서는 안 되는 것은 맞지만, 이는 화재예방강화지구(화재의 예방조치 등)에서 정하는 금지행위 사항이 아니라 소방기본법에 따라 100만 원 이하의 과태료에 해당하는 사항에 해당한다.

05 다음 중 양벌규정이 부과되는 행위에 해당하지 아니하는 것으로 보기 어려운 것을 고르시오.

① 소방활동구역에 출입한 행위
② 소방훈련 및 교육을 하지 아니한 행위
③ 정당한 사유 없이 소방대의 생활안전활동을 방해한 행위
④ 소방안전관리자 및 소방안전관리보조자로서 실무교육을 받지 아니한 행위

답 ③

해 결국 문제는 양벌규정이 부과되는 행위가 '아닌 것'에 해당하지 '않는 것'을 묻고 있으므로, 다시 말하면 양벌규정이 부과되는 행위가 무엇인지 묻고 있는 것이다.

[참고!]
이런 식의 말장난 문제가 빈번히 출제되고 있기 때문에 함정에 빠지지 않도록 주의!

따라서 양벌규정이 적용되는 것은 '벌금형'에 해당하는 행위이므로 보기 중에서 벌금형에 해당하는 것은 ③.

[CHECK!]
①: 200만 원 이하의 과태료
②: 300만 원 이하의 과태료
③: 100만 원 이하의 벌금
④ (실무교육을 받지 않은 소방안전관리자(보조자)): 100만 원 이하의 과태료(50만 원 과태료)

06 소방안전관리대상물의 근무자 및 거주자 등에 대한 소방훈련 등에 대한 설명으로 가장 옳은 것을 고르시오.

① 모든 소방안전관리대상물의 관계인은 소방훈련 및 교육이 끝난 날부터 30일 이내에 소방훈련 및 교육의 결과를 소방본부장 또는 소방서장에게 제출한다.
② 시·도지사는 불특정 다수인이 이용하는 대통령령으로 정하는 특정소방대상물의 근무자 등을 대상으로 불시에 소방훈련 및 교육을 실시할 수 있다.
③ 소방안전관리자는 소방훈련과 교육에 필요한 장비 및 교재 등을 갖추어야 한다.
④ 관계인은 소방훈련 및 교육실시 결과를 결과기록부에 기록하고 소방훈련 등을 실시한 날부터 2년간 보관한다.

답 ④

해 **[옳지 않은 이유!]**

① 소방안전관리업무의 '전담이 필요한' (특/1급대상물) 소방안전관리대상물의 관계인은 소방훈련 및 교육을 '한 날부터' 30일 이내에 결과를 소방본·서장에게 제출하므로, 모든 소방안전관리대상물로 서술한 부분과 훈련 등이 끝난 날로부터 30일 이내라고 서술한 부분이 옳지 않다.
② 불시 소방훈련 및 교육을 실시할 수 있는 주체는 시·도지사가 아닌 '소방본부장 또는 소방서장'이므로 옳지 않은 설명이다.
③ 소방훈련과 교육에 필요한 장비 및 교재 등을 갖추는 주체는 '관계인'으로 명시되어 있으므로 소방안전관리자라는 설명은 옳다고 보기 어렵다.

따라서 소방훈련 등에 대한 설명으로 가장 옳은 설명은 ④.

07 건설현장 소방안전관리대상물의 공사 시공자는 건설현장 소방안전관리자를 선임한 경우, 선임한 날로부터 14일 내에 건설현장 소방안전관리자 선임신고서에 정해진 서류를 첨부하여 소방본부장 또는 소방서장에게 신고해야 한다. 이때 첨부해야 하는 서류에 해당하지 아니하는 것을 고르시오.

① 건설현장 소방안전관리자 고용 계약서 사본
② 소방안전관리자 자격증
③ 건설현장 소방안전관리자 강습교육 수료증
④ 건설현장 소방안전관리대상물의 공사 계약서 사본

답 ①

해 건설현장 소방안전관리자 선임신고 시 첨부하는 서류에 건설현장 소방안전관리자 '고용 계약서 사본'은 포함되지 않는다.

[CHECK!] 건설현장 소방안전관리자 선임신고 시 첨부 서류

〈건설현장 소방안전관리자〉 선임 신고 시 첨부 서류

공사시공자는 〈건설현장 소방안전관리자〉를 선임한 날로부터 14일 내에 다음의 서류를 첨부하여 소방본부장 또는 소방서장에게 선임신고 한다.

- 건설현장 소방안전관리자 선임신고서
- 소방안전관리자 자격증
- 건설현장 소방안전관리자 강습교육 수료증
- 건설현장 공사 계약서 (사본)

08 다음 중 피난시설, 방화구획 및 방화시설 관련 금지행위 중에서 훼손행위에 해당하는 것을 모두 고르시오.

(가) 용접, 조적, 쇠창살, 석고보드 또는 합판 등으로 비상(탈출)구의 개방을 불가하게 하는 행위
(나) 비상구에 잠금장치를 설치하여 누구나 쉽게 열 수 없도록 하는 행위
(다) 방화문을 철거 또는 제거하는 행위
(라) 방화구획에 개구부를 설치하여 기능에 지장을 주는 행위
(마) 배연설비가 작동되지 않도록 기능에 지장을 주는 행위
(바) 방화문에 고임장치 등을 설치하여 그 기능을 저해한 행위

① (가), (나), (다)
② (다), (라), (마)
③ (다), (마), (바)
④ (가), (다), (마), (바)

답 ③

해 (가), (나) : 폐쇄(잠금)행위,
(다), (마), (바) : 훼손행위,
(라) : 변경행위에 해당하므로 [훼손]행위에 해당하는 것만을 모두 고른 것은 (다), (마), (바)로 ③.

[9~11] 다음 제시된 일반현황 자료를 참고하여 각 물음에 답하시오.

구분	건축물 일반현황
명칭	BN아파트
규모/구조	☑ 연면적 8,000m²
	☑ 599세대
	☑ 지상 12층
	☑ 높이 50m
	☑ 형태(용도) : 주거시설(아파트)
	☑ 완공일 : 2023. 01. 05
	☑ 사용승인일 : 2023. 02. 03
소방시설	[V] 옥내소화전설비 [V] 스프링클러설비 [V] 자동화재탐지설비

09 소방안전관리대상물인 BN아파트의 등급으로 옳은 것을 고르시오.

① 3급소방안전관리대상물
② 2급소방안전관리대상물
③ 1급소방안전관리대상물
④ 특급소방안전관리대상물

답 ②

해 BN아파트는 옥내소화전과 스프링클러설비가 설치되어 있으므로 최소 2급대상물 이상인데, 이때 규모가 1급대상물인 아파트의 조건에는 미치지 않기 때문에 그보다는 작은 '2급'소방안전관리대상물임을 알 수 있다.

[참고!]
아파트가 1급대상물이 되려면 지하를 제외하고 30층 이상이거나 또는 높이가 120m 이상일 때 1급대상물 아파트에 속한다.

BN아파트는 층수가 12층이고 높이도 50m로 1급 규모의 아파트보다 작고, 옥내소화전설비나 스프링클러설비를 설치하는 특정소방대상물이므로 2급대상물에 해당한다.

10 BN아파트의 자체점검에 대한 설명으로 옳은 것을 고르시오.

① 2025년 1월에는 작동점검을 실시했을 것이다.
② 소방시설관리사를 주된 인력으로 하여 2026년 7월에 종합점검을 실시한다.
③ 소방시설관리사를 주된 인력으로 하여 2026년 2월에 종합점검을 실시한다.
④ 종합점검 제외 대상으로 2026년 2월에 작동점검만 실시한다.

답 ③

해 BN아파트는 스프링클러설비가 설치된 특정소방대상물로, 작동점검과 종합점검을 모두 실시해야 하는 대상물이다. 이러한 자체점검의 실시 기준일이 되는 것은 [사용승인일]로, 사용승인일이 포함된 달에 종합점검을 → 이후 6개월이 되는 달에 작동점검을 반복적으로 실시한다.

따라서 BN아파트는 사용승인(2023년) 다음 해인 2024년부터 (사용승인일이 포함된 달) 매년 2월에 종합점검을, 이후 6개월이 되는 달인 매년 8월에 작동점검을 실시하게 된다.

이때 종합점검의 주된 인력은 (1) 소방시설관리업에 등록된 기술인력 중 소방시설관리사, (2) 소방안전관리자로 선임된 소방시설관리사 및 소방기술사이므로, BN아파트의 점검에 대한 설명으로 옳은 것은 ③번.

[옳지 않은 이유!]
- ① : 자체점검의 기준일은 '사용승인일(2월)'로, 완공일은 무관하므로 1월에 작동점검을 실시했을 것이라는 설명은 옳지 않다.
- ② : 매년 2월 종합, 8월 작동점검을 실시하므로 옳지 않은 설명
- ④ : BN아파트는 스프링클러설비가 설치된 대상물이므로 종합점검 실시 대상인데, 작동점검만 실시한다고 서술하여 옳지 않은 설명이다.

[참고!] 종합점검 대상 간단 요약	
- 소방시설등 신설	- 스프링클러 설치
- 물분무 5,000m²	- 다중이용 2,000m²
- 제연설비 터널	- 공공기관 1,000m² (옥내 or 자탐 설치)

11 BN아파트의 소방안전관리보조자 최소 선임 인원수를 고르시오.

① 1명 이상 ② 2명 이상
③ 3명 이상 ④ 4명 이상

답 ①

해 300세대 이상의 아파트부터는 소방안전관리보조자를 선임해야 하고 이후 초과되는 300세대마다 소방안전관리보조자를 1명 이상 추가로 선임해야 하는데, BN아파트는 599세대로 소방안전관리보조자를 선임해야 하는 조건(300세대 이상 아파트)에는 해당하면서도 그 뒤로도 300세대가 더 초과되는 600세대에는 미치지 않으므로 보조자 최소 선임 인원수는 1명 이상이다.

계산식으로는 599÷300=1.9로 절하하여 1명 이상 선임하는 것으로 계산할 수 있다.

[CHECK!] 300세대 이상의 아파트 보조자 선임

300~599 세대	600~899 세대	900~1,199 세대	1,200~1,499 세대
1명	2명	3명	4명

12 다음은 자체점검 중 종합점검 시행 대상에 해당하는 조건을 나열한 표이다. 빈칸 (A)와 (B)에 들어갈 면적으로 옳은 값을 순서대로 고르시오.

점검 구분	점검 대상
종합점검	(1) 소방시설등이 신설된 특정소방대상물
	(2) 스프링클러설비가 설치된 특정소방 대상물
	(3) (호스릴 방식의 물분무등소화설비만을 설치한 경우를 제외하고) 물분무등소화 설비가 설치된 연면적 5,000m² 이상의 특정소방 대상물(위험물제조소등 제외)
	(4) 「다중이용업소의 안전관리에 관한 특별법 시행령」에 의한 단란주점영업, 유흥주점 영업, 노래연습장업, 영화상영관, 고시원업 등 다중이용업의 영업장이 설치된 특정소방 대상물로서 연면적이 __(A)__ 이상인 것
	(5) 제연설비가 설치된 터널
	(6) 「공공기관의 소방안전관리에 관한 규정」 제2조에 따른 공공기관 중 연면적(터널 · 지하구의 경우 그 길이와 평균폭을 곱하여 계산된 값을 말한다)이 __(B)__ 이상인 것으로서 옥내소화전설비 또는 자동화재 탐지설비가 설치된 것. (단, 「소방기본법」 제2조 제5호에 따른 소방대가 근무하는 공공기관은 제외)

① (A) : 1,000m², (B) : 2,000m²
② (A) : 2,000m², (B) : 1,000m²
③ (A) : 2,000m², (B) : 3,000m²
④ (A) : 3,000m², (B) : 2,000m²

답 ②

해 다중이용업장이 설치된 대상물의 연면적은 2,000m² 이상일 때! 공공기관 연면적(터널, 지하구는 길이와 평균폭을 곱하여 계산된 값)이 1,000m² 이상으로 옥내/자탐 설치된 것일 때!

종합점검 실시대상이 된다. 그 외 조건도 함께 체크 ^^!

13 **다음 중 방염 처리 된 물품의 사용을 권장할 수 있는 경우에 해당하지 아니하는 것을 고르시오.**

① 다중이용업소, 숙박시설에서 사용하는 침구류
② 의료시설에서 사용하는 침구류
③ 노유자시설에서 사용하는 소파 및 의자
④ 노래연습장업의 영업장에 설치하는 섬유류 소파 및 의자

답 ④

해 단란주점영업, 유흥주점영업, 노래연습장업의 영업장에서 섬유류 또는 합성수지류 등을 원료로 하여 제작된 소파 및 의자는 방염대상물품에 해당하므로 문제에서 묻고 있는 '권장'할 수 있는 경우에는 해당하지 않는다.
방염처리 된 물품의 사용을 [권장]할 수 있는 경우(장소 및 물품)는 아래와 같다.

[CHECK!] 방염처리물품 사용 '권장'
(1) 다중이용업소, 의료시설, 노유자시설, 숙박시설, 장례식장에서 사용하는 침구류 · 소파 및 의자
(2) 건축물 내부의 천장 또는 벽에 부착 · 설치하는 가구류

14 **소방안전관리자 및 소방안전관리보조자 선임 등 기준에 대한 설명으로 옳지 아니한 것을 고르시오.**

① 소방본부장 또는 소방서장은 선임연기 신청서를 받은 경우 7일 이내에 선임 기간을 정해서 관계인에게 통보한다.
② 증축 또는 용도변경으로 소방안전관리대상물로 지정된 경우에는 사용승인일 또는 건축물관리대장에 용도변경 사실을 기재한 날로부터 30일 내에 소방안전관리자 및 소방안전관리보조자를 선임한다.
③ 소방안전관리자 및 소방안전관리보조자를 선임한 경우에 선임한 날부터 14일 내에 소방본부장 또는 소방서장에게 선임신고 한다.
④ 2급, 3급소방안전관리대상물의 관계인은 소방안전관리자 또는 소방안전관리보조자 강습교육이나 자격 시험이 선임기간 내에 있지 않아 선임이 불가한 경우 선임연기 신청이 가능하며 이 경우 소방본부장 또는 소방서장에게 선임연기 신청서를 제출한다.

답 ①

해 소방본부장 또는 소방서장은 선임연기 신청서를 받은 경우 '3일 이내'에 소방안전전관리(보조)자의 선임기간을 정해서 관계인에게 통보해야 하므로 7일 이내라고 서술한 ①의 설명이 옳지 않다.

15 **다음 중 건축법에서 정하는 대수선에 해당하는 경우로 보기 어려운 것을 고르시오.**

① 방화벽 또는 방화구획을 위한 바닥 또는 벽을 증설 또는 해체하는 것
② 다가구주택의 가구 간 경계벽 또는 다세대주택의 세대 간 경계벽을 수선 또는 변경하는 것
③ 기둥을 2개 이상 수선 또는 변경하는 것
④ 내력벽의 벽면적을 $30m^2$ 이상 수선 또는 변경하는 것

답 ③

해 대수선이란 건축물의 기둥, 보, 내력벽, 주계단 등의 구조나 외부 형태를 수선·변경하거나 증설하는 것으로서 대통령령으로 정하는 것을 말하며, 이러한 대수선에 해당하는 것은 다음과 같다.

기둥 보 지붕틀	증설 또는 해체하거나 3개 이상 수선 또는 변경하는 것
내력벽 외벽 마감재료	증설 또는 해체하거나 벽면적을 $30m^2$ 이상 수선 또는 변경하는 것
방화벽 주계단·(특별)피난계단 (다가구·다세대)경계벽	증설 또는 해체하거나 수선 또는 변경하는 것

따라서 기둥을 '3개 이상' 수선 또는 변경하는 경우 대수선의 범위에 해당하므로 2개라고 서술한 ③번의 설명이 옳지 않다.

[TIP]
'옥외'계단을 증설·해체/수선·변경하는 경우도 대수선의 범위에 해당하지 않는다는 점을 CHECK!

16 다음 중 화재성상 단계별로 나타나는 특징에 대한 설명이 옳지 아니한 것을 모두 고르시오.

(가) 초기에는 실내 온도가 급격히 상승하며 발화부위는 훈소현상으로 시작되는 경우가 대부분이다.
(나) 내장재 등에 착화된 시점은 성장기에 해당하며 이 단계에서 천장부근에 축적되어 있던 가연성 가스에 착화되면 플래시오버(Flash Over) 현상이 나타난다.
(다) 최성기에 이르면 실내 전체에 화염이 충만하고 연소가 최고조에 달한다.
(라) 내화구조의 경우 최성기까지 20~30분이 소요되며 목조건물의 경우에는 약 10분 정도가 소요되어 내화구조는 고온장기형, 목조건물은 저온단기형 그래프를 나타낸다.
(마) 화재 시 감쇠기에 이르면 화세가 감쇠하여 온도가 점차 내려가기 시작한다.

① (가), (라)
② (나), (다)
③ (나), (라), (마)
④ (가), (다), (라), (마)

답 ①

해 **[옳지 않은 이유!]**

초기는 실내 온도가 아직 크게 상승하지 않은 때로, 실내 온도가 급격히 상승하는 특징을 보이는 것은 성장기 단계에 해당한다. 따라서 초기에 실내 온도가 급격히 상승한다고 서술한 (가)의 설명은 옳지 않다.

또한 최성기에서 내화구조는 비교적 낮은 온도(약 800~1,050℃)를 유지하는 '저온장기형'을, 목조건물은 고온(약 1,100~1,350℃)으로 단기간에 타오르는 '고온단기형' 그래프를 보이므로 (라)의 설명도 옳지 않다. 따라서 옳지 않은 것만을 모두 고른 것은 (가), (라)로 ①.

17 다음 중 화재의 분류별 특징과 소화방법에 대한 설명으로 옳지 아니한 설명에 해당하지 아니하는 것을 고르시오.

ⓐ C급화재는 통전 중인 전기기기 및 배선과 관련한 화재로 수계소화는 감전의 위험이 있어 이산화탄소나 분말소화약제가 적응성이 있다.
ⓑ B급화재는 연소 후 재가 남으며 연소열이 크고 소화 시 포 등을 이용한 질식 및 냉각소화가 적응성이 있다.
ⓒ 일반 가연물에서 비롯되는 A급화재는 다량의 물이나 수용액을 이용한 냉각소화가 적응성이 있다.
ⓓ K급화재는 동식물유를 취급하는 조리기구에서 비롯된 화재로 분말소화약제나 건조사 등을 이용한 소화가 적응성이 있다.
ⓔ D급화재 시 칼륨, 나트륨, 마그네슘 등이 가연물이 될 수 있으며 물, 포, 강화액 등 수계소화약제가 적응성이 있다.

① ⓐ, ⓑ
② ⓐ, ⓒ
③ ⓐ, ⓒ, ⓔ
④ ⓑ, ⓓ, ⓔ

답 ②

해 '옳지 않은 설명에 해당하지 않는 것'은 결국 옳은 설명을 고르라는 의미와 같다.

[옳지 않은 이유!]

B급(유류)화재는 석유 등과 같은 인화성액체나 가연성 액체 등 유류에서 비롯되는 화재로 연소 후 재가 남지 않는 것이 특징이므로 연소 후 재가 남는다고 서술한 ⓑ의 설명은 옳지 않다.

[참고!]
다만 B급 화재는 연소열이 크고, 포 등을 이용한 질식·냉각소화가 적응성이 있다는 것은 옳은 설명!

또한 분말소화약제나 건조사 등을 이용한 소화가 적응성이 있는 것은 D급(금속)화재에 해당하는 설명이므로 K급(주방화재)이라고 서술한 ⓓ의 설명이 옳지 않고, D급(금속)화재는 물과 반응하여 강한 수소를 발생하므로 수계소화약제를 사용하면 안 되기 때문에 ⓔ의 설명도 옳지 않다.

따라서 이들을 제외하고 '옳은' 설명은 ⓐ, ⓒ로 정답은 ②. A급 : 일반, C급 : 전기화재.

18 **다음 중 가연물질이 되기 위한 구비조건으로 옳은 설명에 해당하지 아니하는 것을 고르시오.**

ⓐ 지연성가스와 친화력이 약해야 한다.
ⓑ 비표면적이 작은 물질이어야 한다.
ⓒ 연쇄반응을 일으키는 물질이어야 한다.
ⓓ 열전도도가 작아 열의 축적이 용이해야 한다.
ⓔ 산화되기 어려운 물질로서 산소와 결합 시 발열량이 커야 한다.
ⓕ 활성화에너지 값이 작아야 한다.

① ⓐ, ⓑ ② ⓒ, ⓕ
③ ⓐ, ⓑ, ⓔ ④ ⓐ, ⓓ, ⓕ

답 ③

해 **[옳지 않은 이유!]**

지연성(조연성)가스인 산소·염소와 친화력이 강해야 하므로 ⓐ의 설명이 옳지 않고, 또한 산소와 접촉할 수 있는 표면적인 비표면적이 커야 가연물질이 될 수 있으므로 ⓑ의 설명도 옳지 않다. 마찬가지로 산소와 결합하면 발열량이 커야 하는데 이는 다시 말해서 산화되기 '쉬운' (산소와 결합하여 반응을 잘하는) 물질이어야 하므로 산화되기 어려운 물질이어야 한다고 서술한 ⓔ의 설명도 옳지 않다.

따라서 옳지 않은 설명에 해당하는 것은 ⓐ, ⓑ, ⓔ로 ③.

19 **다음 중 화재위험작업의 관리감독 절차에 대한 설명으로 옳은 것을 고르시오.**

① 화재감시자는 작업 현장의 준비상태 확인 후, 화기작업 허가서를 발급한다.
② 화기작업 중 휴식시간 및 식사시간에는 화재감시자의 감시 활동이 일시 중단된다.
③ 작업 완료 시 화재감시자는 해당 작업구역 내에 30분 이상 더 상주하면서 감시를 진행해야 한다.
④ 화기작업 허가서는 현장 내 작업자와 관리자가 모두 확인하였다면 작업구역 내에 게시할 필요가 없다.

답 ③

해 **[옳지 않은 이유!]**

- ① : 작업 현장의 준비상태를 확인하여 서명 후 화기작업 허가서를 발급하는 것은 화재감시자가 아닌, 화재안전 감독자(감독관)의 역할에 해당한다.
- ② : 화재감시자는 휴식시간 및 식사시간 등에도 감시활동을 계속 진행해야 하므로 옳지 않은 설명이다.
- ④ : 화기작업 허가서는 현장 내 작업자 및 관리자 등이 인지할 수 있도록 작업구역 내에 게시해야 하므로 옳지 않은 설명이다.

따라서 옳은 설명은 ③번으로, 작업 완료 시 화재감시자는 30분 이상 더 상주하면서 발화(착화) 여부를 감시하고 이때 작업구역의 식상,직하층에 내한 점검도 병행해야 하므로 옳은 설명은 ③번.

20 **각각의 소화방법에 대한 설명으로 바르지 아니한 것을 고르시오.**

① 질식소화 : 공기 중의 산소 농도를 15% 이하로 억제하는 소화방식
② 냉각소화 : 연소 중인 가연물의 열을 빼앗아 착화온도 이하로 떨어트리는 소화방식
③ 억제소화 : 연쇄반응을 약화시켜 표면연소에 작용하는 소화방식
④ 제거소화 : 연소반응에 관계된 가연물을 직접 제거하거나 파괴하는 소화방식

답 ③

해 표면연소(무염연소)는 연소의 4요소인 '연쇄반응'이 빠진 3요소만 적용되기 때문에 라디칼을 흡착, 제거하여 연쇄반응을 약화시키는 소화방식인 억제소화는 - 화염을 발생시키지 않는 형태의 표면연소(무염연소)에서는 효과가 없다. 따라서 억제소화를 표면연소에 작용하는 소화방식이라고 설명한 ③의 설명은 옳지 않다.

[TIP]

억제소화가 효과가 있는 것은 화염연소!

21 **위험물안전관리 제도에서 정하는 위험물안전관리자의 선임 및 해임에 대한 내용으로 옳은 설명에 해당하지 아니하는 것을 고르시오.**

① 제조소등의 관계인은 제조소등마다 대통령령으로 정하는 위험물의 취급에 관한 자격이 있는 사람을 안전관리자로 선임해야 한다.
② 위험물안전관리자는 위험물의 안전관리에 관한 직무를 수행해야 한다.
③ 위험물안전관리자가 해임 및 퇴직한 때에는 그 날로부터 60일 안에 새로운 안전관리자를 선임해야 한다.
④ 위험물안전관리자를 선임한 날로부터 14일 이내에 소방본부장 또는 소방서장에게 선임신고 한다.

답 ③

해 위험물안전관리자의 선임도 소방안전관리자의 선임과 마찬가지로 [30일 내에 선임]해야 하고, 선임한 날로부터 14일 내에 소방본부장 또는 소방서장에게 선임신고를 해야 한다. 따라서 60일 내라고 서술한 ③의 설명이 옳지 않다.

22 다음 표의 내용을 참고하여 빈칸 (A)에 들어갈 위험물을 고르시오.

구분	자연발화성 물질 및 금수성 물질	자기반응성 물질	(A)
특징	• 물과 반응하거나 자연 발화에 의해 발열 또는 가연성 가스를 발생 • 용기 파손 및 누출에 주의 해야 한다.	• 가연성으로 산소를 함유하여 자기 연소가 가능 하다. • 가열이나 충격, 마찰 등에 의해 착화 및 폭발을 일으킨다. • 연소 속도가 빨라 소화가 곤란 하다.	• 인화가 용이 하다. • 대부분 물 보다 가볍고 증기는 공기보다 무겁다. • 증기는 공기와 혼합되어 연소 및 폭발을 일으킨다. • 물에 녹지 않는다. • 대부분 주수 소화가 불가능 하다.

① 산화성 고체 ② 가연성 고체
③ 산화성 액체 ④ 인화성 액체

답 ④

해 문제의 (A)에 해당하는 특징은 제4류위험물인 '인화성 액체'에 대한 설명에 해당한다.

[참고!]
자연발화성 물질 및 금수성 물질은 제3류위험물, 자기반응성 물질은 제5류위험물로 이러한 위험물의 종류(분류)별로 지칭하는 명칭도 알고 있는 것이 중요~!^^

[CHECK!]
① 산화성 고체 - 제1류위험물
② 가연성 고체 - 제2류위험물
③ 산화성 액체 - 제6류위험물
④ 인화성 액체 - 제4류위험물

23 **산화성 액체의 특징에 해당하는 설명을 고르시오.**

ⓐ 저온에서 착화하기 용이한 가연성 물질이다.
ⓑ 가열, 충격, 마찰 등에 의해 분해되고 산소를 방출한다.
ⓒ 강산으로 산소를 발생시키는 조연성 액체이다.
ⓓ 연소하면서 유독가스를 발생시킨다.
ⓔ 일부는 물과 접촉하면 발열을 일으킨다.

① ⓑ, ⓔ ② ⓒ, ⓔ
③ ⓐ, ⓑ, ⓓ ④ ⓑ, ⓒ, ⓔ

답 ②

해 ⓐ, ⓓ는 제2류(가연성 고체)에 대한 설명, ⓑ 제1류(산화성 고체)에 대한 설명에 해당한다. 이를 제외한 ⓒ와 ⓔ가 제6류위험물인 산화성 액체에 대한 설명에 해당하므로 정답은 ⓒ, ⓔ.

[24~25] 다음 표를 보고 각 물음에 답하시오.

구분	(A)	(B)
주성분	CH_4	C_4H_{10}, C_3H_8
용도	도시가스	가정용, 자동차 연료용, 공업용
비중	0.6	1.5~2

24 표의 (A)에 해당하는 가스와 그 가스의 가스누설경보기 설치 위치에 대한 설명이 옳은 것을 고르시오.

① LNG : 탐지기의 하단은 천장면의 하방 30cm 이내에 위치하도록 설치한다.
② LNG : 가스연소기 또는 관통부로부터 수평거리 4m 이내에 위치하도록 설치한다.
③ LPG : 탐지기의 상단은 바닥면의 상방 30cm 이내에 위치하도록 설치한다.
④ LPG : 가스연소기로부터 수평거리 8m 이내에 위치하도록 설치한다.

답 ①

해 (A)가스는 LNG(액화천연가스)에 해당한다. 따라서 (A)가스를 LPG라고 서술한 ③, ④번을 오답으로 걸러낼 수 있는데, 이때 증기비중이 1보다 작은 LNG의 가스누설경보기 설치 위치에 대한 설명으로 옳은 것은 ①번이다.

[참고!]
②의 설명은 LNG가 아닌 LPG의 가스누설경보기 설치 위치이므로 오답

[CHECK!] 가스누설경보기 설치 위치

LNG	(1) 탐지기의 하단은 천장면의 하방 30cm 이내에 위치하도록 설치 (2) 가스연소기로부터 수평거리 8m 이내에 위치하도록 설치
LPG	(1) 탐지기의 상단은 바닥면의 상방 30cm 이내에 위치하도록 설치 (2) 가스연소기 또는 관통부로부터 수평거리 4m 이내에 위치하도록 설치

25 (B)가스의 주성분 중 C_3H_8의 폭발범위에 해당하는 것을 고르시오.

① 1.8~8.4% ② 2.1~9.5%
③ 4~75% ④ 5~15%

답 ②

해 (B)가스는 LPG로 C_3H_8은 '프로판'에 해당한다. 이러한 프로판의 폭발범위는 2.1~9.5%에 해당하므로 정답은 ②.

[CHECK!] 폭발범위
① 1.8~8.4% : 부탄(C_4H_{10})
② 2.1~9.5% : 프로판(C_3H_8)
→ 부탄과 프로판은 LPG의 주성분
④ 5~15% : 메탄(CH_4)
→ 메탄은 LNG의 주성분
(③번은 수소의 폭발범위로, LPG/LNG의 주성분에는 들어가지 않는다.)

26 습식스프링클러설비의 점검을 위해 그림의 ⓐ 밸브를 개방하였을 때 확인되는 사항으로 옳지 아니한 것을 고르시오.

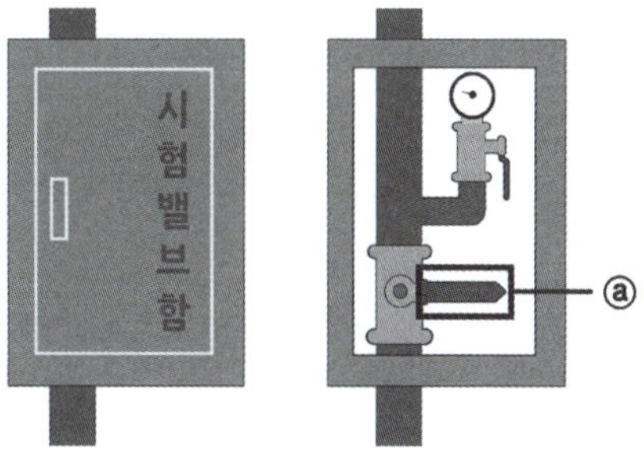

① 릴리프밸브가 개방되어 압력이 배출된다.
② 감시제어반의 화재표시등 및 해당구역 밸브개방 표시등이 점등된다.
③ 해당 구역의 경보(사이렌)가 작동한다.
④ 소화펌프가 자동으로 기동된다.

답 ①

해 그림의 ⓐ 밸브는 습식스프링클러설비의 점검을 위한 시험밸브(개폐밸브)로, 시험밸브를 개방하여 가압수를 배출시켜 2차측의 압력이 저하되면 클래퍼가 개방되어 압력스위치가 작동되는 과정을 통해 점검을 진행할 수 있다.

이러한 습식스프링클러설비의 점검 시 확인사항은 수신기(감시제어반)에서 화재표시등과 (해당 구역의) 밸브개방 표시등의 점등, 경보 작동, 그리고 소화펌프의 자동기동 여부로 ②,③,④번이 확인사항에 해당한다.

[옳지 않은 이유!]

릴리프밸브는 펌프의 체절운전 시, 체절압력 미만에서 개방되어 과압을 방출하고 수온상승을 방지하기 위한 장치로 습식스프링클러설비의 점검과는 무관하다. 따라서 습식스프링클러설비의 점검을 위한 시험밸브의 개방으로 확인되는 사항에 해당하지 않는 것은 ①번.

27 소방시설의 종류 중에서 소화활동설비에 포함되는 설비를 모두 고르시오.

㉮ 상수도소화용수설비	㉯ 제연설비
㉰ 유도등·비상조명등	㉱ 비상콘센트설비
㉲ 소화수조 및 저수조	㉳ 자동화재탐지설비

① ㉮, ㉲ ② ㉮, ㉳

③ ㉯, ㉱ ④ ㉰, ㉱

답 ③

해 소방시설은 크게 소화설비, 경보설비, 피난구조설비, 소화용수설비, 소화활동설비로 구분할 수 있는데 이 중에서 [소화활동설비]란 화재를 진압하거나 인명구조 활동을 위해 사용하는 설비들을 일컫는다.

문제에서 제시된 것 중 ㉮, ㉲는 '소화용수설비'에 해당하고, ㉰는 '피난구조설비', ㉳는 '경보설비'에 해당한다. 따라서 [소화활동설비]에 포함되는 것은 ㉯와 ㉱로 ③. 그 외에도 연결송수관설비, 연결살수설비, 무선통신보조설비, 연소방지설비가 소화활동설비에 포함된다.

[TIP]

'소화활동설비' 자체는 2급 과정에서 다루지 않더라도, 이처럼 〈소방시설의 종류〉를 구분하는 내용은 2급 강습교재에 포함되어 있으므로 한 번씩 체크해서 같이 챙겨주시면 더 좋습니다^^!

28 분말소화기에 대한 설명으로 옳은 것을 모두 고르시오.

ⓐ 제1인산암모늄을 주성분으로 하는 것은 ABC급 분말소화기이다.
ⓑ 분말소화기의 내용연수는 10년으로 하고 내용연수 경과 후 10년 이상이면 내용연수 등이 경과한 날의 다음 달부터 3년 동안 사용이 가능하다.
ⓒ 가압식 분말소화기의 지시압력계 정상 범위는 0.7~0.98MPa이다.
ⓓ 주성분이 탄산수소나트륨인 BC급 분말소화기 약제는 백색을 띤다.
ⓔ 일반적으로 폐기 시 생활폐기물 신고필증 스티커를 부착하여 지정된 장소에 배출하는 것이 바람직하다.

① ⓐ, ⓒ ② ⓑ, ⓒ
③ ⓐ, ⓓ, ⓔ ④ ⓑ, ⓓ, ⓔ

답 ③

해 **[옳지 않은 이유!]**

ⓑ 분말소화기의 내용연수는 10년으로 하고, 이때 성능시험 검사에 합격한 소화기는 내용연수 경과 후 10년 '미만'이면 - 3년 동안 / 10년 '이상'이면 - 1년 동안 연장하여 사용 가능하다. (내용연수 등이 경과한 날의 다음 달부터). 따라서 내용연수 경과 후 10년 '이상'일 때 3년 연장으로 서술한 부분이 옳지 않다.

ⓒ 지시압력계가 부착되어 있어 정상 범위가 0.7~0.98MPa인 것은 '축압식' 분말소화기에 대한 설명이므로 가압식이라고 서술한 부분이 옳지 않다. +가압식은 현재는 생산이 중단되었다.

따라서 ⓑ와 ⓒ를 제외한 ⓐ, ⓓ, ⓔ의 설명이 옳다.

29 출혈의 증상 및 지혈처리에 대한 설명으로 가장 옳은 설명을 고르시오.

① 일반적으로 혈액량의 1/5에서 1/4 정도 출혈 발생 시 생명을 잃게 된다.
② 출혈 발생 시 호흡과 맥박이 빠르고 약하고 불규칙해진다.
③ 동공이 축소되고 두려움 및 불안을 호소하게 된다.
④ 점차 체온이 상승하고 혈압이 저하되며 호흡곤란 증세를 보인다.

답 ②

해 **[옳지 않은 이유!]**

5분의 1(1/5)은 20%를, 4분의 1(1/4)은 25%를 의미하므로 ①번의 보기를 다시 말하면 20~25%가 되는데, 20~25% 출혈 시 생명을 잃게 된다는 설명은 옳지 않다. 일반적으로 출혈량의 15~20% 출혈 시 생명이 위험해지고 30% 출혈 시 생명을 잃게 된다. (따라서 30% 출혈 시 생명을 잃게 된다는 명제를 분수식으로 나타내면 3/10 정도로 표기해야 옳다.)

또한 출혈이 발생했을 때 동공은 '확대'되므로 축소된다고 서술한 ③의 설명도 옳지 않고, 체온과 혈압이 떨어져 '저하'되므로 체온이 상승한다고 서술한 ④의 설명도 옳지 않다.

따라서 출혈의 증상 및 지혈처리에 대해 옳게 설명한 것은 ②.

30 화재 시 소방활동을 수행할 수 있는 내열피복으로써 고온의 복사열에도 접근이 가능한 피복 형태의 인명구조기구로 옳은 것을 고르시오.

① 방열복 ② 방화복
③ 공기호흡기 ④ 인공소생기

답 ①

해 공기호흡기와 인공소생기는 피복(옷)의 형태가 아니므로 해당 사항이 없고, 방화복은 일반적으로 화재 진압과 같은 소방활동을 수행할 때 입는 피복으로 안전모와 보호장갑, 안전화를 포함한 형태를 의미하므로 문제에서 묻고 있는 피복에는 해당하지 않는다.

문제의 설명과 같이 '복사열'에도 가까이 접근하여 소방활동을 할 수 있도록 만들어진 내열피복은 [방열복]에 해당하는 설명이므로 정답은 ①. (복사'열'에 접근 가능한 내열피복=방'열'복).

31 **자위소방대 조직 구성 시 현장대응조직을 비상연락팀, 초기소화팀, 피난유도팀으로 구성하며 필요 시 팀을 가감 편성할 수 있는 형태(TYPE)에 대한 설명으로 옳은 것을 고르시오.**

① 연면적 30,000m² 미만의 1급이나 상시 근무인원이 50명 이상인 2급소방안전관리대상물에 적용된다.

② TYPE - Ⅲ가 적용되는 대상물로 편성대원이 10인 미만인 경우에 해당한다.

③ 최초의 현장대응조직을 본부대로, 추가적인 편성조직을 지구대로 구분하여 구성한다.

④ 상시근무인원이 50명 미만인 2급 또는 3급소방안전관리대상물로 편성대원이 10인 이상인 경우에 해당한다.

답 ④

해 문제에서 말하는 조직 구성은 아래 그림과 같은 형태로, TYPE - Ⅲ 대상물에 해당한다. TYPE - Ⅲ는 (상시 근무인원이 50명 미만인) 2급 또는 3급대상물에 적용되는 조직 구성으로, 자위소방대 편성대원이 10인 미만일 때와 10인 이상일 때로 나눌 수 있다. 이때 편성대원이 10인 '미만'이라면 현장대응조직 밑으로 하위 팀의 구분 없이 구성하여 운영할 수 있지만, 10인 [이상]인 경우에는 문제의 설명처럼 현장대응조직을 비상연락팀, 초기소화팀, 피난유도팀으로 구성한다. (필요 시 팀을 가감 편성). 따라서 문제의 설명에 해당하는 것은 ④.

TYPE-Ⅲ(편성대원 10인 이상)

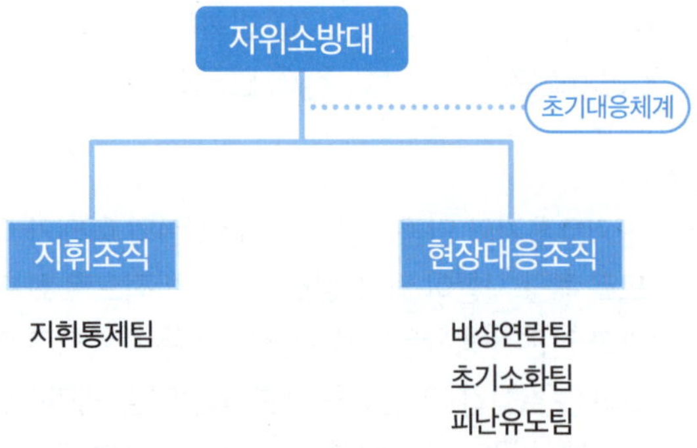

[CHECK!]

①: TYPE - Ⅱ에 해당하는 설명으로, 이때 현장대응조직은 비상연락 · 초기소화 · 피난유도 · 응급구조 · 방호안전팀으로 구성한다.

②: 편성대원이 10인 '미만'인 TYPE - Ⅲ는 개별 팀 구분 없이 〈현장대응팀〉으로 구성하여 운영한다.

③: 현장대응조직을 본부대/지구대로 나누는 것은 TYPE - Ⅰ으로 특급 및 연면적 30,000m² 이상의 1급대상물에 해당.

32 **다음의 그림을 참고하여 펌프성능시험 중 체절운전 시 (가)밸브와 (나)밸브의 개폐상태에 대한 설명으로 옳은 것을 고르시오.**

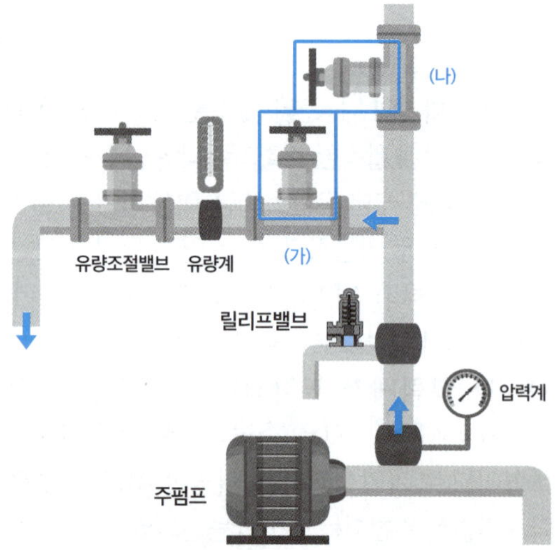

① (가) : 개방, (나) : 개방

② (가) : 개방, (나) : 폐쇄

③ (가) : 폐쇄, (나) : 개방

④ (가) : 폐쇄, (나) : 폐쇄

답 ④

해 체절운전을 위해서는 펌프의 토출량을 0의 상태로 만든다. 그래서 그림상 (가)는 성능시험배관상의 개폐밸브로 체절운전 전, 폐쇄된 상태인지 확인해야 하며, (나)는 펌프토출측 (개폐표시형) 개폐밸브로 펌프 성능시험을 위한 준비단계에서부터 폐쇄해둔 상태이므로 (가)와 (나)는 모두 폐쇄(잠금) 상태에 해당한다. 따라서 정답은 ④.

33 **작동점검표 작성을 위한 점검 전 준비사항에 해당하는 사항으로 보기 어려운 것을 고르시오.**

① 음향장치 및 각 실별 방문점검에 대해 미리 공지한다.
② 사전 설문조사를 통해 점검이 필요한 위치와 중요도를 확인한다.
③ 건물 관계인에게 점검의 목적과 필요성에 대해 사전에 안내한다.
④ 협의 및 협조를 받을 건물 관계인 등의 연락처를 미리 확보한다.

답 ②

해 작동점검표 작성을 위해서 작동점검과 같은 (자체)점검을 실시하기 전 준비사항에 '사전에 설문조사 등을 진행'하는 것은 포함되지 않는다. 따라서 점검 전 준비사항에 해당사항이 없는 것은 ②.

[TIP]
그 외에 ①, ③, ④번의 내용은 점검 전 준비사항에 해당하므로 한 번씩 확인해주시면 좋습니다^^!

34 **다음은 일반인의 심폐소생술 시행 방법을 나타낸 것이다. 심폐소생술 시행 방법 중 빈칸에 들어갈 행동으로 옳은 것을 <보기>의 (가)~(다)를 참고하여 순서대로 나열하시오.**

(1) ________
(2) ________
(3) ________
(4) 가슴압박 30회 시행
(5) 인공호흡 2회 시행(방법을 모를 시 생략 가능, 가슴압박만 시행)
(6) 가슴압박 및 인공호흡 반복 시행
(7) 환자 회복 시 회복자세 유지 및 상태 관찰

보기

(가) 환자의 호흡 확인
(나) 환자의 반응 확인
(다) 119 신고

① (가)-(나)-(다)
② (나)-(가)-(다)
③ (나)-(다)-(가)
④ (다)-(가)-(나)

답 ③

해 심폐소생술 시행 전 초기 단계의 순서로 바람직한 것은 (1) 환자의 어깨를 가볍게 두드리며 대답 또는 신음과 같은 어떠한 반응이 있는지를 우선 확인한다. 따라서 (나) 환자의 '반응'을 확인하는 것이 선행되고, 둘째로 (2) 환자의 반응이 없을 시 119에 신고하고 주위에 AED(심장충격기)가 있다면 즉시 가져오도록 하는 것이 바람직하다. 이후 (3) 환자의 얼굴과 가슴을 10초 내로 관찰하며 호흡이 있는지 정상적인 호흡 여부를 판단하므로 (다) 이후로 (가)의 순서로 진행된다. 따라서 (나) 환자의 반응 확인-(다) 119 신고-(가) 환자의 호흡 확인으로 순서대로 나열한 것은 ③.

35 **다음은 3선식 유도등의 점검 방법을 나타낸 것이다. 빈칸 (A)와 (B)에 들어갈 말로 옳은 것을 순서대로 고르시오.**

방법 1	방법 2
(1) 수신기에서 유도등 절환스위치를 __(A)__ 위치로 전환하여 점등스위치가 ON이 된 상태에서 건물 내에 점등되지 않은 유도등이 있는지 확인한다.	(1) 유도등 절환스위치를 __(B)__ 위치로 전환하여 감지기, 발신기, 중계기, 스프링클러 설비 등을 현장에서 작동한다. (2) 감지기, 발신기, 중계기, 스프링클러 설비 등이 동작함과 동시에 유도등이 점등되는지 확인한다.

① (A) : 자동, (B) : 자동
② (A) : 수동, (B) : 자동
③ (A) : 자동, (B) : 수동
④ (A) : 수동, (B) : 수동

답 ②

해 평상시 꺼져 있다가 필요시 점등되는 3선식 배선의 유도등을 점검하는 방법은 두 가지가 있는데, (1) 수신기에서 [수동]으로 전환했을 때 건물 내에서 안 켜진 유도등이 있는지를 확인하는 방법과, (2) [자동] 상태로 두었을 때 연동된 다른 설비(감지기·발신기·중계기·스프링클러설비 등)의 동작으로 자동 점등되는지를 확인하는 것이다. 따라서 (A)는 [수동], (B)는 [자동]이 들어가는 ②가 정답이 된다.

36 **바닥면적이 5,000m²인 공연장에 능력단위가 5단위인 소화기를 설치하려고 한다. 이때 설치해야 하는 소화기의 최소한의 개수를 구하시오. (단, 건축물의 주요구조부는 내화구조이고 실내에 면하는 부분은 난연재료로 되어 있다.)**

① 5개 ② 10개
③ 15개 ④ 17개

답 ②

해 공연장의 소화기 설치기준은 바닥면적 $50m^2$마다 능력단위 1단위 이상의 소화기를 1개 이상 설치하는 것인데 이때 건축물의 주요구조부는 내화구조이고 실내에 면하는 부분은 난연재료로 되어 있으므로 위의 기준면적의 2배인 $100m^2$마다 능력단위 1단위 이상의 (완화된) 설치 기준이 적용된다.

따라서 능력단위 1단위를 기준으로 봤을 때 5,000÷100=50이 되는데, 이때 설치하려는 소화기의 능력단위가 '5단위'라고 했으므로 50÷5=10으로 10개 이상 설치하는 것으로 계산할 수 있다.

37 **주거용 주방자동소화장치의 점검 사항에 해당하지 아니하는 것을 고르시오.**

① 예비전원시험
② 약제 저장용기 점검
③ 방출헤드 점검
④ 가스누설차단밸브 시험

답 ③

해 주거용 주방자동소화장치 점검의 핵심은, 장치(감지부)가 화재상황으로 감지했을 경우 자동으로 가스누설차단밸브가 작동되어 밸브가 차단되는지를 시험하는 것이다. 이때 감지부의 감지 센서에 가열시험을 해보는데 1차 감지 시 경보 및 차단밸브가 작동하고 2차 감지를 할 경우에 소화약제가 방출된다. 그러나 점검 시 실제로 약제가 방출되는지까지 점검하는 것은 조심스러운 시험이므로 가스누설차단밸브 시험으로 1차 감지온도에서 가스차단밸브의 작동을 점검하는 것이 중점이 된다.
이러한 주거용 주방자동소화장치의 점검 사항에는 1. 감지부 시험 / 2. 가스누설탐지부 점검 / 3. 가스누설차단밸브 시험 / 4. 약제 저장용기 점검 / 5. 제어반(수신부) 점검 / 6. 예비전원시험이 포함되며 예비전원시험 시 전원의 플러그를 뽑았을 때 제어판넬의 예비전원램프에 점등되면 정상으로 판단한다.

따라서 주거용 주방자동소화장치의 점검사항에 포함되지 않는 것은 ③.

38 평면도가 다음과 같고 주요구조부가 내화구조로 된 특정소방대상물에서 4m 미만의 높이에 정온식 스포트형 1종 감지기를 부착할 때 설치하는 감지기의 최소 개수를 구하시오.

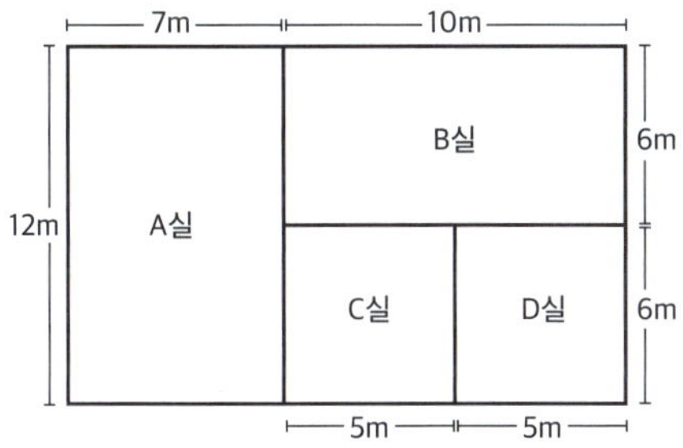

① 5개 ② 6개
③ 7개 ④ 8개

답 ①

해 문제의 조건일 때 정온식 스포트형 1종의 설치 유효면적은 $60m^2$이다.

(1) A실 : 12m×7m는 $84m^2$로 감지기 1개당 유효면적인 $60m^2$를 초과하므로 2개를 설치한다.

(2) B실 : 10m×6m는 $60m^2$이므로 1개 설치

(3) C실과 D실 : 5m×6m로 각각 $30m^2$로 실마다 1개씩 설치

따라서 A실 2개+B실 1개+C실 1개+D실 1개로 최소한의 설치 개수는 총 5개 이상으로 계산할 수 있다.

39 소방교육 및 훈련의 실시원칙 중에서 학습자 중심의 원칙에 해당하는 사항을 모두 고르시오.

ⓐ 핵심사항에 교육의 포커스를 맞추어야 한다.
ⓑ 기능적 이해에 비중을 두고 쉬운 것에서 어려운 것의 순서로 교육을 실시한다.
ⓒ 한 번에 한 가지씩 습득 가능한 분량으로 교육 및 훈련을 진행한다.
ⓓ 학습에 대한 보상을 제공해야 한다.
ⓔ 학습자의 능력을 고려하지 않은 훈련은 비현실적이고 불완전함을 인지한다.

① ⓑ, ⓒ ② ⓒ, ⓓ
③ ⓐ, ⓒ, ⓔ ④ ⓑ, ⓓ, ⓔ

답 ①

해 ⓐ, ⓓ는 동기부여의 원칙, ⓔ는 현실의 원칙에 해당한다. 따라서 이를 제외한 ⓑ, ⓒ가 학습자 중심의 원칙에 해당하며 추가적으로 ⓑ, ⓒ의 사항 외에도 [학습자에게 감동이 있는 교육을 해야 한다.]는 사항이 학습자 중심의 원칙에 포함된다. 따라서 정답은 ①.

40 **가스계소화설비의 점검으로 확인하는 동작확인 사항에 해당하지 아니하는 것을 고르시오.**

① 가스소화약제 방출 확인
② 지연장치의 지연시간 체크 확인
③ 환기장치의 정지 확인
④ 자동폐쇄장치의 작동 확인

답 ①

해 이산화탄소와 같은 가스계소화약제가 유출될 경우 질식 등으로 인한 인명피해가 발생할 위험이 있기 때문에 가스계소화설비를 '점검'할 때에는, 이렇게 원하지 않게 가스 약제가 방출(유출)되지 않도록 점검 전 조치사항으로 기동용기에서 조작동관 및 개방용 동관 등을 분리하는 등의 조치를 취한다.

따라서 가스계소화설비의 점검으로 약제의 방출을 확인하는 것은 해당하지 않으므로 옳지 않은 설명은 ①.

[CHECK!] 가스계소화설비 점검 - 동작확인 사항

(1) 경보발령 확인
(2) 지연장치의 지연시간(약 30초) 체크
(3) 솔레노이드밸브 작동 확인
(4) 자동폐쇄장치 작동 & 환기장치 정지 확인
(5) 작동계통 정상 작동여부 확인
→ 참고로 가스계소화설비가 작동하여 방출되면 해당 장소(실)의 자동폐쇄장치가 작동되어 출입할 수 없게 막아주어야 하고, 동시에 환기팬과 같은 환기장치는 정지하여 가스약제가 다른 곳으로 유출되지 않도록 한다.

41 **스프링클러설비의 배관에 대한 설명으로 옳지 아니한 것을 고르시오.**

① 가지배관은 스프링클러헤드가 설치되는 배관을 의미한다.
② 직접 또는 수직배관을 통해 가지배관에 급수하는 역할을 하는 배관은 교차배관에 해당한다.
③ 교차배관은 가지배관과 수평 또는 밑에 설치한다.
④ 교차배관에서 분기되는 지점을 기준으로 한쪽 가지배관에 설치되는 헤드의 개수는 9개 이하로 한다.

답 ④

해 교차배관에서 분기되는 지점을 기준으로 한쪽 가지배관에 설치되는 헤드의 개수는 '8개 이하'이므로 ④의 설명이 옳지 않다.

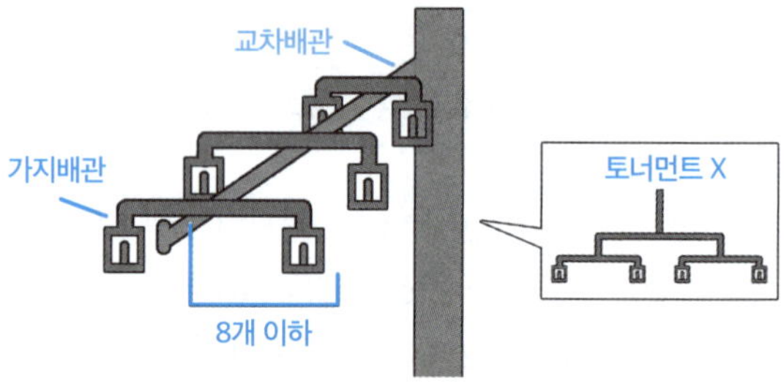

42 **화상의 처치방법으로 바람직하지 아니한 것을 고르시오.**

① 물집이 터지지 않은 1도 및 2도 화상은 젖은 드레싱을 하고 붕대를 느슨하게 감는다.
② 물집이 터진 2도 및 3도 화상은 고압의 물을 피하고 생리식염수로 젖은 드레싱 후 붕대를 느슨하게 감는다.
③ 골절을 동반한 화상환자의 경우 2차 골절 예방을 위해 강한 힘으로 압박하여 드레싱한다.
④ 화공약품이 묻은 경우 약품이 묻은 옷과 장신구를 벗겨내고 건조한 드레싱을 한다.

답 ③

해 골절환자의 경우 무리하게 압박하는 드레싱을 금지하므로 강한 힘으로 압박한다는 ③의 처치는 바르지 않다. 따라서 옳지 않은 것은 ③.

43 **다음의 그림은 지구대 구역(Zone) 설정 예시를 나타낸 것이다. 그림을 참고하여 〈보기〉의 지구대 구역 설정 방식 중 옳은 설명으로 보기 어려운 것을 모두 고르시오.**

보기

ⓐ 용도구역 설정에 따라 지하2층은 0 Zone으로 설정한다.
ⓑ 지하1층의 면적이 1,100m²라면 수평구역 방식에 따라 2개의 Zone으로 구분한다.
ⓒ 수직구역 방식에 따라 1층, 2층을 묶어 하나의 구역으로 설정한다.
ⓓ 용도구역 설정에 따라 3층을 2개의 구역으로 설정한다.
ⓔ 4층은 수평구역 설정 방식에 따라 관리권원별로 분할하여 구역을 설정한다.

① ⓐ, ⓓ　　② ⓑ, ⓒ
③ ⓒ, ⓔ　　④ ⓓ, ⓔ

답 ④

해 (1) 지구대 구역(Zone) 설정 시 비거주용도인 주차장, 공장, 강당은 구역설정에서 제외하므로 지하2층의 주차장과 3층의 강당은 0 Zone에 해당한다. 따라서 ⓐ의 설명은 옳지만, ⓓ의 설명은 옳지 않다.
(2) 지하 1층의 면적이 1,100m²라면 (1,000m²를 초과하여) 수평구역 설정 방식에 따라 하나의 층이 1,000m² 초과 시 구역을 추가로 설정하거나 방화구획에 따라 구분할 수 있으므로 2개의 Zone으로 구분하는 ⓑ의 설명은 바람직하다.
(3) 수직구역 설정 방식의 경우 단일 층을 하나의 구역으로 설정하거나 5개 이내의 일부 층을 하나의 구역으로 설정할 수 있으므로 1층과 2층을 묶어 하나의 구역으로 설정할 수 있다. 따라서 ⓒ의 설명도 옳다.
(4) 4층의 경우 A사와 B사로 임차권(관리권원)이 분리되어 있는데 이렇게 관리권원별로 분할하여 구역을 설정하는 방식은 '임차구역' 방식에 해당한다. 따라서 ⓔ에서는 이러한 방식을 수평구역 설정 방식이라고 설명한 부분이 옳지 않다.

따라서 옳지 않은 것은 ⓓ와 ⓔ로 정답은 ④.

44 **관광숙박업을 제외한 숙박시설, 오피스텔 또는 지하층·무창층, 층수가 11층 이상인 특정소방대상물에 설치하는 유도등 및 유도표지의 종류로 옳게 짝지어진 것을 고르시오.**

① 대형피난구유도등, 통로유도등, 객석유도등
② 대형피난구유도등, 통로유도등
③ 중형피난구유도등, 통로유도등
④ 소형피난구유도등, 통로유도등

답 ③

해 (관광숙박업 외의 것으로) 숙박시설, 오피스텔이나 지하층·무창층, 또는 층수가 11층 이상인 특정소방대상물에 설치하는 유도등 및 유도표지는 '중형'피난구유도등과 통로유도등이다. 따라서 정답은 ③.

[CHECK!] 설치장소별 유도등 및 표지

설치장소	유도등 및 유도표지
1. 공연장·(종교) 집회장·관람장·운동시설	대형/통로/객석(유도등)
2. 유흥주점시설(춤추는 무대, 카바레, 나이트)	대형/통로/객석(유도등)
3. 위락·판매·운수시설, 관광숙박업, 의료시설, 장례식장, 방송통신시설, 전시장, 지하상가, 지하철역사	대형/통로(유도등)
4. (3번의 관광숙박업 제외) 숙박시설, 오피스텔	중형/통로(유도등)
5. (1번부터 3번 제외) 지하층·무창층 또는 층수가 11층 이상인 특상물	중형/통로(유도등)
6. (1번부터 5번 제외) 근생시설, 노유자 시설, 업무시설, 교육연구시설, 수련시설, 공장·창고, 기숙사, 복합건축물, 아파트 등	소형/통로(유도등)
7. 기타	피난구 유도표지 통로 유도표지

45 다음 중 설치장소별 피난기구의 적응성에 대한 설명이 바르지 아니한 것을 고르시오.

① 노유자시설의 4층 이상 10층 이하에서 피난사다리는 적응성이 없다.
② 피난용트랩은 영업장의 위치가 4층 이하인 다중이용업소의 2층에서 적응성이 있다.
③ 미끄럼대는 노유자시설의 4층 이상 10층 이하에서 적응성이 없다.
④ 의료시설, 근린생활시설 중 입원실이 있는 의원·접골원·조산원의 3층에서 승강식피난기는 적응성이 있다.

답 ②

해 다중이용업소로서 영업장의 위치가 4층 이하인 다중이용업소의 2층에서 적응성이 있는 것은 구조대·미끄럼대·다수인피난장비·승강식피난기·피난사다리·완강기로,피난용트랩은 포함되지 않는다. 따라서 옳지 않은 설명은 ②.

[46~48] 다음 제시된 소방계획서 및 작동기능점검표의 내용을 참고하여 각 물음에 답하시오.

1. 일반현황

구분	건축물 일반현황
명칭	제일빌딩
규모/구조	☑연면적 : 15,000m²
	☑층수 : 지상 10층/지하 2층
	☑용도 : 판매시설, 업무시설
	☑사용승인일 : 2023/05/08

2. 소방시설현황

소화설비	☑(A) 수동식소화기 ☐ 간이소화용구
	☑(B) 옥내소화전설비 ☑(C) 옥외소화전설비
	☑(D) 스프링클러설비 ☐ 간이스프링클러설비
경보설비	☑자동화재탐지설비/시각경보기
	☑비상방송설비

46 제일빌딩의 소방시설현황을 참고하여 (A), (B), (C), (D)의 정상 압력범위(MPa)로 옳지 아니한 것을 고르시오.

① (A) : 0.7 ~ 0.98MPa
② (B) : 0.1 ~ 0.7MPa
③ (C) : 0.25 ~ 0.7MPa
④ (D) : 0.1 ~ 1.2MPa

답 ②

해 (B)는 옥내소화전설비로 옥내소화전의 적정(정상) 방수압력 범위는 0.17 ~ 0.7MPa이다. 따라서 적정 압력범위가 옳지 않은 것은 ②.

47 제일빌딩의 지하1층에서 화재 발생 시 적용되는 경보방식으로 옳은 것을 고르시오.

① 전층에 경보가 울린다.
② 지하 1층, 지하 2층, 지상 1층에 우선 경보가 울린다.
③ 지상 1층부터 4층, 그리고 모든 지하층에 우선 경보가 울린다.
④ 지하 1층, 그리고 지상 1층부터 4층에 우선 경보가 울린다.

답 ①

해 발화층에 따라 경보의 우선순위를 적용하여 [우선경보 방식]을 적용하는 대상물의 조건은 층수가 11층 이상인 특정소방대상물(공동주택은 16층 이상)이다. 문제의 제일빌딩의 경우 층수가 10층이므로 이러한 우선경보 방식을 적용하는 대상물에 해당하지 않으므로 모든 층에 일제히 경보가 울리는 '전층경보' 방식이 적용된다. 따라서 옳은 설명은 ①.

48 다음은 제일빌딩에 설치된 자동화재탐지설비의 점검표 일부이다. 점검표를 참고하여 옳지 않은 설명을 고르시오.

번호	점검항목	점검결과
	15-B. 수신기	
15-B-002	조작스위치의 높이는 적정하며 정상 위치에 있는지 여부	(가)
	15-D. 감지기	
15-D-001	부착 높이 및 장소별 감지기 종류 적정 여부	○
	15-E. 음향장치	
15-E-002	음향장치(경종 등) 변형·손상 확인 및 정상 작동(음량 포함) 여부	(나)
	15-F. 시각경보장치	
15-F-001	시각경보장치 설치 장소 및 높이 적정 여부	○

① 수신기의 조작스위치 높이가 바닥으로부터 1.2m 높이에 있다면 (가)에는 O표시를 한다.
② 제일빌딩의 거실 및 사무실에는 차동식 열감지기가 설치되어 있을 것이다.
③ 음량 측정 결과 1m 떨어진 곳에서 95dB이 측정되었다면 (나)는 X 표시를 한다.
④ 제일빌딩의 천장 높이가 1.8m라면 시각경보장치는 1.65m 이상의 장소에 설치되어 있을 것이다.

답 ③

해 (1) 수신기의 조작스위치 높이는 바닥으로부터 0.8m 이상 1.5m 이하의 높이에 위치해야 하므로 조작스위치가 바닥으로부터 1.2m 높이에 있다면 정상으로 점검결과에는 ○(정상) 표시를 한다.

(2) 15-D-001 항목에 따라 '장소별 감지기 종류 적정 여부'가 ○(정상)이므로 거실 및 사무실에 적응성이 있는 차동식 열감지기가 제대로 설치되어 있을 것으로 추측할 수 있다.

(3) 음향장치의 음량 크기는 1m 떨어진 곳에서 90dB 이상 측정되면 정상이므로 95dB이 측정되었다면 (나)에는 ○(정상) 표시를 해야 한다. 따라서 X(불량) 표시를 한다고 설명한 ③의 설명은 옳지 않다.

(4) 시각경보장치는 2m 이상 2.5m 이하의 장소에 설치하는 것이 원칙이나, 만약 천장의 높이가 2m 이하인 경우라면 천장으로부터 0.15m 이내의 장소에 설치해야 한다. 따라서 제일빌딩의 천장 높이가 1.8m라면 2m 이하인 경우에 해당하므로 1.8m로부터 0.15m 이내, 즉 (바닥으로부터) 1.65m 이상의 장소에 설치되어야 하는데 이에 대한 15-F-001 항목의 점검결과가 ○(정상)이므로 ④번의 설명은 옳다.

따라서 옳지 않은 설명은 ③.

49 휴대용비상조명등의 의무적인 설치대상에 해당하는 장소로 보기 어려운 것을 고르시오.

① 다중이용업소
② 판매시설 중 대규모 점포
③ 숙박시설
④ 수용인원 50명 이상의 영화상영관

답 ④

해 휴대용비상조명등의 설치대상은 영화상영관의 경우 수용인원 '100명 이상'일 때 해당하므로 50명 이상이라고 서술한 ④는 해당하지 않는다.

[CHECK!] 휴대용비상조명등 설치대상

- 숙박시설 또는 다중이용업소
- 판매시설 중 대규모 점포 / 철도 및 도시철도 시설 중 지하역사 / 지하가 중 지하상가
- 수용인원 100명 이상의 영화상영관

50 다음 중 발신기의 누름버튼을 수동으로 눌러 발신기가 동작하였을 때 점등되어야 하는 표시등 및 작동하는 연동 장치를 다음의 그림에서 모두 고르시오.

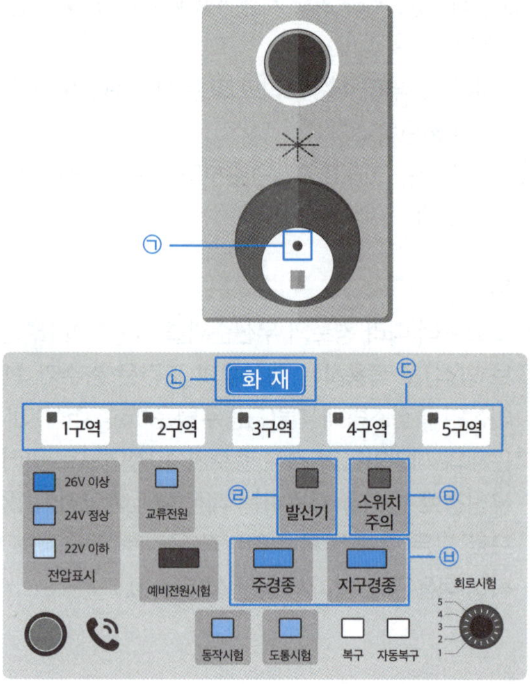

① ㉡, ㉢, ㉣ ② ㉠, ㉡, ㉢, ㉣
③ ㉠, ㉡, ㉢, ㉣, ㉥ ④ ㉠, ㉡, ㉢, ㉣, ㉤, ㉥

답 ③

해 (위는 발신기, 아래는 수신기에 해당한다.)

발신기의 누름버튼을 사람이 수동으로 누르면→[수신기]의 화재표시등(㉡)이 점등되고, 해당 발신기가 위치한 구역의 지구표시등(㉢)이 점등된다. 또한 발신기가 화재신호를 보냈다는 것을 알 수 있는 발신기등(㉣)이 점등되고→이러한 화재신호에 따라 주경종 및 지구경종과 같은 음향장치(㉥)가 작동하여 경종 등이 울려야 한다.

이렇게 [수신기]에서 화재신호를 수신하면, [발신기]의 응답표시등(응답램프 ㉠)에도 점등되므로 ㉠, ㉡, ㉢, ㉣, ㉥가 작동 및 점등되어야 한다.

반면 스위치주의등(㉤)의 경우, 점검 등을 위해서 수신기 상의 어떠한 버튼을 눌러놓은(비활성화한) 상태일 때 점등되는 표시등이므로 정상 작동하고 있는 발신기와 수신기의 평상시 상태대로라면 스위치주의등은 소등되어 있어야 하는 것이 옳기 때문에 발신기의 작동으로 점등되는 표시등에 스위치주의등(㉤)은 해당하지 않는다.

06 찐득한 해설 6회차

6회차 정답									
01	④	02	②	03	②	04	①	05	④
06	③	07	②	08	①	09	③	10	③
11	②	12	②	13	③	14	③	15	④
16	②	17	④	18	③	19	④	20	④
21	①	22	②	23	③	24	③	25	④
26	②	27	③	28	③	29	②	30	①
31	②	32	④	33	③	34	③	35	②
36	③	37	①	38	④	39	④	40	②
41	③	42	②	43	④	44	③	45	④
46	②	47	③	48	①	49	④	50	④

01 아래 제시된 지역 또는 장소에서 화재로 오인할 만한 우려가 있는 불을 피우거나 연막소독을 실시하고자 하는 자가 신고를 하지 아니하여 소방자동차를 출동하게 한 경우 부과될 수 있는 벌칙으로 옳은 것을 고르시오.

- 시장지역
- 공장·창고가 밀집한 지역
- 목조건물이 밀집한 지역
- 위험물의 저장 및 처리시설이 밀집한 지역
- 석유화학제품을 생산하는 공장이 있는 지역
- 그 밖에 시·도조례로 정하는 지역 또는 장소

① 100만 원 이하의 벌금
② 100만 원 이하의 과태료
③ 50만 원 이하의 과태료
④ 20만 원 이하의 과태료

답 ④

해 문제에서 묻고 있는 지역 또는 장소는, 소방기본법에서 정하고 있는 '화재 등의 통지' 사항에 따라 연막소독 또는 화재로 오인할 만한 불을 피우기 전, 미리 신고해야 하는 장소에 해당한다.
이러한 지역 또는 장소에서 화재 등의 통지 규정을 지키지 않아 소방자동차가 출동하게 된 경우 부과되는 벌칙은 20만 원 이하의 과태료에 해당하므로 정답은 ④.

02 다음 중 「소방시설의 설치 및 관리에 관한 법률」에서 정하는 무창층에 대한 설명으로 옳지 아니한 것을 고르시오.

① 지상층 중에서 개구부의 면적의 합계가 해당 층의 바닥면적의 30분의 1 이하가 되는 층을 의미한다.
② 개구부의 크기는 지름 40cm 이상의 원이 통과할 수 있는 크기여야 한다.
③ 해당 층의 바닥면으로부터 개구부 밑부분까지의 높이는 1.2m 이내여야 한다.
④ 개구부는 내부 또는 외부에서 쉽게 부수거나 열 수 있어야 한다.

답 ②

해 무창층이란, 지상층 중에서 개구부 면적의 합계가 해당 층의 바닥면적의 1/30 이하인 층을 말하며, 이 때 개구부는 다음의 요건을 모두 갖추어야 한다.
(1) 지름 50cm 이상의 원이 통과할 수 있을 것
(2) 해당 층의 바닥으로부터 개구부 밑부분까지의 높이가 1.2m 이내일 것
(3) 도로 또는 차량이 진입할 수 있는 빈터를 향할 것
(4) 창살이나 장애물이 설치되지 않을 것
(5) 내·외부에서 쉽게 부수거나 열 수 있을 것

②번에서는 40cm 이상의 원이라고 서술하고 있으므로 옳지 않은 설명은 ②.

03 **자체점검 결과의 조치 등에 따라 관리업자가 점검한 경우 관계인이 점검이 끝난 날부터 15일 이내에 소방시설등 자체점검 실시결과 보고서에 첨부하는 서류에 해당하는 것을 고르시오.**

① 소방시설등 자체점검 기록표
② 점검인력 배치확인서
③ 자체점검 결과 이행완료 보고서
④ 소방시설공사 계약서

답 ②

해 자체점검 결과의 조치 등에 따라 관계인은 점검이 끝난 날부터 15일 이내에 소방시설등 자체점검 실시결과 보고서에 다음의 서류를 첨부하여 소방본부장 또는 소방서장에게 서면이나 전산망을 통해 보고해야 한다.

- 소방시설등 자체점검 결과 '이행계획서'
- 점검인력 배치확인서(관리업자가 점검한 경우)

따라서 제시된 보기 중에서, (관리업자가 점검한 경우) 관계인이 점검이 끝난 날부터 15일 이내에 실시결과 보고서에 첨부해야 하는 서류에 해당하는 것은 ②번 점검인력 배치확인서.

04 **방염처리 물품의 성능검사 결과 다음 그림의 방염성능검사 합격표시를 부착하는 물품을 고르시오.**

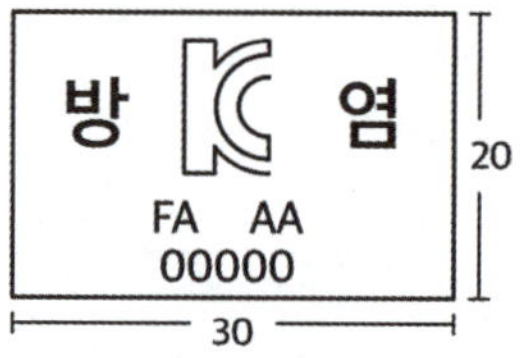

- 바탕 : 백색
- 검인 및 글자 : 남색
- 규격 : 30mm×20mm

① 카페트, 소파·의자, 섬유판
② 합판, 목재, 합성수지판, 목재 블라인드
③ 세탁 가능한 섬유류
④ 세탁 불가한 섬유류

답 ①

해 백색 바탕에 남색 검인, 남색 글자의 합격표시를 부착하는 물품의 구분은 [카페트, 소파·의자, 섬유판]에 해당하므로 정답은 ①번.

[참고!] 그 외 방염성능검사 합격표시 구분

구분	합성수지 벽지류	합판, 목재(블라인드), 합성수지판	섬유류	
			세탁○	세탁×
바탕	은색	금색	은색	투명
검인 · 글자	검정	검정	검정	검정
규격(mm)	15×15		25×15	

05 **피난층에 대한 용어의 정의로 옳은 설명을 고르시오.**

① 지상층 중에서 개구부의 면적의 합계가 해당 층의 바닥면적의 30분의 1 이하가 되는 층
② 건축물의 바닥이 지표면 아래에 있는 층
③ 건축물의 지상에 위치한 1층
④ 곧바로 지상으로 갈 수 있는 출입구가 있는 층

답 ④

해 피난층이란 곧바로 지상으로 갈 수 있는 출입구가 있는 층을 말하므로 정답은 ④번.

[옳지 않은 이유!]

- ① : 무창층에 대한 설명
- ② : 지하층에 대한 설명
- ③ : 피난층이 반드시 지상 1층만을 의미하는 것은 아니므로 옳지 않은 설명

06 **화재의 예방 및 안전관리에 관한 법률에서 명시하고 있는 화재안전조사 결과에 따른 조치명령에 해당하지 아니하는 것을 고르시오.**

① 소방대상물의 이전
② 소방대상물의 제거
③ 소방대상물의 용도변경
④ 소방대상물의 사용폐쇄

답 ③

해 소방관서장(소방청·본·서장)은 화재안전조사 결과에 따른 소방대상물의 위치 · 구조 · 설비 또는 관리의 상황이 화재예방을 위하여 보완될 필요가 있거나 화재가 발생하면 인명 또는 재산의 피해가 클 것으로 예상되는 때에는 행정안전부령으로 정하는 바에 따라 관계인에게 그 소방대상물의 [개수 · 이전 · 제거, 사용의 금지 또는 제한, 사용폐쇄, 공사의 정지 또는 중지, 그 밖에 필요한 조치]를 명할 수 있다.
이러한 화재안전조사 결과에 따른 조치명령에 소방대상물의 용도변경은 명시되어 있지 않은 사항이므로 정답은 ③번.

07 **다음 중 각 행위를 한 사람에 대하여 부과되는 벌금 또는 과태료가 100만원에 해당하지 아니하는 경우를 고르시오.**

① 소방안전관리자의 선임 신고를 기간 내에 하지 아니하여 지연 신고기간이 1개월 이상 3개월 미만인 경우
② 소방안전관리자 및 소방안전관리보조자가 실무교육을 받지 않은 경우
③ 피난시설, 방화구획 또는 방화시설을 폐쇄·훼손·변경하는 등의 행위를 한 경우로 1차 위반 시
④ 자체점검 결과의 보고 기간이 10일 이상 1개월 미만 지연된 경우

답 ②

해 소방안전관리자 및 소방안전관리보조자가 실무교육을 받지 않은 경우 부과되는 과태료는 '50만원'이므로 100만원에 해당하지 않는 경우는 ②번.

[참고!] 개별기준에 따른 100만원 과태료 적용

- ① : 소방안전관리대상물의 관계인은 소방안전관리(보조)자를 선임한 경우 14일 이내에 소방본부장 또는 소방서장에게 신고해야 하는데 기간 내에 선임신고를 하지 않거나 성명 등을 게시하지 않은 경우에는 200만원 이하의 과태료가 부과될 수 있다. 이 경우 지연신고 기간에 따라 다음과 같이 과태료 부과 개별기준이 적용되어, 지연 신고기간이 1개월 이상 3개월 미만인 경우에는 100만원의 과태료에 해당한다.

지연신고 기간	과태료 부과 기준
1개월 미만	50만원
1개월 이상 3개월 미만	100만원
3개월 이상 또는 신고X	200만원

- ③ : 피난시설, 방화구획 또는 방화시설을 폐쇄·훼손·변경하는 등의 행위를 한 경우 300만원 이하의 과태료가 부과될 수 있으며, 개별기준에 따라 1차 위반 시 100만원(2차 200만원, 3차 300만원) 과태료에 해당한다.
- ④ : 소방시설등의 자체점검 결과의 조치 등에 따라 점검결과를 보고하지 않거나 거짓으로 보고한 경우 300만원 이하의 과태료가 부과될 수 있으며, 이 경우 개별기준에 따라 지연보고 기간이 10일 이상 1개월 미만인 경우는 100만원의 과태료에 해당한다.

지연보고 기간	과태료 부과 기준
10일 미만	50만원
10일 이상 1개월 미만	100만원
1개월 이상 또는 보고X	200만원
점검 결과를 축소·삭제 하는 등 거짓 보고	300만원

08 **다음 제시된 사항을 참고하여 소방안전관리자 김○○의 실무교육 실시일로 가장 적절한 날짜를 고르시오.**

- A회사에서 실무교육 이수 : 2023.08.15
- B회사로 이직하여 선임 : 2024.04.15

① 2025년 7월 13일　② 2025년 9월 14일
③ 2026년 4월 6일　④ 2026년 8월 10일

답 ①

해 소방안전관리 강습교육 또는 실무교육을 받은 후 1년 이내에 소방안전관리자로 선임된 사람은 해당 강습교육(실무교육)을 수료(이수)한 날에 실무교육을 받은 것으로 본다. 따라서 A회사에서 23년 8월 15일에 실무교육을 이수하고 1년 이내에 (B회사로 이직하여) 소방안전관리자로 선임되었으므로 해당 실무교육이 유효한 것으로 보고, 그로부터 2년 후인 25년 8월 14일까지 다음 실무교육을 실시하게 되므로 제시된 날짜 중 이 기간 내에 있는 것은 ①번.

09 **다음의 건축물 일반현황을 참고하여 해당 소방안전관리대상물에 대한 설명으로 옳지 아니한 것을 고르시오.**

구분	일반현황
명칭	☆☆☆ 아파트
규모/구조	• 용도 : 공동주택(아파트) • 층수 : 25층 • 높이 : 100m • 연면적 : 100,000m^2
사용승인일	2022.03.23
소방시설	• 옥내소화전설비 • 스프링클러설비 • 자동화재탐지설비

① 해당 소방안전관리대상물은 2급소방안전관리대상물이다.
② 소방설비기사 자격이 있는 사람으로서 1급 소방안전관리자 자격증을 발급받은 사람을 소방안전관리자로 선임할 수 있다.
③ 방염성능기준 이상의 실내장식물 등을 설치해야 하는 특정소방대상물이다.
④ 2026년 3월에 종합점검, 9월에 작동점검을 실시하는 특정소방대상물이다.

답 ③

해 방염성능기준 이상의 실내장식물 등을 설치해야 하는 특정소방대상물에서 아파트 등은 제외되므로 옳지 않은 설명은 ③번.

[참고!]
제시된 대상물은 아파트로 특급 규모(50층 이상 또는 200m 이상 아파트) 및 1급 규모(30층 이상 또는 120m 이상 아파트)에 해당하지 않고, 옥내소화전 등이 설치되어 있으므로 2급소방안전관리대상물에 해당한다. 이 경우 2급 이상의 소방안전관리자 선임 자격이 있는 사람을 소방안전관리자로 선임할 수 있으므로 상위 등급인 1급 소방안전관리자 선임 자격이 있는 사람을 소방안전관리자로 선임할 수 있다.
또한 스프링클러설비가 설치된 대상물로 종합점검 및 작동점검 실시 대상이며 사용승인일을 기준으로 매년 3월에 종합점검, 9월에 작동점검을 실시한다.

답 ③

해 (1) 외부의 점화원 없이 열의 축적에 의해 불이 일어날 수 있는 최저 온도를 '발화점'이라고 하므로 (A)는 발화점
(2) 연소 상태가 5초 이상 유지되어 계속될 수 있는 온도를 '연소점'이라고 하므로 (B)는 연소점
(3) 연소범위 내에서 외부 점화원에 의해 불이 붙을 수 있는 최저 온도를 '인화점'이라고 하므로 (C)는 인화점

따라서 (A),(B),(C)에 들어갈 말을 순서대로 나열한 것은 ③번.

[참고!]
연소 상태가 계속될 수 있는 연소점이 일반적으로 인화점보다 10°C정도 높고, 외부 점화원 없이 발화에 이를 수 있는 발화점이 보통 인화점보다 수 백도 정도 높은 온도로, 보통 각 연소용어의 온도는 인화점 < 연소점 < 발화점 으로 표현된다.

11 소방시설·피난시설·방화시설 및 방화구획 등이 법령에 위반된 것을 발견하였음에도 필요한 조치를 할 것을 요구하지 아니한 소방안전관리자에게 부과되는 벌칙이 벌금 또는 과태료 중 어느 것에 해당하는지, 그리고 그때의 부과 금액은 얼마인지 고르시오.
① 500만원 이하의 벌금
② 300만원 이하의 벌금 ✓
③ 300만원 이하의 과태료
④ 200만원 이하의 과태료

답 ②

해 소방시설·피난시설·방화시설 및 방화구획 등이 법령에 위반된 것을 발견하였음에도 필요한 조치를 할 것을 요구하지 아니한 소방안전관리자는 300만원 이하의 벌금이 적용되므로 정답은 ②번.

[TIP]
관계성으로 기억하기(300만원 이하의 벌금)
법령에 위반된 것을 발견하고도 조치를 요구하지 않은 소방안전관리자 ↔ 소방안전관리자에게 불이익한 처우를 한 관계인

10 다음의 각 연소용어에 대한 설명을 참고하여 빈칸에 들어갈 말 (A),(B),(C)를 순서대로 나열하시오.

- 외부의 직접적인 점화원 없이 가열된 열의 축적에 의해 스스로 불이 일어날 수 있는 최저 온도를 (A)라고 한다.
- 연소 상태가 5초 이상 유지되어 계속될 수 있는 온도를 (B)라고 한다.
- 외부의 직접적인 점화원에 의해 불이 붙을 수 있는 최저 온도를 (C)라고 한다.

구분	(A)	(B)	(C)
①	인화점	연소점	발화점
②	인화점	발화점	연소점
③ ✓	발화점	연소점	인화점
④	연소점	인화점	발화점

12 주요구조부가 내화구조이고 각 층별 바닥면적이 다음과 같은 건물의 면적별 방화구획 기준에 대한 설명으로 옳지 아니한 것을 고르시오. (단, 모든 층에는 스프링클러설비가 설치되어 있다.)

12층 바닥면적 3,000m²
11층 바닥면적 3,000m²
10층 바닥면적 3,000m²

① 10층은 1개의 방화구획으로 설정할 수 있다.
② 11층의 내장재가 불연재인 경우 바닥면적 600m² 이내로 구획한다.
③ 11층의 내장재가 불연재가 아닌 경우 5개의 방화구획으로 설정할 수 있다.
④ 12층의 내장재가 불연재인 경우 2개의 방화구획으로 설정할 수 있다.

답 ②

해 면적별 방화구획 시 기준은 다음과 같다.

적용 층		바닥면적	스프링클러(자동식) 설치 시×3
10층 이하		1,000	3,000
11층 이상	내장재 불연재 ×	200	600
	내장재 불연재 ○	500	1,500

(1) 모든 층에 스프링클러설비가 설치되어 있다고 했으므로 10층(10층 이하)은 바닥면적 3,000m² 이내마다 구획 기준이 적용되어 1개의 방화구획으로 설정할 수 있다.
(2) 스프링클러설비가 설치되어 있으므로 11층 이상의 층에서 내장재가 불연재가 아닌 경우에는 바닥면적 600m² 이내마다 구획 기준이 적용되어 5개로 구획할 수 있고, 내장재가 불연재인 경우에는 바닥면적 1,500m² 이내마다 구획 기준이 적용되어 2개로 구획할 수 있다.
(3) 따라서 스프링클러설비가 설치되어 있고 11층의 내장재가 불연재인 경우에는 바닥면적 1,500m² 이내마다 구획 기준이 적용되므로 옳지 않은 설명은 ②번.

13 다음 중 화재안전조사 항목으로 명시된 사항에 해당하지 아니하는 것을 고르시오.
① 방염에 관한 사항
② 소방자동차 전용구역의 설치에 관한 사항
③ 소방계획의 수립 및 시행에 관한 사항
④ 피난시설, 방화구획 및 방화시설의 관리에 관한 사항

답 ③

해 화재안전조사는 소방관서장이 소방시설등이 법령에 적합하게 설치·관리되고 있는지, 화재 발생 위험이 있는지 등을 확인하기 위해 실시하는 활동으로 이러한 화재안전조사 항목은 ①, ②, ④번 외에도 '피난계획의 수립 및 시행에 관한 사항', '소방안전관리 업무 수행에 관한 사항' 등이 포함된다.
화재안전조사 항목에 '소방계획'에 관한 사항은 명시되어 있지 않으므로 답은 ③번.

[TIP]
화재안전조사 항목 = '피난'계획
≠ 소방계획은 미포함!

[참고!] 그 외 화재안전조사 항목
- 화재의 예방조치 등에 관한 사항
- 소화·통보·피난 등 훈련 및 소방안전관리에 필요한 교육에 관한 사항
- 소방시설공사업법에 따른 시공, 감리 및 감리원 배치에 관한 사항
- 소방시설의 설치 및 관리에 관한 사항
- 건설현장 임시소방시설의 설치 및 관리에 관한 사항
- 소방시설등의 자체점검에 관한 사항
- 그 밖에 소방관서장이 화재안전조사가 필요하다고 인정하는 사항 등

14 건축물 면적의 산정 시 다음의 각 설명에 해당하는 용어 (A), (B)를 순서대로 고르시오.

(A)	(B)
건축물의 각층 또는 그 일부로서 벽·기둥 기타 이와 유사한 구획의 중심선으로 둘러싸인 부분의 수평투영면적으로 한다.	건축물의 외벽(외벽이 없는 경우에는 외곽 부분의 기둥)의 중심선으로 둘러싸인 부분의 수평투영면적으로 한다.

① (A) : 연면적　　(B) : 건축면적
② (A) : 건축면적　　(B) : 연면적
③ (A) : 바닥면적　　(B) : 건축면적
④ (A) : 건축면적　　(B) : 바닥면적

답 ③

해 (A)는 바닥면적, (B)는 건축면적에 대한 설명이므로 정답은 ③번.

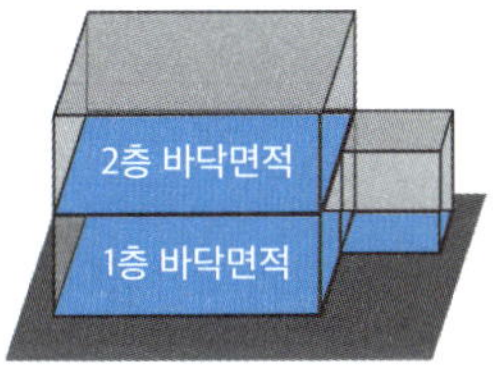

바닥면적

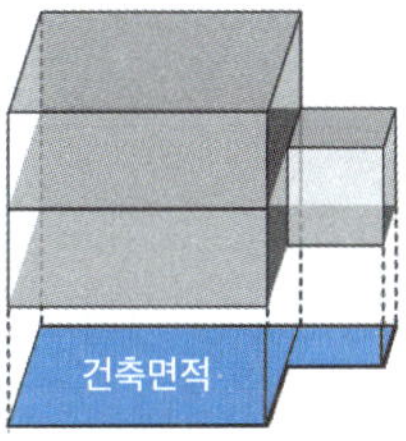

건축면적

[TIP]
'각층'의 바닥면적 / '외벽'을 따라 그린 건축면적

[참고!] 연면적이란?
각층 바닥면적의 합계 = 연면적(다만 용적률 산정 시 지하층 면적과 지상층의 주차용 면적, 피난안전구역 면적 등은 산입하지 않음)

15 화재 성상 단계별 나타나는 특징에 대한 설명으로 옳지 아니한 것을 고르시오.

① 초기에는 실내 온도가 크게 상승하지 않은 시점으로 발화부위는 훈소현상으로부터 시작되는 경우가 많다.
② 성장기에는 내장재 등에 착화되어 실내온도가 급격히 상승한다.
③ 실내 전체에 화염이 충만하며 연소가 최고조에 달하는 시점을 최성기라고 하며 목조건물이 내화구조에 비해 최성기까지 소요되는 시간이 짧은 편이다.
④ 감쇠기에서 플래시 오버(Flash Over) 상태가 되어 가연물은 대부분 타버리고 화세가 감쇠하여 온도가 하강하기 시작한다.

답 ④

해 플래시 오버(Flash Over)는 천장 부근에 축적되어 있던 가연성 가스에 착화되어 실내 전체가 화염에 휩싸이는 현상을 말하며, 성장기 단계에서 플래시 오버 상태를 거쳐 최성기에 이른다.
따라서 감쇠기에서 플래시 오버 상태가 된다는 ④번의 설명이 옳지 않다.

[참고!] 목조건물과 내화구조의 최성기
내화구조 건물에 비해 목조건물은 타기 쉬운 가연물로 이루어져 있기 때문에 목조건물의 경우 최성기까지 약 10분, 내화구조의 경우 약 20~30분 정도 소요된다.

16 인화성 액체, 가연성 액체, 알코올 등과 같은 유류가 타는 화재에서 할론 소화약제를 이용한 억제소화 방식을 이용한 경우, 이에 해당하는 화재의 분류를 고르시오.

① A급화재　　② B급화재
③ C급화재　　④ D급화재

답 ②

해 문제에서의 핵심은 화재의 분류(A,B,C,D,K급)를 고르는 것으로 인화성 액체, 가연성 액체, 알코올과 같은 '유류'가 타는 화재를 제시하고 있으므로 B급 유류화재에 해당한다. 따라서 정답은 ②번. (참고로 이러한 B급 유류화재의 경우, 연소 후에도 재를 남기지 않는 것이 특징이다.)

[참고!] 화재의 분류

- A급(일반)화재 : 면화류, 고무, 석탄, 목재, 종이 등 일상생활 주변에 가장 많이 존재하는 가연물에서 비롯된 화재. 연소 후 재를 남기는 것이 특징
- C급(전기)화재 : 전류가 흐르고 있는 전기 기기 및 배선과 관련된 화재로 물을 사용하는 소화방식은 감전의 위험이 있다.
- D급(금속)화재 : 가연성 금속(칼륨,나트륨,마그네슘, 알루미늄 등)류가 가연물이 되는 화재로 분말상태일 때 가연성이 증가한다. 금속화재용 분말소화약제·건조사 등을 사용
- K급(주방)화재 : 동식물유를 취급하는 주방의 조리기구에서 발생하는 화재로 비누화 작용 및 냉각작용이 동시에 필요

17 위험물안전관리법에서 정하는 용어의 정의 및 위험물안전관리자의 선임 등에 대한 설명으로 옳지 아니한 것을 고르시오.

① 위험물이란 인화성 또는 발화성 등의 성질을 가지는 것으로서 대통령령이 정하는 물품을 말한다.
② 제조소등의 관계인은 제조소등마다 위험물 취급에 관한 자격이 있는 자를 안전관리자로 선임해야 하며, 해임하거나 퇴직한 때에는 그 날로부터 30일 이내에 다시 선임해야 한다.
③ 제조소등의 관계인은 위험물 안전관리자를 선임한 경우 선임한 날로부터 14일 이내에 소방본부장 또는 소방서장에게 신고해야 한다.
④ 지정수량이란 위험물의 종류별로 위험성을 고려하여 행정안전부령이 정하는 수량으로서 제조소등의 설치허가 등에 있어서 최저의 기준이 되는 수량을 말한다.

답 ④

해 지정수량이란 위험물의 종류별 위험성을 고려하여 '대통령령'으로 정하는 수량으로서 제조소등의 설치허가 등에 있어서 최저의 기준이 되는 수량을 말하므로 옳지 않은 설명은 ④번.

[TIP]
소방안전관리자도 위험물안전관리자도 선임은 30일 내, 신고는 14일 내(소방본부장 또는 소방서장)

18 다음 제시된 소방안전관리대상물의 건축물 현황을 참고하여 H아파트에 대한 설명으로 각 빈칸 (가) ~ (라)에 들어갈 내용이 적절하지 아니한 것을 고르시오.

명칭	H아파트	
용도	공동주택(아파트)	
규모	• 지상 30층 / 지하 2층 • 높이 : 100m • 연면적 : 80,000m² • 850세대	
사용승인	2021년 6월 10일	
소방안전관리대상물 등급	(가)	
소방안전관리자 현황	성명	최강남
	등급	(나)
소방안전관리보조자 선임 규정	(다)	
점검일	(라)	

① (가) : H아파트는 1급 소방안전관리대상물이다.
② (나) : 1급소방안전관리자를 H아파트의 소방안전관리자로 선임할 수 있다.
③ (다) : H아파트에 선임하여야 하는 소방안전관리보조자의 최소한의 선임 인원 수는 5명이다.
④ (라) : H아파트는 2026년 6월에 종합점검, 12월에 작동점검을 실시할 것이다.

답 ③

해 H아파트는 (지하층을 제외하고) 30층 이상인 '아파트'에 해당하므로, 1급 소방안전관리대상물로 분류된다. 따라서 H아파트의 소방안전관리 대상물 등급을 1급이라고 서술한 (가)와, 1급 소방안전관리자를 선임할 수 있다고 서술한 (나)의 설명은 적절하다.
또한 H아파트의 사용승인일이 2021년 6월이었으므로, 사용승인일이 포함된 달인 매년 6월에 종합점검을 실시하고 그로부터 6개월이 되는 매년 12월에는 작동점검을 실시할 것이므로 (라)의 설명도 적절하다.

한편, H아파트는 세대수가 300세대 이상인 아파트로 소방안전관리보조자 선임 대상물에 해당하고, 초과되는 300세대마다 1명 이상을 추가로 선임하는 규정이 적용되므로, 세대수를 기준으로 850 ÷ 300 = 2.8 → 소수점 이하는 버린, 2명을 최소 선임 인원수로 계산할 수 있다.
따라서 H아파트의 보조자 최소 선임 인원수를 5명이라고 서술한 (다)의 설명은 적절하지 않으므로 답은 ③번.

[CHECK!]
300세대 이상의 '아파트'는 세대수를 기준으로 계산!
☑ 아파트 세대수 ÷ 300(기준) = ㅁㅁ명(소수점 버림)

[비교!] (아파트 및 연립주택은 제외한) 연면적이 만오천제곱미터 이상인 특정소방대상물인 경우 :

연면적 ÷ 만오천(기준) = △△명 (소수점 버림)

19 소방안전관리대상물에서 소방안전관리자의 업무 중 소방안전관리업무 수행에 관한 기록·유지에 관한 설명으로 옳지 아니한 것을 고르시오.

① 피난시설·방화구획 및 방화시설의 관리, 소방시설이나 그 밖의 소방 관련 시설의 관리, 화기취급의 감독 업무수행에 관한 기록·유지를 말한다.
② 소방안전관리자는 소방안전관리업무 수행에 관한 기록을 월 1회 이상 작성·관리해야 한다.
③ 업무 수행 중 보수 또는 정비가 필요한 사항을 발견한 경우에는 이를 지체 없이 관계인에게 알리고 기록해야 한다.
④ 소방안전관리자는 업무 수행에 관한 기록을 작성한 날부터 1년간 보관해야 한다.

답 ④

해 소방안전관리자는 소방안전관리업무 수행에 관한 기록을 월 1회 이상 작성·관리해야 하고, 기록을 작성한 날부터 2년간 보관해야 하므로 보관 기간을 1년이라고 서술한 ④번의 설명이 옳지 않다.

[참고!] 소방안전관리업무 수행에 관한 기록·유지
- 피난시설, 방화구획 및 방화시설의 관리 업무
- 소방시설이나 그 밖의 소방 관련 시설의 관리 업무
- 화기 취급의 감독 업무

└, 월 1회 이상 작성 + 2년간 보관
└, 보수·정비 필요 시 관계인에게 알리고 기록

20 **다음 중 연기 및 연소 생성물이 인체에 미치는 영향과 특징에 대한 설명으로 옳지 아니한 것을 고르시오.**

① 정신적으로 긴장 또는 패닉에 빠지게 되어 2차적 재해로 번질 우려가 있다.
② 연기성분 중 일산화탄소는 무색·무취·무미의 가스로 유독물인 포스겐의 발생으로 인한 생명의 위험이 있다.
③ 시야를 감퇴시켜 피난 및 소화활동을 저해할 수 있다.
④ 이산화탄소는 가스 자체로 독성이 강하며 산소 운반 기능을 약화시켜 질식의 위험이 있다.

답 ④

해 이산화탄소(CO_2) 자체는 독성이 거의 없지만, 공기 중에 다량으로 존재할 경우 호흡의 속도가 빨라지며 주변에 혼재된 유해 가스 등의 흡입 위험성을 증가시킬 수 있다.
따라서 이산화탄소 가스 자체로 독성이 강하다는 ④번의 설명은 적절하지 않으며, 또한 인체 내 헤모글로빈과 결합하여 산소 운반 기능을 저해하고 질식의 위험이 있는 것은 일산화탄소(CO)의 특징이므로 옳지 않은 설명은 ④번.

21 **화재위험작업 시 관리감독 절차에 대한 설명으로 옳지 아니한 것을 고르시오.**

① 화재위험작업 시 화재안전 감독자(감독관)는 소방관서장의 작업 허가를 받아야 한다.
② 작업 현장의 준비상태 확인 및 화재안전 감시자 배치 후 화재안전 감독자(감독관)는 화기작업 허가서를 발급해야 한다.
③ 화기작업 허가서는 작업 구역 내에 게시하여 현장 내 작업자 및 관리자 등이 확인할 수 있도록 한다.
④ 화재감시자는 작업 중에는 물론, 휴식 및 식사시간에도 감시 활동을 계속 진행해야 한다.

답 ①

해 화재위험작업 시 소방관서장 등의 허가를 받아야 한다는 규정은 없으므로 옳지 않은 설명은 ①번.
그 외 감독자(감독관)가 허가서를 발급하고, 허가서는 게시하여 모두가 확인할 수 있도록 해야 하며, 화재감시자는 휴식 및 식사시간 등에도 현장 감시 활동을 계속해야 하므로 ②, ③, ④번은 옳은 설명이다.
참고로 이후 작업 완료 시 화재감시자는 30분 이상 더 상주하면서 직상·직하층에 대한 점검을 병행해야 하며, 불티로 인하여 장시간 경과 후에도 발화가 일어날 수 있으므로 작업 종료 통보 이후로도 3시간 이후까지는 현장 관찰이 필요하다. 전체 작업이 완료되면 감독자(감독관)는 최종 점검 및 확인 후 허가서에 서명하여 기록으로 보관한다.

22 화기취급작업 시 안전수칙에 따라 다음의 빈칸 (A)에 공통으로 들어갈 값을 고르시오.

가연물 이동	• 작업현장(반경 A 이내)의 가연물을 이동 및 제거 • 작업현장(반경 A 이내)의 바닥을 깨끗하게 청소
가연물 보호	• 작업현장(반경 A 이내)의 가연물 이동 및 제거가 어려울 시, 작업현장(반경 A 이내)의 가연물에 차단막 등 설치

① 10m ② 11m
③ 12m ④ 13m

답 ②

해 화기취급작업 안전수칙으로 정하는 작업현장의 (안전거리) 규정은 반경 11m 이내이므로 A에 들어갈 값으로 옳은 것은 ②번.

[참고!]
화재감시자 배치 시에도 11m 법칙이 적용된다.

다음의 어느 하나에 해당하는 장소에서 용접·용단 작업을 하도록 하는 경우에는 화재감시자를 지정하여 작업 장소에 배치해야 한다.
- 작업반경 11m 이내에 건물구조 자체나 내부에 가연성 물질이 있는 장소
- 작업반경 11m 이내의 바닥 하부에 가연성 물질이 11m 이상 떨어져 있지만 불꽃에 의해 쉽게 발화될 우려가 있는 장소
- 가연성 물질이 금속으로 된 칸막이·벽·천장 또는 지붕의 반대쪽 면에 인접해 있어 열전도나 복사에 의해 발화될 우려가 있는 장소

23 다음의 특성에 해당하는 각 위험물 (A), (B)를 순서대로 고르시오.

(A)	(B)
물과 반응하거나 자연발화에 의해 발열 또는 가연성 가스를 발생시킬 수 있어 용기 파손이나 누출에 주의해야 한다.	대부분 물보다 가볍고 물에 녹지 않으며 증기는 공기보다 무겁다. 주수소화가 불가능한 것이 대부분이며 증기는 공기와 혼합되어 연소 및 폭발을 일으킨다.

① (A) : 제1류위험물, (B) : 제6류위험물
② (A) : 제2류위험물, (B) : 제3류위험물
③ (A) : 제3류위험물, (B) : 제4류위험물
④ (A) : 제4류위험물, (B) : 제5류위험물

답 ③

해 (A)는 자연발화성 물질 및 금수성 물질에 대한 특성으로 제3류 위험물에 해당하고, (B)는 인화성 액체인 제4류 위험물의 특성이므로 (A)는 제3류, (B)는 제4류위험물로 정답은 ③번.

[참고!] 제4류위험물(인화성 액체)의 공통적 성질
- 인화하기 쉽고, 착화온도가 낮은 것은 위험
- 증기는 대부분 공기보다 무겁고, 공기와 혼합되어 연소 및 폭발
- 대부분 물보다 가볍고 물에 녹지 않음

24 다음은 용접(용단) 작업 시 비산 불티의 특성을 나타낸 것이다. 내용을 참고하여 (　　)에 들어갈 값을 고르시오.

- 용접(용단) 작업 시 수천 개의 비산 불티 발생
- 비산 불티 적열 시 온도 : 약 1,600 ° C 이상
- 발화원이 될 수 있는 비산 불티의 크기 : 직경 약 0.3~3mm
- 실내 무풍 시 불티의 비산거리 : 약 (　　)

① 5m　② 8m　③ 11m　④ 15m

답 ③

해 용접·용단 작업 시 작은 용접 입자(불티)가 날아가 튀기는 비산 불티가 발생할 수 있으며 이러한 비산 불티는 실내 무풍 시 약 11m 정도를 날아가 튈 수 있다. 따라서 불티의 비산거리로 빈칸에 들어갈 정답은 ③번.

TIP 화재위험작업과 11m 법칙
- 용접(용단) 작업 시 불티의 비산 거리 : 약 11m(실내 무풍 시)
- 화재감시자 배치 기준 : 11m 이내 법칙
- 화기취급작업 안전수칙 : 작업현장(반경 11m 이내)

25 소방시설등 자체점검 결과의 조치 등에 따른 규정으로 옳지 아니한 설명을 고르시오.

① 관리업자등은 자체점검을 실시한 경우 그 점검이 끝난 날부터 10일 이내에 소방시설등 자체점검 실시결과 보고서에 소방시설등 점검표를 첨부하여 관계인에게 제출한다.

② 관계인은 점검이 끝난 날부터 15일 이내에 소방본부장 또는 소방서장에게 서면 또는 전산망을 통해 보고해야 한다.

③ 소방본부장 또는 소방서장에게 자체점검 실시 결과 보고를 마친 관계인은 자체점검 실시 결과 보고서를 점검이 끝난 날부터 2년간 자체 보관한다.

④ 자체점검 결과 보고를 마친 관계인은 보고한 날부터 30일 이내에 소방시설등 자체점검 기록표를 작성하여 특정소방대상물의 출입자가 쉽게 볼 수 있는 장소에 게시한다.

답 ④

해 자체점검 결과 보고를 마친 관계인은 보고한 날부터'10일 이내'에 소방시설등 자체점검 기록표를 작성하여 특정소방대상물의 출입자가 쉽게 볼 수 있는 장소에 30일 이상 게시해야 한다.
④번에서는 자체점검 기록표 작성 기한을 30일 이내로 서술하고 있으므로 옳지 않은 설명이다. (기록표 작성은 10일내에, 게시를 30일 이상)

26 특정소방대상물에 설치해야 할 소방시설 적용 기준에 따라 소화설비 중 옥내소화전설비를 설치하는 지하가 중 터널에 적용되는 설치대상 기준 (　　)을 고르시오.

소방시설		적용 기준사항	설치대상
소화설비	옥내 소화전 설비	지하가 중 터널로서 터널	(　　)

① 500m 이상　　② 1,000m 이상
③ 1,500m 이상　　④ 2,000m 이상

답 ②

해 특정소방대상물에 설치해야 할 소방시설 적용기준에 따라 터널이 1,000m 이상일 때 옥내소화전설비 설치 대상에 해당한다.

따라서 설치대상에 들어갈 기준은 ②번 1,000m 이상.

참고자료
한국소방안전원 2급 강습교재 - [부록] 중, 특정소방대상물에 설치해야 할 소방시설 적용기준(「소방시설법 시행령」 별표4)

27 다음 중 소화기에 대한 설명으로 옳은 것을 모두 고르시오.

ⓐ 축압식 분말소화기에는 지시압력계가 부착되어 있으며 적정 범위는 0.7~0.98MPa로 녹색으로 표시된다.
ⓑ 분말소화기의 내용연수는 10년으로 하고, 성능검사에 합격한 소화기는 내용연수 경과 후 10년 미만이면 3년간 사용할 수 있다.
ⓒ 이산화탄소 소화기는 질식, 냉각효과가 있으며 BC급 화재에 적응성이 있다.
ⓓ 할론 소화약제 중 가장 소화능력이 좋고 독성이 가장 적으며 냄새가 없는 것은 할론 2402 소화기의 특징이다.

① ⓐ, ⓑ　　② ⓑ, ⓓ
③ ⓐ, ⓑ, ⓒ　　④ ⓑ, ⓒ, ⓓ

답 ③

해 (1) 가압식 분말소화기는 현재 생산이 중단되었으며, 축압식 분말소화기의 경우 지시압력계가 부착되어 있어 적정 범위가 녹색(0.7~0.98MPa)으로 표시되므로 ⓐ는 옳은 설명이다.
(2) 분말소화기의 내용연수는 10년으로 하고, 내용연수가 지난 제품은 교체하거나 또는 성능검사 시험에 합격한 소화기는 다음과 같이 일정 기간 동안 사용 가능하므로 ⓑ는 옳은 설명이다.
- **내용연수 경과 후 10년 미만 : 3년**
- **내용연수 경과 후 10년 이상 : 1년**

(3) 이산화탄소 소화기는 질식, 냉각효과가 있고 BC급 화재에 적응성이 있으므로 ⓒ는 옳은 설명이다.
(4) 할론 소화약제 중 가장 소화능력이 좋고 독성이 가장 적으며 냄새가 없는 것은 할론 '1301' 소화기에 대한 설명이므로 ⓓ의 설명은 적절하지 않다.

따라서 옳은 것은 ⓐ, ⓑ, ⓒ로 정답은 ③번.

[참고!] 소화기별 특징

소화기	분말	이산화탄소	할론
효과 및 적응성	• 질식, 억제(부촉매) • ABC급, BC급	• 질식, 냉각 • BC급	• 억제(부촉매), 질식 • BC급
구성	• ABC급 - 약제 : 제1인산암모늄 • BC급 - 약제 : 탄산수소나트륨 등	이산화탄소	• 할론 1211, 2402 : 지시압력계 부착 • 할론 1301 : 소화능력 가장 좋고 독성 적고 냄새 없음

28 다음에 제시된 감지기에 대한 설명으로 옳지 아니한 것을 고르시오.

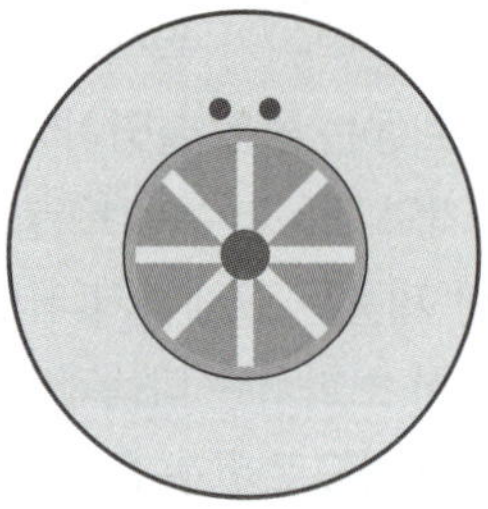

① 바이메탈, 감열판, 접점 등의 구조로 이루어져 있다.
② 주위 온도가 일정 온도 이상이 되었을 때 작동한다.
③ 주위 온도가 일정 상승률 이상 되는 경우에 작동한다.
④ 보일러실, 주방 등에서 적응성이 있다.

답 ③

해 그림에서 제시된 감지기는 정온식 스포트형 감지기로 ①,②,④번은 모두 정온식 감지기에 대한 설명에 해당한다.
③번의 주위 온도가 일정 상승률 이상이 되는 경우에 작동하는 것은 '차동식' 스포트형 감지기에 대한 설명이므로 정온식 감지기에 대한 설명에 해당하지 않는 것은 ③번.

[참고!] 정온식과 차동식

정온식	차동식
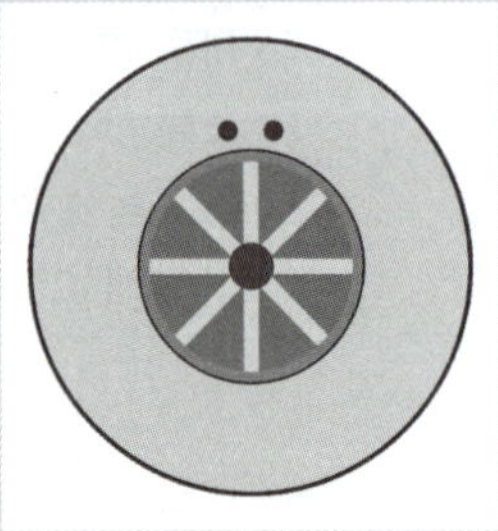	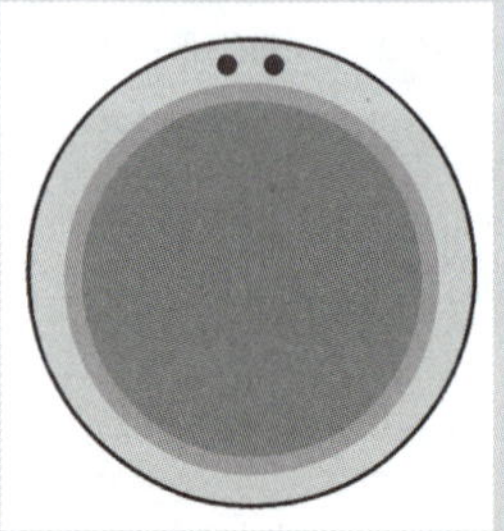
• 보일러실, 주방 • 일정 온도 이상에서 작동 • 바이메탈, 감열판, 접점 등	• 거실, 사무실 • 주위 온도가 일정 상승률 이상 되는 경우 작동 • 다이아프램, 리크구멍, 접점 등

29 각 방식별 가압송수장치에 대한 설명으로 옳지 아니한 것을 고르시오.

① 펌프방식 : 기동용 수압개폐장치를 통해 배관 내 압력이 저하되면 압력스위치가 작동하여 펌프를 기동한다.
② 압력수조방식 : 압력탱크 내에 물을 압입하고 탱크 내 압축된 공기 압력에 의해 송수하는 방식으로 탱크의 설치 위치가 한정적인 것이 단점이다.
③ 가압수조방식 : 별도의 용기에 충전된 압축공기 또는 불연성 고압기체에 따라 수조 내 소화용수를 가압 및 송수하는 방식으로 비상전원이 필요 없다.
④ 고가수조방식 : 고가수조의 자연낙차압으로 급수하는 방식으로 비상전원이 필요하지 않다.

답 ②

해 압력수조방식의 경우 압력탱크 내에 물과 압축된 공기를 충전하여 압축된 공기 압력에 의해 송수하는 방식으로 탱크의 설치 위치에 구애받지 않는다는 것이 장점이므로 탱크의 설치 위치가 한정적이라고 서술한 ②번의 설명이 옳지 않다.

30 스프링클러설비의 종류별 2차측 배관 내부의 채움 상태에 대한 설명으로 옳지 아니한 것을 고르시오.

① 일제살수식 : 가압수
② 건식 : 압축공기
③ 준비작동식 : 대기압 상태
④ 습식 : 가압수

답 ①

해 스프링클러설비의 종류별 1차측 및 2차측 배관 내부의 상태는 다음과 같다.

<table>
<tr><th colspan="2">구분</th><th>1차측</th><th>2차측</th></tr>
<tr><td rowspan="3">폐쇄형</td><td>습식</td><td colspan="2">가압수</td></tr>
<tr><td>건식</td><td rowspan="3">가압수</td><td>압축공기</td></tr>
<tr><td>준비작동식</td><td rowspan="2">대기압 상태</td></tr>
<tr><td>개방형</td><td>일제살수식</td></tr>
</table>

따라서 일제살수식 스프링클러설비의 2차측 내부는 대기압 상태이므로, 가압수라고 서술한 ①번의 설명이 옳지 않다.

31 **층수가 10층 이하인 특정소방대상물에 적용되는 음향장치의 설치기준 및 경보방식에 대한 설명으로 옳지 아니한 것을 고르시오.**

① 2층에서 발화한 경우 전층에 경보가 발한다.
② 1층에서 발화한 경우 발화층·그 직상 4개 층 및 지하층에 경보를 발한다.
③ 음량의 크기는 1m 떨어진 곳에서 90dB 이상 측정되어야 한다.
④ 층마다 설치하되 수평거리 25m 이하가 되도록 설치한다.

답 ②

해 1층에서 발화한 경우 발화층·그 직상 4개 층 및 지하층에 우선 경보가 적용되는 것은 층수가 11층 이상(공동주택의 경우 16층 이상)인 특정소방대상물에 해당하므로, 층수가 10층 이하인 특정소방대상물에서는 전층 경보 방식이 적용된다. 따라서 옳지 않은 설명은 ②번.

32 감시제어반의 스위치 위치가 다음과 같을 때 동력 제어반에서 점등이 확인되어야 하는 것을 (가)~(사)에서 모두 고르시오.

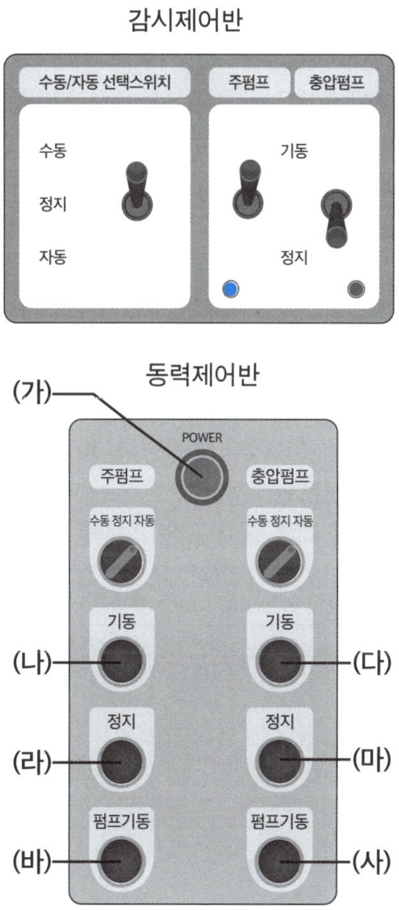

① (나), (바)
② (가), (나), (마)
③ (가), (다), (라), (사)
④ (가), (나), (마), (바)

답 ④

해 그림의 감시제어반 상태는 주펌프만 수동으로 기동한 상태이다. (충압펌프는 수동 - 정지).

동력제어반이 자동(연동) 운전 상태이므로 감시제어반의 신호를 받은 동력제어반에서도 주펌프만 기동된 상태여야 한다.

그럼 이때 (가) '전원'은 평상시 동력제어반은 항상 운전상태여야 하므로 점등되어 있어야 하고, [주펌프] 라인에서는 주펌프가 기동되었으니 (나) '기동' 버튼이 점등, 이에 따라 (바) '펌프기동' 표시등에도 점등되어야 한다.

그리고 충압펌프는 현재 정지한 상태이므로 [충압 펌프] 라인에서는 (마) '정지' 버튼에만 점등되어야 한다.

따라서 동력제어반에서 점등되는 것은 (가) 전원, (나) 주펌프 기동, (마) 충압펌프 정지, (바) 주펌프 펌프기동 표시등으로 ④.

문제풀이에 따른 동력제어반의 점등 상태를 그림으로 나타내면 다음과 같다.

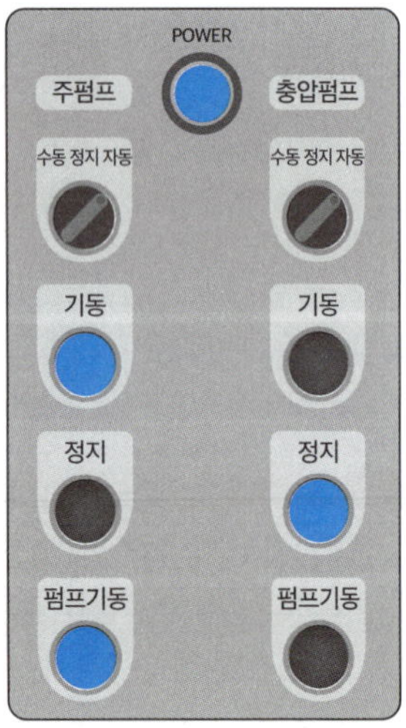

33 다음 중 제시된 압력 값이 각 소화설비의 적정 압력 범위 내에 있지 아니한 것을 고르시오.

① 소화기 : 0.9MPa
② 옥내소화전설비 : 0.6MPa
③ 옥외소화전설비 : 0.8MPa
④ 스프링클러설비 : 1.0MPa

답 ③

해 각 소화설비별 적정 압력 범위는 다음과 같다.

소화기	0.7 ~ 0.98MPa
옥내소화전	0.17MPa 이상 0.7MPa이하
옥외소화전	0.25MPa 이상 0.7MPa이하
스프링클러	0.1MPa 이상 1.2MPa 이하

옥내소화전과 옥외소화전은 방수 시 발생되는 반동력에 의한 안전사고 예방을 위해 적정 압력 범위가 0.7MPa 이하로 제한되므로 ③번에 제시된 옥외소화전설비의 압력 값은 적정 범위 내에 있지 않다. 따라서 답은 ③번.

34 스프링클러설비의 설치장소가 지하층을 제외한 층수가 11층 이상인 특정소방대상물(아파트 제외)일 때 스프링클러헤드의 기준개수를 고르시오.

① 10개　　② 20개
③ 30개　　④ 40개

답 ③

해 스프링클러설비의 설치장소가 지하층을 제외한 층수가 11층 이상인 특정소방대상물(아파트 제외)·지하가 또는 지하역사일 때의 헤드 기준개수는 30개이므로 정답은 ③번.

[참고!] 스프링클러설비 설치장소별 기준개수

장소			기준 개수
(지하 제외) 층수 10층 이하	공장	특수가연물 저장·취급	30
		그 밖의 것	20
	근생·판매·운수·복합	판매시설 또는 복합건축물	30
		그 밖의 것	20
	그 밖의 것	부착 높이 8m 이상	20
		부착 높이 8m 미만	10
층수 11층 이상(아파트 제외)·지하가, 지하역사			30

35 다음의 그림을 참고하여 P형 수신기의 도통시험에 대한 설명으로 옳은 설명을 고르시오.(단, 수신기는 로터리방식이다.)

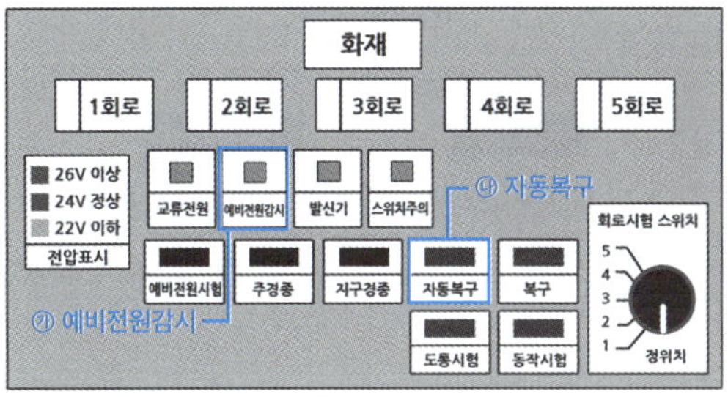

① 수신기에 화재 신호를 수동으로 입력하여 수신기의 각 표시등 점등 및 음향장치의 작동 등 정상적인 동작이 이루어지는지 확인하는 시험이다.

② 시험 결과 도통시험 확인등에 녹색불이 점등되거나, 전압계가 있는 경우 4~8V 값이 측정되면 정상 판정한다.

③ 시험 시 ㉮ 표시등은 점등된 상태이다.

④ 시험 순서는 도통시험 스위치와 ㉯ 스위치를 누르고 회로시험 스위치를 회전하며 진행한다.

답 ②

해 도통시험은 수신기에서 감지기 회로의 단선 여부를 확인하기 위한 시험으로, 도통시험 확인등이 있는 경우 녹색불이 점등되거나 전압계 값이 4~8V이면 정상으로 판정한다. 따라서 옳은 설명은 ②번.

[옳지 않은 이유!]

- ① : 화재 신호를 수동으로 입력하여 정상 동작 여부를 확인하는 시험은 동작시험에 대한 설명이다.
- ③ : ㉮는 예비전원감시등으로 예비전원 연결 소켓이 분리되는 등 예비전원에 이상이 있는 경우에 점등되는 표시등이므로 도통시험과는 무관하다.
- ④ : (로터리방식) 도통시험의 순서는 [도통시험] 스위치를 누르고, 회로시험 스위치를 각 경계구역마다 회전하며 시험을 진행한다. (문제에서 제시된 ㉯ 자동복구 스위치를 누르는 것은 동작시험 과정에 해당한다.)

36 자위소방대 구성도가 다음과 같을 때 해당 조직구성 유형(타입)에 대한 설명으로 옳은 것을 고르시오.

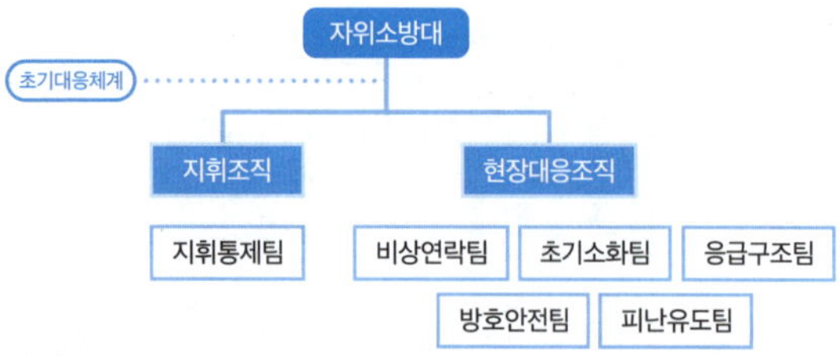

① 둘 이상의 현장대응조직을 운영할 수 있으며, 이 경우 본부대와 지구대로 구분한다.
② 1급의 경우 공동주택을 제외하고 연면적 30,000m² 이상이면 그림과 같은 조직구성 방식을 적용한다.
③ 상시 근무인원이 50명 이상인 2급 대상물의 경우 그림의 조직구성 유형에 해당한다.
④ 현장대응조직은 하위 조직(팀)의 구분 없이 운영할 수 있다.

답 ③

해 제시된 그림의 자위소방대 유형은 타입2(Type-Ⅱ)로 상시 근무인원이 50명 이상인 2급과 1급(단, 연면적 3만m² 이상인 경우에는 Type-Ⅰ 적용) 대상물이 이러한 타입2에 해당한다. 따라서 옳은 설명은 ③번.

[옳지 않은 이유!]

-① : 현장대응조직을 둘 이상(본부대와 지구대)으로 구분하여 운영하는 것은 타입1(Type-Ⅰ)에 해당하는 설명이다.

-② : (공동주택 제외) 연면적 30,000m² 이상의 1급의 경우 타입1(Type-Ⅰ)을 적용하므로 옳지 않은 설명이다.

-④ : 현장대응조직을 하위 조직(팀)의 구분 없이 운영할 수 있는 경우는 타입3(Type-Ⅲ) 중에서도 편성대원이 10인 미만인 경우에 해당하므로 옳지 않은 설명이다.

37 특정소방대상물별 소화기구의 능력단위 기준에 따라 위락시설에 적용되는 소화기구의 능력단위로 옳은 설명을 고르시오.

① 해당 용도의 바닥면적 30m²마다 능력단위 1단위 이상
② 해당 용도의 바닥면적 50m²마다 능력단위 1단위 이상
③ 해당 용도의 바닥면적 100m²마다 능력단위 1단위 이상
④ 해당 용도의 바닥면적 200m²마다 능력단위 1단위 이상

답 ①

해 위락시설에 적용되는 소화기구의 능력단위는 바닥면적 '30m²'이므로 정답은 ①번.

[참고!]

특정소방대상물별 소화기구의 능력단위 기준

위락시설	바닥면적 30m²마다 1단위 이상
공연장·집회장·관람장·장례식장 및 의료시설	바닥면적 50m²마다 1단위 이상
근생·판매·운수·숙박·노유자·공동주택·업무시설 등	바닥면적 100m²마다 1단위 이상
그 밖의 것	바닥면적 200m²마다 1단위 이상

38 다음에 제시된 예시 그림을 참고하여 각 유도등에 대한 설명으로 옳지 아니한 것을 고르시오.

예시	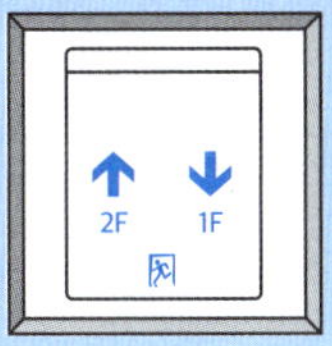	
① 종류	계단통로 유도등	피난구 유도등
② 용도	피난통로 안내를 위한 방향 명시	피난경로인 출입구를 표시
③ 설치장소	계단 하부	출입구 상부
✓④ 설치 높이	바닥으로부터 높이 1.5m 이하	바닥으로부터 높이 1m 이상

답 ④

해 그림에서 제시된 좌측 예시 그림은 계단통로 유도등, 우측 그림은 피난구 유도등에 해당한다.

(1) 계단통로 유도등은 피난 방향을 안내하는 유도등으로 일반 계단(각층의 경사로 참 또는 계단참)마다 설치하며 바닥으로부터 1m 이하의 하부 위치에 설치한다.

(2) 피난구 유도등은 출입구를 표시하는 유도등으로, 바닥으로부터 높이 1.5m 이상의 출입구 상부에 설치한다.

따라서 옳지 않은 설명은 ④번.

[비교!] 유도등의 설치 높이

<table>
<tr><th rowspan="2">피난구 유도등</th><th colspan="3">통로 유도등</th></tr>
<tr><th>거실</th><th>계단</th><th>복도</th></tr>
<tr><td colspan="2">바닥으로부터 1.5m 이상
(시선 위쪽)</td><td colspan="2">바닥으로부터 1m 이하
(시선 아래쪽)</td></tr>
</table>

39 자위소방대 및 초기대응체계의 인력 편성에 대한 설명으로 옳은 것을 고르시오.

① 자위소방대 팀별 인원편성 시 각 팀별 최소편성 인원은 1명 이상으로 한다.

② 소방안전관리자를 자위소방대장으로, 소방안전관리대상물의 소유주, 법인의 대표를 부대장으로 지정한다.

③ 초기대응체계 편성 시 3명 이상은 수신반 또는 종합방재실에 근무하며 모니터링 및 지휘통제가 가능해야 한다.

✓④ 자위소방대원은 대상물 내 상시 근무자 또는 거주자 중 자위소방활동이 가능한 인력으로 편성해야 한다.

답 ④

해 자위소방대원은 상시 근무하거나 거주하는 인원 중에서 자위소방활동이 가능한 인력으로 편성해야 하므로 옳은 설명은 ④번.

[옳지 않은 이유!]

- ① : 자위소방대 각 팀별 최소편성 인원은 2명 이상으로 하고, 각 팀별 책임자(팀장)를 지정해야 하므로 옳지 않은 설명이다.
- ② : 소방안전관리대상물의 소유주, 법인의 대표(또는 관리기관의 책임자)를 자위소방대장으로 / 소방안전관리자를 부대장으로 지정하므로 옳지 않은 설명이다.
- ③ : 초기대응체계 편성 시 '1명 이상'은 수신반이나 종합방재실에 근무하며 상황에 대한 모니터링 및 지휘통제가 가능해야 하므로 3명 이상이라고 서술한 부분이 옳지 않다.

40 펌프성능시험 중 정격부하운전 시 그림에 표시된 각 밸브의 개폐상태로 옳은 것을 고르시오.

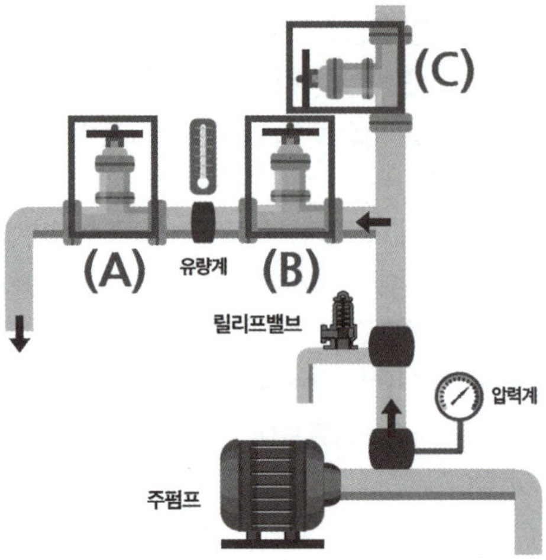

구분	(A)	(B)	(C)
①	폐쇄	폐쇄	폐쇄
②	개방	개방	폐쇄
③	폐쇄	개방	개방
④	개방	개방	개방

답 ②

해 (A)는 유량조절밸브, (B)는 (성능시험배관 상의)개폐밸브, (C)는 펌프 토출측 밸브에 해당한다. 펌프성능시험을 위한 준비단계에서 (C) 토출측 밸브는 '폐쇄'한다.

정격부하운전은 100% 유량상태일 때 압력이 정격토출압 이상이 되는지 확인하기 위한 시험이므로, 성능시험배관 상의 개폐밸브인 (B)를 '개방'하고, 유량조절밸브 (A)를 '개방'하여 토출량(유량)이 100%일 때의 압력을 측정한다. 따라서 정격부하운전 시 각 밸브의 개폐상태로 옳은 것은 (A)와 (B)는 개방, (C)는 폐쇄 상태인 ②번.

41 출혈 시 취할 수 있는 응급처치 방법 중 지혈대 사용법에 대한 순서를 차례대로 나열하시오.

> ㉮ 지혈대가 풀어지지 않도록 정리한다.
> ㉯ 출혈부위에서 5~7cm 상단부를 묶는다.
> ㉰ 출혈이 멈추는 지점까지 조인다.
> ㉱ 지혈대 착용시간을 기록해둔다.

① ㉮-㉰-㉯-㉱　② ㉰-㉯-㉮-㉱

③ ㉯-㉰-㉮-㉱　④ ㉰-㉱-㉯-㉮

답 ③

해 출혈의 응급처치 방법 중 지혈대를 사용하는 경우는 절단과 같은 심한 출혈 또는 일반 지혈로는 출혈이 멈추지 않는 경우에 최후의 수단으로 사용할 수 있다.

지혈대의 사용 순서를 요약하면 다음과 같다.

(1) 출혈부 상단(5~7cm) 묶기-(2) 조이기(출혈 멈추는 지점)-(3) 정리-(4) 시간 기록.

따라서 지혈대 사용법을 순서대로 나열한 것은 ③번.

[참고!]

지혈대의 경우 오랜 시간 방치할 경우 괴사의 위험이 있으므로 무릎이나 팔꿈치 같은 관절 부위에는 착용하지 않고, 되도록 5cm 이상의 넓은 띠를 사용하여 착용 시 시간을 기록해 두어 장시간 방치되지 않도록 해야 한다.

42 그림을 참고하여 일반인 심폐소생술 시행방법에 대한 설명으로 옳지 아니한 것을 고르시오.

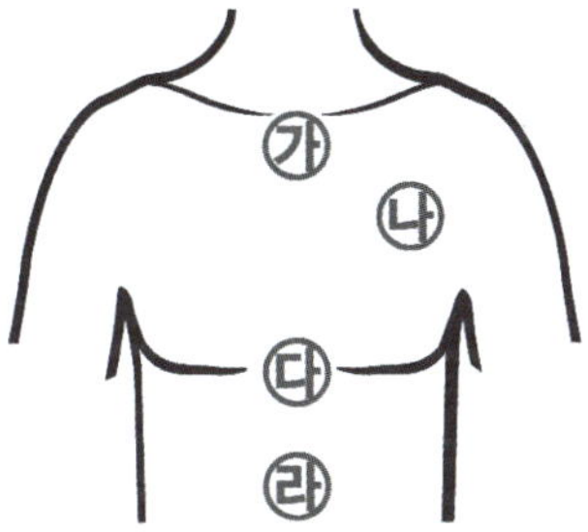

① 가슴압박과 인공호흡은 30:2의 비율로 반복 시행하는 것이 바람직하다.
② 가슴압박 시행 시 환자의 봄과 수식이 되도록 하고 체중을 실어 ㉯ 위치를 압박한다.
③ 성인의 경우 가슴압박은 분당 100~120회 속도, 약 5cm 깊이로 강하게 압박한다.
④ 인공호흡법을 모르거나 시행하기 꺼려지는 경우 인공호흡을 제외하고 가슴압박만 지속적으로 시행한다.

답 ②

해 가슴압박 시행 시 가슴뼈(흉골)의 아래쪽 절반 위치를 압박하므로 그림 상 올바른 위치는 ㉰에 해당한다. 따라서 옳지 않은 설명은 ②번.

[참고!] 가슴압박과 인공호흡

가슴압박	인공호흡
• 가슴뼈 아래쪽 절반 위치 압박 • 환자와 수직, 양팔은 쭉 편 상태로 체중 실어 압박 • (성인) 분당 100~120회, 5cm 깊이	• 머리를 젖히고 턱을 들어 올려 기도 개방 후, 코는 막고 입을 벌려 1초에 걸쳐 가슴이 부풀어 오르도록 숨을 불어넣음 • 방법을 모르거나 꺼려지는 경우 인공호흡 제외 가슴압박만 시행
가슴압박과 인공호흡의 비율은 30:2	

43 일반인 구조자의 심폐소생술 시행 방법으로 빈칸 (2)~(5)까지에 들어갈 순서를 (가)~(라)에서 찾아 순서대로 나열하시오.

(1) 환자의 어깨를 가볍게 두드리며 의식 및 반응 확인
(2) ______
(3) ______
(4) ______
(5) ______
(6) 가슴압박 및 인공호흡 반복 시행
(7) 환자 회복 시 회복 자세를 취하고 호흡 및 반응 관찰, 비정상 시 가슴압박 및 인공호흡 다시 시작

(가) 인공호흡 2회 시행
(나) 환자의 얼굴과 가슴을 10초 이내로 관찰하며 호흡의 정상 여부 확인
(다) 가슴압박 30회 시행
(라) 119에 신고

① (가)-(나)-(라)-(다)
② (나)-(라)-(가)-(다)
③ (나)-(라)-(다)-(가)
④ (라)-(나)-(다)-(가)

답 ④

해 일반인 구조자의 심폐소생술 시행 순서를 요약하면 다음과 같다.

(1) 환자의 반응 확인 : 어깨를 가볍게 두드리며 의식 및 반응 확인
(2) 119 신고
(3) 호흡 확인 : 10초 내로 관찰하며 호흡 여부 확인
(4) 가슴압박 30회
(5) 인공호흡 2회
(6) 가슴압박 및 인공호흡 반복 시행
(7) 회복 자세 (비정상 시 심폐소생술 다시 반복)

따라서 문제의 (2)~(5)까지에 들어갈 순서로 옳은 것은 (라) 119 신고-(나) 호흡 정상 여부 확인-(다) 가슴압박-(가) 인공호흡 시행의 순서로 ④번이 바람직하다.

44 객석통로 직선 부분의 길이가 47m인 공연장에 객석유도등을 설치하려고 한다. 이때 설치해야 하는 객석유도등의 최소 개수를 구하시오.

① 9개　② 10개
③ 11개　④ 12개

답 ③

해 객석유도등 설치 개수 = $\frac{\text{객석통로직선길이}}{4} - 1$

따라서 (47 ÷ 4) - 1 = 10.75인데 이때 소수점 이하의 수는 1로 보아, 절상하므로 객석통로의 직선길이가 47m인 공연장에 설치하는 객석유도등의 최소 개수는 11개이다.

45 자동화재탐지설비의 점검 시 혼란을 방지하기 위해 수신기에서 지구경종 스위치를 눌러 정지한 후, 감지기 시험기를 이용하여 5층에 위치한 감지기를 작동시켜 보았다. 그림과 표를 참고하여 이때 수신기의 점등 및 연동장치의 작동 상태에 대한 설명으로 옳지 아니한 것을 고르시오.

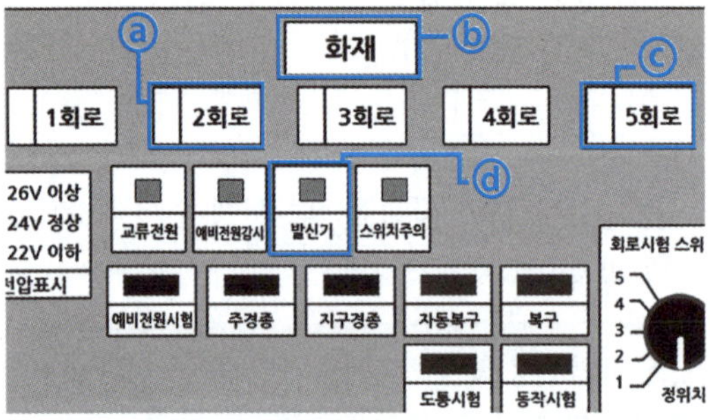

경계구역				
1회로	2회로	3회로	4회로	5회로
1층	2층	3층	4층	5층

① ⓐ 표시등에는 점등되지 않는다.
② 주경종이 울리고 ⓑ와 ⓒ 표시등에 점등된다.
③ ⓓ 표시등 점등과는 무관하므로 ⓓ 표시등은 점등되지 않는다.
④ 5층의 지구경종이 작동하여 경보를 발한다.

답 ④

해 (원칙적으로는 감지기의 동작 시, 주경종과 지구경종이 울리지만) 문제에서는 지구경종 스위치를 눌러 정지한 상태라고 제시했으므로, 5층의 지구경종은 울리지 않을 것이다. 따라서 옳지 않은 설명은 ④번.

[CHECK!]

5층에 위치한 감지기를 작동시켰으므로 5층에 해당하는 5회로(ⓒ) 표시등에는 점등되지만, 2층에 해당하는 2회로(ⓐ) 경계구역 표시등은 점등되지 않는다. 또한 주경종은 정지한 상태가 아니었으므로 감지기의 동작으로 화재 신호를 수신하면 수신기의 화재표시등이 점등되고, 주경종이 울리게 되며, 발신기 표시등(ⓓ)은 감지기의 동작과는 무관하므로 점등되지 않는다.

46 다음 제시된 장점 및 단점에 대한 설명에 부합하는 소화설비를 고르시오.

- 심부화재 소화에 적합하며, 비전도성으로 전기화재에 적응성이 있다.
- 화재 진화 후 깨끗하고 피연소물에 대한 피해가 적은 편이다.
- 소음이 크고, 질식 및 동상의 우려가 있으며 고압 설비로 주의·관리가 필요하다.

① 물분무소화설비　② 이산화탄소소화설비
③ 포소화설비　④ 미분무소화설비

답 ②

해 문제에서 제시된 설명은 '이산화탄소 소화설비'의 장점 및 단점으로, 특히 질식 및 동상의 우려가 있는 고압설비는 이산화탄소 소화설비의 특징에 해당하므로 정답은 ②번.

[CHECK!] 이산화탄소 소화설비의 장·단점

장점	단점
• 심부화재에 적합 • 피연소물에 피해 적고, 진화 후 깨끗 • 전기화재 적응성	• 질식, 동상 우려 • 소음이 크다 • 고압설비로 주의·관리

47 다음은 자동심장충격기(AED)의 사용 순서를 나타낸 것이다. (1)~(4)까지 빈칸에 들어갈 순서로 옳은 것을 ⓐ~ⓓ에서 찾아 순서대로 나열하시오.

(1) ____________
(2) ____________
(3) ____________
(4) ____________
(5) 가슴압박과 인공호흡 다시 시작

ⓐ 두 개의 패드를 각 위치에 부착하기
ⓑ 심장충격(제세동) 버튼 눌러 시행
ⓒ 심장리듬 분석
ⓓ 자동심장충격기의 전원 켜기

① ⓐ-ⓓ-ⓑ-ⓒ　② ⓐ-ⓓ-ⓒ-ⓑ
③ ⓓ-ⓐ-ⓒ-ⓑ　④ ⓓ-ⓐ-ⓑ-ⓒ

답 ③

해 자동심장충격기(AED)의 사용 순서는 다음과 같다.

(1) 전원 켜기 : 심폐소생술 시 방해가 되지 않는 위치에 AED를 놓고 전원 버튼 눌러 켜기
(2) 두 개의 패드를 각 위치에 부착하기
- 패드1 : 오른쪽 빗장뼈 아래
- 패드2 : 왼쪽 젖꼭지 아래 중간 겨드랑선

(3) 심장리듬 분석 : "분석 중"이라는 음성 지시가 나오면 심장리듬 분석을 위해 환자에게서 손 떼기
(4) 심장충격(제세동) 시행 : 제세동이 필요한 경우 제세동 버튼이 점멸하며, 버튼 누르기 전 환자와 접촉하지 않도록 확인
(5) 제세동 실시 후 가슴압박과 인공호흡 다시 시작

따라서 전원 켜기 - 패드 부착 - 리듬 분석 - 제세동 시행의 순서로, 차례대로 나열한 것은 ③번.

48 다음의 각 스프링클러설비의 종류별 장점·단점에 대한 표를 참고하여 옳은 설명을 고르시오.

구분	폐쇄형 헤드			개방형 헤드
종류	습식	건식	준비 작동식	일제 살수식
장점	• 간단한 구조 • 저렴한 공사비 • 신속 소화	옥외 사용 가능	• 오동작 시 수손피해 우려 없음 • 조기 대처에 용이	초기화재 시 신속 대처에 용이
단점	(가)	(나)	(다)	(라)

① 동결의 우려가 있어 사용 가능한 장소가 제한적이라는 단점은 (가)에 해당한다.
② 화재 초기 압축공기에 의한 화재 촉진의 우려가 있다는 단점은 (다)에 해당한다.
③ 별도의 감지기 시공이 필요하다는 단점이 있는 것은 (나)에 해당한다.
④ 층고가 높은 장소에서는 사용이 불가하다는 단점이 있는 것은 (라)에 해당한다.

답 ①

해 **[옳지 않은 이유!]**
-② : 압축공기에 의해 화재 초기 화재가 촉진될 우려가 있는 것은 '건식(나)'의 단점에 해당한다. (추가적으로, 살수 개시까지 시간이 지연될 수 있고 구조가 복잡한 것 또한 건식의 단점에 해당한다.)
-③ : 별도의 감지기가 필요한 것은 '준비작동식(다)'의 단점에 해당하고, 일제살수식도 별도의 화재감지장치가 필요하지만 건식에는 해당사항이 없다.
-④ : 일제살수식의 경우 층고가 높은 장소에서도 소화가 가능하다는 장점이 있으므로, ④번의 설명은 옳지 않다.

49 다음은 펌프 명판상 토출량이 100L/min이고, 양정이 100m인 펌프의 성능시험 결과표이다. 제시된 펌프성능시험 결과표를 참고하여 (가)~(라) 중 적정하지 아니한 값을 고르시오.

구분	펌프성능시험 결과표(실측치)		
	체절운전	정격운전 (100%)	최대운전
토출량 (L/min)	0 (가)	100	150 (다)
토출압력 (MPa)	1.3	1.0 (나)	0.55 (라)

① (가)　② (나)
③ (다)　④ (라)

답 ④

해 문제에서 제시된 펌프 명판상 토출량과 압력을 기준으로 100% 정격운전 시 토출량 100L/min에서 토출압력은 1MPa(=100m 양정) 이상 측정되어야 한다.

(1) 체절운전 : 체절운전은 토출량 0의 상태에서 압력을 측정하므로 (가)의 토출량은 0, 그리고 그 때의 체절압력이 정격(1Mpa)의 140% 이하(x1.4 이하) 값이어야 하므로, 체절압력이 1.4MPa 이하인 1.3Mpa로 측정되었다면 이는 적정하다.

(2) 정격부하운전(100%) : 토출량이 100L/min(정격유량)일 때의 압력이 정격압력(1MPa) 이상으로 측정되면 정상이므로 1.0MPa로 측정되었다면 (나)는 적정하다.

(3) 최대운전(150% 유량 운전) : 최대운전은 정격토출량(100L/min)의 150%(x1.5) 유량일 때의 압력을 측정하므로, 최대운전 시 토출량(다)은 150L/min이 맞지만, 이때의 토출압력은 정격압력(1MPa) 대비 65% 이상(x0.65 이상)이어야 하므로, (라)는 0.65MPa 이상이어야 적정하다. 그러나 (라)의 값이 0.65MPa에 미치지 못하므로 적정하지 않은 것은 (라).

50 다음 중 소방교육 및 훈련의 실시원칙에 해당하지 아니하는 것을 모두 고르시오.

㉮ 동기부여의 원칙　㉯ 현실의 원칙
㉰ 교육자 중심의 원칙　㉱ 경험의 원칙

① ㉮, ㉯, ㉱　② ㉯, ㉰
③ ㉯, ㉱　④ ㉰

답 ④

해 소방교육 및 훈련의 실시 원칙으로 옳은 것은 '학습자' 중심의 원칙으로, 배우는 사람의 입장에서 교육 및 훈련이 이루어져야 한다. 따라서 교육자 중심의 원칙은 옳지 않은 설명이므로 해당사항이 없는 것은 ㉰로 ④번.

[CHECK!] 소방교육 및 훈련의 실시원칙

학습자 중심	• 한 번에 한 가지씩, 쉬운 것에서 어려운 것으로 • 습득 가능한 분량, 기능적 이해 • 학습자에게 감동이 있는 교육
동기 부여	• 교육의 중요성 전달, 핵심사항에 포커스 • 시기적절하게, 적절한 스케줄 배정 • 보상 제공, 재미 부여, 다양성 활용, 초기 성공에 대한 격려
목적	어떤 기술을 어느 정도까지 익혀야 하는지 제시 (습득할 기술이 어느 위치에 있는지 인식)
현실	비현실적(불완전한) 훈련은 ×
실습	목적을 생각하고, 실습을 통해 적절한 방법으로 정확하게 할 것
경험	경험 사례를 통한 현실감 있는 훈련 및 교육
관련성	실무적인 접목과 현장성이 있을 것

MEMO

PART 03

소방안전관리자 2급

설비 파트 집중 공략

01 문제편

01

다음의 수신기 그림을 참고하여 표시된 ㉮ ~ ㉲ 중, 평상시에 점등된 상태로 유지되어야 하는 부분을 모두 고르시오.

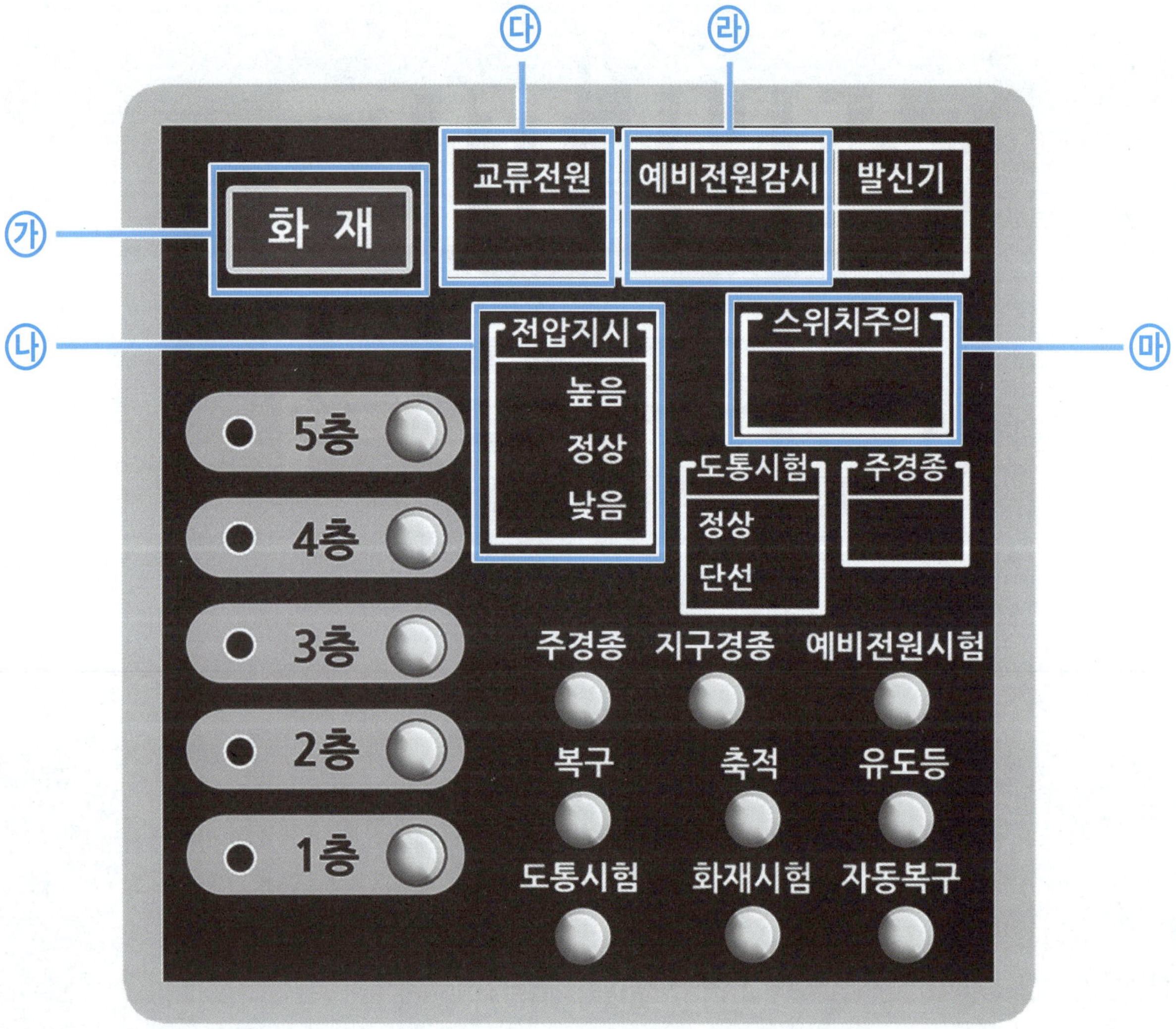

① ㉮, ㉱

② ㉯, ㉰

③ ㉯, ㉰, ㉱

④ ㉯, ㉱, ㉲

02

다음의 그림에서 버튼 방식 수신기의 동작시험을 위해 누르거나 조작하는 부분을 모두 고르시오.

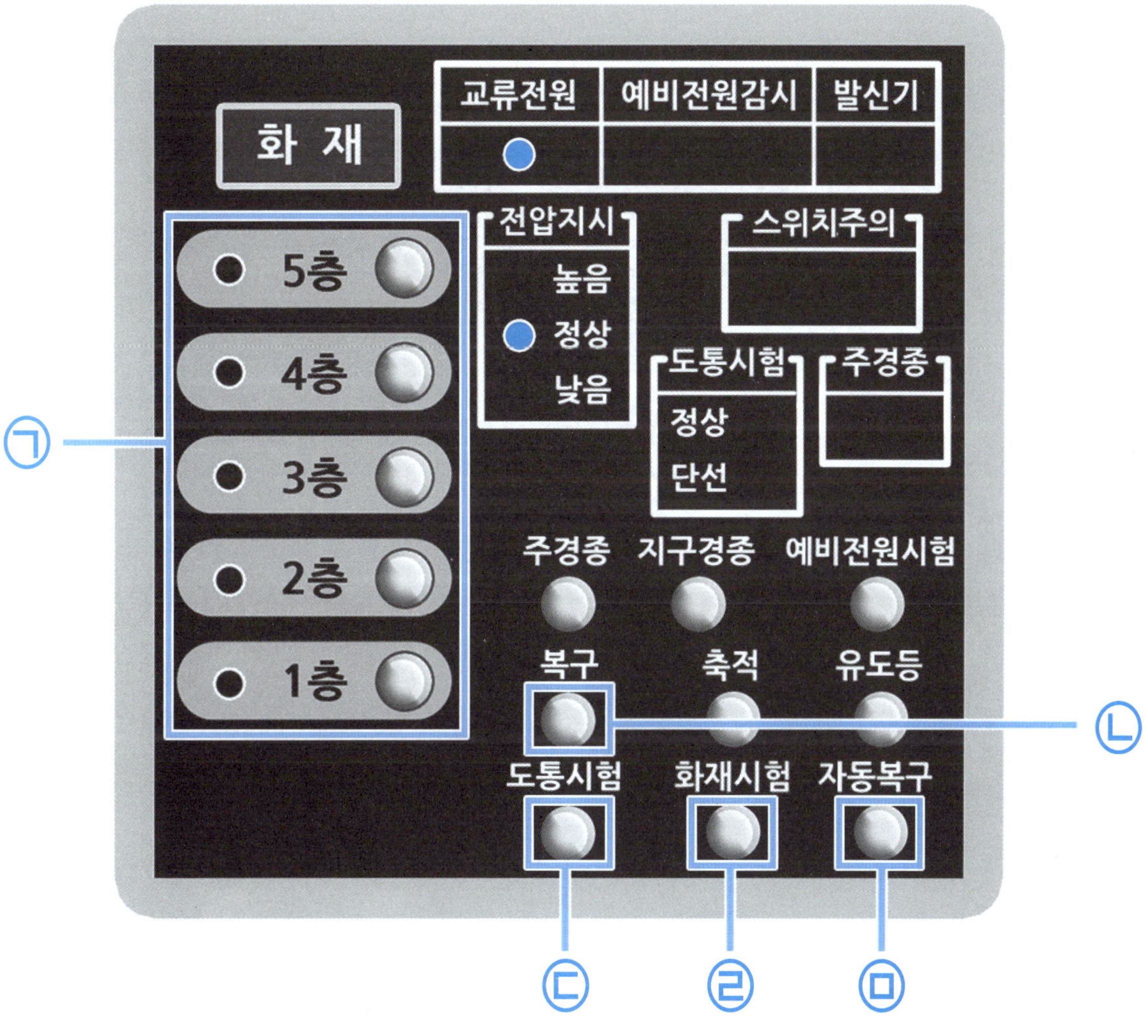

① ㉠, ㉡, ㉢

② ㉠, ㉡, ㉣

③ ㉠, ㉢, ㉤

④ ㉠, ㉣, ㉤

03

다음은 P형 수신기의 점검 중 일부를 나타낸 그림이다. 제시된 그림을 통해 유추할 수 있는 현재의 상황으로 가장 적절한 설명을 고르시오.

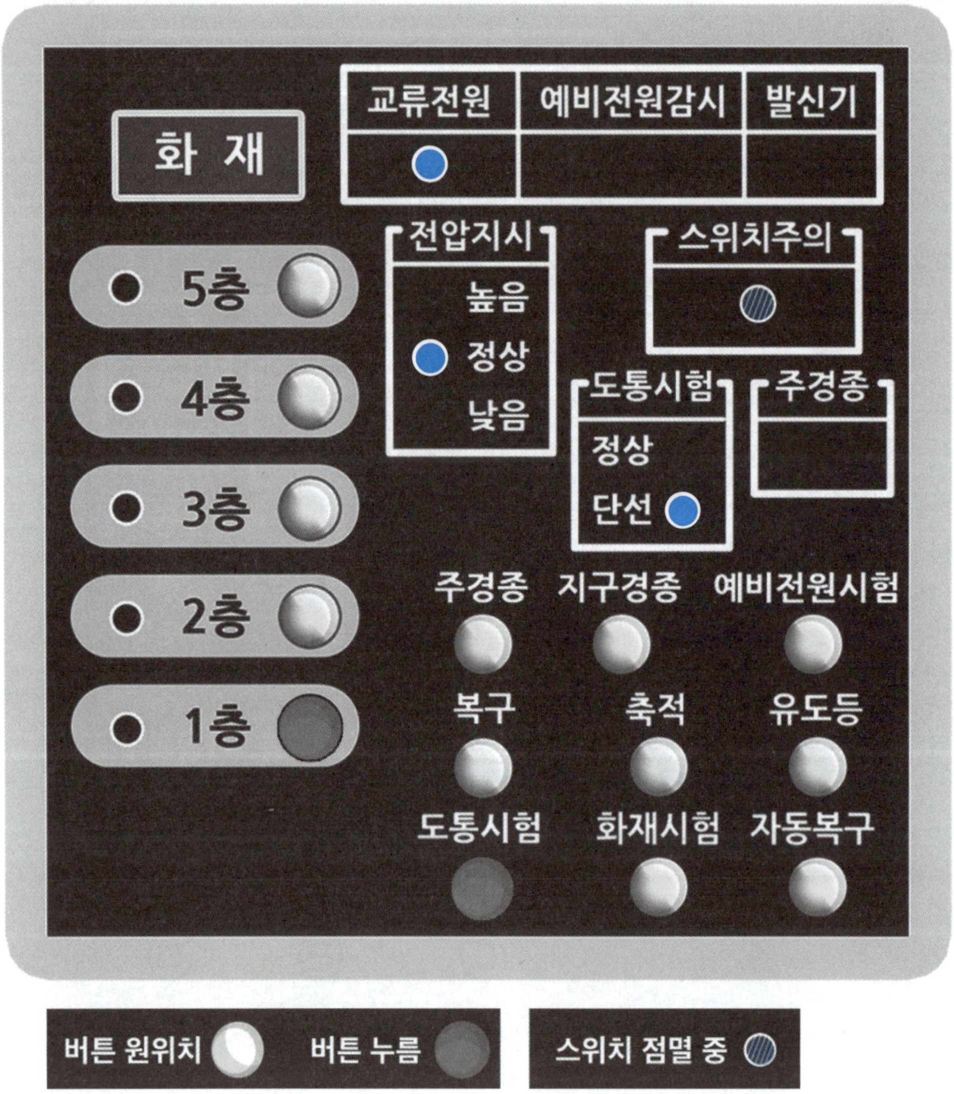

① 경계구역 1층의 도통시험 결과 단선이므로 조치가 필요한 상황이다.

② 도통시험 결과 화재표시등의 단선이 확인되어 회로 보수가 필요한 상황이다.

③ 주경종이 작동할 수 없는 상황이므로 수신기를 초기 상태로 복구해야 한다.

④ 1층의 발신기 점검으로 입력된 화재 신호는 정상적으로 수신되고 있다.

04

제시된 수신기 그림을 참고하여 현재 상황에 대한 추론으로 옳지 아니한 설명을 고르시오.

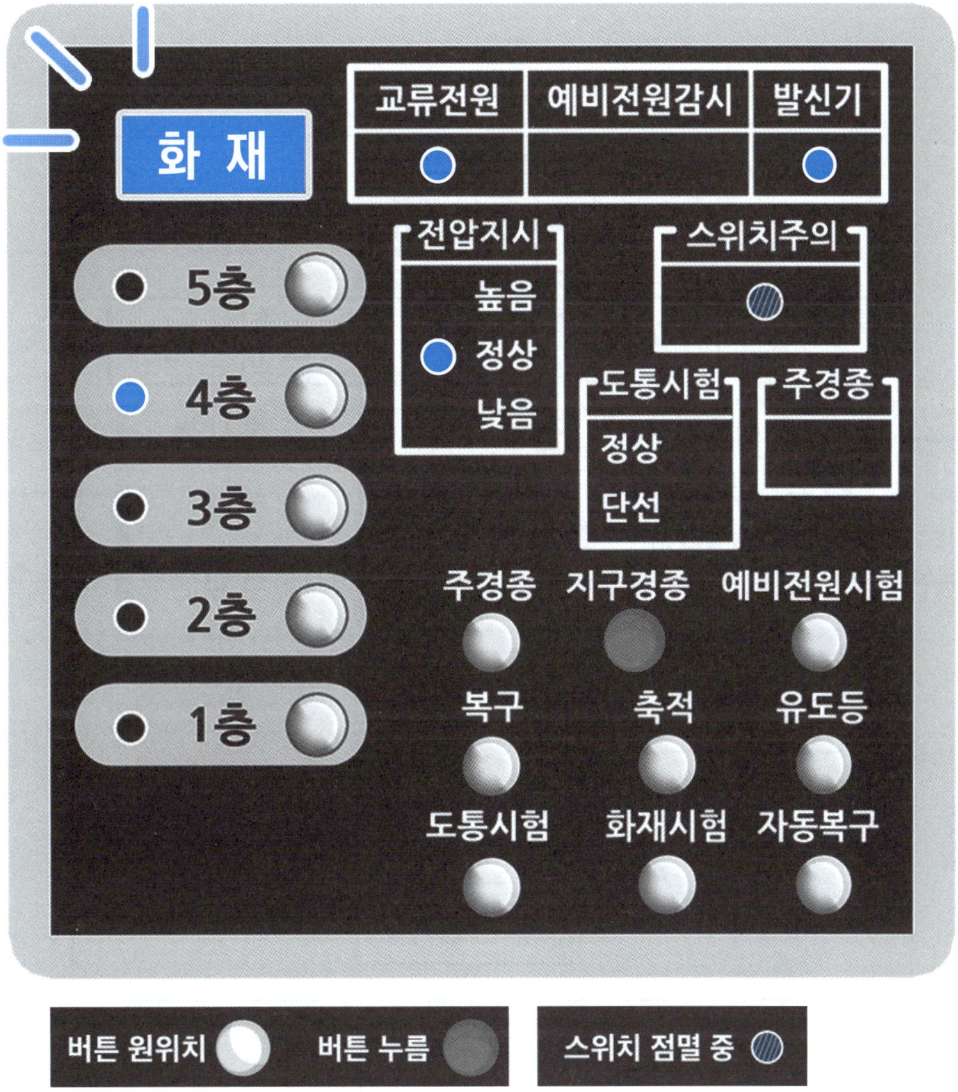

① 화재 신호를 통보한 기기는 경계구역 4층의 발신기이다.

② 경계구역 내에 설치된 지구경종은 작동하지 않고 있다.

③ 상황 종료 후에는 모든 조작 버튼을 원위치로 복구하고 자동복구 버튼을 눌러 수신기를 복구한다.

④ 평상시 수신기의 조작 스위치를 그림과 같은 상태로 두어서는 안 된다.

05

점검을 위해 계단실에 설치된 감지기를 작동하여 화재 신호를 통지한 경우 수신기의 현재 점등 및 조작스위치의 상태로 옳지 아니한 부분을 다음 그림에 표시된 ⓐ ~ ⓔ 중에서 모두 고르시오. (단, 제시된 상황 외의 경우는 고려하지 않는다.)

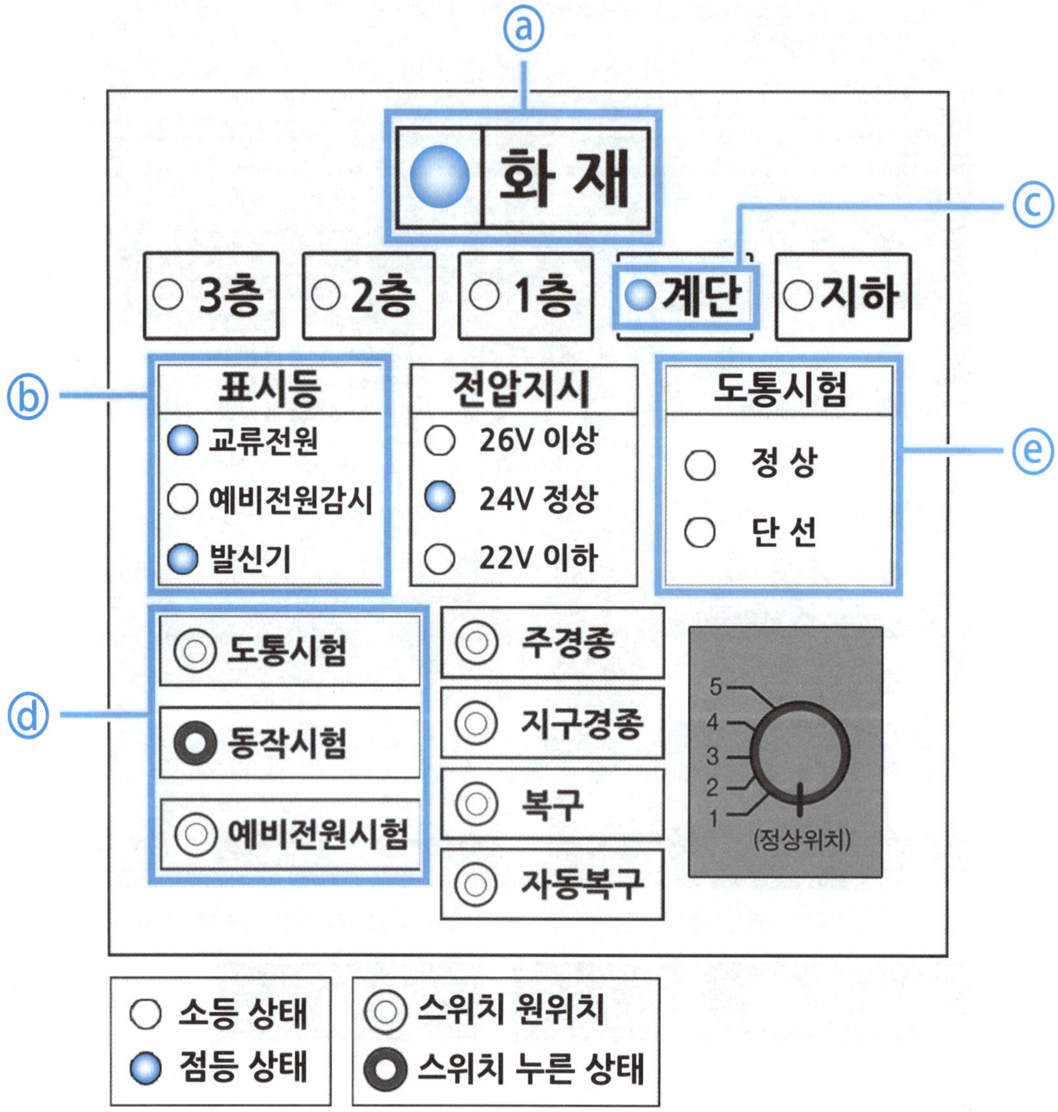

① ⓐ, ⓒ

② ⓑ, ⓓ

③ ⓐ, ⓒ, ⓔ

④ ⓑ, ⓓ, ⓔ

06

제시된 수신기 그림을 참고하여 현재 상황에 대한 설명으로 옳은 것을 <보기>에서 찾아 모두 고르시오.(단, 제시된 상황 외의 조건은 고려하지 않는다.)

경계구역 구분				
구역1	구역2	구역3	구역4	구역5
1층	2층	3층	4층	5층

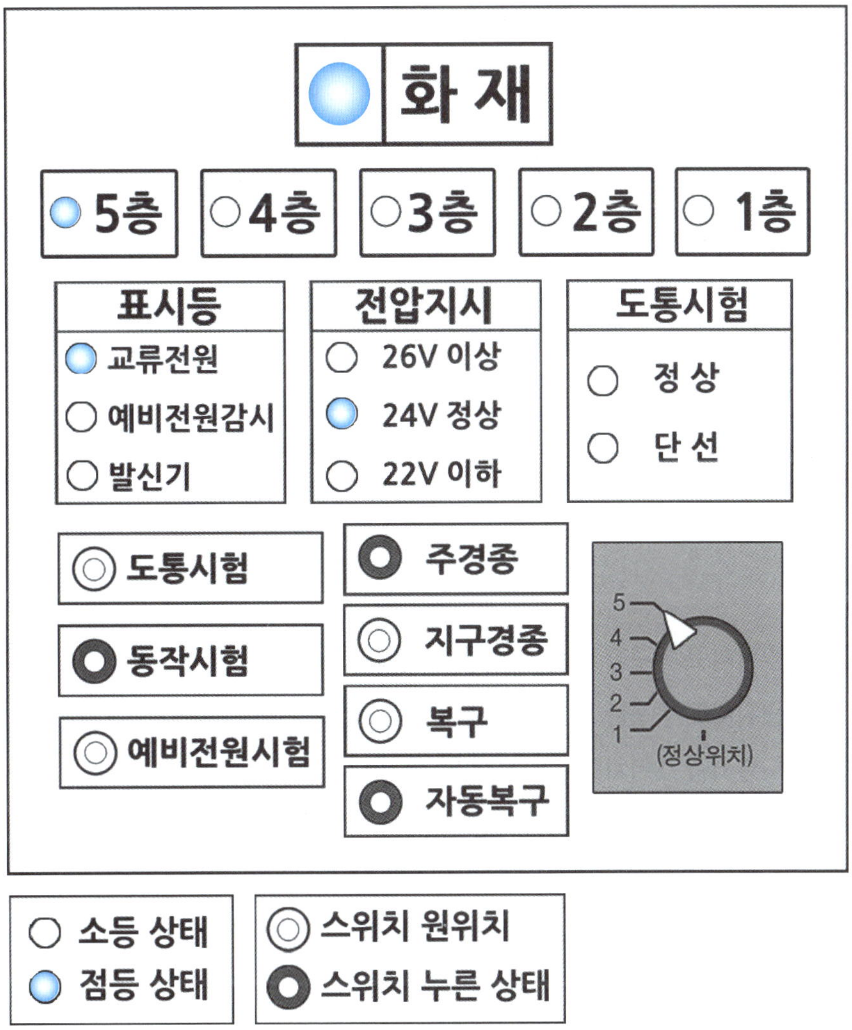

ⓐ 5층의 발신기를 통해 화재 신호가 통보되었다.
ⓑ 수신기의 화재동작시험을 진행 중이다.
ⓒ 수신기의 예비전원 전압은 정상이다.
ⓓ 주경종은 작동하지 않는다.
ⓔ 5층의 도통시험 결과는 정상이다.

① ⓐ, ⓑ

② ⓐ, ⓑ, ⓒ

③ ⓑ, ⓓ

④ ⓑ, ⓓ, ⓔ

07

다음은 로터리방식 수신기의 점검 중 일부를 나타낸 그림이다. 제시된 그림을 참고하여 해당 점검의 종료 후 수신기의 복구 방법으로 알맞은 것을 고르시오.

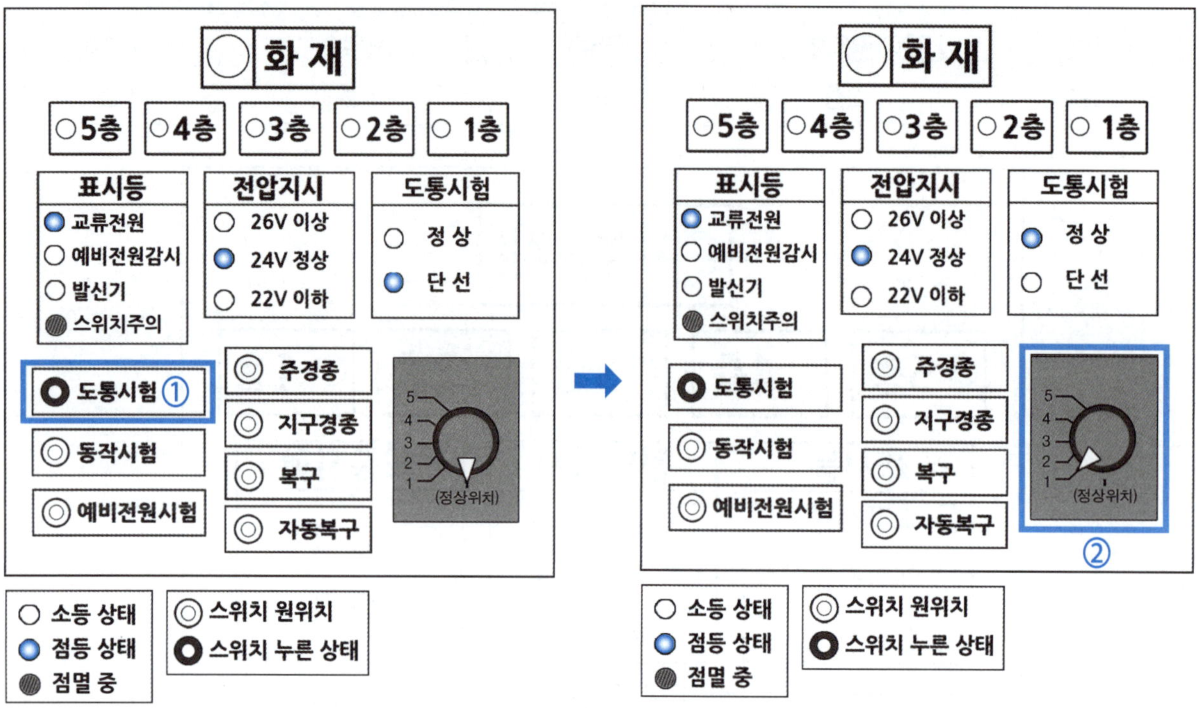

① 회로선택 스위치를 원위치로 복구한 후, 자동복구 스위치를 눌러 복구한다.

② 회로선택 스위치를 원위치로 복구한 후, 복구 스위치를 눌러 복구한다.

③ 회로선택 스위치와 도통시험 스위치를 원위치로 복구한다.

④ 회로선택 스위치와 동작시험 스위치를 원위치로 복구한다.

08

다음은 로터리방식 수신기의 점검 중 (A)시험 방법을 나타낸 그림이다. 제시된 그림을 참고하여 현재 점검 중인 (A)시험의 이름과 해당 점검의 종료 후 수신기의 복구 방법으로 옳은 설명을 고르시오.

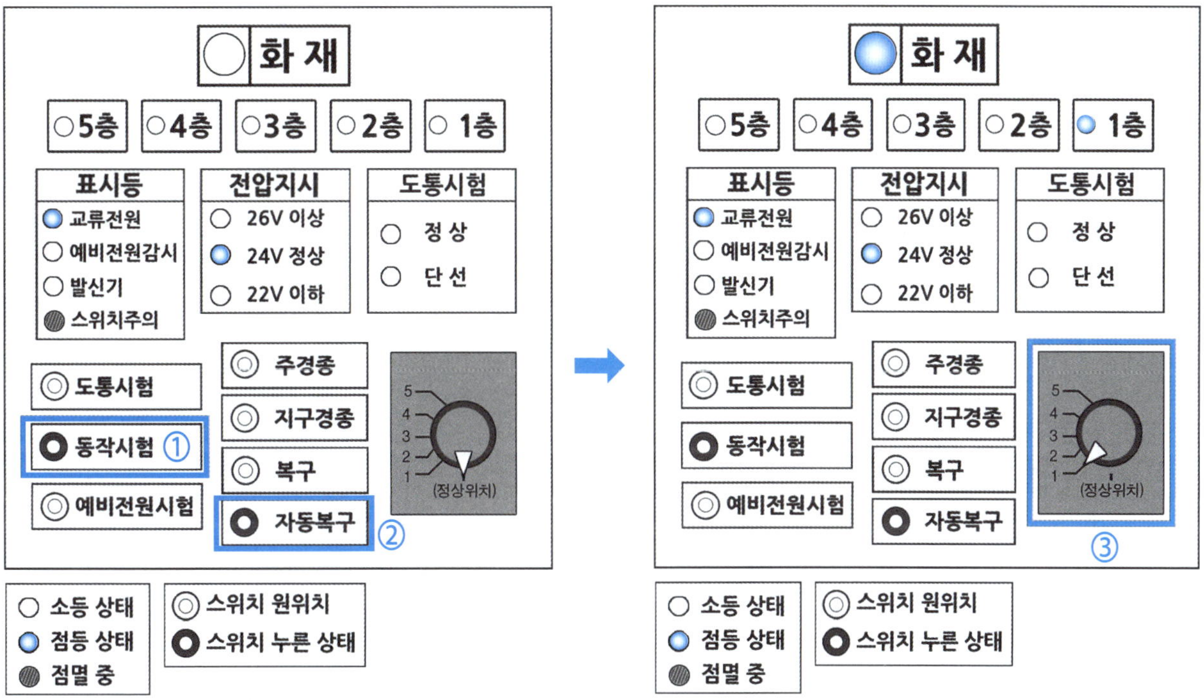

구분	(A)	복구 방법
①	화재동작시험	회로선택 스위치와 동작시험 스위치, 자동복구 스위치를 원위치로 복구하고 화재 표시등 및 지구표시등이 소등된 것을 확인한다.
②	화재동작시험	회로선택 스위치와 동작시험 스위치를 원위치로 복구한 후, 자동복구 스위치를 누른 상태로 유지한다.
③	회로도통시험	회로선택 스위치와 도통시험 스위치를 원위치로 복구한다.
④	예비전원시험	예비전원시험 스위치를 눌러 전압지시 상태를 확인한다.

09

제시된 그림(A, B)과 설명을 참고하여, 해당 설비의 명칭으로 [가]에 들어갈 용어와 이 설비의 작동 전, 작동 후 단면 모습으로 옳은 것을 각각 A, B 중에서 골라 바르게 나열한 것을 고르시오.

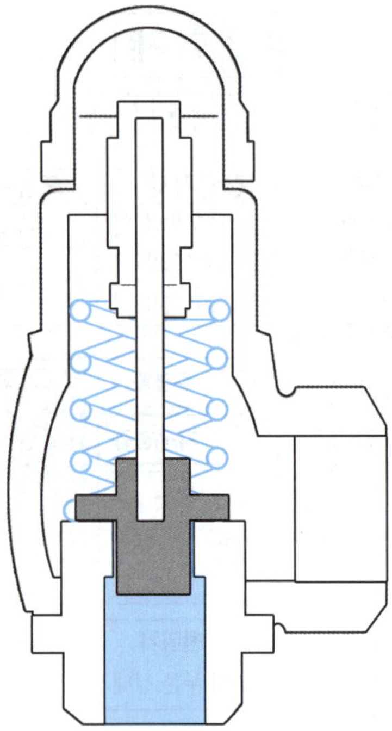

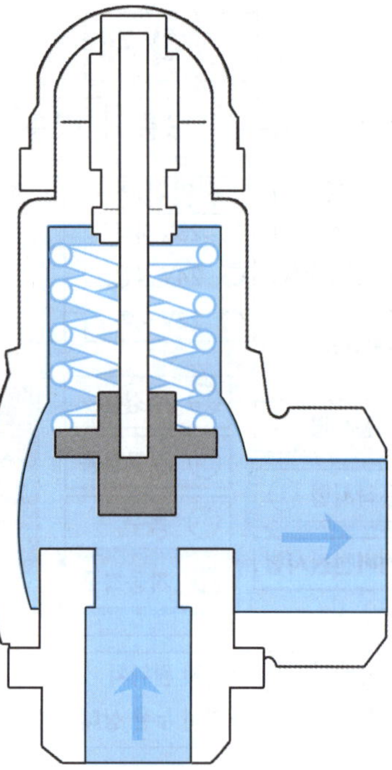

[가]는 순환배관 상에 설치되어 배관 내 과압을 방출하고 수온 상승을 방지하는 장치로, 배관 내부의 압력이 설정 압력 이상으로 높아질 경우 스프링이 위쪽으로 밀려 올라가면서 밸브가 개방되고, 소량의 물을 배출하여 압력을 해소함으로써 설비를 보호하는 역할을 한다.

구분	설비의 명칭 [가]	작동 전	작동 후
①	유량조절밸브	(A)	(B)
②	릴리프밸브	(A)	(B)
③	체크밸브	(B)	(A)
④	개폐밸브	(B)	(A)

10

다음은 옥내소화전설비를 구성하는 요소 중 (A) 배관의 설치도를 나타낸 그림이다. 아래 그림에 표시된 (A) 배관의 명칭과 설치 목적으로 옳은 것을 고르시오.

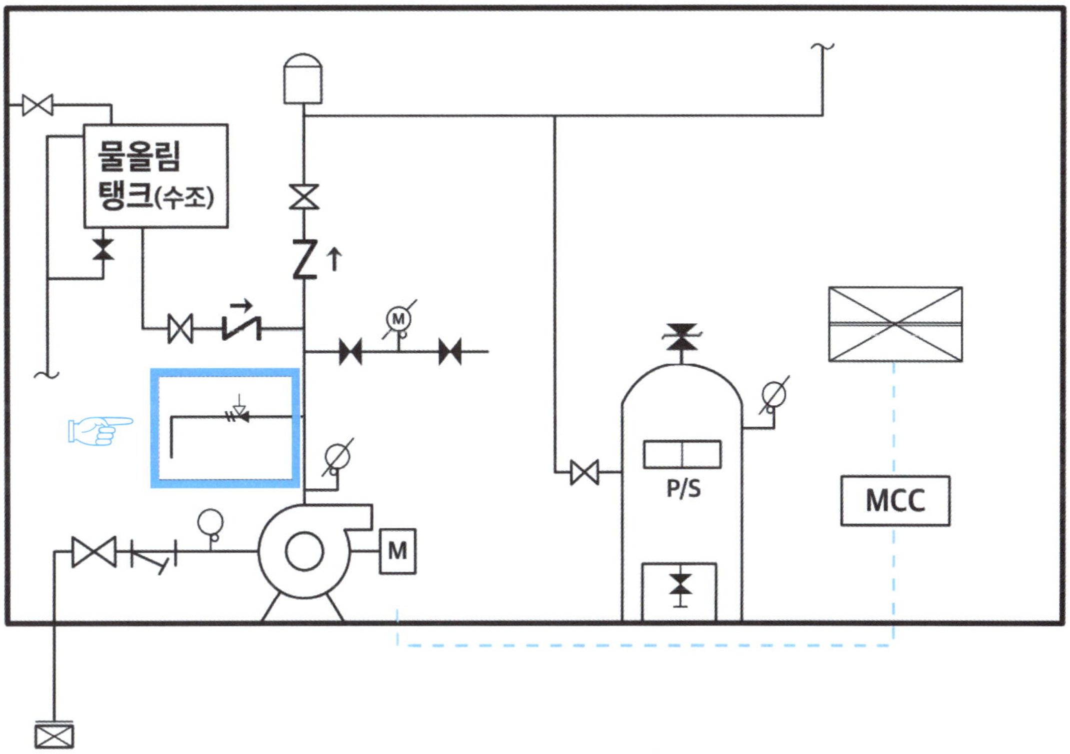

구분	배관의 명칭	설치 목적
①	가지배관	물이 방수되는 헤드가 직접 설치되는 배관
②	교차배관	가지배관에 물을 공급하는 분배용 배관
③	순환배관	펌프의 체절운전 시 발생하는 과압 및 수온 상승을 방지하기 위해 설치하는 배관
④	성능시험배관	펌프가 설계 성능을 충족하는지 실제 유량·압력을 계측할 수 있도록 마련된 시험용 배관

11

펌프성능시험에 대한 설명으로 빈칸 (가), (나), (다)에 들어갈 말로 옳은 것과 제시된 그림에서 체절운전 시 표시된 각 밸브 (A), (B)의 개폐 상태로 가장 적절한 것을 고르시오.

체절운전	펌프의 토출량이 0일 때 체절압력은 정격토출압력의 (가) 이하여야 한다.
정격운전	유량이 100%일 때 정격토출압력 이상이어야 한다.
최대운전	유량이 정격토출량의 (나)일 때 정격토출압력의 (다) 이상이어야 한다.

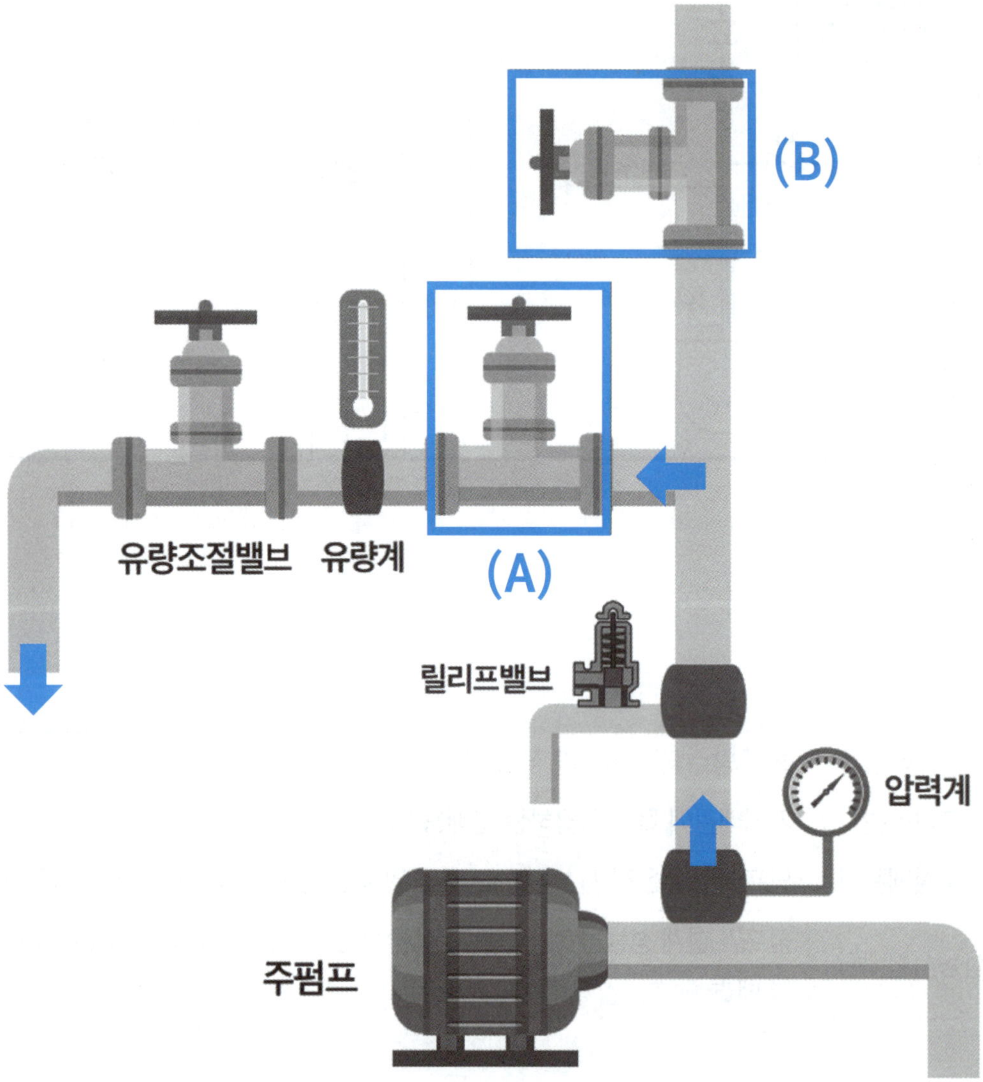

그림 <체절운전 시>

구분	(가)	(나)	(다)	A	B
①	150%	140%	75%	개방	개방
②	150%	140%	65%	폐쇄	개방
③	140%	150%	75%	개방	폐쇄
④	140%	150%	65%	폐쇄	폐쇄

12

옥내소화전설비와 연동된 동력제어반과 감시제어반의 상태가 아래의 그림과 같을 때 현재 상황에 대한 설명으로 가장 적절한 것을 고르시오.

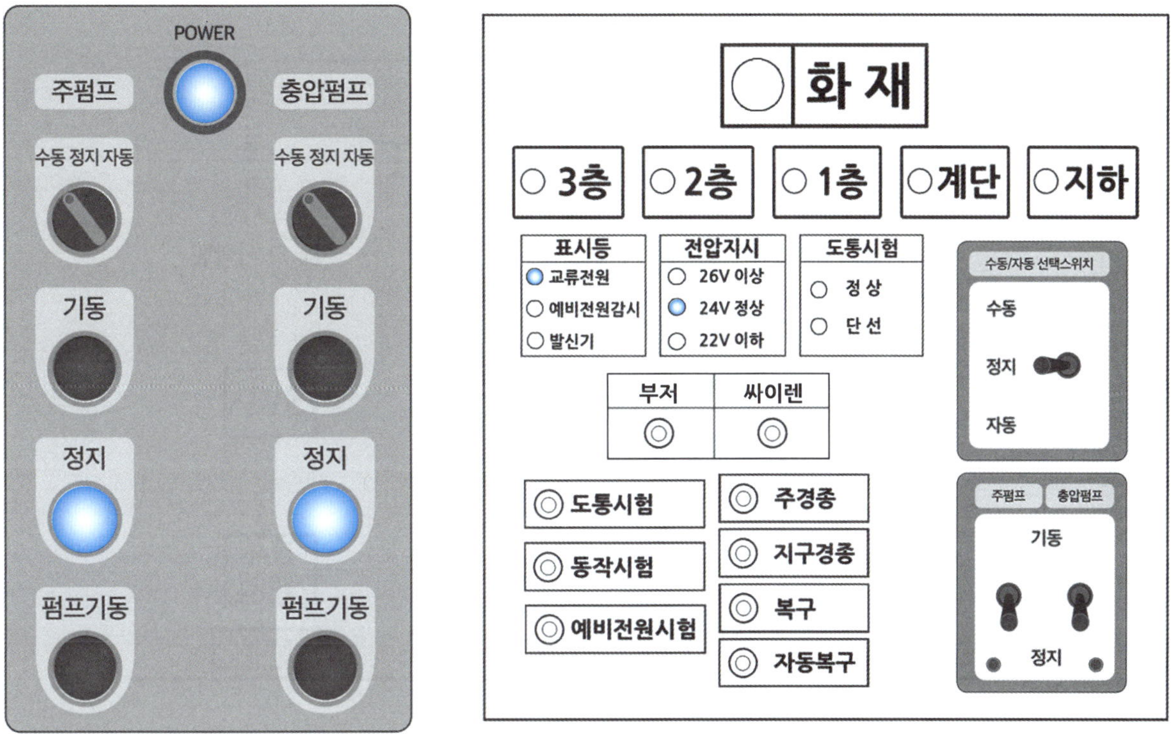

동력제어반　　감시제어반

① 감시제어반은 평상시에 유지되어야 하는 정상 상태로 설정되어 있다.

② 옥내소화전 방수 시 주펌프가 자동으로 기동될 수 없는 상태이다.

③ 주펌프 및 충압펌프가 자동으로 기동된 상황이다.

④ 옥내소화전의 밸브를 개방하면 충압펌프는 자동으로 기동된다.

13

다음 제시된 그림을 참고하여 각 그림에서 옥내소화전설비의 유효수량 기준을 옳게 표시한 부분만을 고르시오.

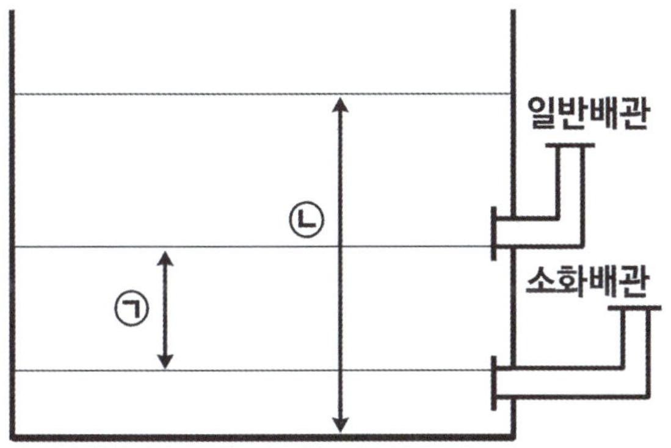

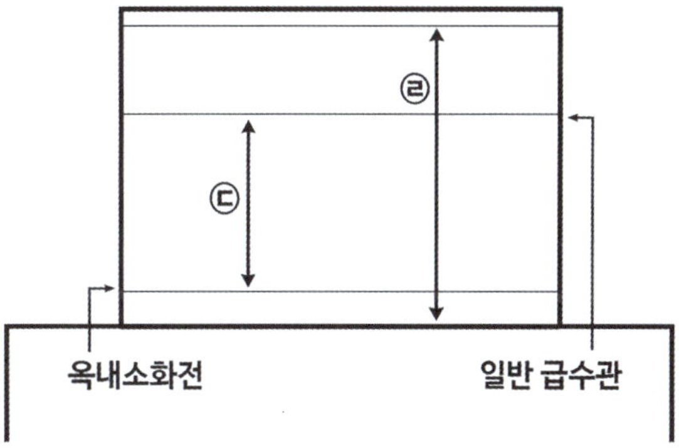

① ㉠, ㉢　② ㉡, ㉢　③ ㉠, ㉣　④ ㉡, ㉣

14

다음은 서로 다른 스프링클러설비의 계통도를 나타낸 그림이다. 제시된 그림 (가)와 (나)를 참고하여 각 그림의 빈칸 ㉮, ㉯에 들어갈 유수검지장치의 이름으로 옳은 것을 차례대로 고르시오.

(가)

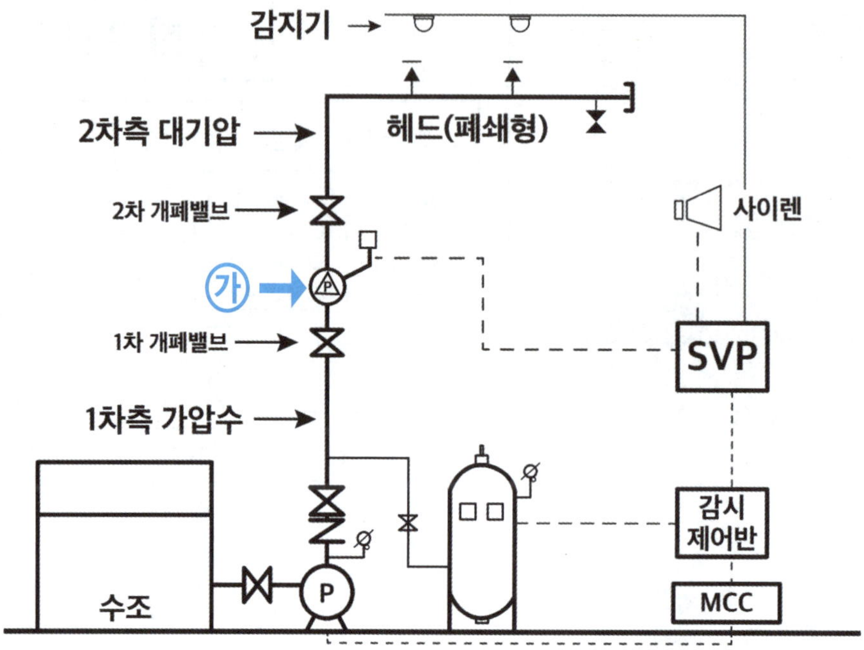

(나)

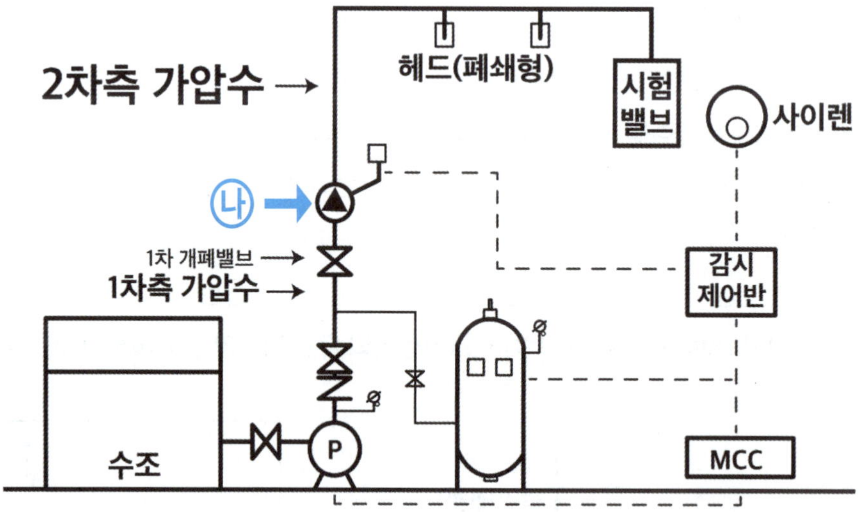

구분	㉮	㉯
①	알람밸브	드라이밸브
②	알람밸브	프리액션밸브
③	프리액션밸브	알람밸브
④	프리액션밸브	드라이밸브

15

다음의 그림과 같이 스프링클러설비의 점검을 위해 시험밸브함의 개폐밸브를 개방하여 가압수를 배출시키고자 한다. 이후 해당 스프링클러설비의 점검 확인사항으로 옳은 것을 <보기>에서 찾아 모두 고르시오.

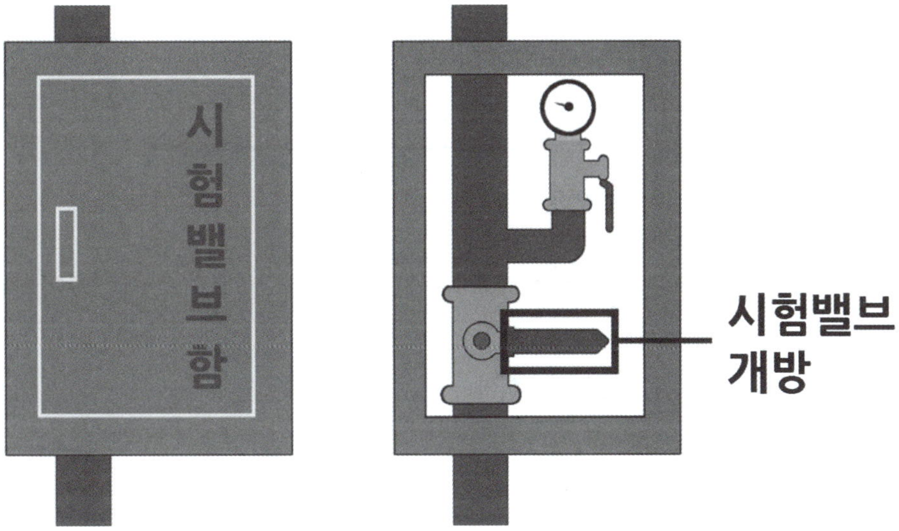

<보기>

ⓐ 해당 방호구역의 경보(사이렌) 작동
ⓑ 해당 방호구역의 감지기 작동
ⓒ 수신기 화재표시등 점등
ⓓ 제어반 방출표시등 점등
ⓔ 소화펌프 자동 기동

① ⓐ, ⓒ

② ⓐ, ⓒ, ⓔ

③ ⓑ, ⓒ, ⓓ

④ ⓐ, ⓑ, ⓒ, ⓔ

16

제시된 스프링클러설비의 계통도를 참고하여 해당 스프링클러설비의 2차측 배관 내부의 채움 상태 ⓐ와, 헤드의 종류 ⓑ에 들어갈 말로 옳은 것을 차례대로 고르시오.

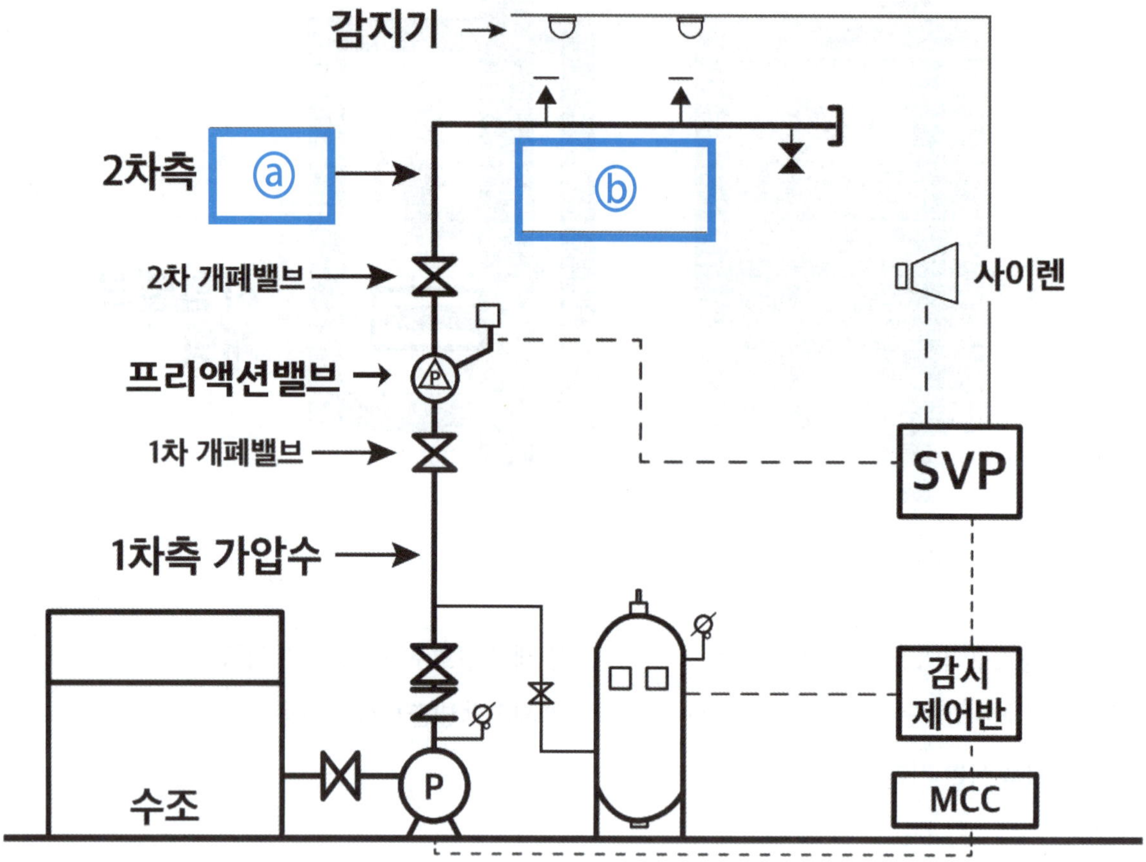

구분	ⓐ	ⓑ
①	가압수	폐쇄형 헤드
②	대기압	개방형 헤드
③	압축공기	개방형 헤드
④	대기압	폐쇄형 헤드

17

준비작동식 스프링클러설비의 감시제어반 상태가 다음의 그림과 같을 때 현재 상황에 대한 설명으로 옳은 것을 고르시오.

① 방호구역 내 사이렌 경보가 작동하였다.

② 밸브개방표시등에 점등되고 1차측의 물이 2차측으로 급수되었다.

③ 솔레노이드 밸브가 작동하였다.

④ 펌프가 자동으로 기동하였다.

18

다음은 폐쇄형 헤드를 사용하는 스프링클러설비의 유수검지장치로 다이어프램 방식의 구조를 나타낸 그림이다. 제시된 그림을 참고하여 해당 스프링클러설비에 대한 설명으로 옳지 아니한 것을 고르시오.

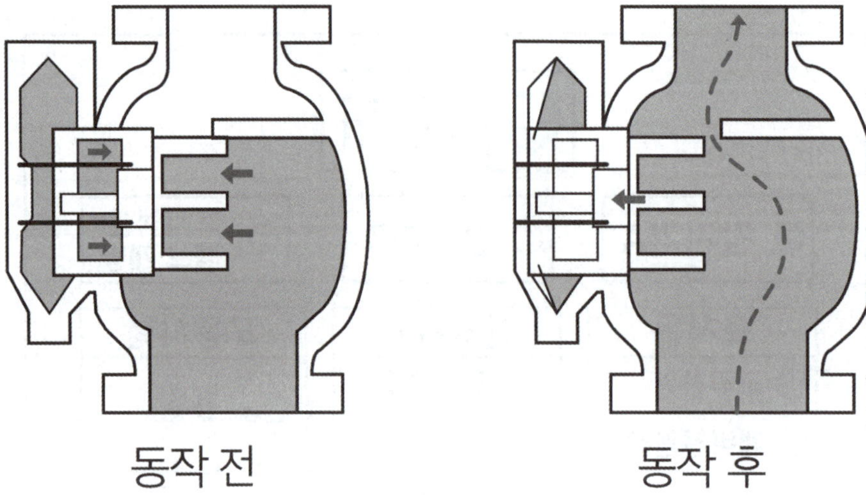

① 별도의 화재 감지기 설치가 필요하다.

② 동결이 우려되는 장소에서 사용이 가능하다.

③ 공사비가 저렴하고 유지관리가 쉬운 편이다.

④ 헤드가 개방되기 전에 경보를 발령하여 신속한 조기 대처에 용이하다.

19

수동조작함(SVP)의 수동조작 스위치를 조작하여 준비작동식 유수검지장치를 작동시킨 경우, 다음 그림에 표시된 ㉮ ~ ㉯ 중에서 점등되는 부분만을 찾아 모두 고르시오.

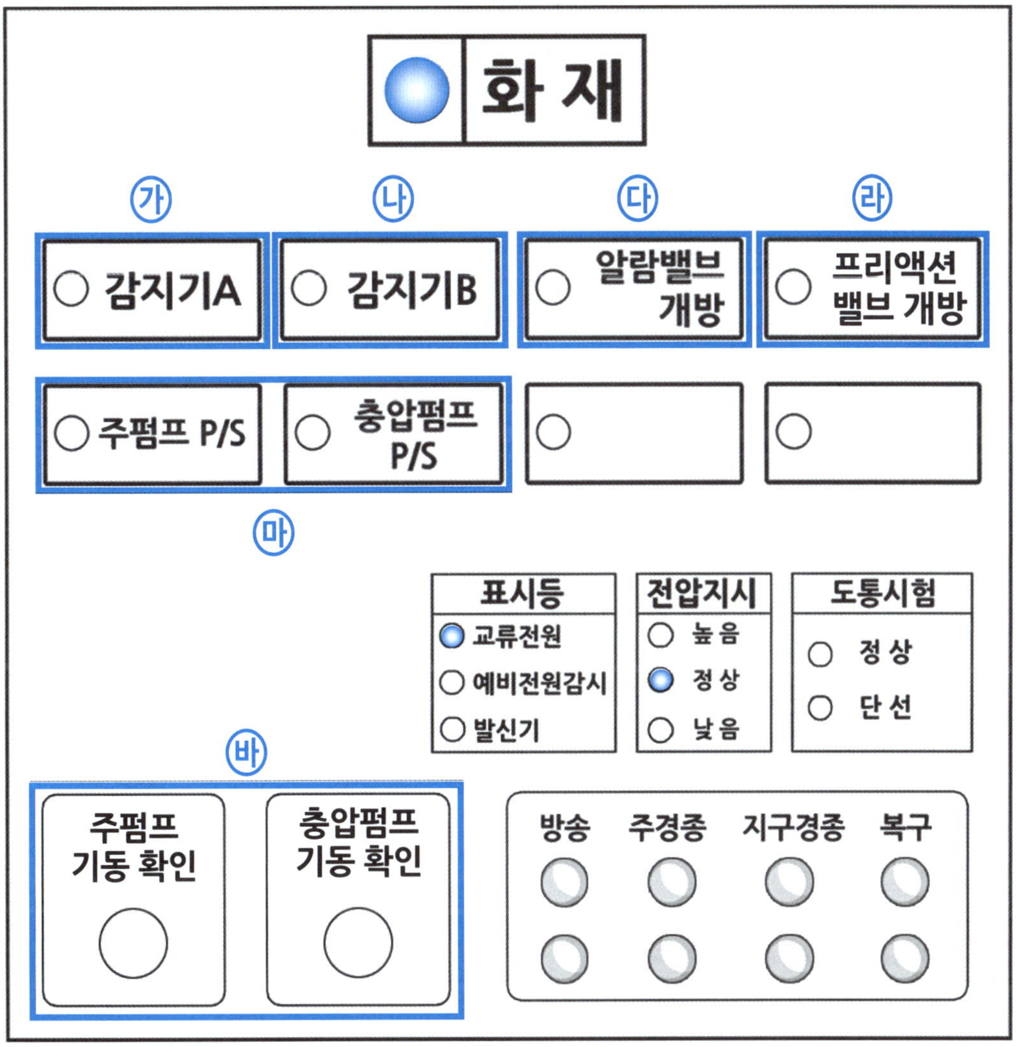

① ㉰, ㉲, ㉳

② ㉱, ㉲, ㉳

③ ㉮, ㉯, ㉱, ㉲

④ ㉮, ㉯, ㉱, ㉲, ㉳

20

스프링클러설비의 점검을 위해 감지기 A, B 2개 회로를 동작시켰을 때 감시제어반의 상태가 아래 그림과 같았다면, 이때 표시된 ⓐ ~ ⓓ 중에서 점등되는 표시등이 아닌 것을 모두 고르시오. (단, 제시된 조건 외의 상황은 고려하지 않는다.)

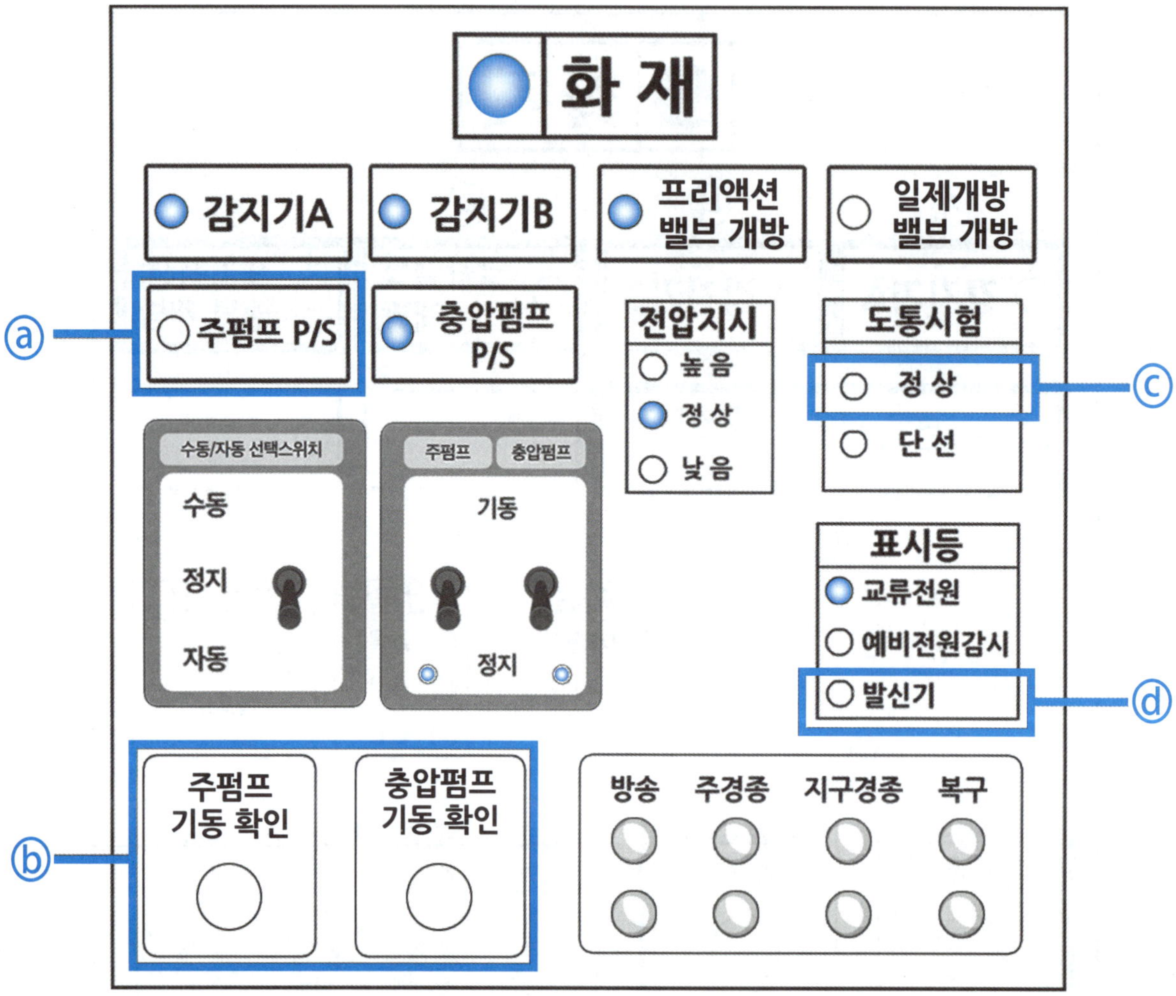

① ⓐ, ⓑ

② ⓒ, ⓓ

③ ⓐ, ⓓ

④ ⓑ, ⓒ, ⓓ

21

제시된 감시제어반의 상태를 참고하여 현재 상황에 대한 설명으로 옳은 것을 고르시오. (단, 그림에서 제시된 상황 외의 조건은 고려하지 않는다.)

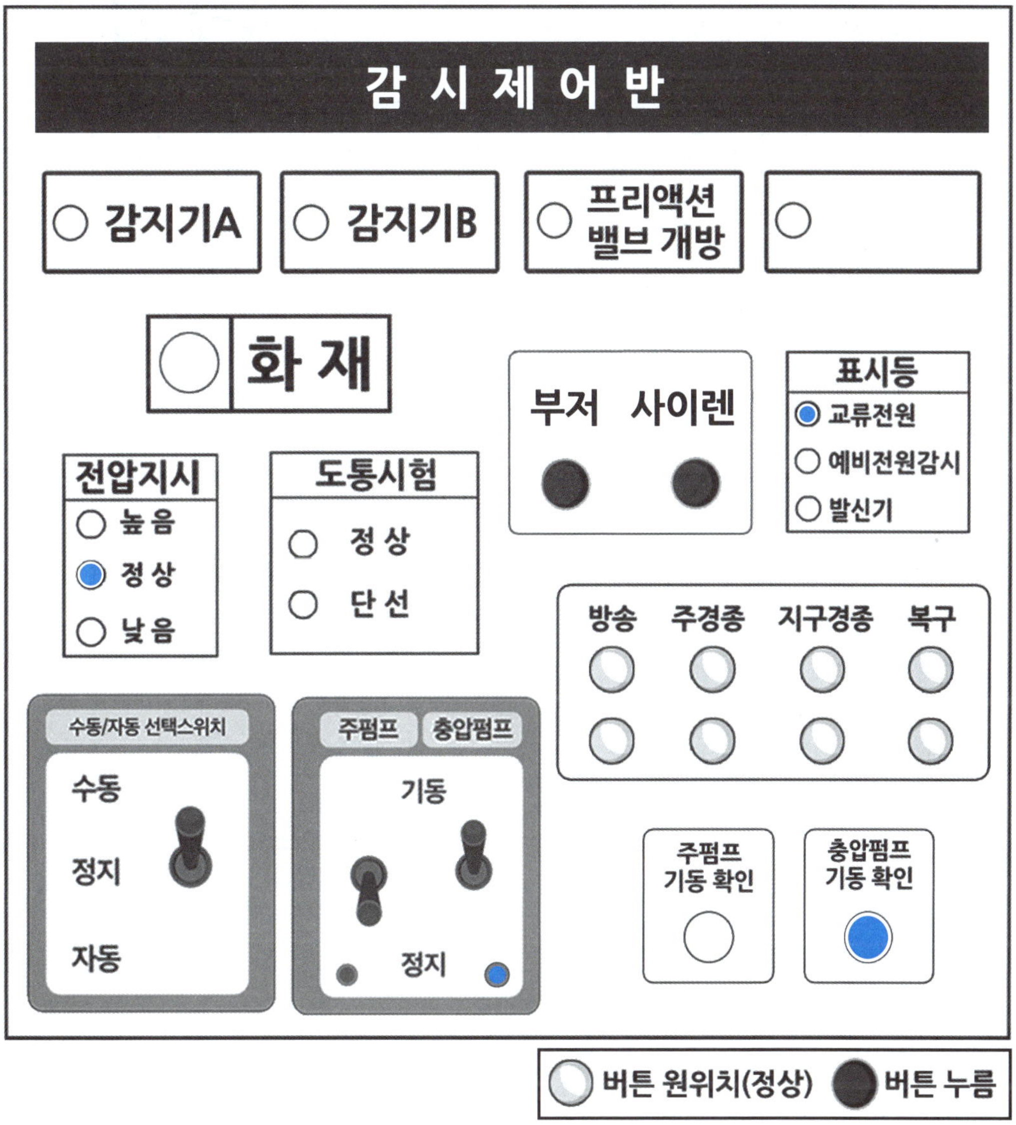

① 밸브가 개방되어 1차측의 물이 2차측으로 급수되었다.

② 헤드 개방 및 압력 저하로 충압펌프가 자동으로 기동하였다.

③ 주펌프는 기동하지 않은 정지 상태이다.

④ 음향장치가 작동하여 부저가 울리고 있다.

22

다음은 스프링클러설비의 점검 시 감시제어반의 상태를 나타낸 그림이다. 그림의 감시제어반 상태를 참고하여 해당 설비의 종류와 점검 방법으로 옳은 것을 <보기>에서 찾아 고르시오.

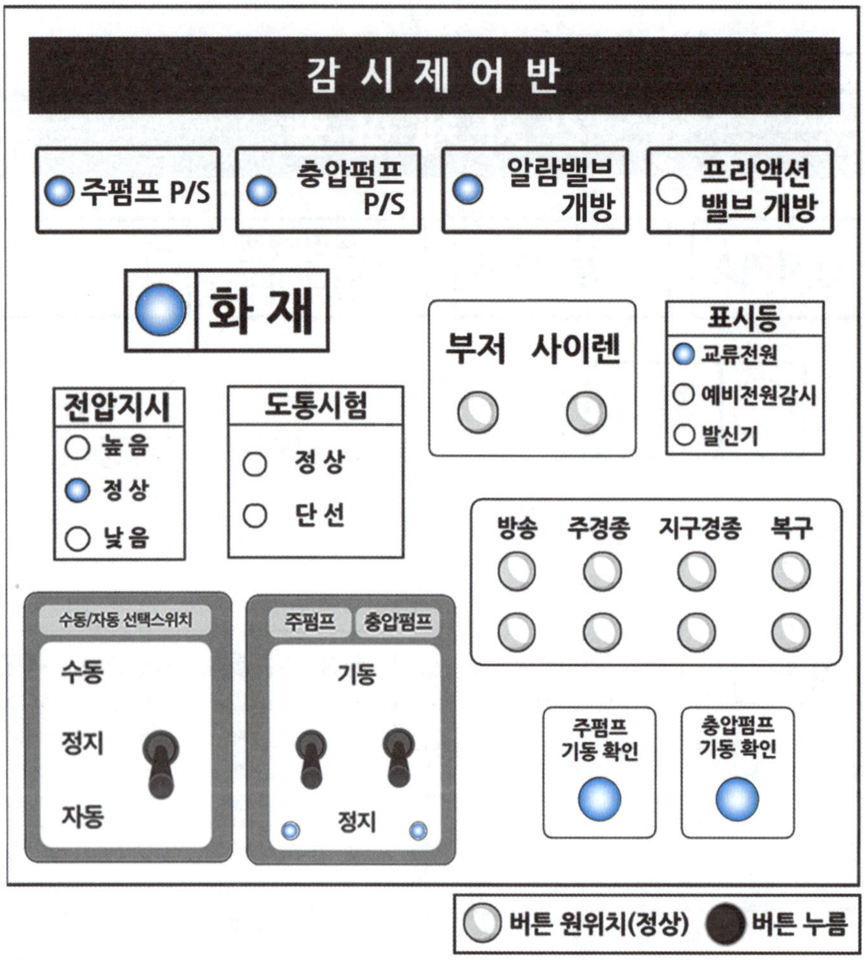

<보기>

㉮ 동력제어반에서 펌프 자동/수동 선택스위치를 수동 위치에 두고 펌프 기동

㉯ 말단시험밸브의 시험장치 개폐밸브를 개방하여 가압수 배출

㉰ SVP(수동조작함)의 수동조작 버튼 눌러 작동

㉱ 감시제어반의 동작시험으로 감지기 A,B 2회로 작동

구분	설비	점검 방법
①	준비작동식스프링클러설비	㉮, ㉰
②	습식스프링클러설비	㉯, ㉱
③	준비작동식스프링클러설비	㉰
④	습식스프링클러설비	㉯

23

다음은 옥내소화전설비와 연동된 동력제어반 및 감시제어반의 상태를 나타낸 그림이다. 그림을 참고하여 현재 상황에 대한 설명으로 옳은 것을 고르시오.

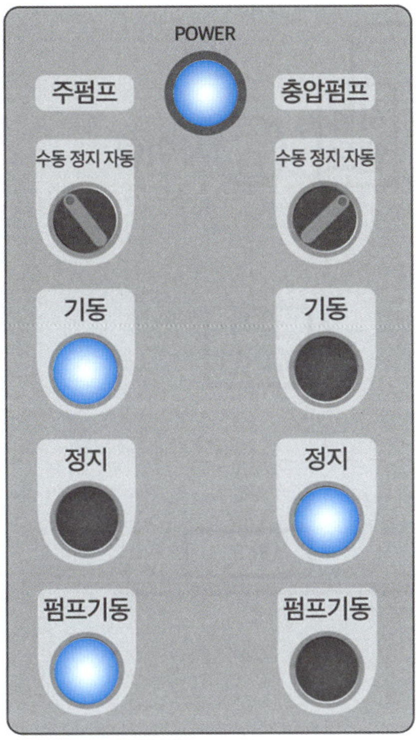

동력제어반

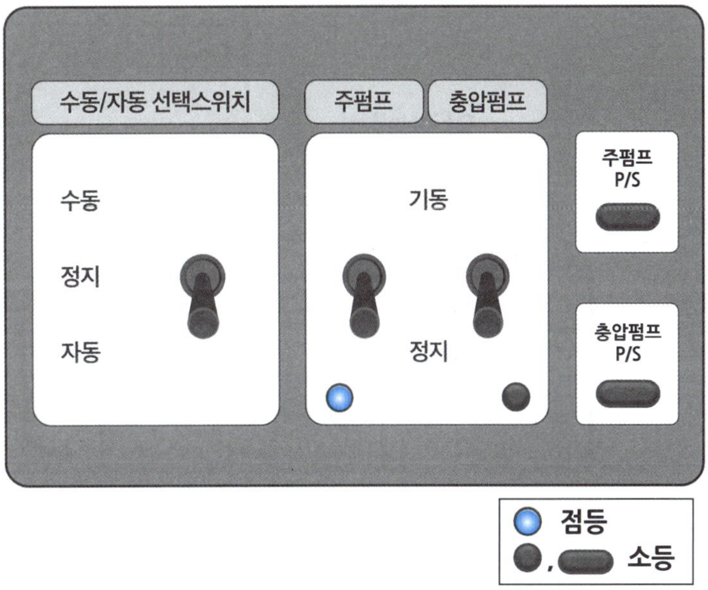

감시제어반

① 평상시 감시제어반의 스위치 위치는 그림과 같이 유지되어야 한다.

② 동력제어반에서 충압펌프를 수동으로 정지한 상태이다.

③ 압력스위치의 작동으로 주펌프가 자동으로 기동한 상태이다.

④ 감시제어반에서 주펌프의 선택스위치를 수동 위치로 전환하면 주펌프는 정지한다.

24

다음의 계통도를 참고하여 표시된 부분의 명칭(㉠)은 무엇인지 고르고, ㉠의 작동 시 확인사항으로 옳은 것을 <보기>에서 찾아 모두 고르시오.

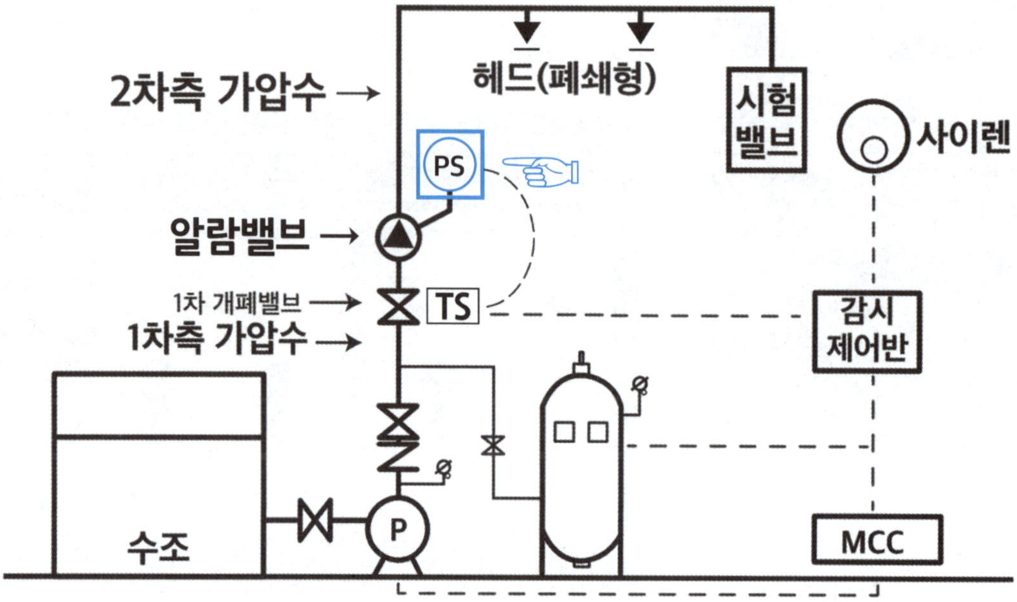

ⓐ 화재표시등 점등	ⓑ 사이렌 경보 작동
ⓒ 감지기 작동	ⓓ 밸브개방표시등 점등
ⓔ 방출표시등 점등	

구분	명칭(㉠)	확인사항
①	템퍼스위치	ⓐ, ⓑ, ⓒ
②	압력스위치	ⓐ, ⓑ, ⓓ
③	솔레노이드밸브	ⓐ, ⓑ, ⓒ, ⓓ
④	압력스위치	ⓐ, ⓒ, ⓓ, ⓔ

25

펌프성능시험 중 최대운전에 대한 설명으로 빈칸 (A), (B)에 들어갈 말을 순서대로 고르고, 정격부하운전과 최대운전의 시험 방법에서 공통으로 언급되는 유량조절밸브는 무엇인지 그림의 ㉮, ㉯ 중에서 찾아 고르시오.

정격부하운전 시험 방법	최대운전 시험 방법
(1) 성능시험배관 상의 개폐밸브를 완전히 개방하고, 주펌프를 수동으로 기동시킨다. (2) 유량계를 확인하며 유량조절밸브를 서서히 개방하여 정격토출량의 100%에 도달할 때까지 조절한다. (3) 100% 유량일 때의 압력을 측정하여 정격압력 이상이 되는지 확인 후 주펌프를 정지한다.	(1) 유량조절밸브를 중간 정도만 개방시켜 놓고, 주펌프를 수동으로 기동시킨다. (2) 유량계를 확인하며 유량조절밸브를 조절하여 정격토출량의 __(A)__ 일 때의 압력을 측정한다. (3) 이때의 압력이 정격토출압력의 __(B)__ 이/가 되는지 확인 후 주펌프를 정지한다.

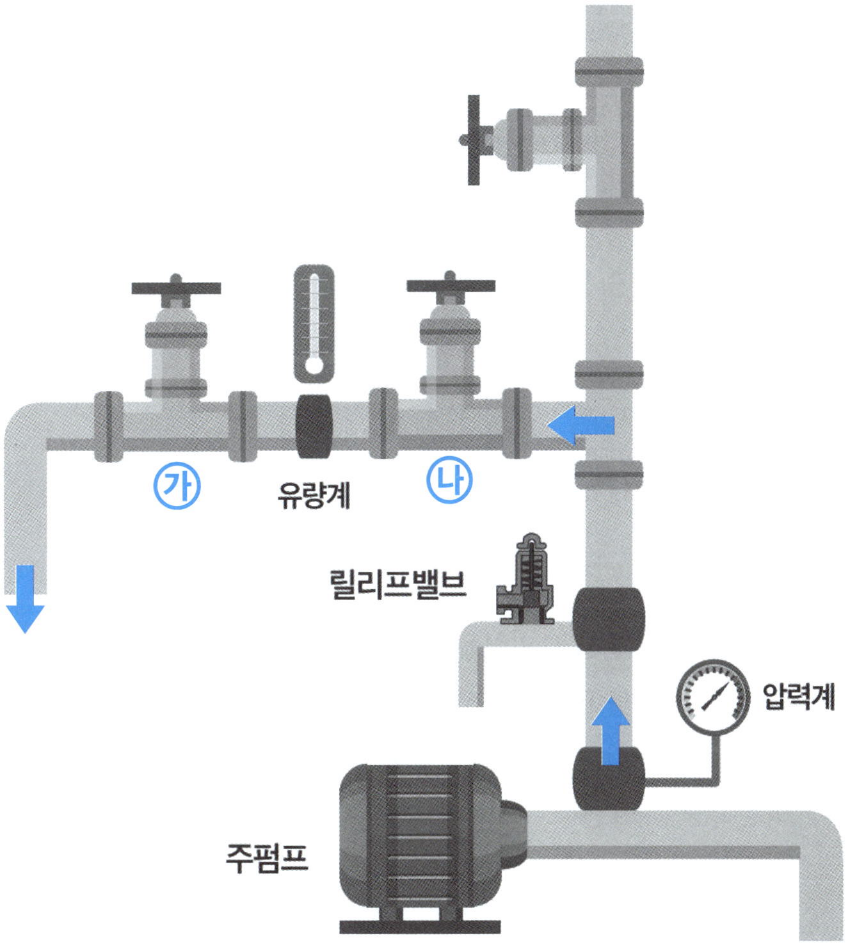

구분	(A)	(B)	유량조절밸브
①	100%	65% 이상	㉮
②	100%	65% 이하	㉯
③	150%	65% 이상	㉮
④	150%	65% 이하	㉯

26

다음은 옥내소화전설비를 구성하는 장치 중에서 압력챔버를 나타낸 그림이다. 그림에 표시된 압력챔버의 각 부분에 대한 명칭과 기능에 대한 설명으로 옳지 아니한 것을 고르시오.

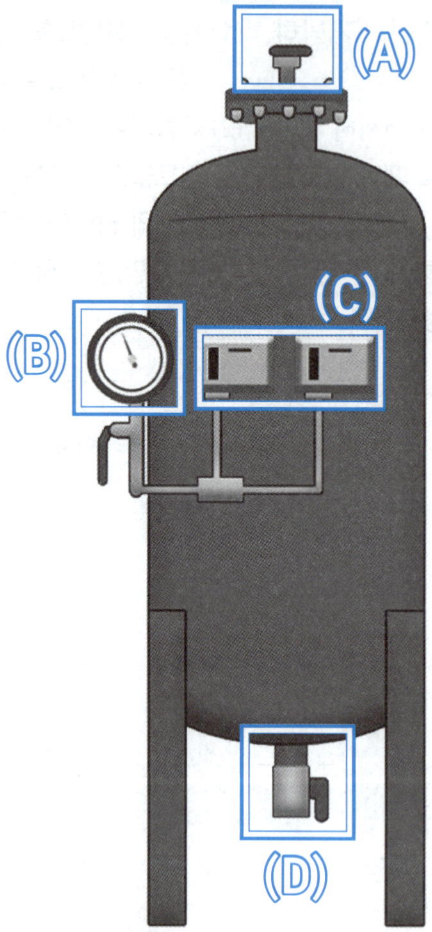

① (A) 안전밸브 : 압력챔버 내 과압 발생 시 압력을 방출하는 역할

② (B) 압력계 : 압력챔버 내의 압력을 표시하는 역할

③ (C) 압력스위치 : 압력의 상승·하강을 전기 신호로 변환하여 송출하는 역할

④ (D) 체크밸브 : 물이 한쪽 방향으로만 흐르도록 역류를 방지하는 역할

27

다음의 그림과 같이 옥내소화전설비의 방수압력을 측정하고자 할 때, 측정 방법 및 주의사항으로 옳지 아니한 설명을 고르시오.

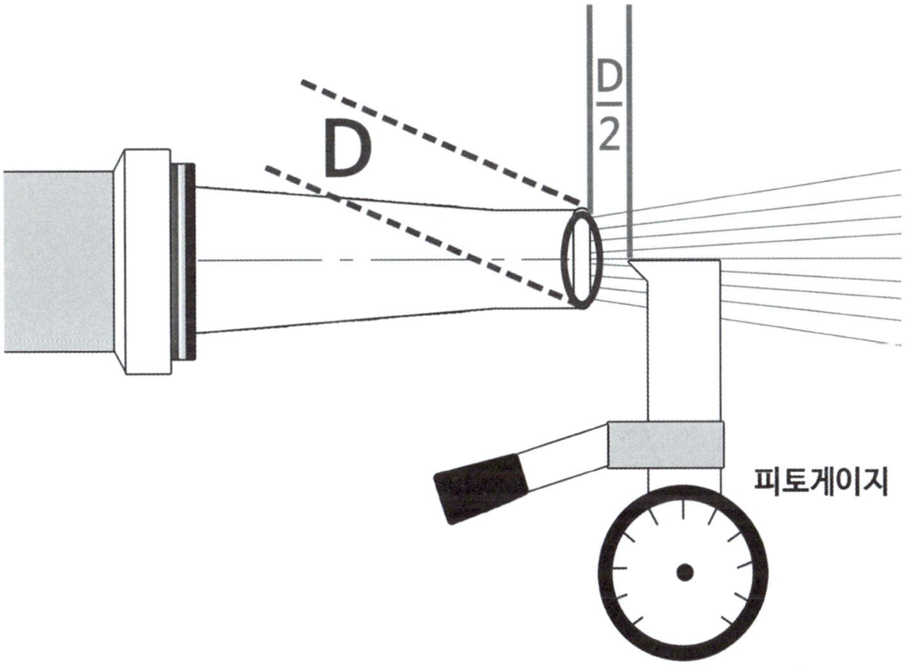

① 측정 시 반드시 직사형 관창을 사용하고, 피토게이지는 봉상주수 상태에서 직각으로 측정한다.

② 방수압력은 0.17MPa 이상 0.7MPa 이하로 측정되면 정상이다.

③ 어느 층에 있어서도 옥내소화전이 2개 이상 설치된 경우에는 2개를 개방시켜 놓고 측정한다.

④ 방수구에 호스를 결속한 상태로 노즐의 선단과 피토게이지 간의 거리를 9.5mm만큼 근접시켜 측정한다.

28

다음 제시된 그림 중 옥내소화전설비와 옥외소화전설비의 각 방수 압력이 둘 다 적정 압력 범위 내에 있는 것을 고르시오.

<table>
<tr><th>구분</th><th>옥내소화전설비</th><th>옥외소화전설비</th></tr>
<tr><td>①</td><td>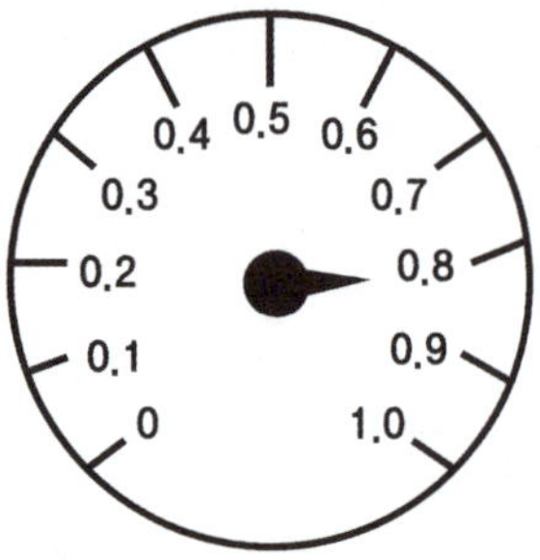</td><td></td></tr>
<tr><td>②</td><td>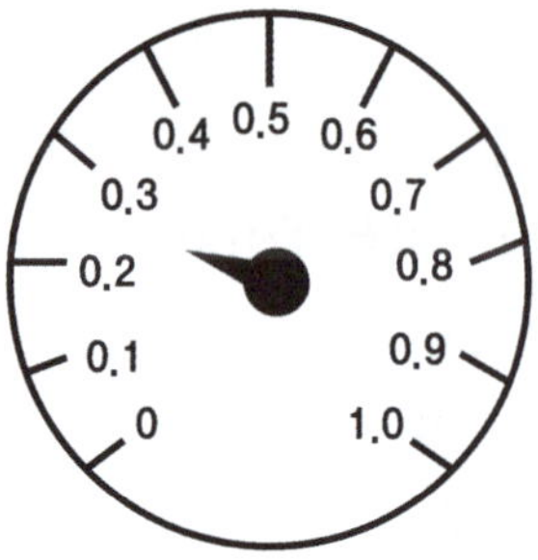</td><td>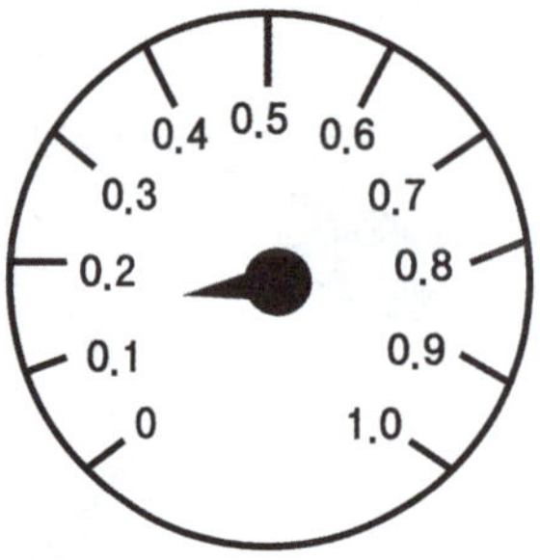</td></tr>
<tr><td>③</td><td>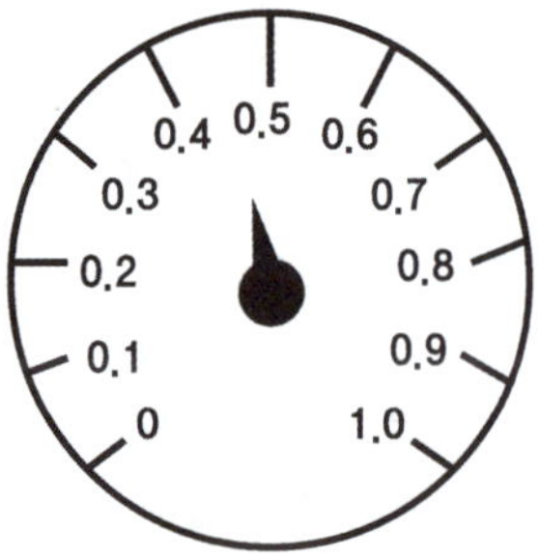</td><td>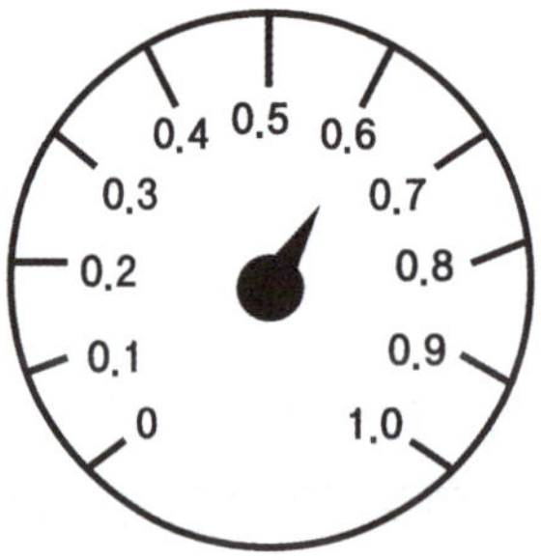</td></tr>
<tr><td>④</td><td></td><td></td></tr>
</table>

29

다음은 가스계소화설비의 기동용기함 내부를 나타낸 그림이다. 그림에 표시된 (가)와 (나)의 각 명칭과 기능으로 옳은 설명을 <보기>에서 찾아 모두 고르시오.

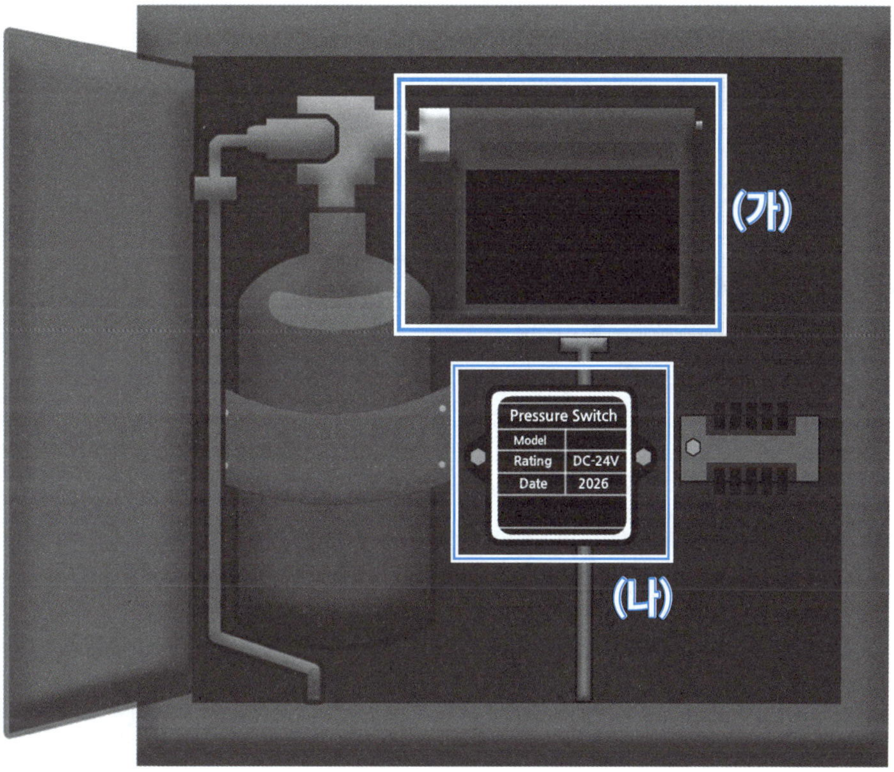

<보기>

㉠ (가) 선택밸브 : 소화약제 방출구역 선택 및 유로 개방

㉡ (가) 솔레노이드밸브 : 파괴침 격발에 의한 기동용 가스 통로 개방

㉢ (나) 압력스위치 : 교차회로 방식의 감지기 A,B 작동

㉣ (나) 압력스위치 : 소화약제 방출 시 방출표시등 점등

① ㉠, ㉢

② ㉡, ㉣

③ ㉠, ㉣

④ ㉡, ㉢

30

다음은 가스계소화설비의 약제방출방식을 나타낸 그림이다. 제시된 (가),(나)는 약제방출방식의 분류 중 어느 것에 해당하는지 고르시오.

(가)	(나)
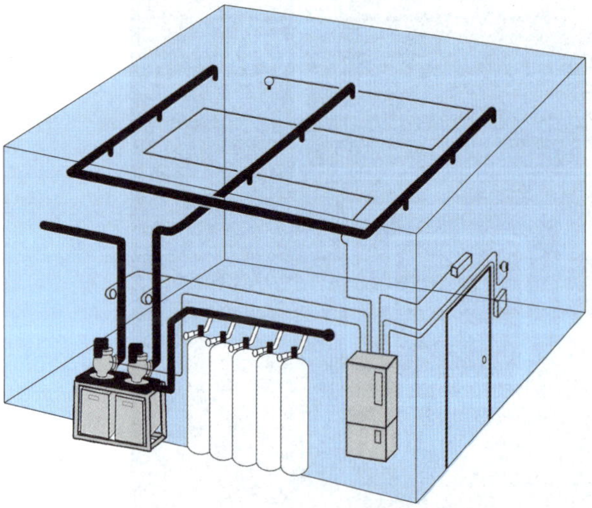	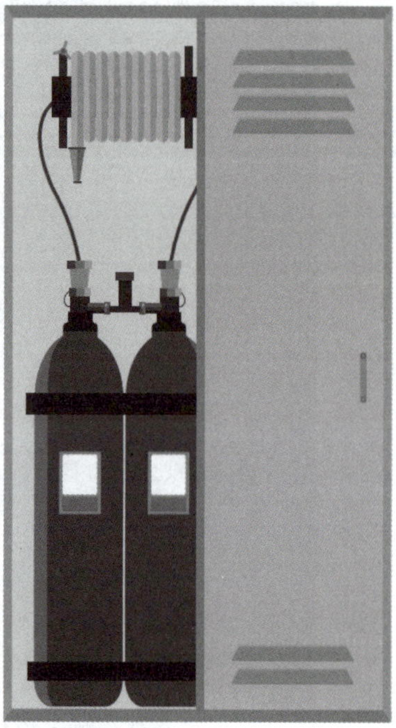

구분	(가)	(나)
①	전역방출방식	호스릴방식
②	전역방출방식	국소방출방식
③	국소방출방식	호스릴방식
④	국소방출방식	전역방출방식

02 해설편

01

답 ②

해 수신기의 평상시 상태에서는 교류전원등과 전압지시 표시등(정상)에 점등 상태를 유지해야 하므로, 제시된 그림에서 모두 고른 것은 ②번.

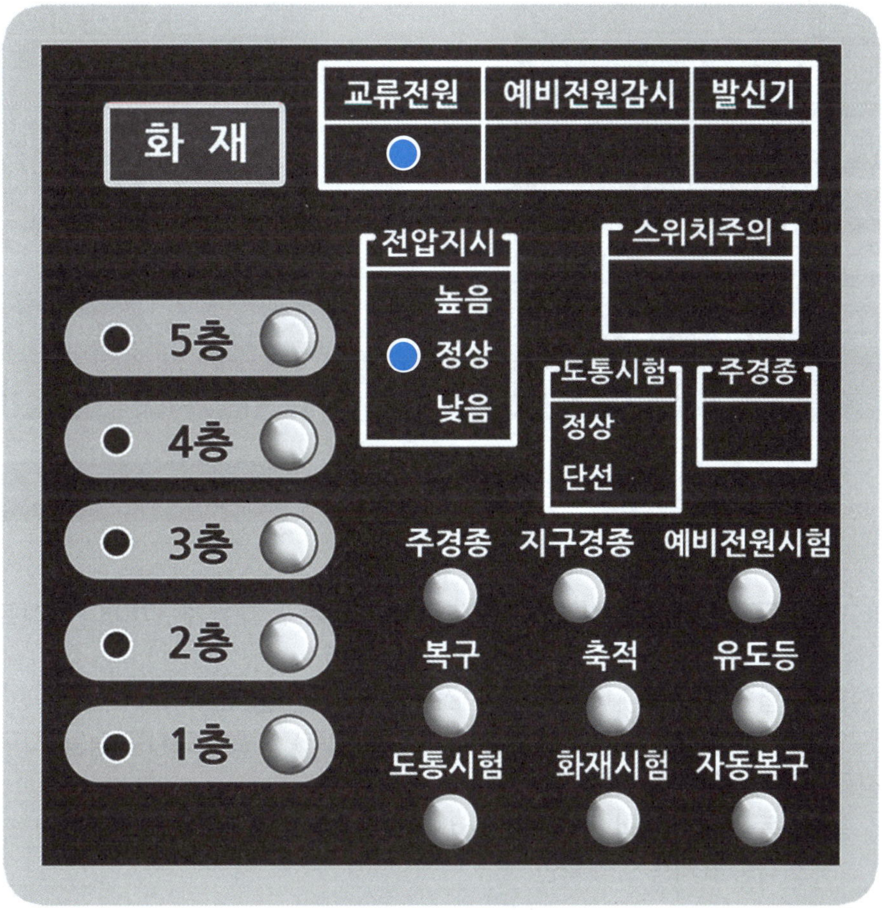

< 평상시 수신기 >

[참고!]

교류전원등은 상용전원이 정상적으로 공급되고 있음을, 전압지시등은 수신기 내부의 전원이 적정 전압 상태('정상'에 점등)임을 나타내므로 평상시 수신기에서 점등 상태로 확인되어야 한다.

그 외 '화재표시등'은 화재 신호를 수신했을 때, '지구표시등'은 화재 신호가 발생된 해당 구역을 표시할 때, '예비전원감시등'은 예비전원의 상태에 이상이 있을 때 점등되며, '스위치주의등'은 수신기의 각종 조작 스위치(버튼)가 눌려있는(조작된) 상태일 때 사용자에게 수신기를 원위치 상태로 복구시켜야 함을 주의시키기 위해 점등(점멸)되므로 평상시 상태에서는 점등되지 않는다.

02

답 ④

해 수신기의 동작시험은 임의로 (각 구역마다) 화재 신호를 입력하여 각종 표시등의 점등 및 음향장치의 작동 등 수신기의 정상 작동 여부를 확인하는 시험이다.
이러한 동작시험을 위해서는 수신기의 동작(화재)시험 버튼과 + 자동복구 버튼을 누르고 → 각 경계구역별 회로 버튼(스위치)을 하나씩 눌러보며 시험을 진행하므로, 그림에서 누르거나 조작하게 되는 부분은 ㉠, ㉣, ㉤로 ④번. (㉠ : 각 경계구역 버튼 / ㉣ : 동작(화재)시험 버튼 / ㉤ : 자동복구 버튼

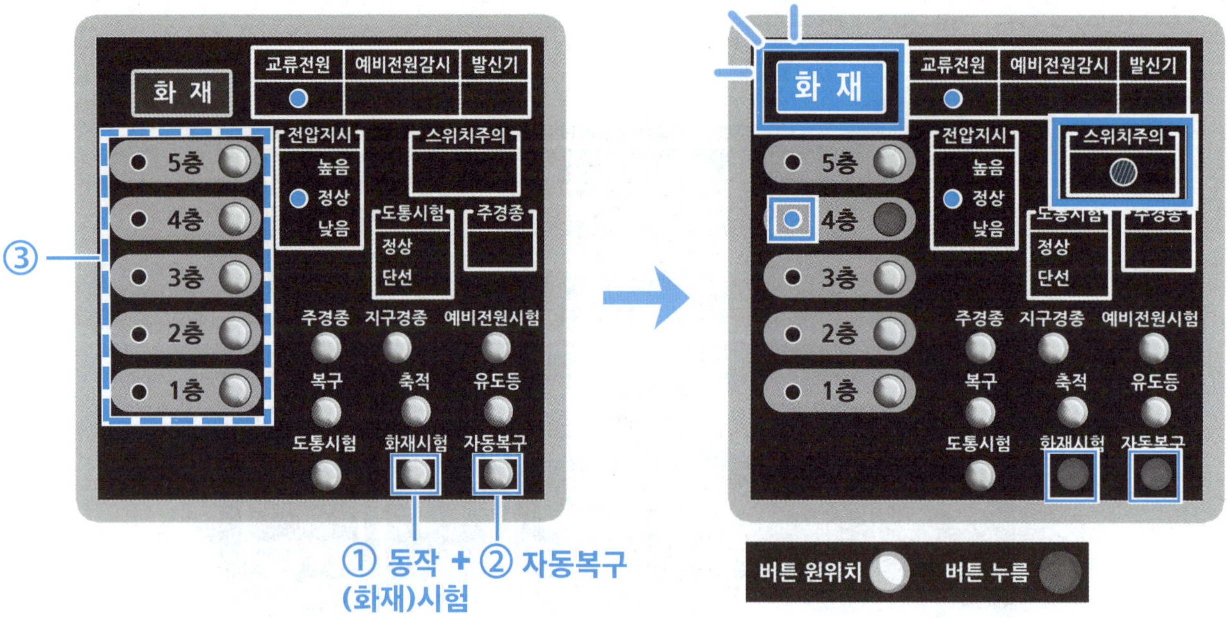

☑ 동작시험 과정 : 동작(화재)시험 버튼 + 자동복구 버튼 누르고, 각 경계구역마다 차례로 선택

☑ 동작시험을 하게 되면 : (예시 - 경계구역 4층의 동작시험)
(1) 동작(화재)시험 및 자동복구 버튼 누름 → 스위치주의등 점멸
(2) 경계구역 버튼 누름(해당 구역에 임의로 화재 신호 입력) → 화재표시등 점등, 지구표시등(경계구역) 점등, 음향장치 작동 확인

☑ 동작시험 종료 : 동작(화재)시험 및 자동복구 버튼 원위치(누르지 않은 초기 상태) → 스위치주의등 및 각종 표시등 소등 확인

[참고!] 동작시험 = 자동복구! (복구 버튼과 헷갈리지 않기!)
동작시험을 할 때, 자동복구 스위치를 누르고 각 경계구역에 해당하는 다이얼(또는 버튼)을 순차적으로 조작하면서, 다음 경계구역으로 넘어갈 때마다 별도의 조작 없이 자동으로 복구하여 시험의 편의성을 높여주는 보조적인 기능
Tip! 동작 → 자동 비슷한 발음으로 기억!.

03

답 ①

해 제시된 그림의 상태는 다음과 같다.

(1) [도통시험] 버튼 누른 상태 → 현재 도통시험 중인 상황

(2) 경계구역 1층 버튼 누른 상태

(3) 도통시험 확인표시등 '단선'

따라서 현재 경계구역 1층의 도통시험을 진행 중이고, 이때 표시등의 단선에 점등되어 있으므로 1층의 도통시험 결과가 단선으로 확인되는 상황임을 알 수 있다. 따라서 가장 적절한 설명은 ①번.

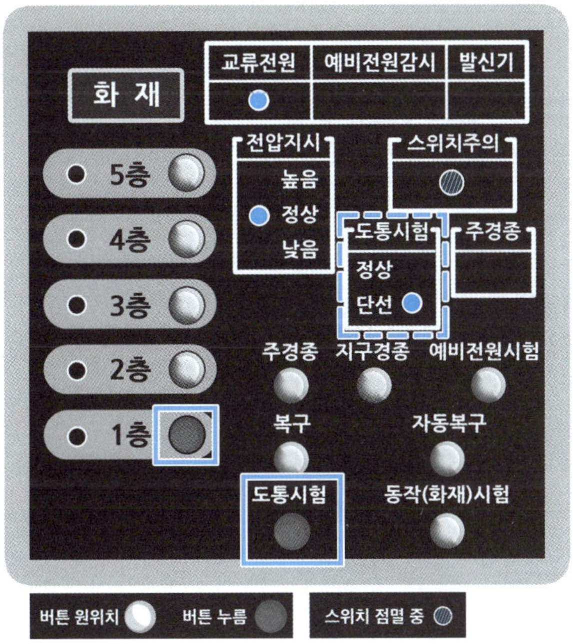

버튼 방식 수신기의 도통시험 방법

1. [도통시험] 스위치(버튼)를 누르고
2. 경계구역별 버튼을 차례로 눌러보며 도통시험 표시등의 정상/단선 여부 점등을 확인한다. (만약 '단선'에 점등되면 해당 경계구역의 도통시험 결과가 불량 - 단선인 상황이므로 배선 상태 점검 및 보수 등 적절한 조치 필요)

[참고!]
스위치(버튼)가 눌려 있으므로 **스위치주의등**도 점멸(깜빡 깜빡)하고 있을 것

[CHECK!] 다른 보기가 옳지 않은 이유

② 도통시험 결과 화재표시등의 단선이 확인되어 회로 보수가 필요한 상황? (X)

☞ 도통시험은 수신기와 감지기 사이의 배선 회로가 단선되었는지 여부를 확인하기 위함으로, 화재 여부를 확인하는 시험이 아니기 때문에 화재표시등은 점등되지 않는다. 따라서 제시된 그림만으로는 화재표시등의 단선 여부는 확인할 수 없다.

③ 주경종이 작동할 수 없는 상황이므로 수신기를 초기 상태로 복구해야 한다? (X)

☞ 마찬가지로 도통시험은 회로 단선 여부를 확인하는 기능이므로 일반적으로 음향장치는 작동하지 않으며, 제시된 그림에서 주경종 및 지구경종 정지 스위치는 모두 눌려 있지 않은 정상(원위치) 상태이므로, 제시된 그림의 수신기는 필요 시에 음향장치가 정상적으로 작동할 수 있는 상태로 판단하는 것이 적절하다. 따라서 '주경종이 작동하지 않아 수신기를 원상태로 복구해야 한다'는 추론은 적절하지 않다.

④ 1층의 발신기 점검으로 입력된 화재 신호는 정상적으로 수신되고 있다? (X)

☞ 수신기의 [발신기] (작동)표시등이 점등되지 않았으므로, 발신기가 보낸 화재 신호가 수신기에 입력된 상황으로 볼 수 없다. 또한 도통시험은 화재 신호의 정상 수신 여부를 확인하는 시험이 아니므로 ④번의 추론도 적절하지 않다.

04

답 ③

해 상황이 종료된 후 수신기를 복구할 때에는, 눌려 있는 버튼(스위치)을 모두 원위치의 정상 상태로 복구하고, [복구] 버튼을 눌러 수신기의 상태를 원래의 상태(화재 신호가 입력되지 않은 평상시 상태)로 복구한다. 이후 스위치주의등이 소등된 것을 확인하여 수신기 복구를 마무리하는 것이 바람직하다.
문제의 보기 ③번에서는 [복구] 버튼이 아닌, '자동복구' 버튼을 눌러 수신기를 복구한다고 서술하였으므로 옳지 않은 설명은 ③번.

☑ [자동복구]는 동작시험 시 활용하는 기능!

[참고!] 옳은 해석도 함께 보기!

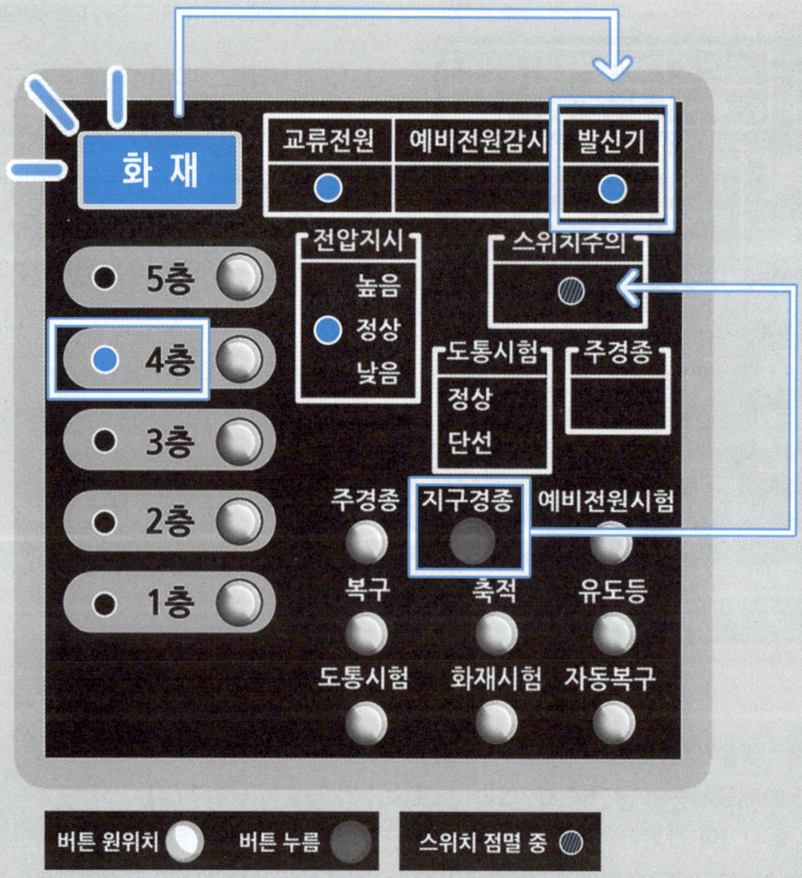

① 화재 신호를 통보한 기기는 경계구역 4층의 발신기이다 (O)

☞ [발신기] 작동등 점등 + 경계구역 4층 지구표시등 점등 + 화재표시등 점등 상황으로, 경계구역 4층의 발신기가 작동하여 화재 신호가 발생(통보)되었음을 알 수 있다.

② 경계구역 내에 설치된 지구경종은 작동하지 않고 있다 (O)

☞ 현재 수신기의 지구경종 정지 버튼(스위치)이 눌려 있는 상태이므로, 경계구역 내 지구경종은 작동하지 않을 것이다.

④ 평상시 수신기의 조작 스위치를 그림과 같은 상태로 두어서는 안 된다 (O)

☞ 평상시 수신기의 경종 정지 버튼을 조작하여 음향장치가 작동할 수 없는 상태로 관리한다면, 실제 화재 시 상황 인지 및 전달이 지연될 위험이 있으므로 그림과 같은 상태로 두어서는 안 된다. 따라서 모든 조작 스위치를 원위치 상태로 두고 스위치주의등이 소등된 것을 확인하는 것이 바람직하다.

05

답 ②

해 계단실의 감지기를 작동하여 화재 신호를 발생(통지)시키고, 수신기에서 그 화재 신호를 수신하였다면 수신기에서 확인되는 사항은 다음과 같다.

(1) 화재 신호가 입력되어, [화재표시등] 점등

(2) 해당 신호가 발생한 구역의 [지구(경계구역)표시등] 점등 - 이번 문제의 경우에는 계단실에 점등

(3) 주경종 및 지구경종이 작동

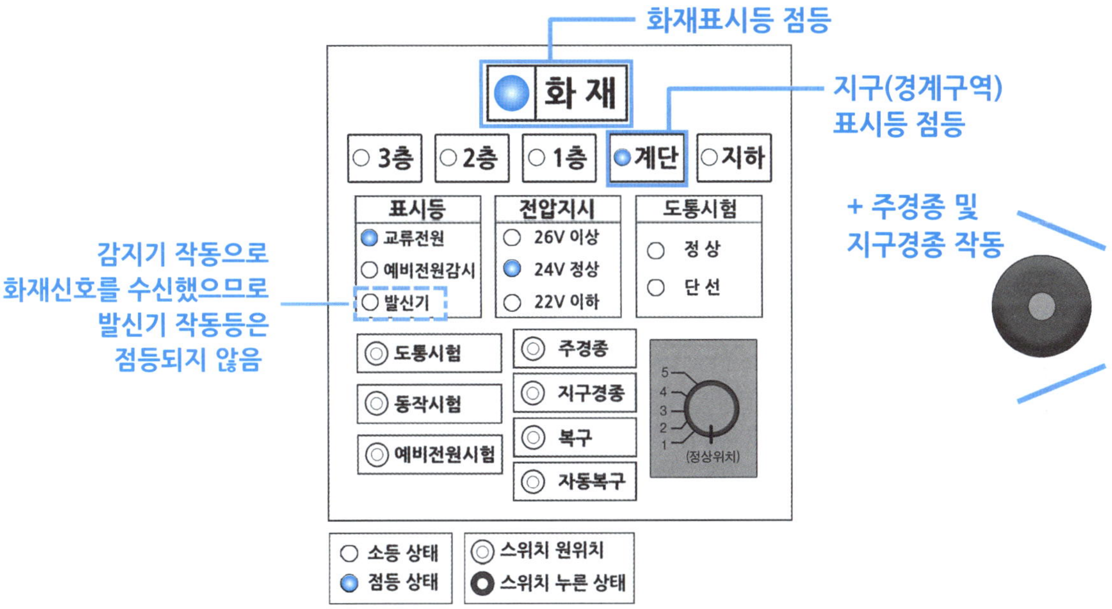

감지기 동작 → 수신기 확인 사항

[CHECK!] 문제에서 옳게 표시된 부분

- ⓐ : [화재표시등]에 점등
- ⓒ : 계단실에 해당하는 [지구표시등]에 점등
- ⓔ : 감지기의 동작과는 무관한 [도통시험 표시등]은 아무것도 점등되지 않은 평상시의 소등 상태를 유지

따라서 이를 제외하고 [발신기 작동등]에 점등되어 있는 ⓑ와, [동작시험] 조작스위치를 누른 상태인 ⓓ는 감지기가 동작했을 때 수신기의 점등 및 조작스위치의 상태로 옳지 않으므로 답은 ②번.

[참고!] 1 발신기 작동등'이 점등되지 않는 이유

- [발신기 작동등]은 화재 신호를 통보한 기기가 '발신기'인 경우에 점등되므로, 문제에서 제시된 것과 같이 감지기가 작동한 경우에는 점등되지 않는다.

[참고!] 2 동작시험 버튼을 조작하지 않는 이유

- [동작시험] 버튼(스위치)은 화재신호를 임의로 입력하여 수신기 자체의 표시등 및 음향장치 등의 정상 동작 여부를 점검하는 기능이다.
- 이와는 달리, 문제에서 제시된 상황은 특정 구역에 설치된 감지기를 작동시킴으로써, 감지기의 동작부터 수신기로의 신호 전달까지 "감지기 → 배선 → 수신기" 이러한 연동 설비 간의 전반적인 전달 과정을 확인하는 것이 목적.
- 그렇기 때문에 수신기의 상태가 평상시 원위치 상태로 유지되어야, 감지기로부터 신호를 받아서 → 화재표시등·지구표시등 점등, 음향장치 작동 등 수신기에서 나타나야 하는 동작들이 모두 정상적인지 확인할 수 있으므로, 이처럼 현장의 설비와 연동된 기능시험을 하는 경우 수신기는 [동작시험] 버튼을 조작하지 않은 - 평상시 원위치 상태여야 한다.

06

답 ③

해 제시된 그림에서 특징적인 부분은 다음과 같다.

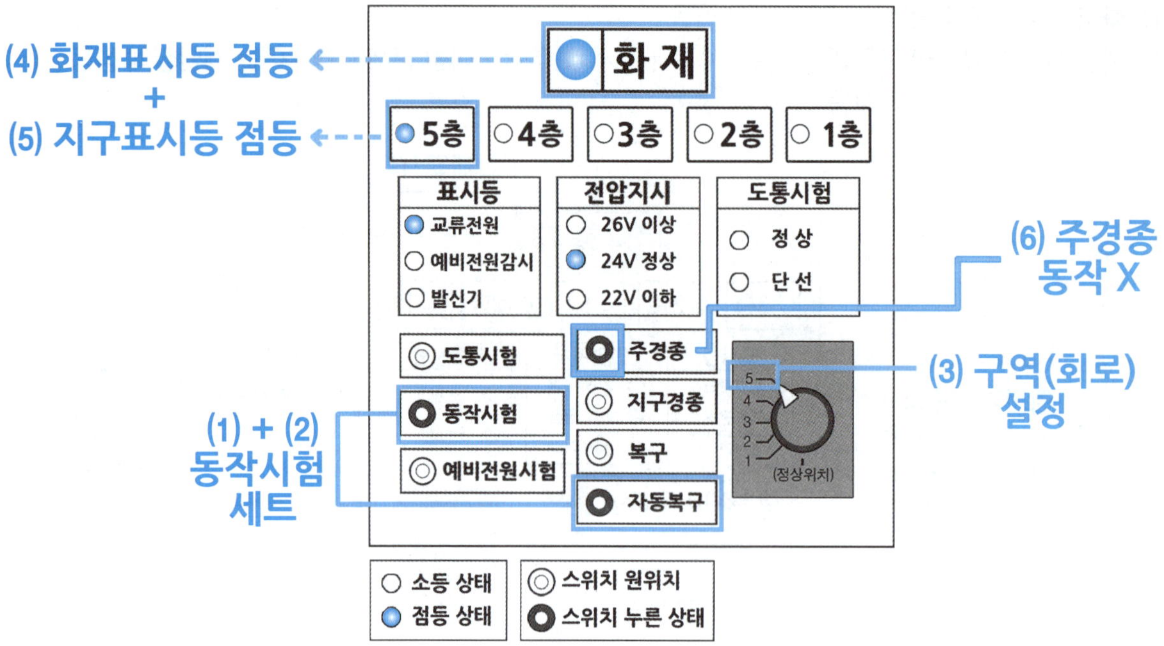

(1) + (2) : 동작시험을 위해 수신기의 [**동작시험**] 버튼과 [자동복구] 버튼 누른 상태

▶ 수신기 동작시험 세트! ★ 동작시험 + 자동복구 ★

(3) (로터리방식) 회로 스위치가 **경계구역 5구역(5층)**에 **설정**되어 있는 상태

(4) 그에 따라 [**화재표시등**] **점등** ← 동작시험 = 임의로 화재 신호를 입력하여 수신기 동작 테스트!

(5) 경계구역 5층에 해당하는 [**지구표시등**] **점등**

(6) 그리고 현재 [**주경종 정지**] 버튼을 **눌러 놓은 상태**이므로, 주경종은 작동하지 않는 상태이다. (다만, 지구경종 정지 스위치는 눌리지 않은 원위치 상태이므로, 지구경종은 작동하고 있을 것.)

따라서 <보기>의 내용 중 옳은 것은, 현재 수신기의 화재동작시험을 진행 중이라고 서술한 ⓑ와, 주경종은 작동하지 않는 상태라고 설명한 ⓓ로 답은 ③번.

[CHECK!] 옳지 않은 이유

ⓐ 5층의 발신기를 통해 화재 신호가 통보되었다? (X)

☞ [발신기] 작동등도 점등되지 않았고, 또한 현재는 발신기를 작동시켜 화재 신호를 통보한 상황이 아니라 수신기 자체의 동작시험을 진행 중인 상황이므로, 발신기를 통해 화재 신호가 통보되었다고 서술한 ⓐ의 내용은 옳지 않다.

ⓒ 수신기 예비전원의 전압은 정상이다? (X)

☞ 수신기 예비전원의 전압 상태는 [예비전원시험] 스위치를 누르고 있는 동안 표시되는 전압의 상태를 통해 확인할 수 있는데, 현재는 [예비전원시험] 스위치를 누르지 않은 원위치(정상) 상태로, 예비전원시험을 진행 중인 상황이 아니기 때문에 제시된 그림만으로는 예비전원의 전압 상태를 확인할 수 없다.

ⓔ 5층의 도통시험 결과는 정상이다? (X)

☞ 마찬가지로 제시된 그림에서 [도통시험] 버튼은 정상(원위치) 상태이므로, 제시된 그림만으로는 현재 해당 경계구역의 도통시험 적부 여부는 알 수 없다.

07

답 ③

해 제시된 그림에서 1단계로 [도통시험] 스위치를 누르고, 2단계로 회로선택 스위치를 회전하여 경계구역을 설정하고 있는 것으로 보아, 현재 수신기의 도통시험을 진행 중임을 알 수 있다.
이처럼 회로선택 스위치를 회전하는 방식의 로터리 타입(로터리 방식) 수신기의 회로 도통시험이 종료되면, 수신기 복구를 위해 회로선택 스위치 및 눌러 놓았던 [도통시험] 스위치를 초기의 원위치(정상 위치)로 복구하는 것으로 점검을 마친다. 따라서 도통시험 종료 후 복구 방법으로 옳은 설명은 ③번.

도통시험 진행 과정을 ↔ 거꾸로 하면 복구 완료!

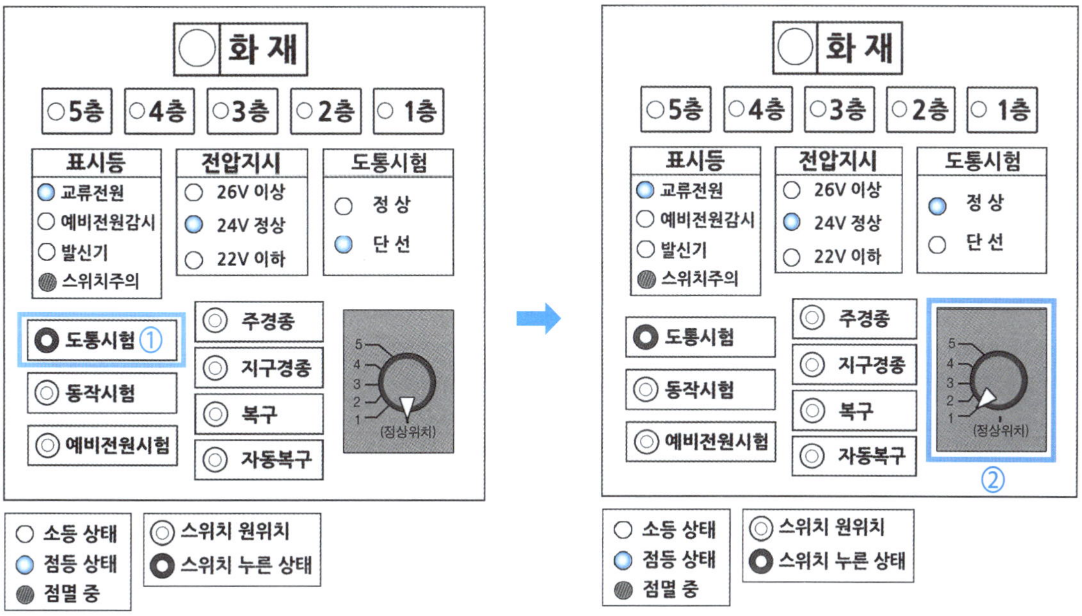

[도통시험 진행]

① [도통시험] 스위치 누름 → (☑ 참고: 이때 '스위치주의등' 점멸 시작, 회로 선택 전에는 기본적으로 '단선'에 점등된 상태)

② 회로선택 스위치를 각 경계구역마다 차례로 회전하며, 해당 구역의 도통시험 **정상/단선 여부**(도통시험 확인등) 확인

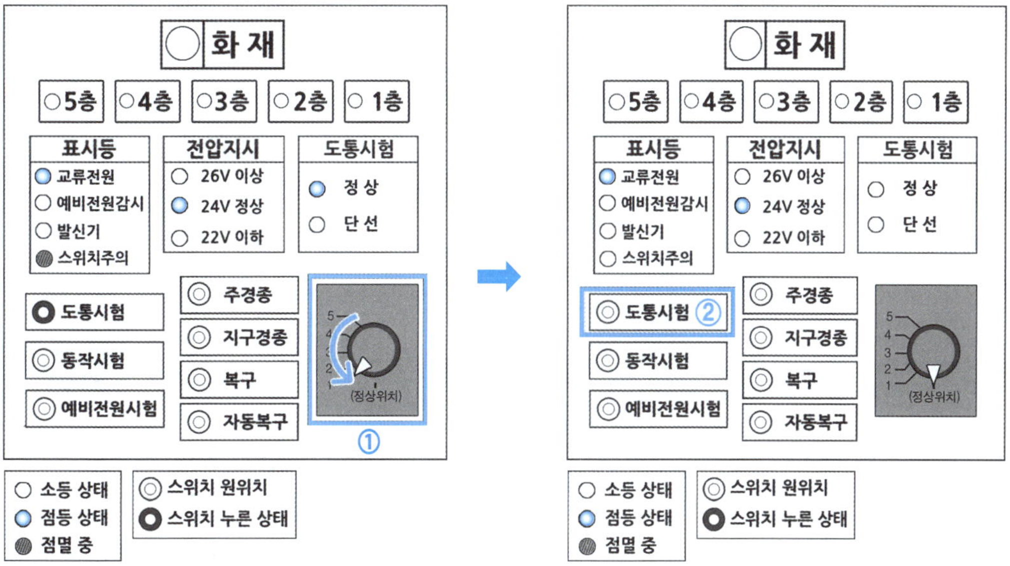

[도통시험 종료 후 복구]

① 회로선택 스위치 원위치(초기 정상 위치)로 복구

② 눌러 놓았던 [도통시험] 스위치를 원위치(정상 위치)로 복구 → (참고: 그러면 '스위치주의등'도 소등)

08

답 ①

해 1단계 [동작시험] 스위치 누름 + 2단계 [자동복구] 스위치 누름 → 이 과정을 통해 제시된 그림은 현재 수신기 '동작시험'을 진행 중임을 알 수 있다. (3단계 : 회로선택 스위치를 차례로 돌려가며, 각 경계구역마다 임의로 화재 신호를 입력하여 화재표시등·지구표시등 점등 및 음향장치 정상 작동 확인.)
따라서 (A)는 화재동작시험으로, (화재)동작시험의 복구 방법은 (1) 회로선택 스위치 원위치 (2) 동작시험 스위치 및 자동복구 스위치 원위치(정상 위치)로 복구하여 수신기의 화재표시등·지구표시등(+스위치주의등)이 모두 소등된 것을 확인하는 과정으로 마무리할 수 있으므로 옳은 설명은 ①번.

동작시험 진행 ↔ 거꾸로 하면 복구

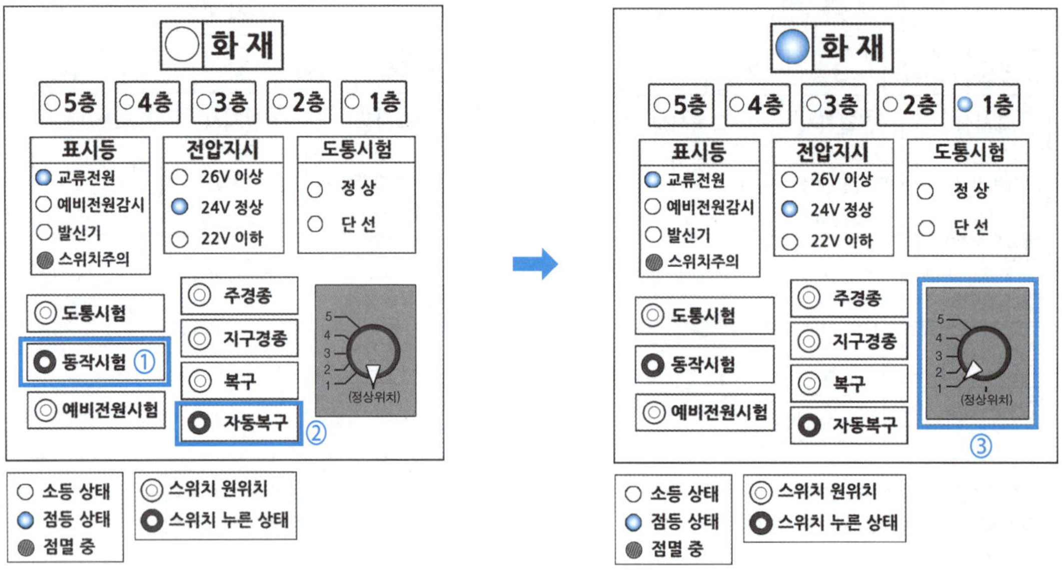

[(화재)동작시험 진행]

①+② [동작시험] + [자동복구] 스위치 누름 → (☑ 참고 : '스위치주의등' 점멸 시작)

③ 회로선택 스위치를 각 경계구역마다 차례로 회전 (임의로 화재 신호를 입력해 보는 과정)

④ 화재표시등·지구표시등 점등 및 음향장치 작동 확인

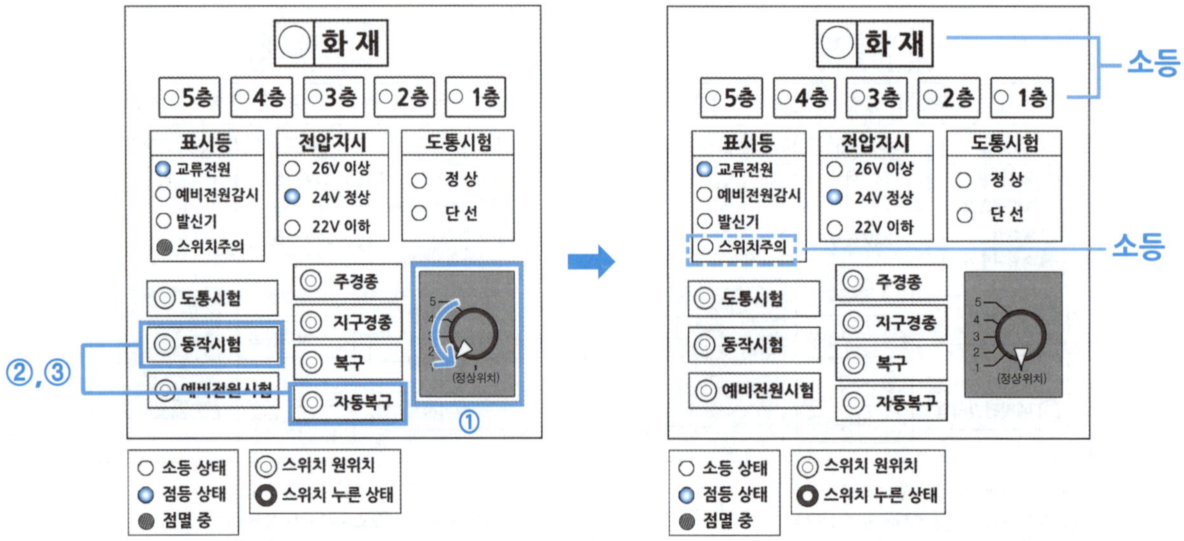

[동작시험 종료 후 복구]

① 회로선택 스위치 원위치(초기 정상 위치)로 복구

②,③ 눌러 놓았던 [동작시험] 스위치와 [자동복구] 스위치 원위치(정상 위치)로 복구

④ 화재표시등·지구표시등 & 스위치주의등 소등 확인

09

답 ②

해 순환배관 상에 설치되어, 배관 내부의 과압을 방출하고 수온이 상승하는 것을 방지하는 역할을 하는 장치는 '릴리프밸브'로, 작동 전/후의 단면은 다음과 같다.

[릴리프 밸브]

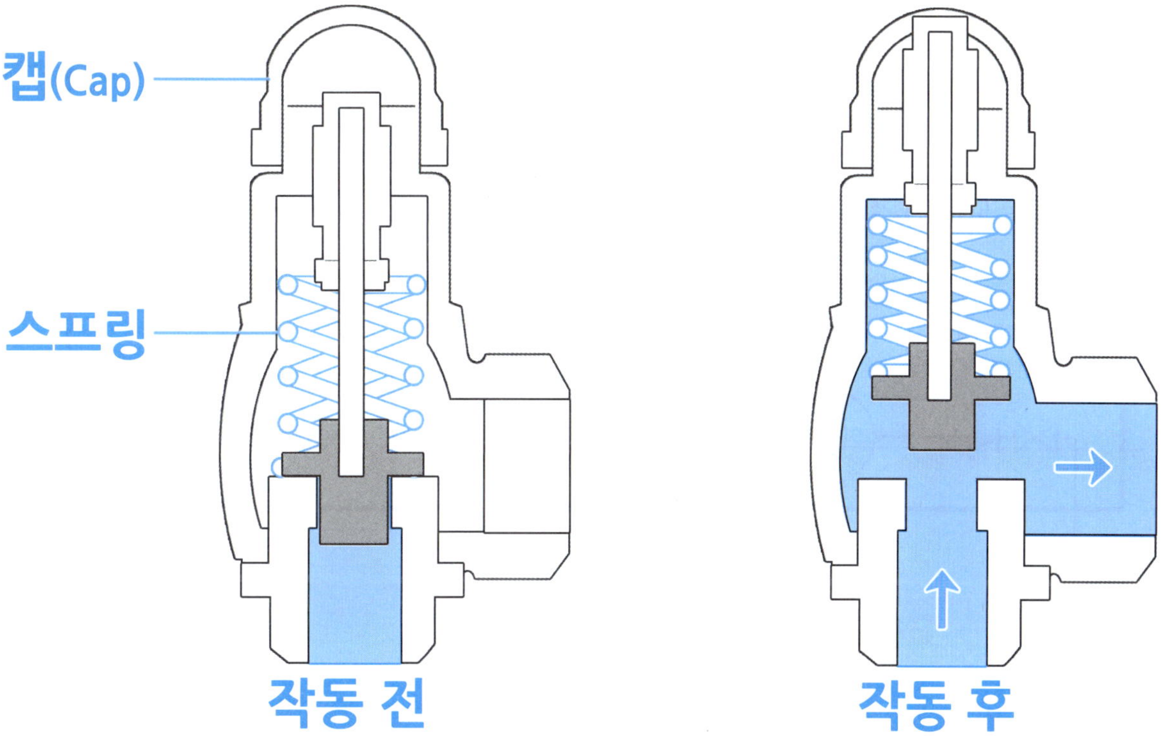

따라서 명칭 [가]는 릴리프밸브. 작동 전 그림은 (A), 작동 후 그림은 (B)로 옳게 나열한 것은 ②번.

[TIP] 릴리프 밸브

- 순환배관 상에 설치하는 장치 : 과압 방출·수온 상승 방지.
- 작동 전/후 그림의 특징을 눈에 익혀 주시면 좋아요!

☑ "작동 전에는 막혀 있던 물길이 작동 후 스프링이 밀려 올라가면서 열리게 되는군!"

10

답 ③

해 그림에서 표시된 부분은 옥내소화전설비의 구성 요소 중 순환배관으로, 펌프가 체절운전 상태일 때 발생되는 과압 및 수온 상승을 방지하기 위해 펌프의 토출측 체크밸브 이전에서 분기하여 설치하는 배관을 말한다. 따라서 옳은 설명은 ②번.

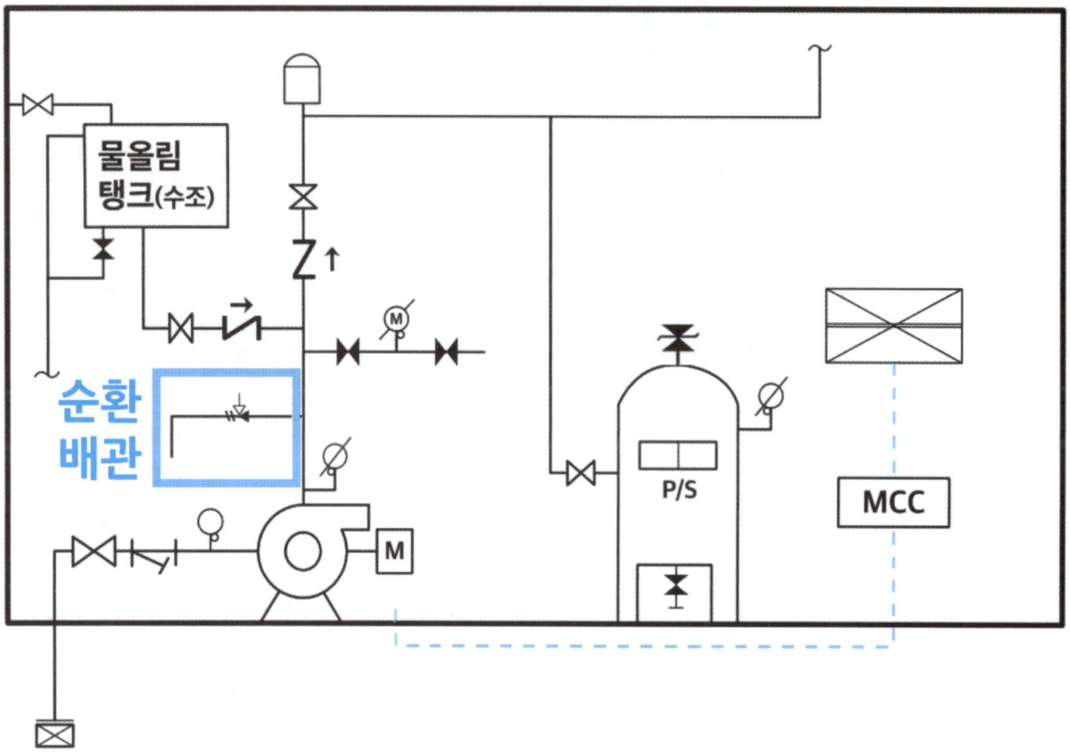

< 순환배관 >

[참고!] 그리고 순환배관에는 릴리프밸브를 설치해요

<릴리프밸브 기호>

펌프가 물을 내보내지 못한 채 계속 회전만 하면 배관 내부에 물이 정체되어 수온과 압력이 점점 과도하게 높아질 것. 이것이 체절운전으로 인한 과압 및 수온 상승 → 설비 손상 위험성.

▶ 그래서 체절운전 시, 일부 물을 흘려보내 과압 및 수온 상승을 방지할 수 있도록 설치하는 것이 순환배관과 릴리프밸브!

순환배관	일부 물을 흘려보낼 수 있도록 만들어진 경로(배관 = 물 길)
릴리프 밸브	순환배관에서 실질적으로 기능하는 일꾼(장치) : 평상시(정상 압력)에는 물이 빠져나가지 않도록 길을 막고 있다가, 설정 압력 이상으로 압력이 높아지면 자동으로 개방 → 물 길(순환배관)을 열어 물이 빠져나갈 수 있도록 제어

[비교!] 그 외 다른 각종 배관들

- **성능시험배관**? 펌프가 설계된 성능을 충족하는지 시험하기 위해 설치하는 배관
- **가지배관**? 스프링클러 헤드가 설치되는 배관
- **교차배관**? 가지배관에 물을 공급(급수)하는 배관

(가지배관, 교차배관 → 스프링클러 설비)

11

답 ④

해 (1) 펌프성능시험 (체절/정격/최대)

체절	펌프의 **토출량이 0**일 때 체절압력은 정격토출압력의 140% 이하여야 함	물 배출이 안 되는 **토출량 0** 상황이 발생했을 때, 압력이 끝도 없이 높아지면 안되니까 아무리 높아도 140% 이하로 잘 제어하는지 보겠어
정격	유량이 100%일 때 정격토출압력 이상이어야 함	물이 **정격**(100%)만큼 배출될 때 **압력도 정격** 100% (제조사가 보증하는 성능, 기준점) 이상 나오는 게 맞는지 확인하자
최대	유량이 정격토출량의 150%일 때 정격토출압력의 65% 이상이어야 함	물이 정격보다도 많이 빠지는 150% 상황이라면 수압이 약해지긴 하겠지만 그래도 어느 정도는 힘 있게 뿜어줄 수 있도록, 정격압력의 65% 이상은 되는지 보자

(2) 밸브와 체절운전 시의 개폐상태

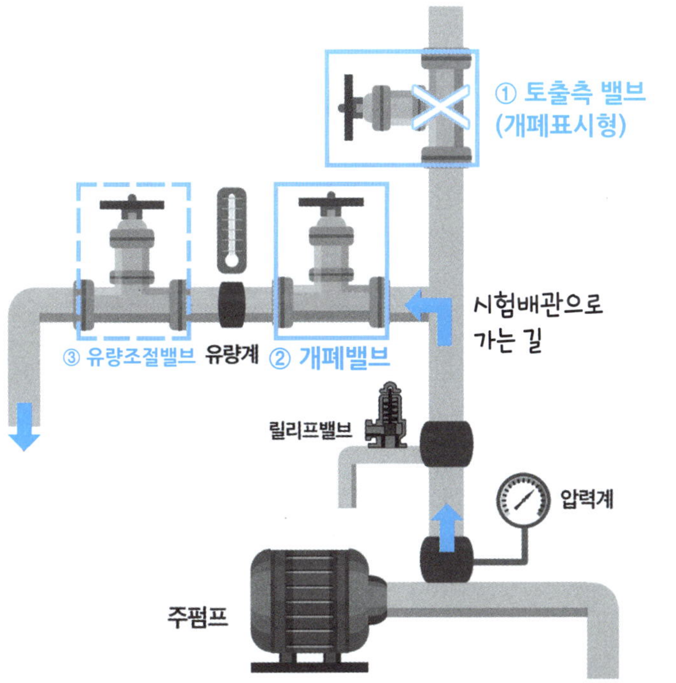

① 원활한 시험을 위해 물이 성능시험배관으로만 흐르도록, 토출측 밸브(개폐표시형 개폐밸브)는 폐쇄하여 막아둔다.

② 성능시험배관에 위치한 [개폐밸브]까지 막아 물이 배출되지 못하는 토출량 0의 상태로 만드는 것이 [체절운전].
→ 따라서 체절운전 시, 토출측 개폐밸브와 성능시험배관 상의 개폐밸브는 모두 '폐쇄' 상태

따라서 (가) : 140%, (나) : 150%, (다) : 65%. (A) : 폐쇄, (B) : 폐쇄로 빈칸에 들어갈 말로 옳은 것은 ④번.

[참고!] 펌프성능시험별 밸브의 개폐 상태 (성능시험 진행 순서 : 체절 → 정격 → 최대)

		① 토출측 밸브	② 개폐밸브	③ 유량조절밸브
체절	토출량 0인 상태	(폐쇄)	폐쇄	폐쇄
정격	100% 유량	(폐쇄)	완전 개방	약간 개방(유량 100%)
최대	150% 유량	(폐쇄)	완전 개방	더 개방(유량 150%)

- 토출측 밸브(①) : 원활한 시험을 위해 폐쇄
- 성능시험배관의 개폐밸브(②) : 정격운전 시험할 때부터 완전 개방하여 물이 배출될 수 있게 함. (체절운전 시 폐쇄)
- 성능시험배관의 유량조절밸브(③) : [정격] 약간 개방해서 유량 100%로 / [최대] 조금 더 개방해서 150%로 조절

12

답 ②

해 제시된 아래 그림의 동력제어반과 감시제어반 설정 상태는 다음과 같다.

동력제어반

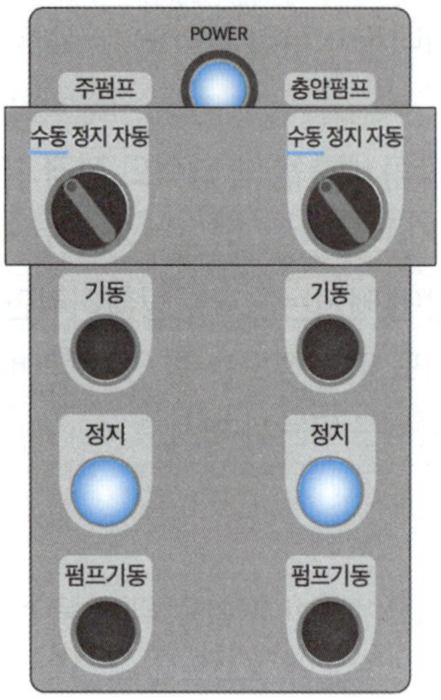

[수동] + [정지] 상태

감시제어반

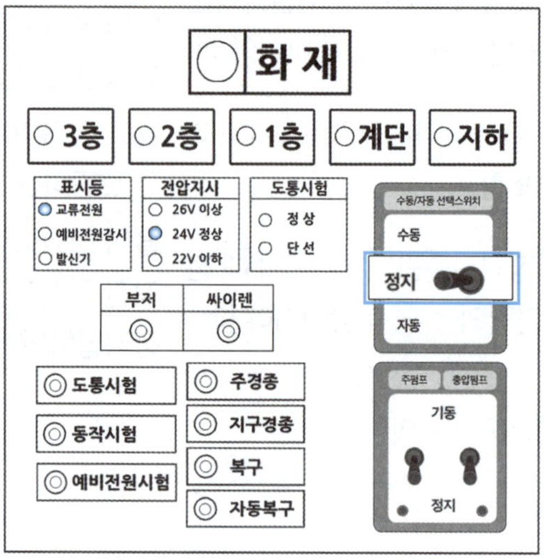

[정지] 상태

〈그림 해석〉

(1) **동력제어반(MCC)** : **주펌프·충압펌프** 모두 (자동/수동) 선택스위치 [수동] 위치 + 펌프 [정지] 상태

(2) **감시제어반** : **주펌프·충압펌프** (자동/수동) 선택스위치 [정지] 위치

(3) 따라서 옥내소화전의 밸브를 개방하여 방수가 이루어지더라도

- 감시제어반에서 주·충압펌프를 정지한 상태이고,
- 동력제어반에서도 주·충압펌프를 수동으로 설정한 상태이므로 (펌프 자동기동 신호가 차단되어) 방수 시 압력이 저하되어도 주·충압펌프 모두 펌프가 자동으로 기동할 수 없는 상태이다.

따라서 제시된 그림에 대한 설명으로 옳은 것은 ②번.

[CHECK!] 감시제어반과 동력제어반은 평상시 [자동(연동)]으로!

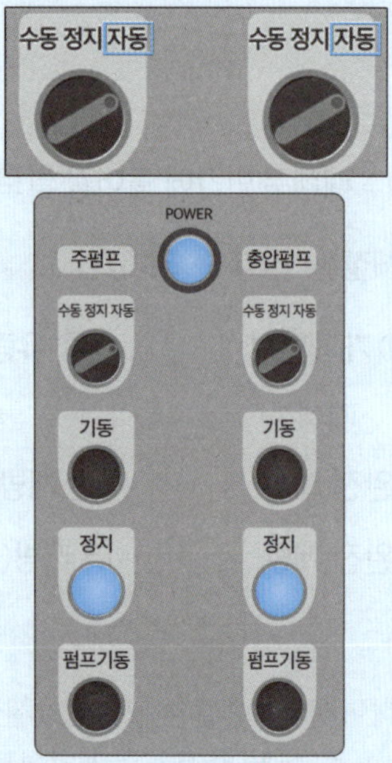

동력제어반 MCC

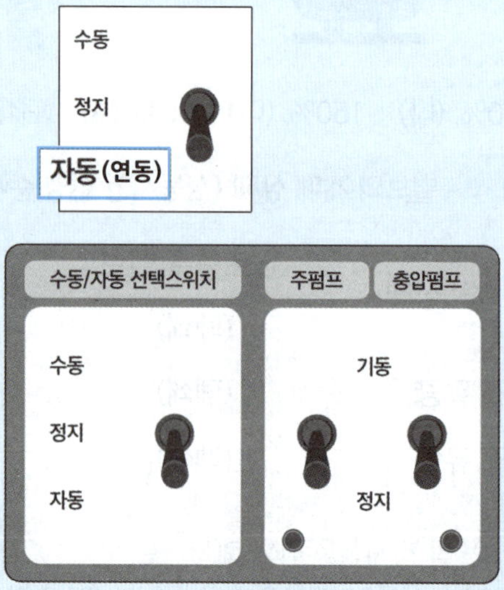

감시제어반

13

답 ①

해 옥내소화전설비의 수조에는 유효한 수원의 양이 확보되어야 하며, 이때 유효수량의 기준을 그림으로 나타내면 다음과 같다. 따라서 제시된 문제에서 유효수량의 기준을 나타낸 부분은 각각 ㉠과 ㉢이므로 답은 ①번.

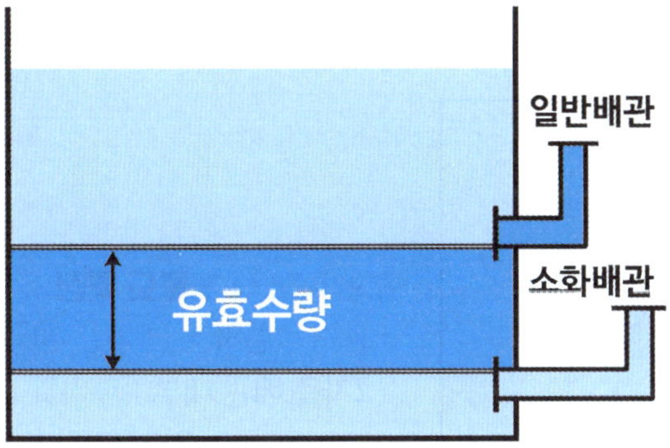

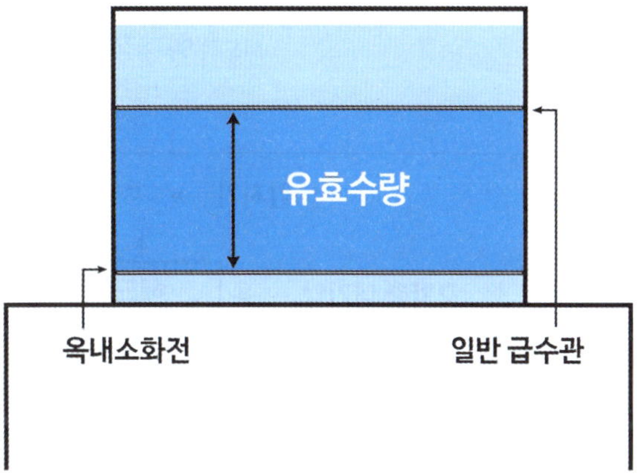

[고가수조를 겸용하는 경우]

[참고!] 옥내소화전설비의 수원

일반용수와 소화용수를 겸용 탱크로 사용 시, (위) 일반용수 흡수구의 하단부터 (아래) 소화용수 흡수구의 상단까지 수원으로 산정한다.

14

답 ③

해 • (가)는 화재감지기 설치 + 폐쇄형 헤드 + 2차측이 대기압 상태 → 준비작동식 스프링클러설비
• (나)는 폐쇄형 헤드 + 2차측에 가압수가 채워진 상태 → 습식 스프링클러설비
따라서 준비작동식의 유수검지장치를 표시한 ㉮의 명칭은 프리액션밸브, 습식의 유수검지장치인 ㉯는 알람밸브로 답은 ③번.

준비작동식

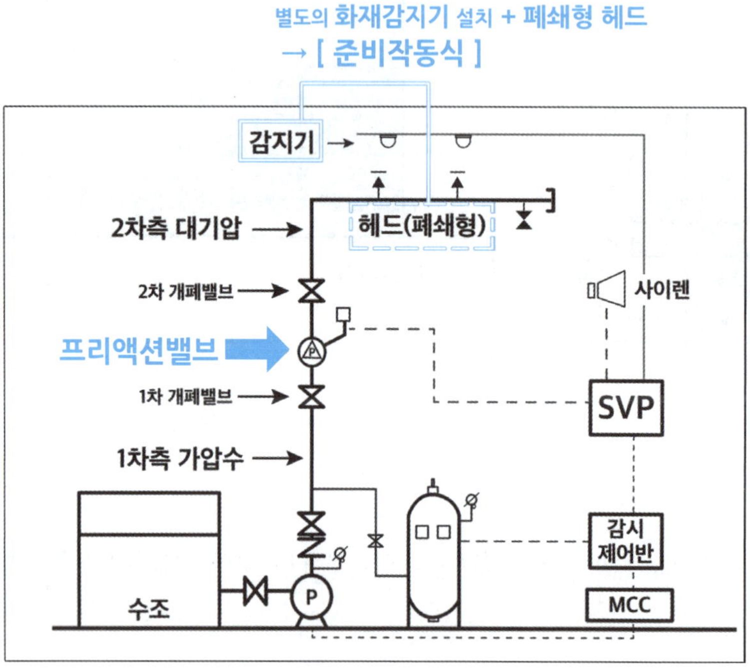

준비작동식 계통도 특징
- 감지기 설치 + 폐쇄형 헤드
- 2차측 배관 내부 : 대기압

☞ 준비작동식 유수검지장치
: 프리액션밸브

습식

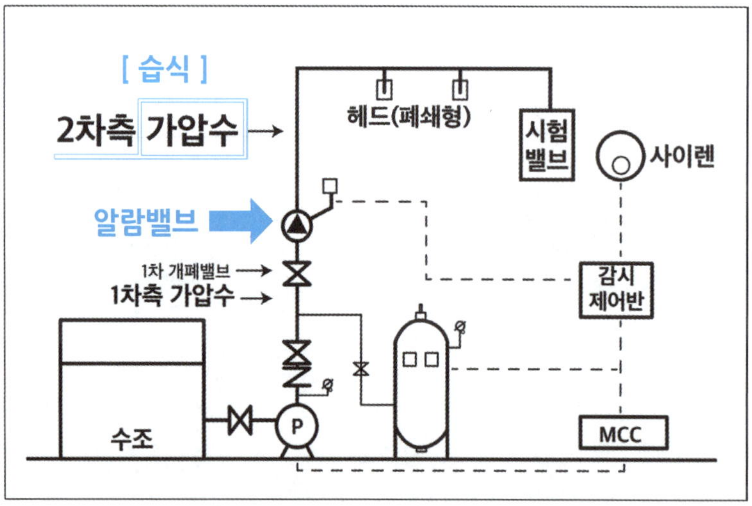

습식 계통도 특징
- 2차측 배관 내부 : 가압수
- 폐쇄형 헤드

☞ 습식 유수검지장치
: 알람밸브

[참고!] 스프링클러설비 종류별 2차측 배관의 채움 상태와 유수검지장치

헤드	설비 종류	1차측	2차측	밸브
폐쇄형	습식	가압수	가압수	알람밸브
	건식		압축공기	드라이밸브
	준비작동식		대기압	프리액션 밸브
개방형	일제살수식			일제개방(델류지)밸브

15

답 ②

해 시험밸브함의 개폐밸브를 열어(개방하여) 가압수를 배출하는 것은 습식 스프링클러의 점검 방식으로, 이러한 습식 스프링클러설비의 점검에 따른 확인사항은 다음과 같다.

- 감시제어반(수신기) - 화재표시등 점등 + 해당구역의 밸브개방표시등 점등(알람밸브)
- 해당 구역의 경보(사이렌) 작동
- 소화펌프 자동기동

따라서 확인사항으로 옳은 것을 모두 고른 것은 ②번.

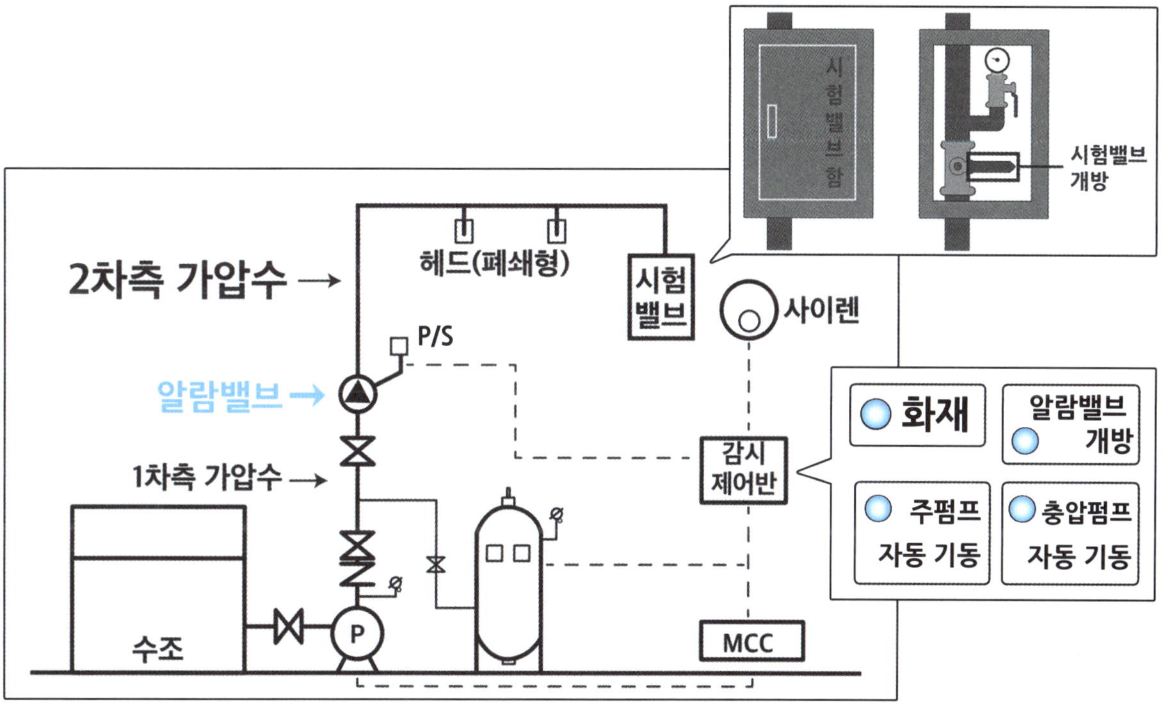

[참고!] 습식의 점검 = 실제 화재 시 물이 방수된 것과 같은 상황처럼 시험.

☞ 2차측 압력이 저하됨에 따라 1차측의 압력으로 **클래퍼**가 개방되고 → 이 과정에서 **압력스위치** 작동 → 전기적 신호에 의해 [화재표시등] **점등** + 사이렌 **작동** + 습식의 알람밸브가 개방되었으므로 [밸브개방 표시등] **점등**되고 → 이후 배관 내 압력 저하로 펌프 자동 기동.

[CHECK!] 다른 보기가 옳지 않은 이유(주로 섞어 나오는 오답)

- ⓑ 해당 구역의 감지기 작동 (X) : 습식 스프링클러설비의 작동과 감지기는 무관함.
- ⓓ 방출표시등 점등 (X) : 방출표시등은 가스계소화설비의 구성요소이므로 습식 스프링클러설비의 점검 확인사항과는 무관함.

16

답 ④

해 제시된 스프링클러설비의 유수검지장치가 프리액션밸브로 제시되어 있으므로, 해당 설비는 준비작동식 스프링클러설비임을 알 수 있다.
따라서 준비작동식 스프링클러설비의 2차측 배관은 대기압 상태, 헤드의 종류는 폐쇄형이므로 ⓐ, ⓑ에 들어갈 말로 옳은 것은 ④번.

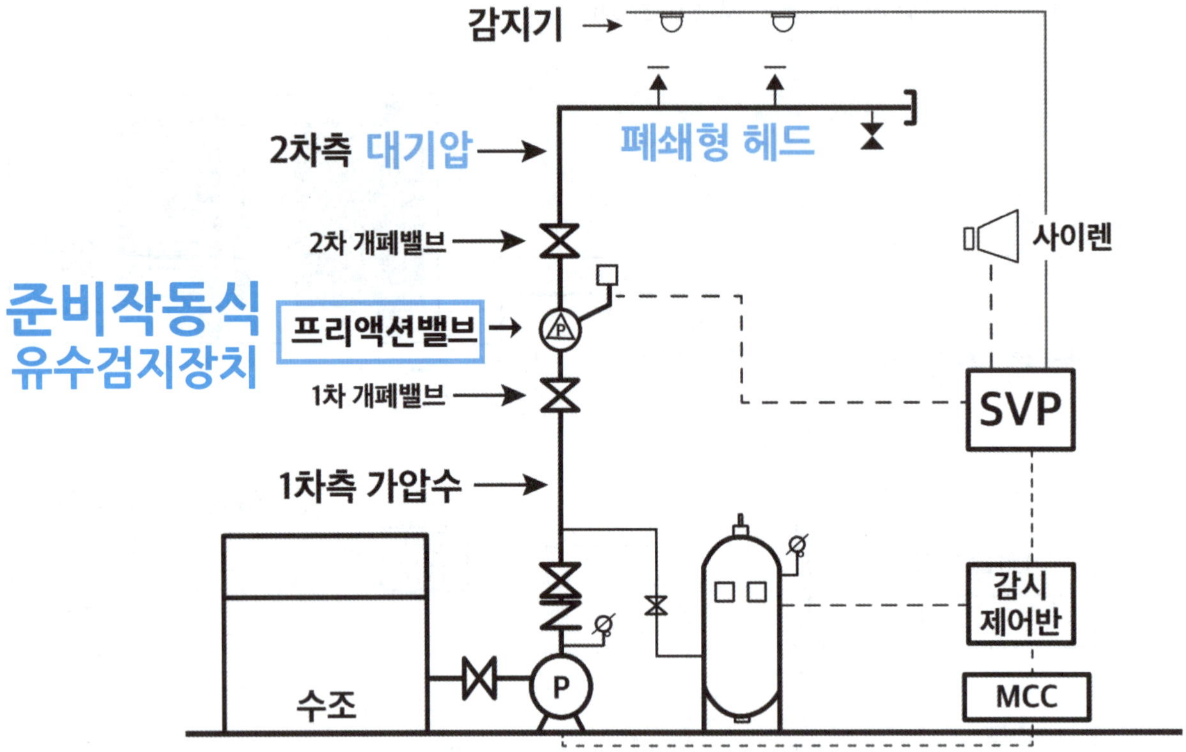

[참고!] 준비작동식과 일제살수식은 2차측 대기압 상태!
준비작동식은 폐쇄형 헤드 vs **일제살수식은 개방형** 헤드

17

답 ①

해 준비작동식 스프링클러설비는 교차회로 방식의 감지기(A,B)와 연계되어 작동하는데, 이때 감지기 A,B가 둘 중 하나만 작동한 경우(A or B)인지, 아니면 감지기 A,B가 둘 다 작동한 경우(A and B)인지에 따라, 이후 밸브 개방 및 급수로 이어지는 연계 동작의 개시 여부가 결정된다.

(1) 감지기 A or B(A 또는 B 둘 중 하나) 작동 시
- 화재표시등 점등 + 지구표시등(감지기 A or B) 점등
- 음향장치(사이렌) 작동

(2) 감지기 A and B(A와 B 모두) 작동 시
- 화재표시등 점등 + 지구표시등(감지기 A and B) 점등
- 음향장치(사이렌) 작동
- 솔레노이드 밸브 작동 → 밸브개방표시등 점등 → 1차측 물이 2차측으로 급수
- 펌프 자동 기동

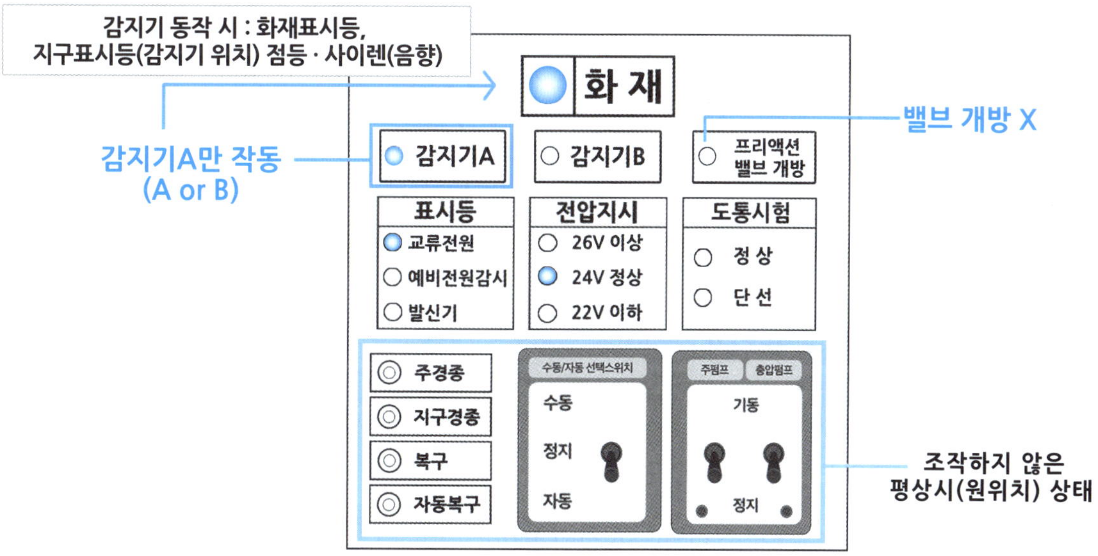

문제에서 제시된 그림은, 감지기 A(지구표시등)만 점등된 - A or B(A 또는 B) 상황이므로, 실제 방수로 이어지기 위한 연계 동작(솔밸브 작동, 밸브개방, 2차측으로 물 급수, 펌프 자동 기동)까지는 이어지지 않고, 감지기가 화재를 감지하였음을 1차적으로 알릴 수 있는 [화재표시등 점등, 지구표시등(감지기 A) 점등, 음향장치 사이렌 작동] 동작까지만 확인되므로 옳은 설명은 ①번.

[참고!] 감지기 A and B(A와 B 모두) 작동 시

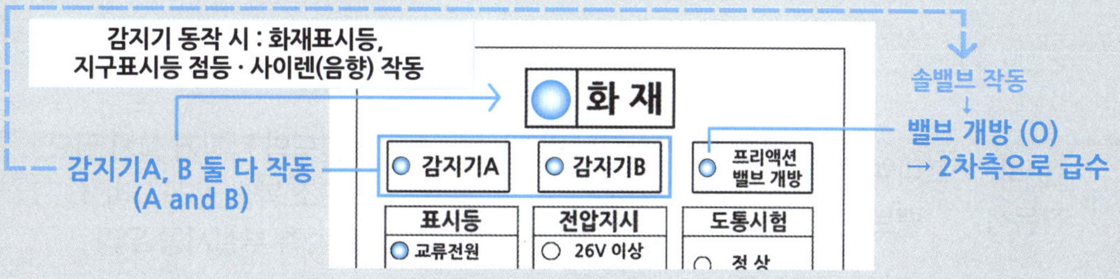

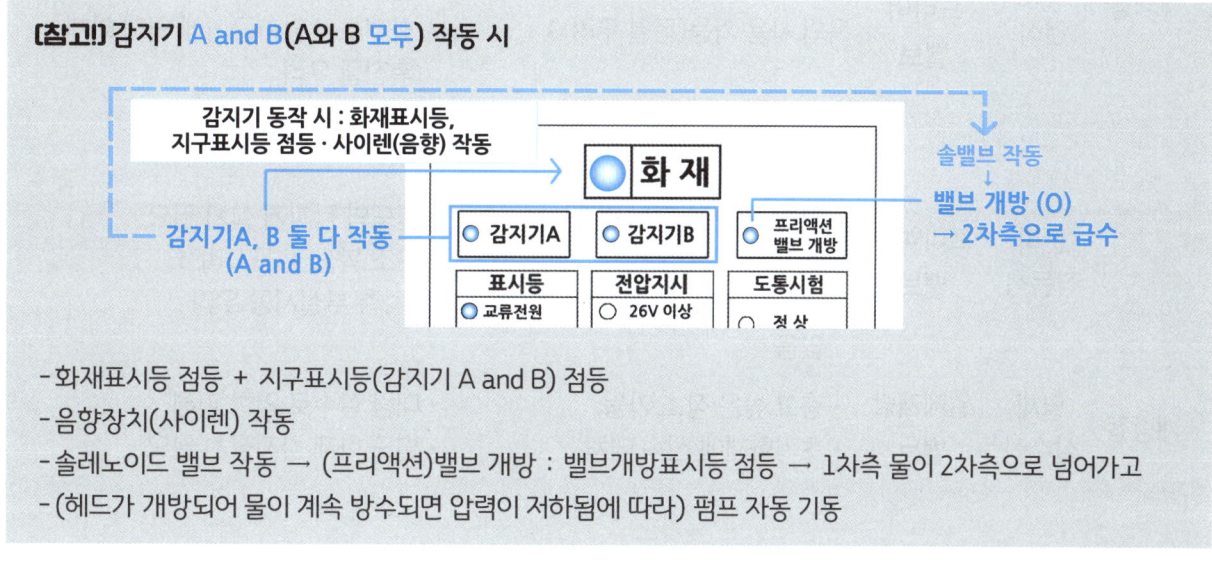

- 화재표시등 점등 + 지구표시등(감지기 A and B) 점등
- 음향장치(사이렌) 작동
- 솔레노이드 밸브 작동 → (프리액션)밸브 개방 : 밸브개방표시등 점등 → 1차측 물이 2차측으로 넘어가고
- (헤드가 개방되어 물이 계속 방수되면 압력이 저하됨에 따라) 펌프 자동 기동

18

답 ③

해 제시된 그림은 **폐쇄형** 헤드를 사용하는 스프링클러설비 중, 준비작동식의 유수검지장치인 프리액션밸브(다이어프램 방식)를 나타낸 그림이다. 따라서 제시된 보기 중에서 준비작동식 스프링클러설비에 대한 설명으로 옳지 않은 것은 ③번.

[CHECK!]

공사비가 저렴하고 유지관리가 쉬운 것은 폐쇄형 중, 습식 스프링클러설비의 장점에 해당하므로, 문제의 준비작동식 스프링클러설비에 대한 설명으로 보기 어렵다.

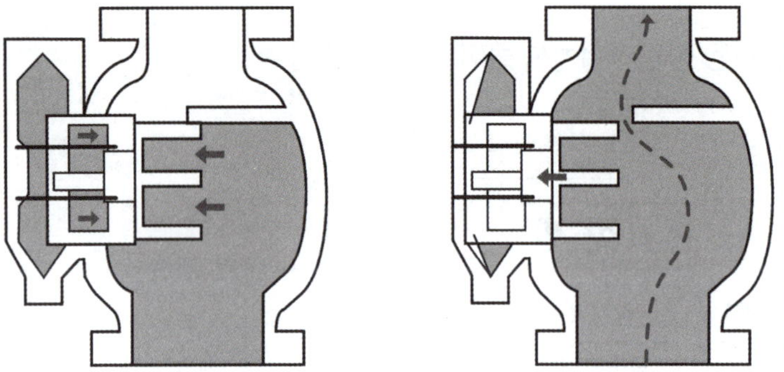

준비작동식 유수검지장치(프리액션밸브)
감지기 A,B가 모두 작동한 경우(A and B) : 솔레노이드 밸브 작동 → 중간챔버의 물이 배수되어 압력 감소 → 다이어프램 밀리면서 밸브 개방 → 1차측 물이 2차측으로 급수

< 프리액션밸브(다이어프램 방식) >

[참고!] 스프링클러설비의 종류별 장·단점

		유수검지 장치	장점	단점
폐쇄형	습식	알람밸브	• 구조 간단(유지관리 용이) • 공사비 저렴 • 신속 소화	(2차측 배관 내부도 가압수) └, 동결 우려(장소 제한) └, 헤드 오동작 시 수손피해 └, 배관 부식
	건식	드라이 밸브	옥외 사용 가능(동결 우려X)	(2차측 : 압축공기 먼저 나감) └, 살수 개시 지연 └, 화재초기 압축공기에 의해 화재 촉진될 우려 └, 구조 복잡
	준비 작동식	프리액션 밸브	• 동결 우려 X (장소 OK) • 헤드 개방 전 경보 먼저! 조기 대처 용이 • 헤드 오동작 시 수손피해 우려 없음	• 별도의 감지기 설치 필요 • 구조 복잡 + 공사비 ↑ • 2차측 부실시공 우려
개방형	일제 살수식	일제개방 밸브	• 층고 높은 장소 가능 • 초기화재에 신속 대처	• 대량 살수로 인한 피해 • 별도 화재 감지장치 필요

19

답 ②

해 준비작동식 유수검지장치를 작동시키는 방법 중에는 SVP(수동조작함)의 수동조작 스위치를 눌러 작동시키는 방법이 있다. 이 경우, 솔레노이드 밸브가 작동하여 → (중간챔버 물 배수 및 압력 감소) → 밸브가 개방되어 [(프리액션)밸브개방 표시등] 점등 + 사이렌 작동 + 화재표시등 점등(그림에서는 이미 점등되어 있는 상태) → 배관 내 압력 저하되면 펌프 자동 기동으로 이어지므로,
㉣ 프리액션밸브 개방표시등, ㉤ 주펌프 및 충압펌프 압력스위치(P/S) 작동 표시등, ㉥ 주펌프 및 충압펌프 기동 확인등에 점등된다. 따라서 점등되는 부분을 모두 고른 것은 ②번.

[CHECK!] 점등되지 않는 표시등

- ㉮, ㉯ 소등 : 수동조작함(SVP)을 눌러 솔레노이드밸브를 작동시킨 상황이므로, 감지기 A/B 지구표시등은 점등되지 않는다.(감지기 A/B가 작동한 경우에 점등)
- ㉰ 소등 : 알람밸브는 습식의 유수검지장치이므로, 준비작동식 유수검지장치가 작동하는 현재 그림의 상태에서는 알람밸브 개방표시등은 점등되지 않는다.

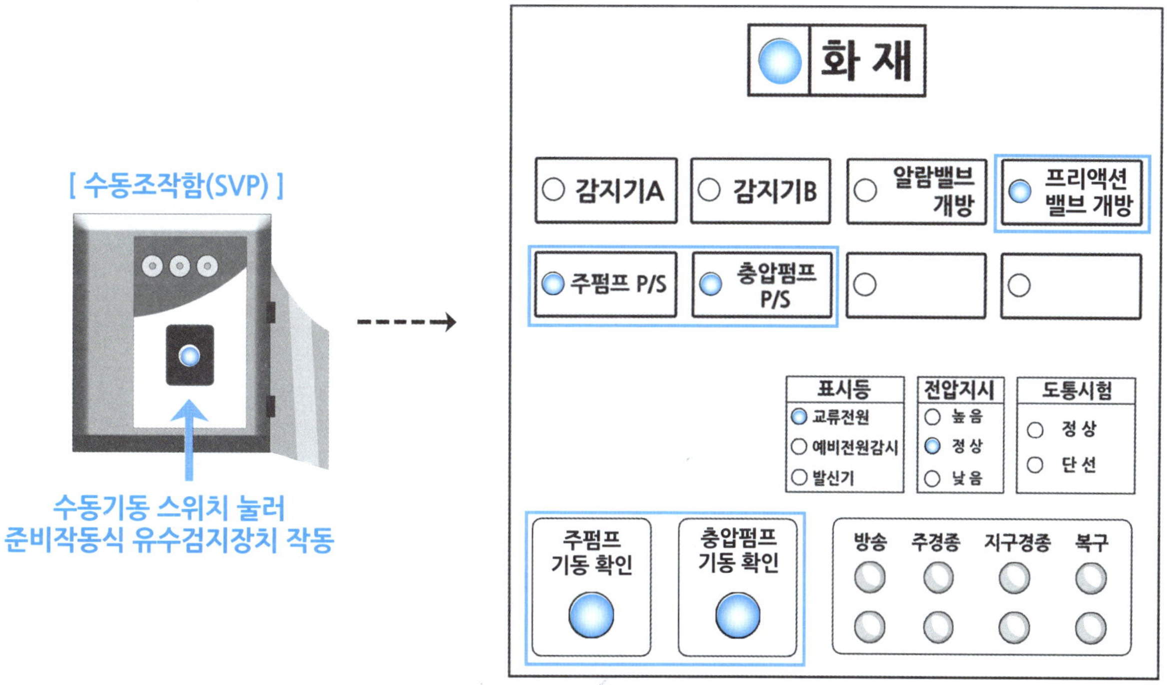

- 준비작동식 = 프리액션밸브 (밸브개방 표시등 점등)
- (주·충압펌프) 압력스위치(P/S) 표시등 : 압력스위치의 설정 값 이하(펌프 기동 압력)가 되어 압력스위치가 작동했음을 표시
- (주·충압) 펌프 기동확인 표시등 : 펌프가 기동하고 있음을 표시

[참고!] 준비작동식 유수검지장치를 작동시키는 방법

- 감지기 2개 회로 작동
- 수동조작함(SVP) - 수동조작 스위치 작동
- 감시제어반 - [준비작동식 유수검지장치(프리액션밸브)] 수동기동 스위치 작동
- 감시제어반 - 동작시험 스위치 + 회로선택 스위치 조작하여 작동
- 밸브 자체의 수동기동밸브 개방

20

답 ②

해 주어진 그림에서 [화재표시등] + [감지기 A] + [감지기 B] 지구표시등 + [프리액션밸브 개방 표시등]에 점등된 것으로 보아, 준비작동식 스프링클러설비의 점검 상황임을 유추할 수 있다. (감지기 A,B 2개 회로 작동 + "프리액션밸브" → 준비작동식)

다시 말해서, (준비작동식 스프링클러설비의 점검을 위해) 감지기 A와 B의 동작으로 솔레노이드 밸브가 작동하여 준비작동식 유수검지장치인 프리액션밸브가 개방되었음을 의미하고, 이 과정에서 압력 저하가 감지되면 주·충압펌프의 기동 압력(지점)이 설정된 압력스위치에 의해 펌프가 자동으로 기동되는 것까지 확인되었을 것이다.

따라서 주펌프 및 충압펌프의 압력스위치(P/S)의 작동을 알리는 표시등(보기 ⓐ)에 점등되고, 또한 펌프가 기동 중임을 알리는 펌프기동 확인 표시등(보기 ⓑ)에도 점등될 것이다.

반면, 스프링클러설비의 점검과 '도통시험'은 무관하므로 보기 ⓒ(도통시험 결과 표시등)는 해당사항이 없고, 준비작동식 스프링클러설비는 발신기가 아닌, 감지기 A, B의 2중 신호와 연동되어 밸브개방 및 펌프기동 등의 동작이 이루어지므로, 보기 ⓓ(발신기 작동표시등)도 관련이 없다. 그래서 점등이 확인되어야 하는 표시등에 해당하지 않는 것은 ⓒ,ⓓ로 ②번.

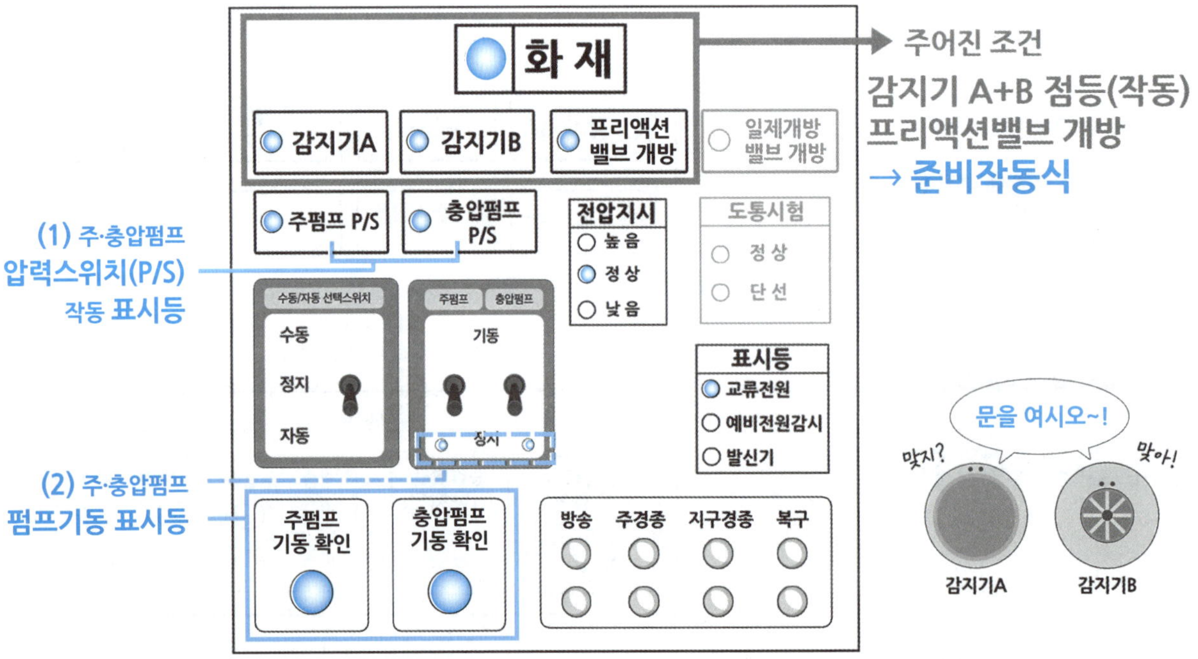

- 감지기 A and B(A와 B 둘 다) 동작 (지구표시등 점등)
- 솔밸브 작동 → 중간챔버 감압 → 밸브 개방 : 이 과정에서 밸브개방표시등 점등 + 사이렌 경보
  └, 프리액션밸브(준비작동식 유수검지장치) 개방표시등 점등
- 압력 저하로 압력스위치(설정 값에서) 작동 → 펌프 자동 기동
  └, 압력스위치(Pressure Switch : P/S) 표시등 점등, 펌프기동 확인(표시)등 점등

21

답 ③

해 제시된 그림에서 감지기A,B가 동작하지 않은(소등) 상태이고, 준비작동식의 프리액션밸브 개방표시등 또한 점등되지 않은 것으로 보아, 현재 밸브가 개방되지 않은 상태임을 알 수 있다. 따라서 1차측의 물이 2차측으로 넘어가지 않았을 것이며, (감지기 작동X, 화재표시등도 소등 상태이므로) 스프링클러 헤드가 개방된 상황으로도 보기 어렵다.
그리고 펌프 자동/수동 선택스위치가 현재 [수동]에 위치 + 충압펌프만 [기동]으로 선택하였으므로, 충압펌프만 수동 기동한 상태이며, 주펌프는 [수동+정지] 위치로, 기동하지 않은 '정지' 상태이다. 따라서 제시된 그림의 현재 상태로 가장 적절한 설명은 ③번.

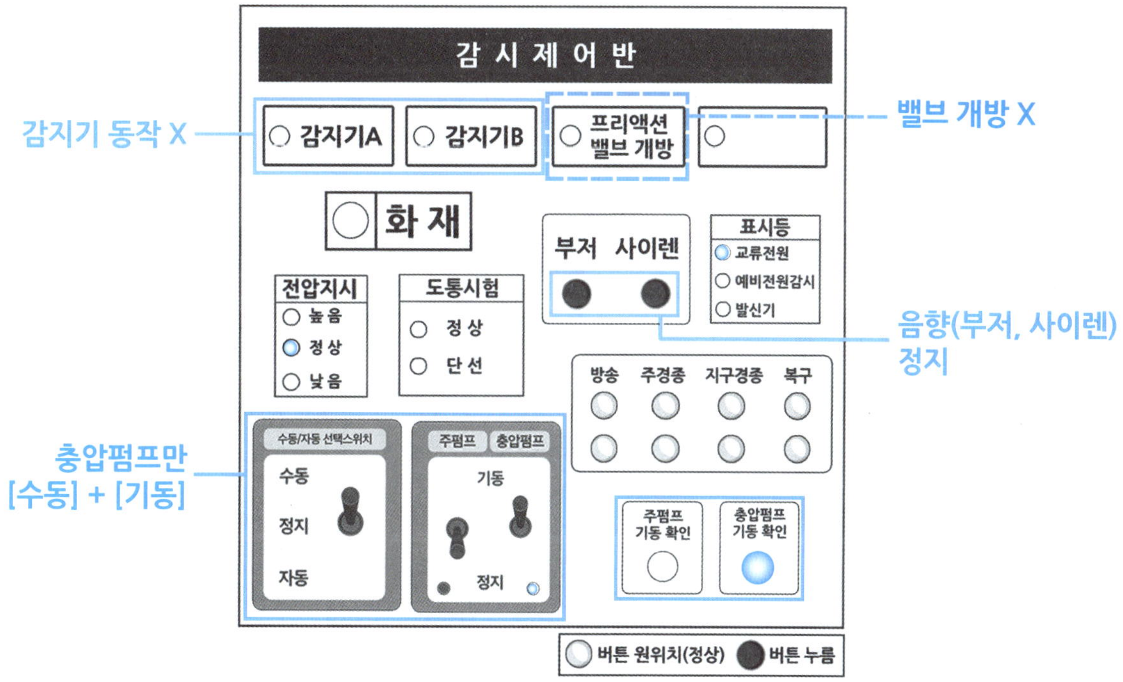

[TIP]

만약 감지기 A+B 동작했다면 → 솔레노이드 밸브 작동(개방) → 준비작동식 유수검지장치 '프리액션밸브' 개방 : [밸브개방표시등 점등] 되었겠지만,
현재 **감지기 동작 X** → 결과적으로 프리액션밸브도 개방되지 않은 [**밸브개방 표시등**] '**소등**' 상태임을 체크! (밸브가 열리지 않았으니, 물이 2차측으로 급수되지 않았을 것!)

[CHECK!] 다른 보기가 옳지 않은 이유

- 밸브가 개방되어 1차측의 물이 2차측으로 급수되었다? (X) : [**밸브개방표시등**] 소등 **상태** → 밸브가 개방되지 않은 상태이므로, 물이 2차측으로 넘어가지 않았을 것
- 헤드 개방 및 압력 저하로 충압펌프가 자동으로 기동하였다? (X) : 준비작동식의 **폐쇄형 헤드**는 화재에 의해 감열체가 파괴되며 개방되는데, 현재 감지기도 화재로 감지하지 않았고(소등 상태), 화재표시등 또한 소등 상태이므로 화재 상황으로 보기 어렵다. 따라서 헤드가 개방되거나 방수가 이루어진 상황이 아닐 것이며, **충압펌프**는 현재 '**수동'으로 기동한 상태**이므로 자동 기동하였다는 설명도 옳지 않다.
- 음향장치가 작동하여 부저가 울리고 있다? (X) : 평상시의 스위치 원위치(정상) 상태였다면, 감시제어반에서 펌프 기동 시 부저가 작동하여 울렸겠지만, 현재 그림에서는 **부저 '정지' 버튼을 누른 상태**이므로 부저는 울리지 않을 것이다. (+사이렌 역시 정지 버튼을 누른 상태이므로 음향장치는 정지한 상태).

22

답 ④

해 감시제어반의 [알람밸브] 개방표시등이 점등된 것으로 보아, 현재 습식 스프링클러설비의 점검 중임을 알 수 있다. (습식 유수검지장치 = 알람밸브)
그리고 이러한 습식 스프링클러설비의 점검 시, 말단시험밸브의 시험밸브(시험장치 개폐밸브)를 열어, 가압수를 배출하는 방법으로 점검을 진행하므로 옳은 설명은 ④번.

[CHECK!] 다른 보기가 옳지 않은 이유
- ㉮ 동력제어반에서 펌프 자동/수동 선택스위치를 수동 위치에 두고 펌프 기동
  ☞ (동력제어반에서) 펌프를 수동+기동하는 방법으로, 스프링클러설비의 점검 방법과는 무관하다.
- ㉰ SVP(수동조작함)의 수동조작 버튼 눌러 작동
- ㉱ 감시제어반의 동작시험으로 감지기 A,B 2회로 작동
  ☞ 준비작동식 스프링클러설비의 점검 방법에 해당하므로, 습식의 점검 방식에는 해당하지 않는다.

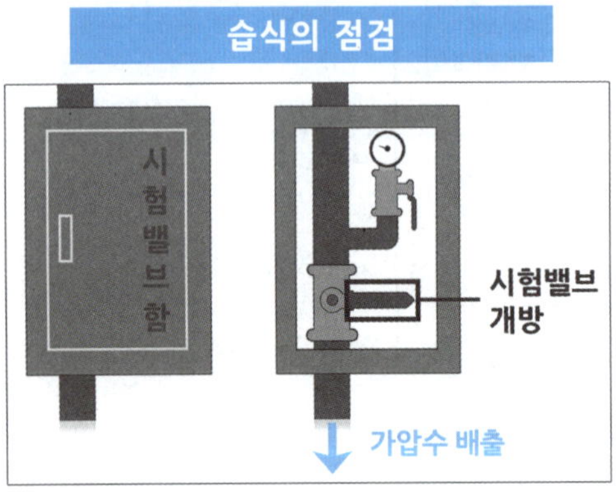

[말단시험밸브 (시험장치 개폐밸브) 개방]

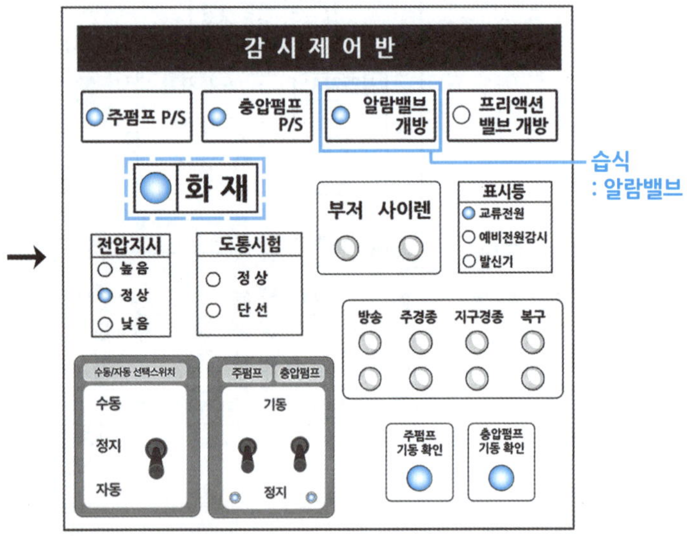

습식의 점검 방법

점검 전 : 혼란을 방지하기 위해 사전에 점검에 대해 통보하거나, 잠시 경보를 정지한 상태로 시험을 진행하면서 필요한 경우에 경보가 작동하는지 확인한다.

(1) **말단시험밸브** (시험장치 개폐밸브) 개방 : **가압수 배출**

(2) 2차측 압력 저하로 클래퍼 개방 → 압력스위치 작동 → (수신기에 전기적 신호 전달)

(3) [화재표시등] & [밸브개방 표시등] 점등 (습식 = 알람밸브) + **사이렌 경보** 작동

(4) 배관 내 압력 저하되면, 펌프 자동기동 : 충압펌프 먼저 기동 → 주펌프 기동

[참고!] 습식 vs 준비작동식 점검 방법 비교

습식	준비작동식
말단시험밸브 (시험장치 개폐밸브) 개방하여, 가압수 배출	• 해당 구역의 감지기 2개 회로 작동 • SVP(수동조작함) 수동조작 버튼 눌러 작동 • 밸브 자체의 수동기동밸브 개방 • 감시제어반의 준비작동식 유수검지장치 수동기동 스위치 작동 • 감시제어반의 동작시험 + 회로선택 스위치(2개 회로) 작동

23

답 ①

해 현재 그림의 상태는 다음과 같다.

(1) 동력제어반(MCC) - 주펌프 : [수동] - 기동 / 충압펌프 : [자동] - 정지

(2) 감시제어반(수신기) - 주펌프 & 충압펌프 : [자동(연동)] - 정지

평상시 동력제어반과 감시제어반의 '자동/수동 선택스위치'는 항상 [자동(연동)] 상태에 두어야 하므로, 평상시 감시제어반의 스위치 위치는 제시된 그림과 같이 유지되어야 한다는 설명이 옳다. 따라서 답은 ①번.

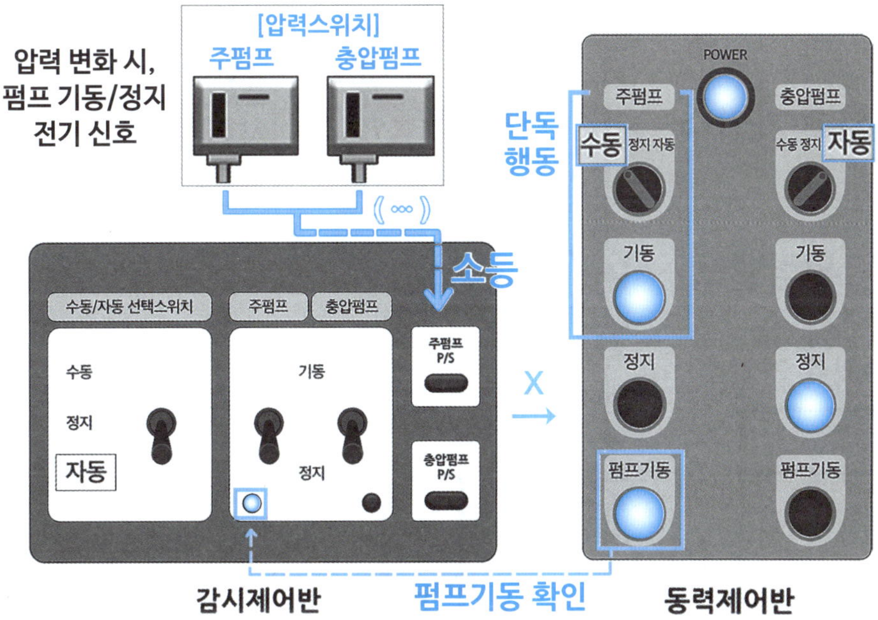

(1) 만약 압력스위치가 (기동되는 설정 값에서) 작동했다면, 감시제어반의 P/S(압력스위치) 표시등이 점등되었겠지만, 그림에서는 **P/S 표시등 소등 상태** : 즉, 압력스위치 작동 X.

(2) **감시제어반** : **[자동(연동)]** 상태로 펌프는 기동하지 않은(**정지**) 상태이므로, 감시제어반에서 동력제어반으로 펌프 기동 신호를 보낸 상황으로 볼 수 없음.

(3) 동력제어반(MCC)에서 '주펌프'를 [수동] + [기동] 스위치 조작 : 주펌프만 수동으로 기동시킨 상태.

동력제어반 주펌프 기동으로 펌프기동 확인표시등 점등 → 감시제어반에서도 주펌프 기동 중이므로 기동표시등 점등.

↳ 이때 **충압펌프**는 감시제어반에서도 **[자동(연동)** + 정지] - 동력제어반에서도 [**자동** + 정지] 상태이므로, 별도의 조작이 없다면 충압펌프는 기동하지 않는 평상시(정상) 상태 유지.

[CHECK!] 다른 보기가 옳지 않은 이유

- **동력제어반에서 충압펌프를 수동으로 정지한 상태? (X)** : 동력제어반에서 충압펌프 선택스위치는 현재 [자동] 위치에 놓여 있고 펌프는 정지(기동 중이지 않은) 상태이므로, 수동으로 정지한 상태라는 설명은 옳지 않다.
- **압력스위치의 작동으로 주펌프가 자동으로 기동한 상태? (X)** : 감시제어반에서 **주펌프 및 충압펌프**의 압력스위치(P/S) **표시등**이 모두 소등되어 있으므로, 압력스위치가 작동한 상태로 볼 수 없다. 또한, 현재 주펌프는 동력제어반측 선택스위치를 [수동]에 두고 펌프를 기동시킨 상태이므로, 자동 기동이 아닌 '수동+기동' 상태이다.
- **감시제어반에서 주펌프의 선택스위치를 수동 위치로 전환하면 주펌프는 정지한다? (X)** : 펌프의 **최종 통제권**을 갖는 것은 '동력제어반'으로, 동력제어반이 [수동] 상태라면 감시제어반에서 보내는 신호는 차단되고, 동력제어반측 사용자 조작에 의해 직접 제어하는 상태가 되기 때문에 감시제어반의 조작은 유효하지 않게 된다.

따라서 제시된 그림과 같이 동력제어반에서 주펌프를 [수동] 기동 중인 상태에서는, 감시제어반을 수동으로 정지하더라도 이 신호가 동력제어반에 받아들여지지 않으므로 주펌프는 (동력제어반의 - 수동) 기동 상태를 유지한다.

24

답 ②

해 제시된 계통도에서 2차측 배관 내부가 가압수로 채워져 있고, 유수검지장치의 이름이 알람밸브인 것으로 보아, 해당 설비는 습식 스프링클러설비임을 알 수 있다.
그리고 표시된 [PS] 부분은 '압력스위치'로, 알람밸브의 클래퍼가 개방되면 작은 통로로 물이 유입되어 압력스위치의 접점을 붙이게 되는데, 이러한 압력스위치의 작동으로 → 화재표시등 & 밸브개방표시등 점등, 사이렌 경보가 작동하게 되므로, 제시된 보기 중에서 압력스위치(㉠)의 작동으로 확인되는 사항을 모두 고른 것은 ②번.

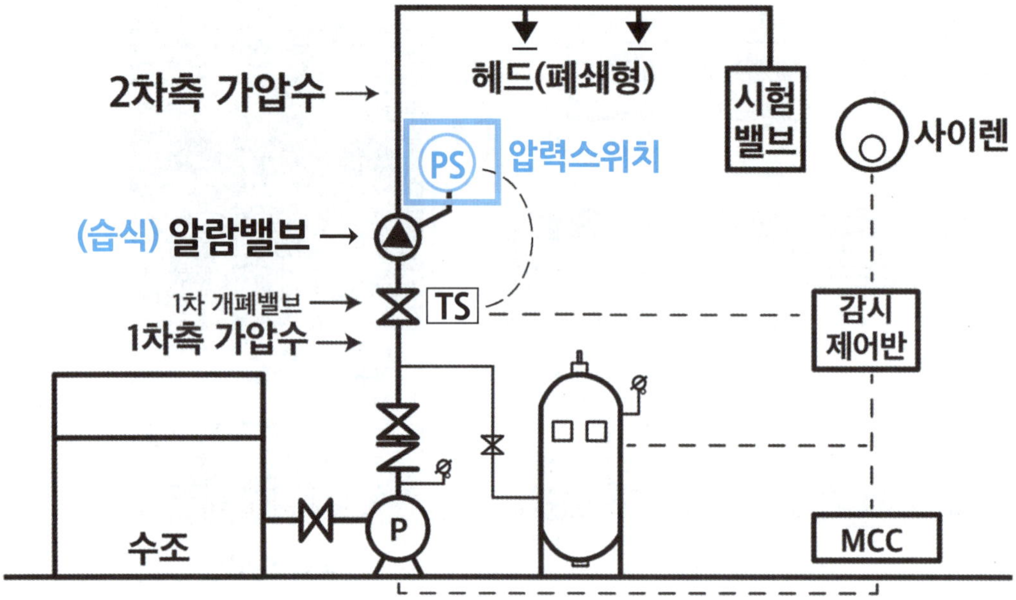

☑ 습식스프링클러설비와 작동 순서

[습식 SPR] 유추할 수 있는 요소	습식 SPR 작동 순서
• **2차측 상태** : 가압수 • 알람밸브(습식 유수검지장치) • 폐쇄형 헤드	(1) 화재 발생 (2) (화재에 의해) 헤드 개방 · 방수 (3) 2차측 배관 내부 압력 저하 (4) 1차측 압력에 의해 밀고 올라가면서 클래퍼 개방 → 밸브 개방 **(5) 이 과정에서 일부 물이 유입되어, 압력스위치(PS) 작동** : 화재표시등 + 밸브개방표시등 점등, 사이렌 경보 작동 (6) 이후 설정 값 이하로 압력이 저하되면 펌프 기동

[CHECK!] 다른 보기가 옳지 않은 이유

- ⓒ 감지기 작동 (X) : 감지기는 그 자체로써 별도로 열·연기 등을 감지하여 작동하기 때문에, 압력스위치의 작동과는 무관하므로 압력스위치 작동에 의해 확인되는 사항에 해당하지 않는다.
- ⓔ 방출표시등 점등 (X) : 방출표시등은 가스계소화설비의 가스 약제가 방호구역 내에 방출되었을 때, 방호구역으로의 진입을 금지하기 위해 점등되는 표시등으로, 스프링클러설비의 압력스위치 작동과는 관련이 없다.

25

답 ③

해 펌프성능시험은 유량 변화에 따른 펌프의 성능을 검증하기 위해, 유량이 0인 체절운전 → 100% 유량의 정격부하운전 → 150% 유량의 최대운전 순으로 진행되며, 이에 따라 각 시험 시 유량조절밸브의 상태와 판정 확인사항은 다음과 같이 정리할 수 있다.

구분	유량조절밸브 조절 상태	유량 상태	정상 판정 확인사항
(1) 체절 운전	폐쇄	0 (토출 없음)	토출량이 0(물 배출 없음)일 때, 압력이 과도하게 치솟지 않도록 정격압력의 140% 이하여야 함
(2) 정격 운전	약간 개방(서서히 개방)	100% 정격유량	100% 정격유량일 때, 압력도 100% 정격 이상이어야 함
(3) 최대 운전	더 많이 개방	150% 최대 유량	150% (최대)유량일 때, 압력이 너무 약해지지 않도록 정격압력의 65% 이상으로 유지되어야 함

또한 펌프성능시험배관은 물의 흐름 방향을 기준으로, 개폐밸브(㉯) → 유량계 → 유량조절밸브(㉮) 순으로 구성된다. 따라서 문제의 빈칸 (A)는 150% / (B)는 65% 이상 / 제시된 그림에서 유량조절밸브는 ㉮로 옳은 답은 ③번.

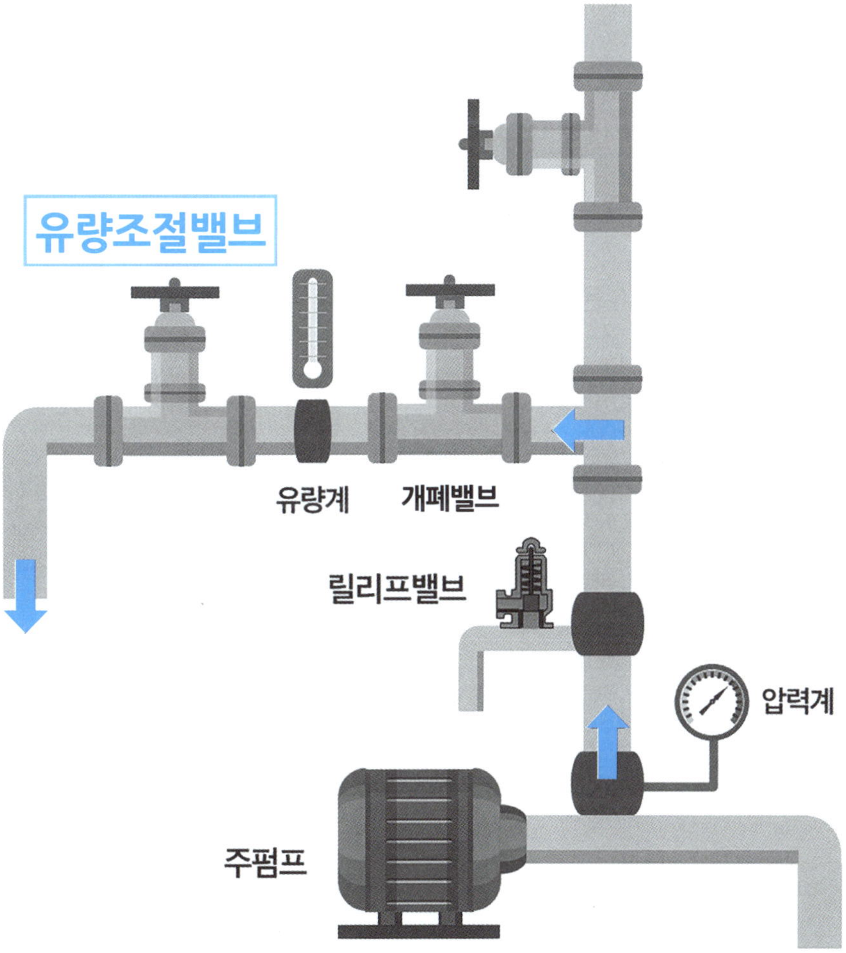

26

답 ④

해 옥내소화전설비를 구성하고 있는 설비 중 하나인 압력챔버(기동용수압개폐장치)의 각 부분의 명칭과 기능은 다음과 같다.

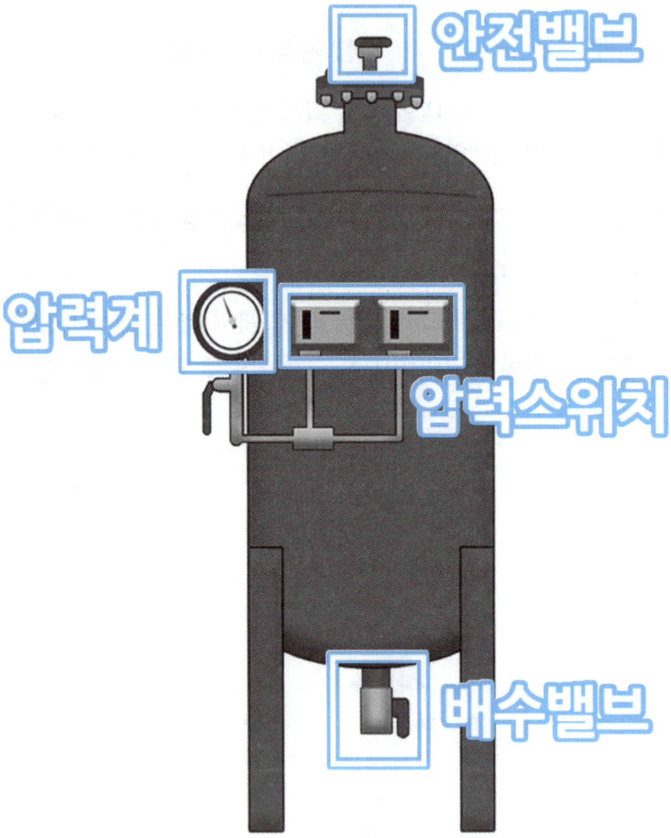

압력챔버의 구성

안전밸브	압력챔버 내 과압 발생 시 압력을 방출
압력계	압력챔버 내 압력 표시
압력스위치	압력의 상승·하강을 전기적 신호로 변환하여 송출
배수밸브	압력챔버 내의 물을 배수

따라서 그림에서 표시된 '(D)'부분은 [배수밸브]로, 압력챔버 내의 물을 배수할 때 사용되므로 옳지 않은 설명은 ④번.

[참고!] 압력챔버(기동용수압개폐장치)

압력챔버의 내부는 물 + 공기층으로 이루어져 있어, 소화전 개방으로 배관 내 물이 빠져나가면 이와 연결되어 있는 압력챔버 내부의 물도 함께 빠져나가면서 압력이 하강한다. 반대로 펌프의 기동으로 배관 내 압력이 상승하면, 압력챔버 내부의 압력도 상승하게 되는데 이러한 압력 변동이 챔버에 부착된 압력스위치에 의해 감지되어, 이를 전기적 신호로 변환·송출함으로써 펌프의 기동 및 정지를 제어하게 된다.

27

답 ④

해 옥내소화전설비의 방수압력 측정 시, 노즐 선단과 피토게이지 사이의 적정한 거리(근접 거리 = D/2)는 6.5mm이므로 옳지 않은 설명은 ④번.

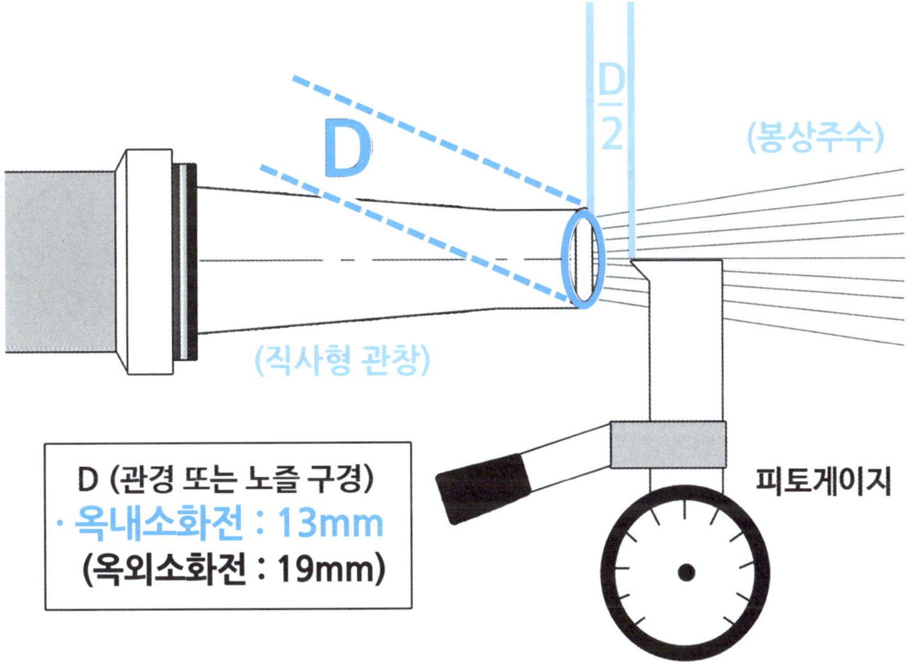

☑ 방수압력 측정 방법 및 주의사항

- (방수압력 및 방수량 측정 시) 어느 층에 있어서도 옥내소화전이 2개 이상 설치된 경우에는 2개를 개방시켜 놓고 측정한다. (설치개수가 1개인 경우에는 1개)
- 방수구에 호스를 결속한 상태로 노즐 선단에 피토게이지(방수압력측정계)를 D/2만큼 근접시켜서 측정한다.

D = **노즐 구경**으로, **옥내소화전 : 13mm.** (옥외소화전 : 19mm)
└, '옥내소화전'의 방수압력 측정 시 : 노즐 선단 ↔ 피토게이지 간 거리 = D/2 = 13mm/2 = 6.5mm

- **옥내소화전**설비 적정 **방수압력** : 0.17MPa 이상 0.7MPa 이하
- 측정 시, 반드시 직사형 관창 사용 + 피토게이지는 봉상주수 상태에서 직각으로 측정(곧게 뻗은 막대기 모양의 물줄기 상태에서 피토게이지를 직각 방향으로 대고 측정)
- 초기 방수 시, 물 속 이물질이나 공기 등을 완전히 배출한 후 측정(피토게이지 입구 막힘 방지)

28

답 ③

해 옥내소화전설비의 적정 압력범위는 0.17MPa 이상 0.7MPa 이하이고, 옥외소화전설비의 적정 압력범위는 0.25MPa 이상 0.7MPa 이하이므로 두 설비의 압력이 적정 범위 내에 있는 그림은 ③번.

☑ 옥내소화전 & 옥외소화전 압력 범위 한 눈에 보기

옥내	옥외
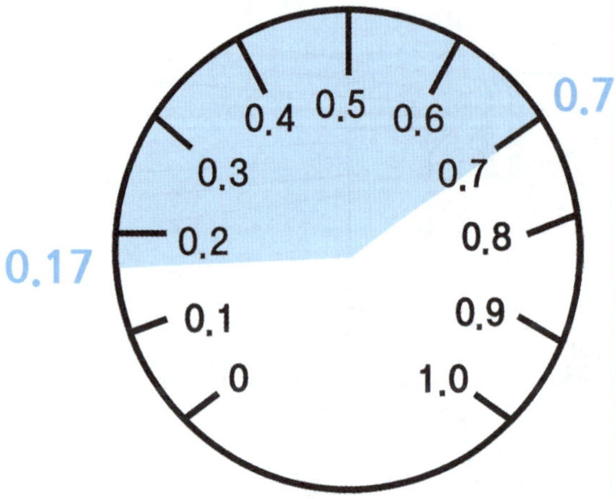	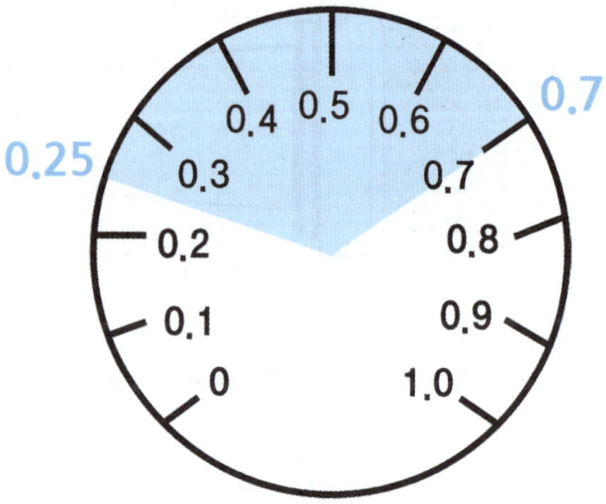
• 0.17MPa 이상 0.7MPa 이하	• 0.25MPa 이상 0.7MPa 이하

[참고!] 분말소화기 / 스프링클러설비 적정 압력
- (분말)**소화기** : **0.7. ~ 0.98**MPa
- **스프링클러**설비: **0.1**MPa 이상 ~ **1.2**MPa 이하

29

답 ②

해 가스계소화설비를 구성하고 있는 기동용기함 내부의 구조는 다음과 같다. 기동용기와 연결된 솔레노이드 밸브의 파괴침이 격발되면, 기동용기의 봉판이 파괴되어 기동용 가스가 선택밸브로 이동 - 선택밸브가 개방되어 해당 방호구역으로의 소화약제 방출이 이루어진다. 이 과정에서 가스의 일부가 **압력스위치**로 이동하여 (접점을 붙여) 전기적 신호가 발생하고, 이 신호가 감시제어반으로 전달되어, 가스가 방출되고 있는 해당 방호구역으로의 진입을 금지할 수 있도록 방출표시등이 점등된다.
따라서 그림의 **(가)는 솔레노이드 밸브**로, 파괴침 격발에 의해 기동용 가스의 통로를 개방하는 역할 / **(나)는 압력스위치**로, 소화약제가 방출되면 방출표시등을 점등시키는 역할로 ㉡, ㉣의 설명이 적절하다. 따라서 답은 ②번.

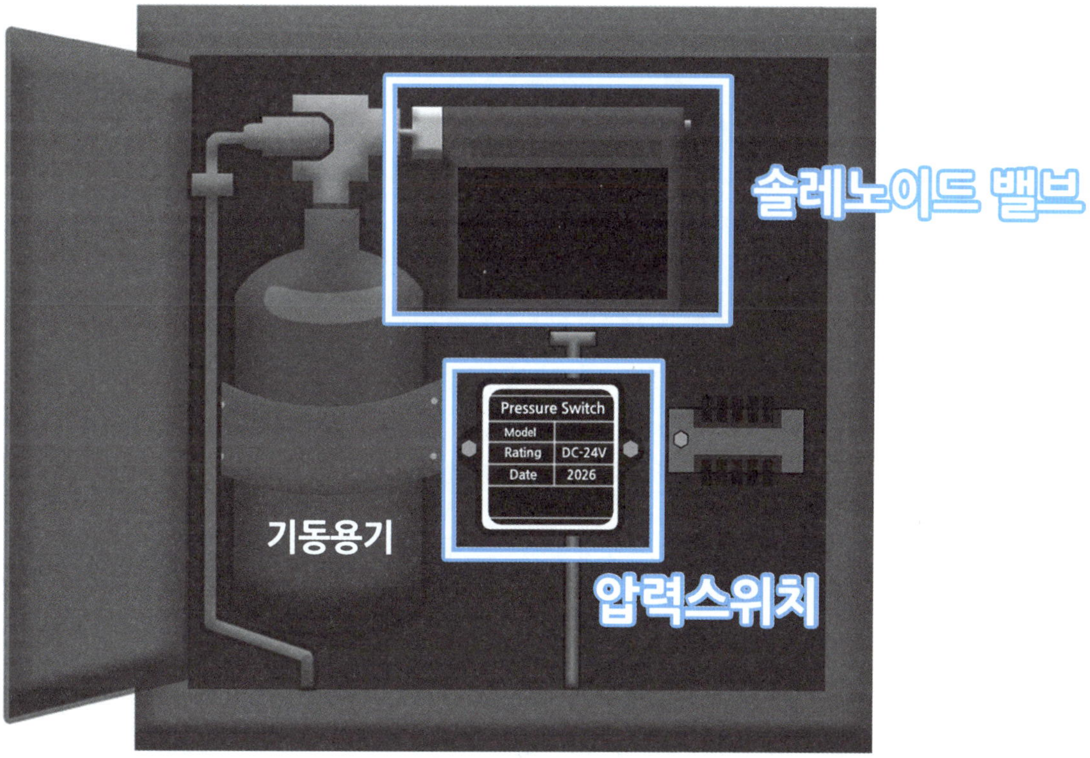

[CHECK!] 가스계소화설비 작동 과정

(1) 교차회로 감지기 A and B 작동 → 실제 화재로 인식
(2) (안전장치 30초 지연 후) 솔레노이드밸브 격발 : 파괴침 격발로 기동용기 봉판 파괴, 기동용 가스 방출
(3) 기동용 가스가 선택밸브로 이동하여 **해당 구역의 선택밸브** 개방
(4) 선택밸브 & 저장용기 개방되어, 소화약제가 선택된 방호구역으로 방출됨
(5) 이때 가스의 일부가 미세한 분기관을 따라 압력스위치로 이동
(6) 압력스위치**의 접점**이 붙어 전기적 신호 발생
(7) 해당 신호가 감시제어반(수신기)으로 전달, 해당 방호구역의 '방출표시등' 점등(진입 금지)
+ 수신기에서 '가스방출 표시등' 점등
(8) 자동폐쇄장치 작동 및 환기장치 정지 : 출입문·댐퍼 등 폐쇄, 환기팬 정지 → (구역 내에 약제 가두기)

30

답 ①

해 가스계소화설비는 약제방출 방식에 따라, (1) 전역방출방식 (2) 국소방출방식 (3) 호스릴방식으로 분류할 수 있다. 문제에서 제시된 그림 (가)는 밀폐된 방호구역 전체에 소화약제를 방출하는 전역방출방식, 그림 (나)는 약제 저장용기에 호스를 연결하여 사용자가 직접 화점을 향해 소화약제를 방출하는 호스릴방식에 해당한다. 따라서 (가)는 전역방출방식, (나)는 호스릴방식으로 옳게 고른 것은 ①번.

<table>
<tr><th>(가)</th><th>(나)</th></tr>
<tr><td>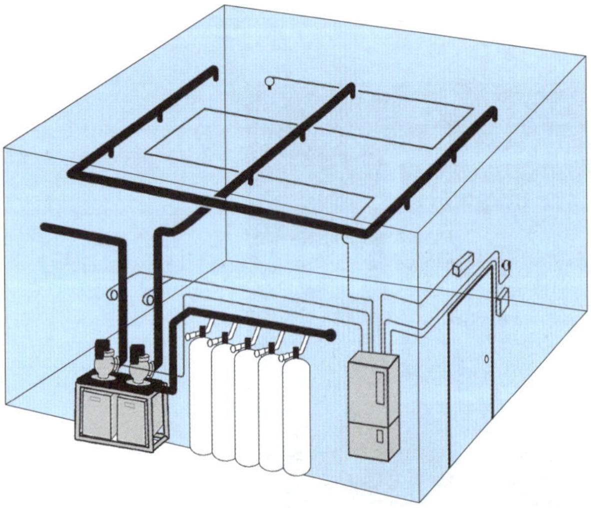</td><td>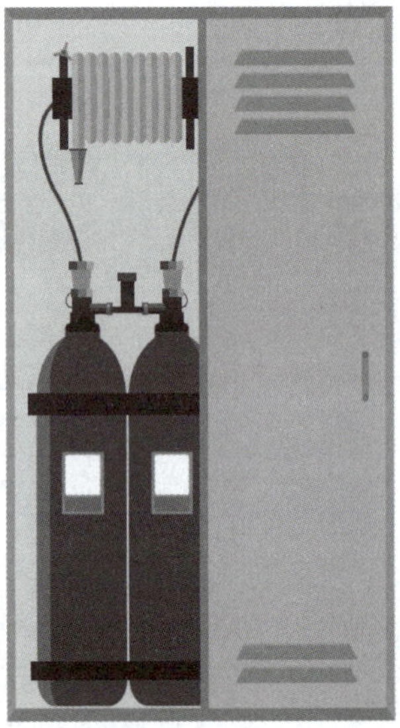</td></tr>
<tr><td>- 고정식 소화약제 공급장치, 헤드 및 분사헤드 고정
- 밀폐된 방호구역 전체에 소화약제 방출</td><td>- 분사헤드 고정 X (이동식)
- 약제 저장용기에 호스 연결, 사용자가 직접 조준·방사</td></tr>
</table>

[참고!] 국소방출방식
화재가 발생한 특정 부분에 집중적으로 약제를 방출하는 방식

MEMO

PART 04

소방안전관리자 2급

고난이도 개념 및 변형 문제

CHAPTER

01 고난이도 개념을 찐~득하게 한 번 더!

01 [소방시설의 종류 및 구조·점검]의 내용 중, 경계구역 계산하기

① 하나의 경계구역에 2개 이상의 건축물이나 2개 이상의 층을 포함하지 않아야 하지만, 예외적으로 2개 층의 면적을 합쳐도 500m^2 '이하'라면 한 개의 경계구역으로 설정할 수 있다.

② 위와 같은 예외사항이 아니라면 기본적으로 하나의 경계구역의 면적은 600m^2 이하+한 변의 길이 50m '이하'여야 한다.

③ 만약 출입구에서 그 내부 전체가 보이는 시설이라면 하나의 경계구역의 면적은 1,000m^2 이하+한 변의 길이 50m '이하'로 할 수 있다.

▶ 아래 그림의 건축물의 경계구역 최소 개수 계산하기 예시
(단, 한 변의 길이는 모두 50m 이하로 하고 1층은 출입구에서 내부 전체가 보이는 구조이다.)

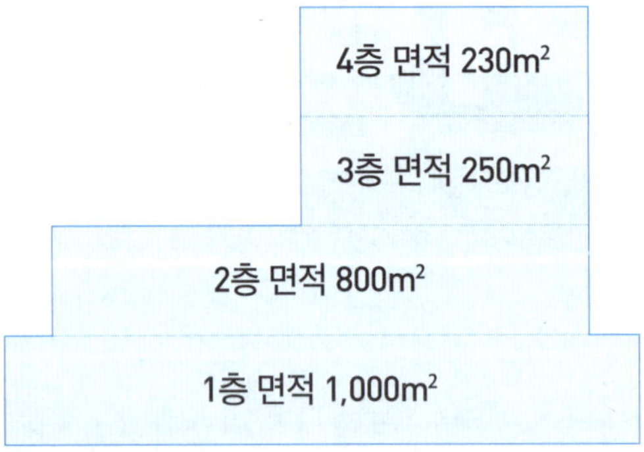

㉮ 1층은 출입구에서 내부 전체가 보이는 구조이므로 경계구역 설정 기준 면적은 1,000m^2가 적용된다. 이때 한 변의 길이는 모두 50m 이하라고 했으니 생각하지 않고, 면적에 따라 나눈다면 1층은 1개의 경계구역으로 설정할 수 있다. (만약, 한 변의 길이가 100m였다면 2개의 경계구역으로 설정)

㉯ 2층은 예외사항이 없으므로 기본적인 경계구역 기준 면적인 600m^2가 적용된다. 이때도 한 변의 길이는 모두 50m 이하라고 했으니 생각하지 않고, 면적에 따라 나눈다면 800m^2는 기준면적인 600m^2를 초과하기 때문에 2개의 경계구역으로 설정한다. (하나의 경계구역은 600m^2 이하여야 하므로 800m^2를 충족하려면 최소 2개 이상으로 나눠야 함.)

㉰ 3층과 4층의 면적을 더했을 때 500m^2 이하이므로 ①번의 예외사항에 따라 3, 4층을 한 개의 경계구역으로 설정할 수 있다.

㉱ 따라서 1층은 1개, 2층은 2개, 3층과 4층을 묶어 1개의 경계구역으로 설정할 수 있으므로 최소 4개의 경계구역으로 나눌 수 있다.

02 저수량 계산하기

① 옥내소화전 수원의 저수량

- **29층 이하** : 방수량 130L/min x 20분(소방차 활동 개시까지 버텨야 하는 시간)으로 계산하여 29층 이하의 건물은 설치개수 N에 2.6m^3(130l/min x 20)로 계산한다. 그리고 이때 설치된 옥내소화전의 개수가 2개를 초과하여 4개, 5개가 되더라도 설치개수 N의 최대 개수는 2개까지로 제한한다. 즉 정리하면, 29층 이하의 건물에서는 옥내소화전이 3개 이상 설치되었더라도 설치 개수 N의 최대 개수는 2개까지이므로, 2 x 2.6m^3 = 5.2m^3이 된다. (1개만 설치된 경우에는 1 x 2.6m^3이므로 2.6m^3)
- **30층~49층** : 소방차 활동개시까지 버텨야 하는 시간이 40분으로 늘어나서 130L/min x 40분으로 계산한 5.2m^3를 설치개수 N에 곱한다. 또한 30층부터는 설치개수 N의 최대개수를 5개까지 설정할 수 있으므로, 옥내소화전이 5개 이상 설치되었다면 5 x 5.2 = 26m^3(톤)이 된다. (만약 30~49층에서 옥내소화전이 1개만 설치되었다면 1 x 5.2로 계산, 3개만 설치되었다면 3 x 5.2로 계산하고, 5개를 초과해서 설치되었다면 5 x 5.2로 계산한다.)
- **50층 이상** : 소방차 활동개시까지 버텨야 하는 시간이 60분으로 늘어나서 130L/min x 60분으로 계산한 7.8m^3를 설치개수 N에 곱한다. 50층 이상도 설치개수 N의 최대개수는 5개까지이며 그 외 계산법은 30~49층에 적용하는 것과 동일하다. 옥내소화전이 5개 이상 설치되었더라도 5 x 7.8 = 39m^3(톤). (4개만 설치되었다면 4 x 7.8로 계산)

② 옥외소화전 수원의 용량

- 소화전 설치개수에 7m^3를 곱한 값인데 2개 이상 설치된 경우에는 최대개수 2개까지로 제한
  : 1개일 때는 7m^3, 2개 이상일 때는 14m^3

③ 스프링클러설비 수원의 저수량(폐쇄형 헤드)

- 스프링클러설비의 설치 기준(헤드 개수)

설치장소			기준 개수
(지하층 제외) 층수가 10층 이하인 대상물	공장	특수가연물 저장·취급	30
		그 밖의 것	20
	근생·판매·운수 또는 복합	판매시설 또는 복합건축물(판매시설이 설치되는 복합건축물)	30
		그 밖의 것	20
	헤드 부착 높이	8m 이상	20
		8m 미만	10
층수 11층 이상 대상물(아파트 제외), 지하가·지하역사			30

- 29층 이하 : 헤드 기준개수 × 1.6m^3으로 계산 (80L/min × 20분이 1.6m^3이므로.)
- 30층~49층 이하 : 기준개수 × 3.2m^3 이상 (80L/min × 40분)
- 50층 이상 : 기준개수 × 4.8m^3 이상 (80L/min × 60분)

[예시] 지하역사의 경우 : 기준개수 30개 × 1.6m^3 = 48m^3(48,000L)

02 변형 문제까지 모두 챙겨 득점하기!

01 자체점검 시기 거슬러 올라가기

Q. AB터널의 지난 작동점검 시기로 알맞은 날짜를 고르시오.

- 대상물 명칭 : AB터널
- 완공일 : 1998. 07. 07
- 사용승인일 : 1998. 08. 21
- 소방시설 현황 : 옥내소화전설비, 스프링클러설비, 제연설비, 자동화재탐지설비, 옥외소화전설비

① 1999년 7월 13일
② 2000년 2월 15일
③ 2000년 8월 10일
④ 2001년 1월 16일

답 ②

해 (1) AB터널은 제연설비가 설치된 터널로 작동점검+종합점검을 모두 실시하는 대상물에 해당한다.

(2) (자체점검 날짜 계산 시 완공일은 무시 조건) [사용승인일]이 포함된 달에 종합점검을 하므로 사용승인이 되었던 1998년의 다음 해인 1999년부터 매년 8월에 종합점검을 실시했을 것으로 추측할 수 있다.

(3) 그리고 종합점검을 실시한 후 6개월 뒤에 작동점검을 하므로 2000년도를 시작으로 매년 2월에는 작동점검을 실시했을 것으로 추측할 수 있다.

(4) 따라서 AB터널의 '지난' 작동점검은 2000년 02월을 시작으로 매년 2월에 실시했을 것이므로 지난 작동점검일로 적절한 날짜는 2000년 2월 15일.

→ 이렇게 앞으로 점검을 실시할 날짜가 아니라, 점검을 이미 했던 지난 날짜를 거슬러 올라가는 문제도 출제될 수 있는데, 결국 날짜를 계산해서 골라내는 방식은 동일해요~!

참고

(가) 작동점검만 하는 대상 : 사용승인일이 속한 달에(그 달의 말일까지) 매년 작동점검 실시

(나) 종합점검까지 하는 대상 : 사용승인일이 속한 달에(그 달의 말일까지) 매년 종합점검 실시
→ 6개월 후가 되는 달에 작동점검 실시

* 건축물의 사용승인 후 그 다음 해부터 자체점검 실시(단, 소방시설등이 신설된 경우에는 건축물을 사용할 수 있게 된 날부터 60일 내에 최초점검 실시)

따라서 AB터널은 2001년 2월에도, 2022년 2월에도 매년 2월에는 작동점검을 했을 것이므로 정답은 ②.

02 지연된 기간에 따른 과태료 차등부과 문제 - 점검결과 보고

Q. 작동점검 완료일 및 그에 대한 자체점검 실시결과 보고 날짜가 다음과 같을 때 보고 의무가 있는 자에게 부과되는 과태료는 얼마인지 고르시오.

- 작동점검 완료일 : 2023년 3월 7일
- 점검 보고 날짜 : 2023년 4월 12일

① 50만 원
② 100만 원
③ 200만 원
④ 300만 원

답 ②

해 (1) 관계인은 점검이 끝난 날부터 15일 내에 소방본부장 또는 소방서장에게 [소방시설등 자체점검 실시결과 보고서]에 [이행계획서] 및 점검인력 [배치확인서]를 첨부하여 서면 또는 전산망을 통해 보고해야 한다. 즉, 작동점검을 23년 3월 7일에 했다면 3월 28일 내(주말, 공휴일 제외)에 제출해야 하는데, 4월 12일에 제출했다면 지연 보고 기간이 '10일 이상~1개월 미만'에 해당한다.

(2) '점검결과를 보고하지 않거나 거짓으로 보고한 자'는 300만 원 이하의 과태료에 해당하는데 그 중에서도 지연된 기간에 따라 다음과 같이 과태료가 차등 부과된다.

- **지연보고 기간이 10일 미만** : 50만 원
- **지연보고 기간이 10일 이상 1개월 미만** : 100만 원
- **지연보고 기간이 1개월 이상 또는 보고하지 않음** : 200만 원
- **점검결과를 축소·삭제하는 등 거짓보고** : 300만 원

(3) 문제에서는 지연된 기간이 10일 이상 1개월 미만이므로 100만 원의 과태료에 해당한다.

서채빈

| 약력 및 경력

- 유튜브 챕스랜드 운영
- 소방안전관리자 1급 자격증 취득(2022년 4월)
- 소방안전관리자 2급 자격증 취득(2021년 2월)
- H 레포트 공유 사이트 자료 판매 누적 등급 A+

챕스랜드 소방안전관리자 2급 찐득한 스티커 예상기출문제집

초 판 2023년 6월 30일
발행일 2026년 1월 2일(개정판)
발행인 조순자
편저자 서채빈
디자인 홍현애
발행처 인성재단(종이향기)

정 가 32,000원 **ISBN** 979-11-7491-034-9

소방안전관리자 2급 답안지

응 시 분 야	
감 독 확 인	

수 험 번 호	고유번호

생 년 월 일	성 별
년 / 월 / 일	남 ⓞ / 여 ⓞ

※ OMR카드 작성요령

1. 감독관 지시에 따라 응답지를 작성할 것.
2. 반드시 컴퓨터용싸인펜을 사용할 것.
3. 인적사항은 좌측부터, 성명은 복모음에 유의하여 작성할 것.

성 명

답 안 표 기 란

1	① ② ③ ④ ⑤	21	① ② ③ ④ ⑤	41	① ② ③ ④ ⑤
2	① ② ③ ④ ⑤	22	① ② ③ ④ ⑤	42	① ② ③ ④ ⑤
3	① ② ③ ④ ⑤	23	① ② ③ ④ ⑤	43	① ② ③ ④ ⑤
4	① ② ③ ④ ⑤	24	① ② ③ ④ ⑤	44	① ② ③ ④ ⑤
5	① ② ③ ④ ⑤	25	① ② ③ ④ ⑤	45	① ② ③ ④ ⑤
6	① ② ③ ④ ⑤	26	① ② ③ ④ ⑤	46	① ② ③ ④ ⑤
7	① ② ③ ④ ⑤	27	① ② ③ ④ ⑤	47	① ② ③ ④ ⑤
8	① ② ③ ④ ⑤	28	① ② ③ ④ ⑤	48	① ② ③ ④ ⑤
9	① ② ③ ④ ⑤	29	① ② ③ ④ ⑤	49	① ② ③ ④ ⑤
10	① ② ③ ④ ⑤	30	① ② ③ ④ ⑤	50	① ② ③ ④ ⑤
11	① ② ③ ④ ⑤	31	① ② ③ ④ ⑤		
12	① ② ③ ④ ⑤	32	① ② ③ ④ ⑤		
13	① ② ③ ④ ⑤	33	① ② ③ ④ ⑤		
14	① ② ③ ④ ⑤	34	① ② ③ ④ ⑤		
15	① ② ③ ④ ⑤	35	① ② ③ ④ ⑤		
16	① ② ③ ④ ⑤	36	① ② ③ ④ ⑤		
17	① ② ③ ④ ⑤	37	① ② ③ ④ ⑤		
18	① ② ③ ④ ⑤	38	① ② ③ ④ ⑤		
19	① ② ③ ④ ⑤	39	① ② ③ ④ ⑤		
20	① ② ③ ④ ⑤	40	① ② ③ ④ ⑤		

*연습용 답안지

소방안전관리자 2급 답안지

응시 분야	
감독 확인	

※ OMR카드 작성요령

1. 감독관 지시에 따라 응답지를 작성할 것.
2. 반드시 컴퓨터용싸인펜을 사용할 것.
3. 인적사항은 좌측부터, 성명은 복모음에 유의하여 작성할 것.

수 험 번 호								고유번호			
⓪	⓪	⓪	⓪	⓪	⓪	⓪	⓪	⓪	⓪	⓪	⓪
①	①	①	①	①	①	①	①	①	①	①	①
②	②	②	②	②	②	②	②	②	②	②	②
③	③	③	③	③	③	③	③	③	③	③	③
④	④	④	④	④	④	④	④	④	④	④	④
⑤	⑤	⑤	⑤	⑤	⑤	⑤	⑤	⑤	⑤	⑤	⑤
⑥	⑥	⑥	⑥	⑥	⑥	⑥	⑥	⑥	⑥	⑥	⑥
⑦	⑦	⑦	⑦	⑦	⑦	⑦	⑦	⑦	⑦	⑦	⑦
⑧	⑧	⑧	⑧	⑧	⑧	⑧	⑧	⑧	⑧	⑧	⑧
⑨	⑨	⑨	⑨	⑨	⑨	⑨	⑨	⑨	⑨	⑨	⑨

생 년 월 일							
년				월		일	
⓪	⓪	⓪	⓪	⓪	⓪	⓪	⓪
①	①	①	①	①	①	①	①
②	②	②	②	②	②	②	②
③	③	③	③	③	③	③	③
④	④	④	④	④	④	④	④
⑤	⑤	⑤	⑤	⑤	⑤	⑤	⑤
⑥	⑥	⑥	⑥	⑥	⑥	⑥	⑥
⑦	⑦	⑦	⑦	⑦	⑦	⑦	⑦
⑧	⑧	⑧	⑧	⑧	⑧	⑧	⑧
⑨	⑨	⑨	⑨	⑨	⑨	⑨	⑨

성 별	
남	⓪
여	⓪

성 명			

초성	중성	종성
㉠ ㉡ ㉢ ㉣ ㉤ ㉥ ㉦ ㉧ ㉨ ㉩ ㉪ ㉫ ㉬ ㉭ ㉮(ㄲ ㄸ ㅃ ㅆ ㅉ) ... ㉧ ㉨ ㉩ ㉪ ㉫ ㉬ ㉭	ㅏ ㅐ ㅑ ㅒ ㅓ ㅔ ㅕ ㅖ ㅗ ㅘ ㅙ ㅚ ㅛ ㅜ ㅝ ㅞ ㅟ ㅠ ㅡ ㅢ ㅣ	ㄱ ㄲ ㄴ ㄷ ㄸ ㄹ ㅁ ㅂ ㅃ ㅅ ㅆ ㅇ ㅈ ㅉ ㅊ ㅋ ㅌ ㅍ ㅎ

답 안 표 기 란

1	①	②	③	④	⑤	21	①	②	③	④	⑤	41	①	②	③	④	⑤
2	①	②	③	④	⑤	22	①	②	③	④	⑤	42	①	②	③	④	⑤
3	①	②	③	④	⑤	23	①	②	③	④	⑤	43	①	②	③	④	⑤
4	①	②	③	④	⑤	24	①	②	③	④	⑤	44	①	②	③	④	⑤
5	①	②	③	④	⑤	**25**	①	②	③	④	⑤	**45**	①	②	③	④	⑤
6	①	②	③	④	⑤	26	①	②	③	④	⑤	46	①	②	③	④	⑤
7	①	②	③	④	⑤	27	①	②	③	④	⑤	47	①	②	③	④	⑤
8	①	②	③	④	⑤	28	①	②	③	④	⑤	48	①	②	③	④	⑤
9	①	②	③	④	⑤	29	①	②	③	④	⑤	49	①	②	③	④	⑤
10	①	②	③	④	⑤	**30**	①	②	③	④	⑤	**50**	①	②	③	④	⑤
11	①	②	③	④	⑤	31	①	②	③	④	⑤						
12	①	②	③	④	⑤	32	①	②	③	④	⑤						
13	①	②	③	④	⑤	33	①	②	③	④	⑤						
14	①	②	③	④	⑤	34	①	②	③	④	⑤						
15	①	②	③	④	⑤	**35**	①	②	③	④	⑤						
16	①	②	③	④	⑤	36	①	②	③	④	⑤						
17	①	②	③	④	⑤	37	①	②	③	④	⑤						
18	①	②	③	④	⑤	38	①	②	③	④	⑤						
19	①	②	③	④	⑤	39	①	②	③	④	⑤						
20	①	②	③	④	⑤	**40**	①	②	③	④	⑤						

*연습용 답안지

소방안전관리자 2급 답안지

응시 분야	
감독 확인	

수 험 번 호 (8자리): ⓪ ① ② ③ ④ ⑤ ⑥ ⑦ ⑧ ⑨

고유번호 (4자리): ⓪ ① ② ③ ④ ⑤ ⑥ ⑦ ⑧ ⑨

생 년 월 일 (년 / 월 / 일): ⓪ ① ② ③ ④ ⑤ ⑥ ⑦ ⑧ ⑨

성 별

남	⓪
여	⓪

※ OMR카드 작성요령

1. 감독관 지시에 따라 응답지를 작성할 것.
2. 반드시 컴퓨터용싸인펜을 사용할 것.
3. 인적사항은 좌측부터, 성명은 복모음에 유의하여 작성할 것.

성 명

㉠ ㉡ ㉢ ㉣ ㉤ ㉥ ㉦ ㉧ ㉨ ㉩ ㉪ ㉫ ㉬ ㉭ ㉮ ㉯ ㉰ ㉱ ㉲

ㅏ ㅐ ㅑ ㅒ ㅓ ㅔ ㅕ ㅖ ㅗ ㅘ ㅙ ㅚ ㅛ ㅜ ㅝ ㅞ ㅟ ㅠ ㅡ ㅢ ㅣ

답 안 표 기 란

1 ① ② ③ ④ ⑤	21 ① ② ③ ④ ⑤	41 ① ② ③ ④ ⑤
2 ① ② ③ ④ ⑤	22 ① ② ③ ④ ⑤	42 ① ② ③ ④ ⑤
3 ① ② ③ ④ ⑤	23 ① ② ③ ④ ⑤	43 ① ② ③ ④ ⑤
4 ① ② ③ ④ ⑤	24 ① ② ③ ④ ⑤	44 ① ② ③ ④ ⑤
5 ① ② ③ ④ ⑤	25 ① ② ③ ④ ⑤	45 ① ② ③ ④ ⑤
6 ① ② ③ ④ ⑤	26 ① ② ③ ④ ⑤	46 ① ② ③ ④ ⑤
7 ① ② ③ ④ ⑤	27 ① ② ③ ④ ⑤	47 ① ② ③ ④ ⑤
8 ① ② ③ ④ ⑤	28 ① ② ③ ④ ⑤	48 ① ② ③ ④ ⑤
9 ① ② ③ ④ ⑤	29 ① ② ③ ④ ⑤	49 ① ② ③ ④ ⑤
10 ① ② ③ ④ ⑤	30 ① ② ③ ④ ⑤	50 ① ② ③ ④ ⑤
11 ① ② ③ ④ ⑤	31 ① ② ③ ④ ⑤	
12 ① ② ③ ④ ⑤	32 ① ② ③ ④ ⑤	
13 ① ② ③ ④ ⑤	33 ① ② ③ ④ ⑤	
14 ① ② ③ ④ ⑤	34 ① ② ③ ④ ⑤	
15 ① ② ③ ④ ⑤	35 ① ② ③ ④ ⑤	
16 ① ② ③ ④ ⑤	36 ① ② ③ ④ ⑤	
17 ① ② ③ ④ ⑤	37 ① ② ③ ④ ⑤	
18 ① ② ③ ④ ⑤	38 ① ② ③ ④ ⑤	
19 ① ② ③ ④ ⑤	39 ① ② ③ ④ ⑤	
20 ① ② ③ ④ ⑤	40 ① ② ③ ④ ⑤	

*연습용 답안지

소방안전관리자 2급 답안지

응시 분야	

감독 확인	

수험번호

⓪①②③④⑤⑥⑦⑧⑨	⓪①②③④⑤⑥⑦⑧⑨	⓪①②③④⑤⑥⑦⑧⑨	⓪①②③④⑤⑥⑦⑧⑨	⓪①②③④⑤⑥⑦⑧⑨	⓪①②③④⑤⑥⑦⑧⑨	⓪①②③④⑤⑥⑦⑧⑨	⓪①②③④⑤⑥⑦⑧⑨

고유번호

⓪①②③④⑤⑥⑦⑧⑨	⓪①②③④⑤⑥⑦⑧⑨	⓪①②③④⑤⑥⑦⑧⑨	⓪①②③④⑤⑥⑦⑧⑨

생년월일

년	년	년	년	월	월	일	일
⓪①②③④⑤⑥⑦⑧⑨	⓪①②③④⑤⑥⑦⑧⑨	⓪①②③④⑤⑥⑦⑧⑨	⓪①②③④⑤⑥⑦⑧⑨	⓪①②③④⑤⑥⑦⑧⑨	⓪①②③④⑤⑥⑦⑧⑨	⓪①②③④⑤⑥⑦⑧⑨	⓪①②③④⑤⑥⑦⑧⑨

성별

남	⓪
여	⓪

※ OMR카드 작성요령

1. 감독관 지시에 따라 응답지를 작성할 것.
2. 반드시 컴퓨터용싸인펜을 사용할 것.
3. 인적사항은 좌측부터, 성명은 복모음에 유의하여 작성할 것.

성명

㉠ㄲ㉡㉢ㄸ㉣㉤㉥ㅃ㉦ㅆ㉧㉨ㅉ㉩㉪㉫㉬㉭	ㅏㅐㅑㅒㅓㅔㅕㅖㅗㅘㅙㅚㅛㅜㅝㅞㅟㅠㅡㅢㅣ	㉠ㄲ㉡㉢ㄸ㉣㉤㉥ㅃ㉦ㅆ㉧㉨ㅉ㉩㉪㉫㉬㉭	㉠ㄲ㉡㉢ㄸ㉣㉤㉥ㅃ㉦ㅆ㉧㉨ㅉ㉩㉪㉫㉬㉭	ㅏㅐㅑㅒㅓㅔㅕㅖㅗㅘㅙㅚㅛㅜㅝㅞㅟㅠㅡㅢㅣ	㉠ㄲ㉡㉢ㄸ㉣㉤㉥ㅃ㉦ㅆ㉧㉨ㅉ㉩㉪㉫㉬㉭	㉠ㄲ㉡㉢ㄸ㉣㉤㉥ㅃ㉦ㅆ㉧㉨ㅉ㉩㉪㉫㉬㉭	ㅏㅐㅑㅒㅓㅔㅕㅖㅗㅘㅙㅚㅛㅜㅝㅞㅟㅠㅡㅢㅣ	㉠ㄲ㉡㉢ㄸ㉣㉤㉥ㅃ㉦ㅆ㉧㉨ㅉ㉩㉪㉫㉬㉭	㉠ㄲ㉡㉢ㄸ㉣㉤㉥ㅃ㉦ㅆ㉧㉨ㅉ㉩㉪㉫㉬㉭	ㅏㅐㅑㅒㅓㅔㅕㅖㅗㅘㅙㅚㅛㅜㅝㅞㅟㅠㅡㅢㅣ	㉠ㄲ㉡㉢ㄸ㉣㉤㉥ㅃ㉦ㅆ㉧㉨ㅉ㉩㉪㉫㉬㉭

답 안 표 기 란

1	① ② ③ ④ ⑤	21	① ② ③ ④ ⑤	41	① ② ③ ④ ⑤
2	① ② ③ ④ ⑤	22	① ② ③ ④ ⑤	42	① ② ③ ④ ⑤
3	① ② ③ ④ ⑤	23	① ② ③ ④ ⑤	43	① ② ③ ④ ⑤
4	① ② ③ ④ ⑤	24	① ② ③ ④ ⑤	44	① ② ③ ④ ⑤
5	① ② ③ ④ ⑤	**25**	① ② ③ ④ ⑤	**45**	① ② ③ ④ ⑤
6	① ② ③ ④ ⑤	26	① ② ③ ④ ⑤	46	① ② ③ ④ ⑤
7	① ② ③ ④ ⑤	27	① ② ③ ④ ⑤	47	① ② ③ ④ ⑤
8	① ② ③ ④ ⑤	28	① ② ③ ④ ⑤	48	① ② ③ ④ ⑤
9	① ② ③ ④ ⑤	29	① ② ③ ④ ⑤	49	① ② ③ ④ ⑤
10	① ② ③ ④ ⑤	**30**	① ② ③ ④ ⑤	**50**	① ② ③ ④ ⑤
11	① ② ③ ④ ⑤	31	① ② ③ ④ ⑤		
12	① ② ③ ④ ⑤	32	① ② ③ ④ ⑤		
13	① ② ③ ④ ⑤	33	① ② ③ ④ ⑤		
14	① ② ③ ④ ⑤	34	① ② ③ ④ ⑤		
15	① ② ③ ④ ⑤	**35**	① ② ③ ④ ⑤		
16	① ② ③ ④ ⑤	36	① ② ③ ④ ⑤		
17	① ② ③ ④ ⑤	37	① ② ③ ④ ⑤		
18	① ② ③ ④ ⑤	38	① ② ③ ④ ⑤		
19	① ② ③ ④ ⑤	39	① ② ③ ④ ⑤		
20	① ② ③ ④ ⑤	**40**	① ② ③ ④ ⑤		

*연습용 답안지

소방안전관리자 2급 답안지

응시 분야	

감독 확인	

※ OMR카드 작성요령

1. 감독관 지시에 따라 응답지를 작성할 것.
2. 반드시 컴퓨터용싸인펜을 사용할 것.
3. 인적사항은 좌측부터, 성명은 복모음에 유의하여 작성할 것.

수험번호							
⓪①②③④⑤⑥⑦⑧⑨	⓪①②③④⑤⑥⑦⑧⑨	⓪①②③④⑤⑥⑦⑧⑨	⓪①②③④⑤⑥⑦⑧⑨	⓪①②③④⑤⑥⑦⑧⑨	⓪①②③④⑤⑥⑦⑧⑨	⓪①②③④⑤⑥⑦⑧⑨	⓪①②③④⑤⑥⑦⑧⑨

고유번호			
⓪①②③④⑤⑥⑦⑧⑨	⓪①②③④⑤⑥⑦⑧⑨	⓪①②③④⑤⑥⑦⑧⑨	⓪①②③④⑤⑥⑦⑧⑨

생년월일							
년				월		일	
⓪①②③④⑤⑥⑦⑧⑨	⓪①②③④⑤⑥⑦⑧⑨	⓪①②③④⑤⑥⑦⑧⑨	⓪①②③④⑤⑥⑦⑧⑨	⓪①②③④⑤⑥⑦⑧⑨	⓪①②③④⑤⑥⑦⑧⑨	⓪①②③④⑤⑥⑦⑧⑨	⓪①②③④⑤⑥⑦⑧⑨

성별	
남	ⓞ
여	ⓞ

성명			
㉠ㄲ㉡㉢ㄸ㉣㉤㉥ㅃ㉦ㅆ㉧㉨ㅉ㉩㉪㉫㉬㉭	ㅏㅐㅑㅒㅓㅔㅕㅖㅗㅘㅙㅚㅛㅜㅝㅞㅟㅠㅡㅢㅣ	㉠ㄲ㉡㉢ㄸ㉣㉤㉥ㅃ㉦ㅆ㉧㉨ㅉ㉩㉪㉫㉬㉭	㉠ㄲ㉡㉢ㄸ㉣㉤㉥ㅃ㉦ㅆ㉧㉨ㅉ㉩㉪㉫㉬㉭
ㅏㅐㅑㅒㅓㅔㅕㅖㅗㅘㅙㅚㅛㅜㅝㅞㅟㅠㅡㅢㅣ	㉠ㄲ㉡㉢ㄸ㉣㉤㉥ㅃ㉦ㅆ㉧㉨ㅉ㉩㉪㉫㉬㉭	㉠ㄲ㉡㉢ㄸ㉣㉤㉥ㅃ㉦ㅆ㉧㉨ㅉ㉩㉪㉫㉬㉭	ㅏㅐㅑㅒㅓㅔㅕㅖㅗㅘㅙㅚㅛㅜㅝㅞㅟㅠㅡㅢㅣ
㉠ㄲ㉡㉢ㄸ㉣㉤㉥ㅃ㉦ㅆ㉧㉨ㅉ㉩㉪㉫㉬㉭	㉠ㄲ㉡㉢ㄸ㉣㉤㉥ㅃ㉦ㅆ㉧㉨ㅉ㉩㉪㉫㉬㉭	ㅏㅐㅑㅒㅓㅔㅕㅖㅗㅘㅙㅚㅛㅜㅝㅞㅟㅠㅡㅢㅣ	㉠ㄲ㉡㉢ㄸ㉣㉤㉥ㅃ㉦ㅆ㉧㉨ㅉ㉩㉪㉫㉬㉭

답 안 표 기 란

1	① ② ③ ④ ⑤	21	① ② ③ ④ ⑤	41	① ② ③ ④ ⑤
2	① ② ③ ④ ⑤	22	① ② ③ ④ ⑤	42	① ② ③ ④ ⑤
3	① ② ③ ④ ⑤	23	① ② ③ ④ ⑤	43	① ② ③ ④ ⑤
4	① ② ③ ④ ⑤	24	① ② ③ ④ ⑤	44	① ② ③ ④ ⑤
5	① ② ③ ④ ⑤	25	① ② ③ ④ ⑤	45	① ② ③ ④ ⑤
6	① ② ③ ④ ⑤	26	① ② ③ ④ ⑤	46	① ② ③ ④ ⑤
7	① ② ③ ④ ⑤	27	① ② ③ ④ ⑤	47	① ② ③ ④ ⑤
8	① ② ③ ④ ⑤	28	① ② ③ ④ ⑤	48	① ② ③ ④ ⑤
9	① ② ③ ④ ⑤	29	① ② ③ ④ ⑤	49	① ② ③ ④ ⑤
10	① ② ③ ④ ⑤	30	① ② ③ ④ ⑤	50	① ② ③ ④ ⑤
11	① ② ③ ④ ⑤	31	① ② ③ ④ ⑤		
12	① ② ③ ④ ⑤	32	① ② ③ ④ ⑤		
13	① ② ③ ④ ⑤	33	① ② ③ ④ ⑤		
14	① ② ③ ④ ⑤	34	① ② ③ ④ ⑤		
15	① ② ③ ④ ⑤	35	① ② ③ ④ ⑤		
16	① ② ③ ④ ⑤	36	① ② ③ ④ ⑤		
17	① ② ③ ④ ⑤	37	① ② ③ ④ ⑤		
18	① ② ③ ④ ⑤	38	① ② ③ ④ ⑤		
19	① ② ③ ④ ⑤	39	① ② ③ ④ ⑤		
20	① ② ③ ④ ⑤	40	① ② ③ ④ ⑤		

*연습용 답안지

소방안전관리자 2급 답안지

응시 분야	

감독 확인	

수 험 번 호

⓪	⓪	⓪	⓪	⓪	⓪	⓪	⓪
①	①	①	①	①	①	①	①
②	②	②	②	②	②	②	②
③	③	③	③	③	③	③	③
④	④	④	④	④	④	④	④
⑤	⑤	⑤	⑤	⑤	⑤	⑤	⑤
⑥	⑥	⑥	⑥	⑥	⑥	⑥	⑥
⑦	⑦	⑦	⑦	⑦	⑦	⑦	⑦
⑧	⑧	⑧	⑧	⑧	⑧	⑧	⑧
⑨	⑨	⑨	⑨	⑨	⑨	⑨	⑨

고유번호

⓪	⓪	⓪	⓪
①	①	①	①
②	②	②	②
③	③	③	③
④	④	④	④
⑤	⑤	⑤	⑤
⑥	⑥	⑥	⑥
⑦	⑦	⑦	⑦
⑧	⑧	⑧	⑧
⑨	⑨	⑨	⑨

생 년 월 일

년				월		일	
⓪	⓪	⓪	⓪	⓪	⓪	⓪	⓪
①	①	①	①	①	①	①	①
②	②	②	②	②	②	②	②
③	③	③	③	③	③	③	③
④	④	④	④	④	④	④	④
⑤	⑤	⑤	⑤	⑤	⑤	⑤	⑤
⑥	⑥	⑥	⑥	⑥	⑥	⑥	⑥
⑦	⑦	⑦	⑦	⑦	⑦	⑦	⑦
⑧	⑧	⑧	⑧	⑧	⑧	⑧	⑧
⑨	⑨	⑨	⑨	⑨	⑨	⑨	⑨

성 별

남	⓪
여	⓪

※ OMR카드 작성요령

1. 감독관 지시에 따라 응답지를 작성할 것.
2. 반드시 컴퓨터용싸인펜을 사용할 것.
3. 인적사항은 좌측부터, 성명은 복모음에 유의하여 작성할 것.

성 명

초성	중성	종성	초성	중성	종성	초성	중성	종성	초성	중성	종성
㉠ ㉡ ㉢ ... ㉭	ㅏ ~ ㅣ	㉠ ~ ㉭	㉠ ~ ㉭	ㅏ ~ ㅣ	㉠ ~ ㉭	㉠ ~ ㉭	ㅏ ~ ㅣ	㉠ ~ ㉭	㉠ ~ ㉭	ㅏ ~ ㅣ	㉠ ~ ㉭

답 안 표 기 란

1	①	②	③	④	⑤	21	①	②	③	④	⑤	41	①	②	③	④	⑤
2	①	②	③	④	⑤	22	①	②	③	④	⑤	42	①	②	③	④	⑤
3	①	②	③	④	⑤	23	①	②	③	④	⑤	43	①	②	③	④	⑤
4	①	②	③	④	⑤	24	①	②	③	④	⑤	44	①	②	③	④	⑤
5	①	②	③	④	⑤	**25**	①	②	③	④	⑤	**45**	①	②	③	④	⑤
6	①	②	③	④	⑤	26	①	②	③	④	⑤	46	①	②	③	④	⑤
7	①	②	③	④	⑤	27	①	②	③	④	⑤	47	①	②	③	④	⑤
8	①	②	③	④	⑤	28	①	②	③	④	⑤	48	①	②	③	④	⑤
9	①	②	③	④	⑤	29	①	②	③	④	⑤	49	①	②	③	④	⑤
10	①	②	③	④	⑤	**30**	①	②	③	④	⑤	**50**	①	②	③	④	⑤
11	①	②	③	④	⑤	31	①	②	③	④	⑤						
12	①	②	③	④	⑤	32	①	②	③	④	⑤						
13	①	②	③	④	⑤	33	①	②	③	④	⑤						
14	①	②	③	④	⑤	34	①	②	③	④	⑤						
15	①	②	③	④	⑤	**35**	①	②	③	④	⑤						
16	①	②	③	④	⑤	36	①	②	③	④	⑤						
17	①	②	③	④	⑤	37	①	②	③	④	⑤						
18	①	②	③	④	⑤	38	①	②	③	④	⑤						
19	①	②	③	④	⑤	39	①	②	③	④	⑤						
20	①	②	③	④	⑤	**40**	①	②	③	④	⑤						

*연습용 답안지

소방안전관리자 2급 답안지

응시 분야	
감독 확인	

※ OMR카드 작성요령

1. 감독관 지시에 따라 응답지를 작성할 것.
2. 반드시 컴퓨터용싸인펜을 사용할 것.
3. 인적사항은 좌측부터, 성명은 복모음에 유의하여 작성할 것.

수험번호							
⓪①②③④⑤⑥⑦⑧⑨	⓪①②③④⑤⑥⑦⑧⑨	⓪①②③④⑤⑥⑦⑧⑨	⓪①②③④⑤⑥⑦⑧⑨	⓪①②③④⑤⑥⑦⑧⑨	⓪①②③④⑤⑥⑦⑧⑨	⓪①②③④⑤⑥⑦⑧⑨	⓪①②③④⑤⑥⑦⑧⑨

고유번호			
⓪①②③④⑤⑥⑦⑧⑨	⓪①②③④⑤⑥⑦⑧⑨	⓪①②③④⑤⑥⑦⑧⑨	⓪①②③④⑤⑥⑦⑧⑨

생년월일							
년				월		일	
⓪①②③④⑤⑥⑦⑧⑨	⓪①②③④⑤⑥⑦⑧⑨	⓪①②③④⑤⑥⑦⑧⑨	⓪①②③④⑤⑥⑦⑧⑨	⓪①②③④⑤⑥⑦⑧⑨	⓪①②③④⑤⑥⑦⑧⑨	⓪①②③④⑤⑥⑦⑧⑨	⓪①②③④⑤⑥⑦⑧⑨

성별	
남	⓪
여	⓪

성 명

㉠	ㅏ	㉠	㉠	ㅏ	㉠	㉠	ㅏ	㉠	㉠	ㅏ	㉠
ㄲ	ㅐ	ㄲ	ㄲ	ㅐ	ㄲ	ㄲ	ㅐ	ㄲ	ㄲ	ㅐ	ㄲ
㉡	ㅑ	㉡	㉡	ㅑ	㉡	㉡	ㅑ	㉡	㉡	ㅑ	㉡
㉢	ㅒ	㉢	㉢	ㅒ	㉢	㉢	ㅒ	㉢	㉢	ㅒ	㉢
ㄸ	ㅓ	ㄸ	ㄸ	ㅓ	ㄸ	ㄸ	ㅓ	ㄸ	ㄸ	ㅓ	ㄸ
㉣	ㅔ	㉣	㉣	ㅔ	㉣	㉣	ㅔ	㉣	㉣	ㅔ	㉣
㉤	ㅕ	㉤	㉤	ㅕ	㉤	㉤	ㅕ	㉤	㉤	ㅕ	㉤
㉥	ㅖ	㉥	㉥	ㅖ	㉥	㉥	ㅖ	㉥	㉥	ㅖ	㉥
ㅃ	ㅗ	ㅃ	ㅃ	ㅗ	ㅃ	ㅃ	ㅗ	ㅃ	ㅃ	ㅗ	ㅃ
㉦	ㅘ	㉦	㉦	ㅘ	㉦	㉦	ㅘ	㉦	㉦	ㅘ	㉦
ㅆ	ㅙ	ㅆ	ㅆ	ㅙ	ㅆ	ㅆ	ㅙ	ㅆ	ㅆ	ㅙ	ㅆ
㉧	ㅚ	㉧	㉧	ㅚ	㉧	㉧	ㅚ	㉧	㉧	ㅚ	㉧
㉨	ㅛ	㉨	㉨	ㅛ	㉨	㉨	ㅛ	㉨	㉨	ㅛ	㉨
ㅉ	ㅜ	ㅉ	ㅉ	ㅜ	ㅉ	ㅉ	ㅜ	ㅉ	ㅉ	ㅜ	ㅉ
㉩	ㅝ	㉩	㉩	ㅝ	㉩	㉩	ㅝ	㉩	㉩	ㅝ	㉩
㉪	ㅞ	㉪	㉪	ㅞ	㉪	㉪	ㅞ	㉪	㉪	ㅞ	㉪
㉫	ㅟ	㉫	㉫	ㅟ	㉫	㉫	ㅟ	㉫	㉫	ㅟ	㉫
㉬	ㅠ	㉬	㉬	ㅠ	㉬	㉬	ㅠ	㉬	㉬	ㅠ	㉬
㉭	ㅡ	㉭	㉭	ㅡ	㉭	㉭	ㅡ	㉭	㉭	ㅡ	㉭
	ㅢ			ㅢ			ㅢ			ㅢ	
	ㅣ			ㅣ			ㅣ			ㅣ	

답 안 표 기 란

1	① ② ③ ④ ⑤	21	① ② ③ ④ ⑤	41	① ② ③ ④ ⑤
2	① ② ③ ④ ⑤	22	① ② ③ ④ ⑤	42	① ② ③ ④ ⑤
3	① ② ③ ④ ⑤	23	① ② ③ ④ ⑤	43	① ② ③ ④ ⑤
4	① ② ③ ④ ⑤	24	① ② ③ ④ ⑤	44	① ② ③ ④ ⑤
5	① ② ③ ④ ⑤	**25**	① ② ③ ④ ⑤	**45**	① ② ③ ④ ⑤
6	① ② ③ ④ ⑤	26	① ② ③ ④ ⑤	46	① ② ③ ④ ⑤
7	① ② ③ ④ ⑤	27	① ② ③ ④ ⑤	47	① ② ③ ④ ⑤
8	① ② ③ ④ ⑤	28	① ② ③ ④ ⑤	48	① ② ③ ④ ⑤
9	① ② ③ ④ ⑤	29	① ② ③ ④ ⑤	49	① ② ③ ④ ⑤
10	① ② ③ ④ ⑤	**30**	① ② ③ ④ ⑤	**50**	① ② ③ ④ ⑤
11	① ② ③ ④ ⑤	31	① ② ③ ④ ⑤		
12	① ② ③ ④ ⑤	32	① ② ③ ④ ⑤		
13	① ② ③ ④ ⑤	33	① ② ③ ④ ⑤		
14	① ② ③ ④ ⑤	34	① ② ③ ④ ⑤		
15	① ② ③ ④ ⑤	**35**	① ② ③ ④ ⑤		
16	① ② ③ ④ ⑤	36	① ② ③ ④ ⑤		
17	① ② ③ ④ ⑤	37	① ② ③ ④ ⑤		
18	① ② ③ ④ ⑤	38	① ② ③ ④ ⑤		
19	① ② ③ ④ ⑤	39	① ② ③ ④ ⑤		
20	① ② ③ ④ ⑤	**40**	① ② ③ ④ ⑤		

*연습용 답안지

소방안전관리자 2급 답안지

응 시 분 야	

감 독 확 인	

※ OMR카드 작성요령

1. 감독관 지시에 따라 응답지를 작성할 것.
2. 반드시 컴퓨터용싸인펜을 사용할 것.
3. 인적사항은 좌측부터, 성명은 복모음에 유의하여 작성할 것.

수 험 번 호

고유번호

성 명

생 년 월 일

년 월 일

성 별

남	ⓞ
여	ⓞ

답 안 표 기 란

1	① ② ③ ④ ⑤	21	① ② ③ ④ ⑤	41	① ② ③ ④ ⑤
2	① ② ③ ④ ⑤	22	① ② ③ ④ ⑤	42	① ② ③ ④ ⑤
3	① ② ③ ④ ⑤	23	① ② ③ ④ ⑤	43	① ② ③ ④ ⑤
4	① ② ③ ④ ⑤	24	① ② ③ ④ ⑤	44	① ② ③ ④ ⑤
5	① ② ③ ④ ⑤	**25**	① ② ③ ④ ⑤	**45**	① ② ③ ④ ⑤
6	① ② ③ ④ ⑤	26	① ② ③ ④ ⑤	46	① ② ③ ④ ⑤
7	① ② ③ ④ ⑤	27	① ② ③ ④ ⑤	47	① ② ③ ④ ⑤
8	① ② ③ ④ ⑤	28	① ② ③ ④ ⑤	48	① ② ③ ④ ⑤
9	① ② ③ ④ ⑤	29	① ② ③ ④ ⑤	49	① ② ③ ④ ⑤
10	① ② ③ ④ ⑤	**30**	① ② ③ ④ ⑤	**50**	① ② ③ ④ ⑤
11	① ② ③ ④ ⑤	31	① ② ③ ④ ⑤		
12	① ② ③ ④ ⑤	32	① ② ③ ④ ⑤		
13	① ② ③ ④ ⑤	33	① ② ③ ④ ⑤		
14	① ② ③ ④ ⑤	34	① ② ③ ④ ⑤		
15	① ② ③ ④ ⑤	**35**	① ② ③ ④ ⑤		
16	① ② ③ ④ ⑤	36	① ② ③ ④ ⑤		
17	① ② ③ ④ ⑤	37	① ② ③ ④ ⑤		
18	① ② ③ ④ ⑤	38	① ② ③ ④ ⑤		
19	① ② ③ ④ ⑤	39	① ② ③ ④ ⑤		
20	① ② ③ ④ ⑤	**40**	① ② ③ ④ ⑤		

*연습용 답안지